UN241422

目　次

第３章　経営事項審査の審査内容

第４章　審査申請手続と結果通知

第５章　経営規模等評価申請書・総合評定値請求書の記載方法

第６章　経営事項審査の自己採点

第７章　虚偽申請の防止対策について

第８章　法令編

新訂6版

建設業経営事項審査基準の解説

編著　建設業法研究会

大成出版社

刊行にあたって

建設業は、国内総生産の約5.5%を占める建設投資を担い、社会資本の整備を通じて地域の暮らしの安全・安心を支える我が国の基幹産業です。また、その現場は約330万に及ぶ「人」によって支えられています。建設業の果たす役割はインフラや住宅、オフィスビル等の建築物の整備のみならず、インフラの日常的なメンテナンスや、災害時における応急復旧やその後の復興工事など、ますます重要となっています。

数ある経済活動の中でも特に公共工事は公正な競争の下で行われるべきであり、国民の理解と信頼を前提に進められる必要があるものです。このため、適正な技術、技能と経営力を持った建設企業が正当な評価を受ける環境の整備が不可欠です。各企業の自助努力による技術力、経営力やガバナンスの向上と、市場競争原理を基本としつつも、技術力による競争が促進される入札契約方式の導入や、不良不適格業者の排除の徹底、地域の守り手として貢献する企業の評価などを行っているところです。

こうした取組を積極的に進めている建設企業を、公共工事の発注者が的確に評価するためには、資格審査において客観的評価に利用されている経営事項審査が適正に運用される必要があり、公共工事の入札に参加しようとする建設企業が、経営事項審査に関する正確な知識を身につけ、申請に関して不正行為等のないようにしなければなりません。

本書は、経営事項審査の歴史、その項目及び基準、申請方法などについて、わかりやすく解説しています。

本書が、経営事項審査を正しく理解していただき、不正行為のない公正な市場環境の整備と、良質な建設サービスの提供を通じた建設業への信頼と理解を進める一助となり、建設業に従事する方々の必携の書になりますことを希望いたします。

平成30年12月

建設業法研究会

目　次

第3章　経営事項審査の審査内容

第4章　審査申請手続と結果通知

第5章　経営規模等評価申請書・総合評定値請求書の記載方法

第６章　経営事項審査の自己採点

第７章　虚偽申請の防止対策について

第８章　法令編

第 1 章
経営事項審査及び資格審査とは

国、地方公共団体等の公共工事の発注機関が、工事を発注するに当たっては、会計法、予算決算及び会計令、地方自治法、同法施行令等の定めに従って、あらかじめ入札参加希望業者の資格を定め、それぞれ個々に公共工事の入札参加を希望する建設業者の資格審査を定期的に行っています。そして、この資格審査では、建設業者の客観的事項と発注者別評価事項の2つの結果を総合的に勘案して、格付けが行われています。

この資格審査のうち、経営状況、経営規模、技術的能力等の客観的事項については、どの発行機関が行っても同一の結果となるべきものであることから、各々の発注機関が個別に行うよりも、1つの機関がまとめて審査するほうが効率的です。このため、建設業の許可権者が客観的事項について統一的に審査を行う制度として、経営事項審査が設けられています。

平成6年の建設業法の改正により、一定の公共性のある施設又は工作物に関する建設工事を発注者から直接請け負おうとする建設業者は経営事項審査を受けなければならないこととされているとともに（建設業法第27条の23)、多くの発注機関では、資格審査の登録の際に経営事項審査の結果通知書を添付することを義務付けており、経営事項審査の役割は重要なものとなっています。

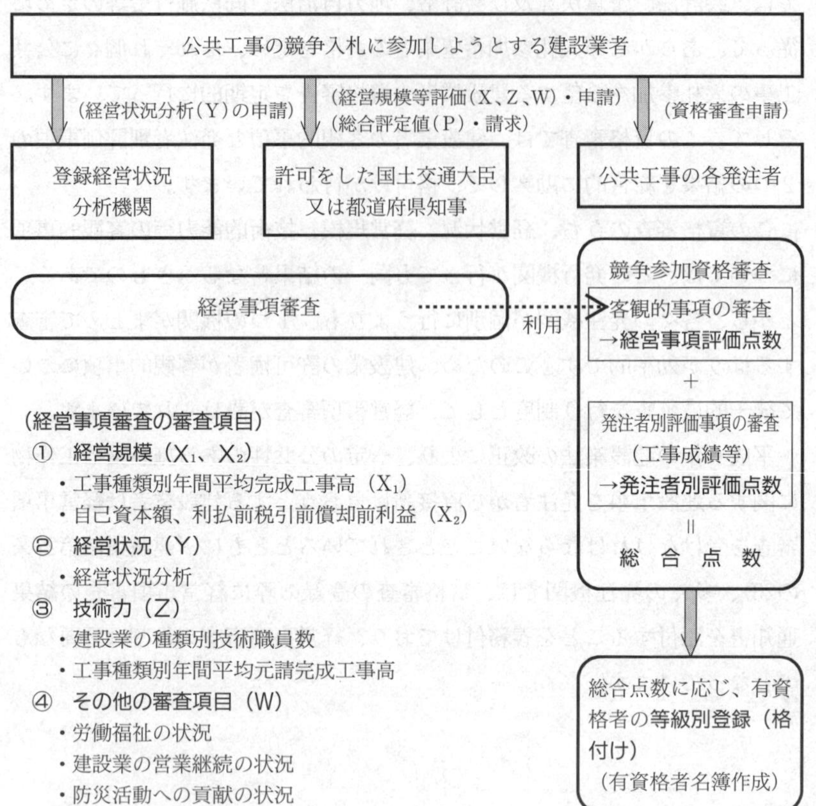

（経営事項審査の審査項目）

① 経営規模（X_1、X_2）
- 工事種類別年間平均完成工事高（X_1）
- 自己資本額、利払前税引前償却前利益（X_2）

② 経営状況（Ｙ）
- 経営状況分析

③ 技術力（Ｚ）
- 建設業の種類別技術職員数
- 工事種類別年間平均元請完成工事高

④ その他の審査項目（Ｗ）
- 労働福祉の状況
- 建設業の営業継続の状況
- 防災活動への貢献の状況
- 法令遵守の状況
- 建設業の経理に関する状況
- 研究開発の状況
- 建設機械の保有状況
- 国際標準化機構が定めた規格による登録の状況
- 若年の技術者及び技能労働者の育成及び確保の状況

総合評定値（Ｐ）

$$=0.25X_1+0.15X_2+0.20Y+0.25Z+0.15W$$

（X_1、X_2等の記号は、①～④の各評価項目に対応する項目別の評点である。）

第 2 章
経営事項審査制度の経緯

1　経営事項審査制度の制定（昭和25年9月13日）

経営事項審査制度は、中央建設業審議会が昭和25年9月に「建設工事の入札制度の合理化対策について」を決定し、公共工事の重要発注機関に対して実施勧告を行ったことにより創設されました。

中央建設業審議会は、「建設工事の入札制度の合理化対策について」を決定し、さらに「建設業者事前資格審査要領」及び「入札制度合理化対策により工事施工能力審査のための採点要領」を定め、これに基づき建設業者の適格性に関する資格審査及び点数計算による工事施工能力審査の2つの方法により決定し、競争入札に参加させることとしました。

その内容は、次のとおりです。

⑴　方　針

事前資格審査は一定の基準による建設業者の適格性に関する資格審査及び点数計算による工事施工能力審査の2つの方法により決定し、競争入札に参加せしめようとするものである。

⑵　適格性の資格審査

① 30万円以上の建設工事については、建設業法上の建設業者であること。

② 30万円に満たない工事においては、破産者で復権を得ない者でないこと。

③ 請負契約に関して不誠実な行為をしたことのないもの。

⑶　工事施工能力審査

工事施工能力審査については、工事種類別（土木、建築、管、電気配線、その他）に各査定要素に従い、能力度を採点する。

査定要素

A　客観的要素

⑴	70%
①　自己資本（払込資本金＋積立金＋繰越金）	(15%)
②　工事種類別による年間施工高（2か年間）	(25%)
③　〃　職 員 数	(20%)
④　〃　保有機械	(10%)
⑵　一般資産状況	20%
①　資本負債比率 $\left(\frac{\text{自己資本}}{\text{負債額}}\right)$	(5%)
②　流動比率 $\left(\frac{\text{流動資産}}{\text{流動負債}}\right)$	(5%)
③　施工高利益率 $\left(\frac{\text{純利益}}{\text{施工高}}\right)$	(5%)
④　税　金	(5%)
⑶　その他	10%
①　営業年数	(5%)
②　完成工事に対する職員1人当たり稼ぎ高	(5%)

B　主観的要素

⑴　工事経歴及び工事成績

⑵　信用度

査定要素中、客観的要素については、中央建設業審議会において採点計算をなした参考資料を作成し（モデル会社につき、基準数値及び点数を設定し、これと当該会社の実数値とを比較して点数を計算する。）、発注者に通知する。

発注者は、この参考資料又は客観的要素を基準として、主観的要素を考慮して等級を付する。

以上の審査により有資格と認められた者について、等級別の区分に従い各工事別、府県別に発注の標準とする請負工事金額を定める。

2　昭和28年・29年改正

前記「入札制度合理化対策により工事施工能力審査のための採点要領」に定めるモデル会社の基準数値を改めました。

3　昭和31年１月改正

前記「建設業者事前資格審査要領」及び「入札制度合理化対策により工事施工能力審査のための採点要領」で資格審査基準を定めていたものを削除し、一部を本文の資格審査の項中にとり入れました。主観的査定要素のうち「信用度」を削除して「主要機械」及び「特殊の工事」を追加し、客観的査定要素の審査基準については、「中央建設業審議会の取扱要領」を定めて、従来のモデル会社の基準数値方式を廃止し、各客観的査定要素別の段階記号表示とするとともに、査定要素を次のように改めました。

⑴　客観的査定要素

①　経営規模等（ａ～ｅの５段階評価）

(a)　工事種類別年間完成工事高（建築、土木、職別）

(b)　職員数（兼業者完工比＋按分計算を行う。）

(c)　営業年数

(d)　自己資本（兼業者は、職員数と同取扱い。）

②　経営比率（a′～e′の５段階評価）

(a)　流動比率

(b)　自己資本固定比率

(c)　自己資本負債比率

(d)　自己資本回転率

(e)　完成工事高純利益率

⑵　主観的査定要素

(a)　工事種類別工事成績

(b)　工事種類別工事経歴

(c)　主要機械

(d)　特殊の工事

4　昭和31年12月改正

「中央建設業審議会の取扱要領」に定める客観的査定要素中経営規模等についての区分を細分化し、区分ごとに点数を付し、これにより総合数値を算出することとし、希望する発注機関に対しては、総合数値に関する参考資料を配布することとしました。

総合数値の算出方法

(工事種類別年間完成工事高＋職員数＋営業年数＋自己資本)×

$\left(1+\dfrac{経営比率}{180}\right)$

総合	9〜113点	3〜30点	1〜10点	3〜30点	
職別	9〜 91	3〜24	1〜8	3〜24	2.5〜20

5　昭和32年改正

建設業法施行令の改正に伴い、「入札制度合理化対策について」中適格性の資格審査基準のうち「30万円」を「50万円」に改めました。

6　昭和34年改正

「入札制度合理化対策について」中資格審査の項の主観的査定要素に「工事の安全成績」を追加するとともに、客観的査定要素の審査要領を「工事施工能力審査要領」として定め、各要素の取扱い及び計算方法を具体的に示し、経営規模等の区分の上位ランクについて改めました。

7　昭和37年改正

建設業法の一部改正（昭和36年5月法律第86号）により、経営に関する客観的事項の審査が法制化されたことに伴い、中央建設業審議会の意見をきいて、建設省告示で審査の項目及び基準（記号表示）が定められ、同時に点数評価について建設業課長通達がなされてほぼ現行制度の形ができあがりました。

さらに、等級別発注標準金額を改めました。

総合数値の算出方法

$$A \times \left(1 + \frac{B + C}{100}\right) \cdots\cdots\cdots A の1.6〜2.0倍$$

A：主として請け負う建設工事の種類別年間平均完成工事高（５〜93点）

B：自己資本額（15〜25点）＋職員の数（15〜25点）＋機械器具等の数（15〜25点）

C：流動比率（３〜５点）＋自己資本固定比率（３〜５点）＋自己資本回転率（３〜５点）＋完成工事高純利益率（３〜５点）＋営業年数（３〜５点）

8　昭和38年改正

建設省告示の一部を改正し、自己資本回転率の審査基準の部分修正をしました。

9　昭和40年改正

「入札制度合理化対策について」中主観的査定要素に「労働福祉の状況」を加えるとともに、等級別発注標準金額を改めました。

10　昭和46年改正

等級別発注標準金額を改めました。

11　昭和48年改正

建設業法の改正に伴い、適格性の資格審査基準のうち、軽微な建設工事以外の建設工事については、発注工事の種別に対応する建設業の許可を受けた建設業者でなければならないこととし、本審査にあっては入札参加申込者の利便に供するため、当分の間、発注者はその発注工事の種別に応じ、当該建設工事の種別に対応する建設業の業種をあらかじめ公示するものとしました。

等級別発注標準金額については、発注者が中小業者の保護助長に留意するとともに、地方的特殊性その他の事情を勘案して発注者において独自にこれを決定するものとし、その例示は廃止することとしました。

また、「工事施工能力審査基準」を「経営事項審査基準」に改めるとともに客観的事項について項目の整理を行い、さらに経営比率中「自己資本負債比率」、「自己資本回転率」、「完成工事高純利益率」を「総資本純利益率」に改めました。また、主観的事項については、「主要機械」及び「特殊の工事」を「建設機械」に改めました。

なお、客観的事項の審査の結果については、従前、中央建設業審議会で作成した参考資料を希望する発注機関に配布することとしていましたが、今回の改正により当分の間、許可行政庁で行うこととされました。

12　昭和55年改正

① 経営事項審査基準の客観的事項中、「工事種類別年間完成工事高」については、近年における建設工事費の増嵩、建設工事受注の低率化等にかんがみ、審査区分を細分化するとともに上位区分を新設し下位区分を統合しました。

② 経営事項審査基準の客観的事項中、「職員の数」については、近年における建設業者の人的構成の実態に即して、その経営規模をより適

切に審査し、あわせて建設業者の技術的能力の評価にも資するよう「技術職員の数」と「技術職員以外の職員の数」とに分けて審査することとしました。

③　経営事項審査基準の客観的事項中、「自己資本額」及び「経営比率等」については、近年における建設業者の経営実態の変化にかんがみ、きめ細かな審査を行うこととしました。

この場合、「経営比率等」中の「営業年数」については、建設業の許可または登録を受けて建設業の営業を行っていた年数をもって審査することとしました。

④　なお、客観的事項の審査の結果を総合数値で表す場合には、

ア）「技術職員の数」を「技術職員以外の職員の数」に比してより高く評価することとしました。

イ）「工事種類別年間完成工事高」に対する評価が「経営規模」及び「経営比率等」に対する評価に比して偏重されることのないよう配慮することとしました。

13　昭和63年改正

施工能力や資力信用に欠ける者を排除し、「技術と経営に優れた企業」を育成するという観点からは、審査内容、審査体制の両面とも必ずしも十分ではないという指摘が昭和62年１月の中央建設業審議会第一次答申においてなされたことを受けて、企業力を的確に評価するための審査内容の改善を行うとともに、虚偽申請や粉飾等について十分なチェックを行うための審査体制を充実することが必要であるとの答申の趣旨を踏まえ、16年振りに本格的な改正が行われました。

①　審査内容の充実

評価項目のうち、完成工事高のウェイトが必要以上に高く、企業の技術力や経営の健全性等が十分に反映されていないとの答申の指摘を受け、経営事項審査の項目及び基準の改正を行いました。

	（新　項　目）	（旧　項　目）
⑴経営規模	①工事種類別年間平均完成工事高 ②自己資本額 ③職員数	①工事種類別年間平均完成工事高 ②自己資本額 ③技術職員の数 ④技術職員以外の職員の数
⑵経営状況	①完成工事高経常利益率 ②総資本経常利益率 ③損益分岐点比率 ④流動比率 ⑤当座比率 ⑥運転資本保有月数 ⑦１人当たり完成工事高対数 ⑧１人当たり付加価値対数 ⑨１人当たり総資本対数 ⑩固定比率 ⑪自己資本比率 ⑫固定負債比率	①流動比率 ②自己資本固定比率 ③総資本純利益率
⑶その他の評価項目	（注） ①技術職員数─┬ア．１級技術者 　　　　　　　├イ．２級技術者 　　　　　　　└ウ．その他の技術者 ②営業年数	①営業年数

（注）　「１級技術者」とは、建設業法上特定建設業の専任技術者、監理技術者の資格を満たす国家資格の保有者のこと。同様に「２級技術者」とは、一般建設業の専任技術者、主任技術者の資格を満たす国家資格の保有者のこと。
「その他の技術者」とは、それ以外の国家資格、実務経験により主任技術者の資格を有する者のこと。

②　審査体制の充実

審査の結果が発注者にとってより利用しやすいものとなるよう、審査基準日を10月１日に繰り上げるとともに、審査の締切日も従来の２月末日から１月14日に繰り上げることとしました。

また、経営状況の分析については、公正中立な専門機関を指定して、行政庁を補完させ、より充実した審査を行うことができることとしました。なお、経営事項審査の一部を外部機関に行わせることにより、建設業者からみると経営状況の分析については指定機関に、その他の事項については知事又は大臣に申請することとなりました。

③　審査手続の厳正化

経営事項審査を受けようとする者は、経営事項審査申請書に、工事経歴書、財務諸表等を添付して申請することとなりました。

④　手数料

経営事項審査を受けようとする者は、審査を行うために必要な実費を手数料として納めることとなりました。

○指定経営状況分析機関へ

14,000円（16,200円）

○国、都道府県へ

審査対象建設業が１種類の場合は9,000円（11,000円）、以下１業種増すごとに2,000円（2,500円）を加算

（建設大臣、都道府県知事が経営状況分析を行う場合
審査対象建設業が１種類の場合は、23,000円（27,200円）、以下１業種増すごとに2,000円（2,500円）を加算）

（カッコ内は改正前）

14　平成６年改正

⑴　改正の経緯

平成５年に入って、公共工事をめぐる不祥事が相次いでおきたことにより、公共工事の執行、ひいては、公共事業そのものに対する国民の信頼が著しく損なわれるに至り、中央建設業審議会は、この事態を重く見て、公共工事の入札・契約制度全般にわたる思い切った改革を行うこととし、同年12月21日に「公共工事に関する入札・契約制度の改革について」を建議しました。この建議は、入札・契約制度を90年振りに大改正する歴史的なものであり、大規模工事での一般競争入札の採用、指名競争入札の改善等を入札・契約方式改革の基本方針としています。そして、一般競争入札に

ついては、競争性が高い反面、不良不適格業者の混入する可能性も大きいことからセーフガードの重要性が高いので、建設業許可の段階における不良不適格業者の的確な排除に一層努めるとともに、経営事項審査や個別工事に係る技術力の審査等資格審査体制の充実により、適格なセーフガードが構築されなければならないとしています。

また、経営事項審査については、さらに具体的に次のような建議が行われました。

① 一般競争方式の参加者を適格に審査するために、経営事項審査の充実・活用を図ることが妥当である。

② 経営事項審査が誰が見ても分かりやすいものとなるよう、総合評価の算定方法の見直しを行う。

③ 従来、主観的事項とされてきた「工事の安全成績」、「労働福祉の状況」について、経営事項審査の評価項目に加える方向で検討を行う。

④ 各評価項目のウェイトの見直し、技術者のカウント方法の改善等により評価精度を高める。

⑤ 適切な公共工事の施工を確保するため、公共工事を施工しようとする建設業者は、必ず経営事項審査を受けなければならないこととし、申請にあたり虚偽の記載等を行った場合についての罰則を設けるべきである。

⑥ 建設市場の国際化に対応し、国際的視点に立った企業評価の見直しを行うべきである。

これらを受けて、一方で建設業者に対する経営事項審査の義務付け、経営事項審査申請の虚偽記載等への罰則の創設等を内容とする建設業法の改正が平成６年６月29日に行われ、他方で経営事項審査の内容・手続の改正のために建設業法施行規則の改正、建設省告示「建設業法第27条の23第３項の経営事項審査の項目及び基準を定める件」の改正、関連通達の策定が平成６年６月８日に行われました。

⑵　改正の方針

①　入札・契約制度の改革の一環として資格審査の透明性・客観性を高める

入札・契約制度の透明性、客観性を高めるためには、入札・契約制度の入口に当たる資格審査の透明性、客観性を高める必要があります。あらゆる公共発注者で極力統一された客観的で透明性のある手法で審査を行うことが望まれ、その役割を担う経営事項審査の透明性、客観性を一層高める必要があります。

その前提条件としては公共工事を施工しようとする建設業者は全て経営事項審査を受けていることが必要であると言えます。

②　技術と経営に優れた企業の総合力を適正に判定し競争の促進を図る

一般競争入札の導入に伴い指名段階での建設業者の選別が行われなくなると、資格審査段階における不良不適格業者の排除等建設業者の選別の意義が高まります。

また、建設市場での適正な競争の実現のためには、建設業者の技術力、経営力の適正な評価が基本となります。

その際、完成工事高に過度に重きを置くことなく、技術力等をきめ細かく審査することが従来にも増して必要になるとともに、工事の安全や労働者に対する適正な配慮等健全な企業として必要な措置についても一定の評価を行い、それを前提に競争が促進されるようにすることが重要です。

③　国民から見て分かりやすい制度とする

各審査項目のウェイト付け等経営事項審査制度の仕組みやその内容が国民から理解されやすいようにするとともに、公共工事の施工業者の選定に当たって最も重要な情報となる経営事項審査の結果の透明性を高めることが重要です。

④　国際的にも通用する資格審査制度とする

我が国の建設市場が国際的に開放されたものとなるためには、そのための条件整備の１つとして、外国建設業者の資格審査を国際的な観点に立って行うことが重要です。また、ＷＴＯルールに沿って実施することが重要です。

(3) 改正の概要

① 審査項目及び基準の改正

ア） 主観的事項の客観化

従来の資格審査において主観的事項として扱われてきた事項のうち、「工事の安全成績」、「労働福祉の状況」については、客観的事項として経営事項審査に移行します。

工事の安全成績については、労働災害の発生状況によって審査し、その指標は死者数及び休業連続４日以上の負傷者数とします。

労働福祉の状況については、雇用保険、健康保険・厚生年金保険への未加入及び賃金不払の発生を減点評価とし、建設業退職金共済組合への加入、退職一時金制度の導入、企業年金制度の導入及び法定外労働災害補償制度への加入を加点評価とします。

イ） 審査項目の追加

建設業者の経理処理については、その近代化を図る必要性が極めて高く、公正かつ正確な経理処理や原価計算等を行う経営管理能力を評価する必要があるため、建設業経理事務士等の数について新たに審査項目として導入しました。

〔審査項目比較表〕

［改正後の経営事項審査］

	審　査　項　目
①経営規模	・工事種類別年間平均完成工事高 ・自己資本額 ・職員数
②経営状況	・完成工事高経常利益率 ・総資本経常利益率 ・損益分岐点比率

［改正前の経営事項審査］

	審　査　項　目
①経営規模	・工事種類別年間平均完成工事高 ・自己資本額 ・職員数
②経営状況	・完成工事高経常利益率 ・総資本経常利益率 ・損益分岐点比率

・流動比率 ・当座比率	・流動比率 ・当座比率 ・運転資本保有月数 ・１人当たり完成工事高対数 ・１人当たり付加価値対数 ・１人当たり総資本対数 ・固定比率 ・自己資本比率 ・固定負債比率
③技術力	・建設業の種類別技術職員数
④その他の審査項目（社会性等）	・労働福祉の状況 ・工事の安全成績 ・営業年数 ・建設業経理事務士等の数

	・運転資本保有月数 ・１人当たり完成工事高対数 ・１人当たり付加価値対数 ・１人当たり総資本対数 ・固定比率 ・自己資本比率 ・固定負債比率
③その他の評価項目	・技術職員の数 ・営業年数

ウ）　技術職員数の審査方法の変更

従来、許可を受けている建設業の種類にかかわらず全体で評価していた技術職員数について、建設業者の技術の適正な評価を促進するため、建設業法上の28の建設業の種類別に審査するとともに、「その他の評価項目」から独立した「技術力」の審査項目とします。

エ）　経営規模、経営状況分析、営業年数の審査基準の変更

完成工事高については、評点が新しくなります。自己資本と職員数については、連続性を持った新たな区分に変更するとともに、完成工事高との見合いに応じて点数を求めることとします。

経営状況分析については、従来は、個人と法人の財務諸表の構造の相違により個人と法人の建設業者の間で評点格差が生じる問題があったため、個人・法人別の算出式で評点を求めることとします。

また、営業年数についても、連続性を持った新たな区分に変更しています。

② 総合評点の算出方法の変更

総合評点の算出式について、次のような式の意義の分かりやすい線形式に変更し、審査項目のウェイト付けを適切に設定することとしました。

総合評点（P）$=0.35X_1+0.10X_2+0.20Y+0.20Z+0.15W$

X_1：工事種類別年間平均完成工事高の評点

X_2：自己資本額及び職員数の評点

Y ：経営状況分析の評点

Z ：技術力の評点

W：その他の審査項目（社会性等）の評点

［新経審のウェイト］

a	X_1：工事種類別年間 平均完成工事高	35
b	X_2：自己資本額 職員数	10
c	Y：経営状況分析	20
d	Z：建設業種類別技術職員数	20
e	W：労働福祉の状況 工事の安全成績 営業年数 建設業経理事務士等の数	15

［現行経審のウェイト］（制定時目標）

X_1：工事種類別年間 平均完成工事高	40
X_2：自己資本額 職員数	10 5
Y：経営状況分析	20
Z：技術職員数	20
営業年数	5

③ 外国建設業者の評価方法の変更

外国建設業者については、日本国以外の技術職員数、営業年数、労働福祉の状況のうちの一部等については、申請により、建設大臣が認定した数値等をもって審査し、また、建設大臣が企業集団として認定した場合は、労働福祉の状況を除き、その企業集団全体について認定した数値をもって審査することとします。

④　審査基準日等の変更

経営事項審査の合理化と審査事務の平準化等を図るため、審査の基準日を従来の10月１日から、各建設業者の決算日へと変更します。また、新たな政府調達協定が平成８年１月から発効することを踏まえ、従来の１月14日の申請の締切日を設けないこととします（締切日の廃止については平成７年１月15日から実施）。

⑤　建設業法の改正事項

ア）　経営事項審査の義務付け

公共工事を発注者から直接請け負おうとする建設業者は、経営事項審査を受けることを義務付けられることとなりました。

イ）　経営事項審査結果の公共発注者への通知

経営事項審査制度の透明性の向上の観点から、審査機関は、経営事項審査結果について公共発注者に対しては、建設業者の承諾等がなくとも直接知らせ得ることとしました。

ウ）　虚偽記載に対する罰則

経営事項審査申請書に虚偽の記載をして提出した場合等を罰則の適用対象としました。

15　平成10年改正

⑴　改正の経緯

我が国の社会構造の変革が進む中で、建設市場はかつてみられない大きな構造変化に直面しており、特に公共工事への依存度の高い中小・中堅建設業者にとって、今後厳しい時代を迎えることが予想されました。

このような中で、今後、技術と経営に優れた企業が伸びられる透明で競争性の高い市場環境の整備を進めていくことが急務であるといえます。すなわち、各企業の自助努力と市場競争原理を基本としつつ、

○　技術力による競争が促進される入札・契約方式の導入、技術力の企業評価への適切な反映、技術力に欠け適正な競争を妨げる不良不適格業者

の排除の徹底など技術力による市場競争の促進

○　量的な側面だけでなく質的な側面をも重視した経営への転換、企業の連携強化による経営力・技術力の充実など新たな企業経営の展開

○　技術開発の進展等に対応した規制の緩和、的確な企業情報の開示の推進、入札・契約手続の透明性の向上など適正な競争環境の整備

○　生産・経営の効率化、元請下請取引の適正化など建設生産システムの合理化の推進

などを積極的に進めていく必要があるとされ、以上のような視点に立って、平成10年２月４日の中央建設業審議会により「建設市場の構造変化に対応した今後の建設業の目指すべき方向について」の建議が出されました。

⑵　改正の方針

平成10年２月４日の中央建設業審議会の建議を受けて、経営事項審査を中核とする企業評価制度について、

○　量的な指標である完成工事高の比重の見直し

○　建設業者の技術力の重視

○　建設業者の経営力の重視

などの視点からの見直しが行われ、規模の競争ではなく技術力・質による競争を促すような制度に変更されました。

⑶　改正の概要

①　各項目の評点幅の見直し

②　技術職員評価の見直し

③　専門的な技術力評価に資する経営事項審査の区分の見直し

④　契約後ＶＥに係る完成工事高の評価の特例

⑤　建設業者のリストラ推進による評点の激変緩和措置

16　平成11年改正

⑴　改正経緯・方針

改正前の経営状況分析は、昭和63年の経営事項審査の見直しにおいて採用され、当時の企業の実態をベースとしてその算定式が設定されたものです。しかし、最近の建設業界を取り巻く経営環境の変化は著しく、特に公共事業への依存度の高い中小・中堅建設業者や不良資産を抱えた大手ゼネコンは厳しい経営環境に直面しており、受注の減少や不良資産の処理の遅れを原因として、平成９年７月以降の大手ゼネコンの相次ぐ会社更生手続開始の申立てをはじめ建設業者の倒産が急増し、自主廃業を含め市場からの退出が増加しています。

こうした状況の中で、経営事項審査における経営状況分析の重要性が改めて指摘され、現行の経営状況分析が最近の建設業者の実態や経営環境の変化を的確に反映しているかを検証する必要があるとされました。これについては専門性が高い分野であるため、別途、専門的な研究会を設ける必要があるとされ、平成９年10月に経営状況分析見直し研究会が設置されました。

この経営状況分析見直し研究会では、現行の経営状況分析について次のような問題点が指摘されました。

1　有利子負債等の反映について

現行の経営状況分析の指標には、有利子負債及び不良資産を表すデータが直接的に反映されていないと考えられます。

①　有利子負債

有利子負債については、現行の経営状況分析の指標の中の流動比率、当座比率、運転資本保有月数及び固定負債比率の各指標に関連しますが、その影響は間接的であると考えられます。

②　不良資産

不良資産（時価が著しく低下している有価証券及び販売用不動産、

１年以上滞留している完成工事未収入金等）については、流動性及び健全性の各指標に関連するが、その影響は間接的であると考えられます。

（※）そもそも不良資産の定義付けを行うことは困難であり、かつ決算書の数字より資産が不良化しているか否かを判別することはできないため、指標の選定が困難であることも１つの問題点として挙げられます。

2　生産性を表す指標について

現行の経営状況分析の４因子12指標について、倒産した建設業者のデータを用いて分析を行うと、生産性を表す指標に関しては倒産した建設業者の方が良い数値になっており、何らかの見直しが必要であると考えられます。

倒産業者と全建設業者の生産性を表す指標の平均値の比較

	倒産業者の平均値	全建設業者の平均値
１人当たり売上高対数	4,539	4,354
１人当たり付加価値対数	3,929	3,869
１人当たり総資本対数	4,429	4,106

（※）倒産業者の平均値については、平成７、８年度及び９年度上半期に倒産した793社（前払保証の実績がある会社）より算定し、全建設業者の平均値については、経営事項審査を受けている約20万業者より算定

3　連結決算について

証券取引法の適用を受ける上場会社等は、連結決算書の作成が義務付けられていますが、これらの会社については平成12年３月期より、単独決算中心の情報開示から連結決算中心の情報開示に変更されます。また、子会社等の判定基準が見直されることにより、連結決算書の作成が義務付けられる会社が増加することが予想され、これらに伴い連結決算を経営状況分析に導入すべきか否かを検討する必要があります。

この連結決算を経営状況分析に導入することは、連結子会社を利用した不良資産隠しや利益操作を排除することや、連結子会社を含めた企業集団としての実態の把握が可能となる等のメリットが考えられる一方で、連結決算の作成を義務付けられている会社は証券取引法の適用を受ける一部の

大会社であるため、証券取引法の適用を受ける会社と適用を受けない会社との間で有利又は不利が生じる可能性がある等の問題点が考えられます。

これらの問題点を踏まえ、同研究会において経営状況分析の見直しに関し以下の結論が取りまとめられました。

○　現行の経営状況分析の4因子12指標については、平成11年3月期決算からの導入を目途に見直しを行うこととし、その方法としては、昭和63年改正時に12指標を選定した基になる47指標に、有利子負債等を反映する新たな指標を加え、昭和63年改正時と同じ手法により因子及び指標の選定を行い、算定式を設定する。

○　連結決算の経営状況分析への導入については、引き続き問題点を整理した上で、導入すべきか否かについて結論を得ることとし、導入する場合にはその方法についての検討を行う。

これらの結論は、平成10年2月4日の中央建設業審議会建議に反映され、同建議において、経営状況分析見直し研究会での検討を踏まえ、「現行の経営状況分析に関する12の指標は昭和63年に定められたものであり、建設業者を取り巻く経済状況も大きく変わったことから、不良資産の反映等の観点も含めて、指標の妥当性等について検討を行い、早期に結論を得る必要がある。」との指摘や、「企業会計では、連結決算を重視する方向にあるが、このような流れを受けて建設業者の経営状況分析に当たって連結決算を用いることを検討すべきである。」との指摘がなされています。

これらの指摘に基づき、建設業者の経営状況を経営事項審査に一層的確に反映させることを検討するため、別途、専門的な研究会である経営状況分析見直し検討ワーキンググループが設けられ、

○　新たな経営状況分析の指標について

○　連結決算の経営状況分析への反映について

の検討が重ねられてきましたが、今般、平成10年12月24日の構造改善小委員会での意見を踏まえ、次に述べるような考え方を取りまとめたところです。

⑵ 改正の概要

① 経営状況分析指標の見直し

新たな経営状況分析の指標を選定する手法としては、昭和63年改正時に12指標を選定した基になる47指標に有利子負債、キャッシュ・フロー等を反映する新たな指標を加え、昭和63年改正時に12指標を選定した手法と同様に、因子分析等により指標の選定を行った上で判別分析により算定式を設定します。

経営状況分析の新たな12指標

	記号	経営状況分析の指標 (( )内はY評点への寄与度)	算出式	上限値	下限値
収益性	X_1	売上高営業利益率 (14.2%)	営業利益／売上高×100	7.4	−9.5
	X_2	総資本経常利益率 (8.1%)	経常利益／総資本（2期平均）×100	15.8	−13.1
	X_3	キャッシュ・フロー対売上高比率 (7.1%)	（当期利益＋当期減価償却実施額＋引当金増加額−株主配当金−役員賞与金）／売上高×100	6.7	−7.5
流動性	X_4	必要運転資金月商倍率 (2.6%)	（受取手形＋完成工事未収入金＋売掛金＋未成工事支出金−支払手形−工事未払金−買掛金−未成工事受入金）／（売上高÷12）	−1.6	3.4
	X_5	立替工事高比率 (10.2%)	（受取手形＋完成工事未収入金＋売掛金＋未成工事支出金−未成工事受入金）／（売上高＋未成工事支出金）×100	0.0	37.9
	X_6	受取勘定月商倍率 (2.8%)	（受取手形＋完成工事未収入金＋売掛金）／（売上高÷12）	0.0	4.3
安定性	X_7	自己資本比率 (8.9%)	自己資本／総資本×100	68.4	−23.5
	X_8	有利子負債月商倍率 (17.0%)	（短期借入金＋長期借入金＋受取手形割引高＋社債＋転換社債＋新株引受権付社債）／（売上高÷12）	0.0	10.8
	X_9	純支払利息比率 (11.3%)	（支払利息−受取利息配当金）／売上高×100	0.0	3.1
健全性	X_{10}	自己資本対固定資産比率 (3.5%)	自己資本／固定資産×100	529.3	−76.5
	X_{11}	長期固定適合比率 (9.1%)	（自己資本＋固定負債）／固定資産×100	754.5	26.9
	X_{12}	付加価値対固定資産比率 (5.2%)	（売上高−（材料費＋外注費））／固定資産（2期平均）×100	1,430.6	61.5

（注）
・X_4、X_5、X_6、X_8、X_9の5指標については、値が小さいほど評点に対してプラスの影響を及ぼす指標
・＿＿の指標については、改正前の経営状況分析において採用されている指標
・税効果会計を適用している会社については、X_3を算出するに当たって「当期利益」を「税引前当期利益−法人税等」に置き換えて算出
・いわゆる労務外注費を「労務費」に含めて計上している会社については、X_{12}を算出するに当たって「外注費」を「外注費＋労務外注費」に置き換えて算出

収益性の点数＝$0.10403\times X_1+0.03219\times X_2+0.06474\times X_3-0.52301$
流動性の点数＝$0.13201\times X_4+0.06263\times X_5+0.16302\times X_6-1.21835$
安定性の点数＝$0.00969\times X_7-0.16104\times X_8-0.36901\times X_9+0.43437$
健全性の点数＝$0.00107\times X_{10}+0.00229\times X_{11}+0.00071\times X_{12}-0.94023$
A（経営状況点数）＝0.708×収益性の点数−0.291×流動性の点数＋0.721×安定性の点数＋0.419×健全性の点数＋0.255

Y（経営状況の評点）
（法人） $Y=215.3\times A+720$
（個人） $Y=215.3\times A+420$

改正前の経営状況分析の12指標

記号	経営状況分析の指標 (( )内はY評点への寄与度)	算出式	上限値	下限値
X_1	売上高経常利益率 (14.1%)	経常利益／売上高×100	5.8	−3.5
X_2	総資本経常利益率 (13.3%)	経常利益／総資本×100	12.0	−7.3
X_3	損益分岐点比率 (2.7%)	（販売費及び一般管理費＋支払利息）／（売上総利益＋営業外収益−営業外費用＋支払利息）×100	61.0	124.0
X_4	流動比率 (24.4%)	（流動資産−未成工事支出金）／（流動負債−未成工事受入金）×100	265.0	0.0
X_5	当座比率 (3.6%)	（現預金＋受取手形＋完成工事未収入金＋売掛金＋有価証券＋自己株式＋親会社株式）／（流動負債−未成工事受入金）×100	237.0	0.0
X_6	運転資本保有月数 (4.5%)	（流動資産−流動負債）／（売上高÷12）	3.8	−2.7
X_7	1人当たり売上高対数 (4.9%)	LOG10（売上高／総職員数）	5.1	3.7
X_8	1人当たり付加価値対数 (0.7%)	LOG10（売上高−（材料費＋労務費＋外注費））	4.4	3.2
X_9	1人当たり総資本対数 (3.5%)	LOG10（総資本／総職員数）	5.0	3.4
X_{10}	固定比率 (7.0%)	固定資産／自己資本×100	0.0	999.0
X_{11}	自己資本比率 (0.7%)	自己資本／総資本×100	56.0	−16.0
X_{12}	固定負債比率 (20.6%)	固定負債／自己資本×100	0.0	940.0

（注）
・X_3、X_{10}、X_{12}の3指標については、値が小さいほど評点に対してプラスの影響を及ぼす指標
・＿＿の指標については、新たな経営状況分析の指標

収益性の点数＝ $0.29389\times X_1+0.13965\times X_2-0.00957\times X_3+0.22700$
流動性の点数＝ $0.01529\times X_4+0.00238\times X_5+0.12213\times X_6-2.04379$
生産性の点数＝ $2.40155\times X_7+0.41529\times X_8+1.42668\times X_9-18.18439$
健全性の点数＝$-0.00107\times X_{10}+0.00181\times X_{11}-0.00320\times X_{12}+0.63560$
A（経営状況点数）＝0.611608×収益性の点数＋0.743306×流動性の点数＋0.226549×生産性の点数＋0.649755×健全性の点数−0.350834

Y（経営状況の評点）
（法人） $Y=144.5\times A+700$
（個人） $Y=144.5\times A+479$

新たな経営状況分析の4因子12指標のポイントとしては、以下の点が挙げられます。

① 現行の経営状況分析においては、収益性を表す指標は経常利益で統一されているが、様々な角度から企業の収益性を分析できるようにするため、新たな経営状況分析においては、経常利益以外に「営業利益」及び「キャッシュ・フロー」を導入する。

(※) この場合の「キャッシュ・フロー」については、税引後当期利益に減価償却費等の非資金項目を加えた、営業活動によるキャッシュ・フローを表す概念として用いることとする。

② 新たに安定性を表す指標として、「自己資本比率」の他に負債の状況に着目した「有利子負債月商倍率」及び「純支払利息比率」を導入する。

(※) 「自己資本比率」については、現行の経営状況分析では健全性を表す指標として適用されているが、自己資本が有利子負債を含めた他人資本と表裏の関係にあることを考慮して、新たな経営状況分析においては、「有利子負債月商倍率」及び「純支払利息比率」と同様の性質を表す指標として適用することとする。

③ 生産性を表す現行の3指標については、経営状況の良し悪しを的確に反映していないと考えられるため削除する。

(※) 生産性を表す代表的な指標である「付加価値」については、健全性を表す「付加価値対固定資産比率」の指標のなかで反映させることとする。

(※) 新たな経営状況分析の評点の算式を設定するに当たり、以下の調整を行うこととする。

○ 各指標について上限値、下限値を設定する。設定の方法としては、以下の条件により約13万の建設業者のデータを抽出し、各指標の分布の95%に該当する数字を上限値とし、5%に該当する数字を下限値とする。

- 法人である建設業者（個人の建設業者は除く。）
- 売上高に占める兼業事業売上高が20%以下である建設業者
- 直近3期の決算の期間がいずれも12ヶ月間である建設業者

○　現行の経営状況分析の評点分布の幅（最低点０点、最高点1,411点）と、なるべく同一にするため、経営状況分析の評点の算式の係数を修正する。

経営状況分析の評点＝144.5×Ａ（経営状況点数）＋700（法人）
＝144.5×Ａ（　　〃　　）＋479（個人）

法人、個人　144.5から215.3に変更

○　法人の平均点と、個人の平均点をそれぞれ700点に調整するため、評点の算式の定数項を修正する。

経営状況分析の評点＝215.3×Ａ（経営状況点数）＋700（法人）
＝215.3×Ａ（　　〃　　）＋479（個人）

法人　700から720に変更

個人　479から420に変更

なお、中央建設業審議会において指摘されている不良資産の反映については、以下の指標による影響が考えられます。

○　完成工事未収入金、受取手形等の資産が不良化し、当該数値が増加した場合は、流動性を表す各指標に対してマイナスの影響を与えることとなる。

○　不良資産の増加に伴い資金繰りが悪化し有利子負債が増加した場合は、安定性を表す指標に対してマイナスの影響を与えることとなる。

また、現行の経営状況分析の評点と新たな経営状況分析の評点を比較すると、以下のような特徴が挙げられます。

①　現行の経営状況分析の評点分布と比較すると、新たな経営状況分析の評点分布は平均点700点を中心とした正規分布となる。

②　現行の経営状況分析の評点と比較すると、新たな経営状況分析の評点は投資家マーケットでの評価を反映していると考えられる株価との相関が高くなる。

②　連結決算の経営状況分析への反映

連結決算を経営状況分析に反映させることについては、前述の経営状

況分析見直し研究会においていくつかの問題点が指摘されているところですが、以下の理由により、証券取引法の適用を受ける建設業者については、何らかの方法で連結決算を経営状況分析に反映させるべきであると考えられます。

○　証券取引法の適用を受ける建設業者について、連結決算による経営状況分析の評点を算出した場合、単独決算による経営状況分析の評点と比較して大きく異なる場合があること

○　証券取引法の適用を受ける建設業者については、平成12年３月より連結決算中心の情報開示となること

連結決算を経営状況分析に反映させる方法としては、証券取引法の適用を受ける建設業者については、連結決算により算出された経営状況分析の評点を経営事項審査の総合評点を算出するに当たって用いることも考えられますが、経営事項審査を受ける全ての建設業者についてその審査基準が統一であることが望ましく、証券取引法の適用を受ける建設業者と適用を受けない建設業者とで審査基準が異なることは適切でない等の理由により、連結決算により算出された経営状況分析の評点を単独決算による評点に加えて付記することとなりました。

17　平成14年改正

○　改正経緯・概要

⑴　完成工事高評点テーブルの見直し

近年の建設投資低迷の中で、完成工事高は減少する傾向にあり、㈶建設経済研究所による建設投資の平成13年度見通し額では、平成12年度比で約６％の減少を見込んでいました。

経営事項審査の総合評点及び各審査項目は、平成６年度改正時に平均点がそれぞれ700点となるように制度設計されているものです。全建設業者平均点について調査したところ、各審査項目のうち、完成工事高（X_1）以外の審査項目（X_2、Y、Z、W）の平均点については、当該設計時点の

700点とほとんど乖離はみられませんが、完成工事高の評点（X_1）については、建設投資の低迷にともなって、700点を下回っていることがわかりました。

各審査項目の平均点とのバランスをとるとともに、技術と経営に優れた企業が伸びられる健全な市場環境の整備、中堅中小企業に対する競争参加機会の確保による競争性の確保等の観点から、以下の修正手法により、完成工事高の評点（X_1）の平均点を当初制度設計時点の平均点（700点）に修正することとなりました。

［修正手法］

① 審査基準日が平成12年度内にある全建設業者を対象として、平成12年度の完成工事高を抽出し、平成13年度の建設投資の減少見込みである約６％分を完成工事高から減じて、平成13年度の完成工事高の評点（X_1）の予想平均点を算出する。

② ①で算出された平成13年度の予想平均点を平成６年改正時に制度設計された平均点である700点に修正する。

③ 修正する際に用いた係数を、評点テーブルの完成工事高の評点（X_1）にかけあわせ、評点テーブルの評点修正を行う。

⑵　企業年金制度の改正に伴う審査項目の改正

経営事項審査のその他の審査項目（社会性等）（W評点）の企業年金制度の有無において、現行では、厚生年金基金を設立又は適格退職年金契約を締結している場合に加点措置を行っています。

確定拠出年金法及び確定給付企業年金法の制定を受け、従来の企業年金制度に加えて新たな制度が創設されたため、そのうち確定拠出年金（企業型）、基金型企業年金、規約型企業年金を新たに経営事項審査の加点対象に加えることとなりました。

18　平成15年改正

(1)　改正の経緯

平成14年改正でも基本的に階段状の評点テーブルに変更はなく、依然として完成工事高が高くなればなるほど刻みの幅が大きくなっている上、1ランク刻みが落ちると大幅に評点が下がる状況でした。このため、平成14年２月12日の中央建設業審議会において、従前の完成工事高が大きくなるに従って評点テーブルの刻み幅が大きくなる階段状の算定手法を改め、経審申請者の完成工事高をより的確に反映したX_1評点となるよう、評点テーブルを線形式化しました。

平成14年改正後の階段状のX_1評点テーブルの各頂点を直線で結んだ形となったため、全ての建設業者についてX_1評点が上昇するか同じとなるよう設計されました。

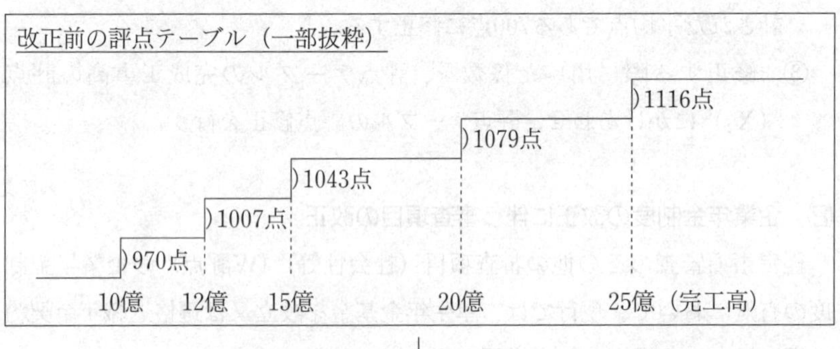

↓

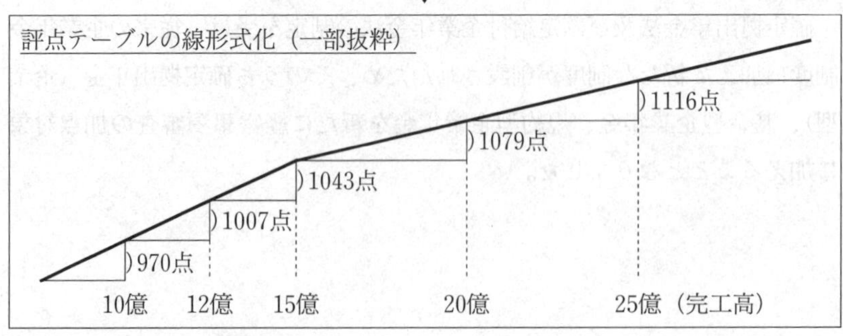

19　平成16年改正（公益法人改革）

⑴　改正の背景等

公益法人とは、非営利かつ公益的な事務・事業を行うものとして、民法第34条に基づき主務官庁の許可を得て設立された社団法人又は財団法人をいい、幅広い分野における様々な活動を通じ、市民社会において一定の役割を担っているところでありますが、近年の行政改革の流れの中で、官民の役割分担の見直し、規制改革の推進等の観点から、その運営及び活動の在り方、国との関係等について、厳しく見直しを行うよう求められています。

中でも、特定の法令等により国から制度的に委託や推薦等を受けて検査・認定・資格付与等の事務・事業を行っている法人（以下「行政委託型公益法人等」という。）については、国との関係が特に密接であると考えられることから、「行政改革大綱（平成12年12月１日閣議決定）」において、平成17年末までのできるだけ早い時期に、国の関与の最小限化、一層の透明化・効率化等を図るための措置を講ずることが決定されました。そして、これを受けて、平成14年３月29日には、当該措置の具体的内容を盛り込んだ「公益法人に対する行政の関与の在り方の改革実施計画」（以下「改革実施計画」という。）が閣議決定されました。

この改革実施計画を踏まえ、国土交通省が所管する法律に基づき委託等、推薦等を受けて事務・事業を行っている行政委託型公益法人等に対する国の関与の在り方を見直すこととなり、建設業法についても所要の措置を講ずることとなりました。

⑵　改正の概要

この公益法人改革に伴い、「経営状況分析」については「経営事項審査の一部として、公共工事の入札参加資格者選定の厳格性に留意しつつ、登録機関において実施する。」と指摘されました。

従来、経営事項審査の審査主体は、旧法第27条の23第１項により、許可行政庁とされており、そのうち、経営状況の分析については、旧法第27条の24第１項により、許可行政庁は、指定経営状況分析機関（以下「指定機関」という。）に事務委任することができることになっていましたが、指定機関は許可行政庁の事務委任を受けて行っているに過ぎず、あくまでも経営状況分析の審査主体は許可行政庁に属していました。

この公益法人改革により、経営状況分析については、登録機関において実施することとされましたが、登録機関については、行革事務局の基本的な考え方において、「政府の代行性を持たず、民間機関として業務を行うこと」等とされていることを踏まえると、経営状況分析の審査主体は登録機関とする一方、経営事項審査のうち、経営状況分析以外については、引き続き許可行政庁が行うものとされました。また、総合的な評定（P）については、仮に引き続き経営事項審査の一部として位置付けた場合、登録機関が行う審査が許可行政庁が行う経営事項審査に組み込まれることになり公益法人改革の趣旨に反するおそれが高いことから、経営事項審査から切り離し、経営事項審査結果の数値から機械的に算出される計算の結果と位置付けられました。

【改正前】

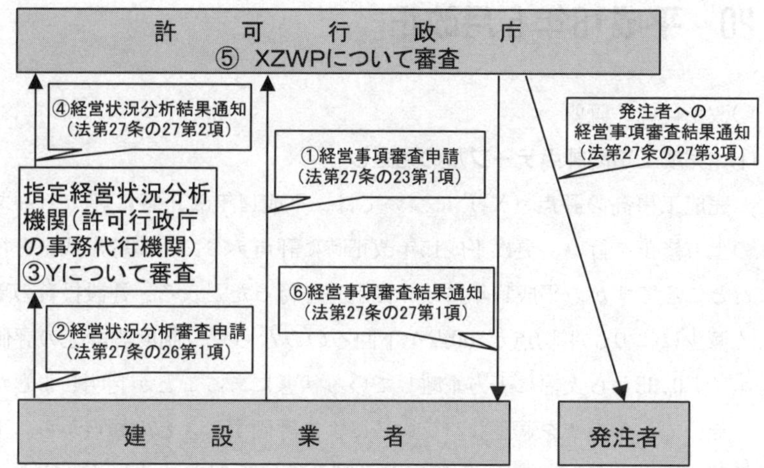
許　可　行　政　庁
⑤ XZWPについて審査
④経営状況分析結果通知
（法第27条の27第2項）
①経営事項審査申請
（法第27条の23第1項）
発注者への
経営事項審査結果通知
（法第27条の27第3項）
指定経営状況分析
機関（許可行政庁
の事務代行機関）
③Yについて審査
⑥経営事項審査結果通知
（法第27条の27第1項）
②経営状況分析審査申請
（法第27条の26第1項）
建　設　業　者
発注者

【改正後】

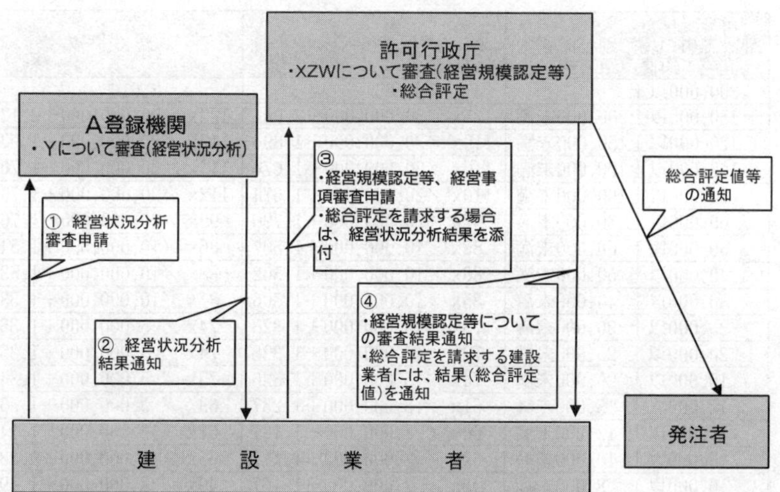
許可行政庁
・XZWについて審査（経営規模認定等）
・総合評定
A登録機関
・Yについて審査（経営状況分析）
③
・経営規模認定等、経営事項審査申請
・総合評定を請求する場合は、経営状況分析結果を添付
総合評定値等
の通知
① 経営状況分析
審査申請
④
・経営規模認定等についての審査結果通知
・総合評定を請求する建設業者には、結果（総合評定値）を通知
② 経営状況分析
結果通知
建　設　業　者
発注者

20　平成18年５月改正

○改正経緯・概要

⑴　完成工事高評点テーブルの見直し

完成工事高の評点（X_1）については、平成14年改正時に評点テーブルの上方修正を行い、更に平成15年改正時に評点テーブルの線形式化を行ったところですが、平成17年に改めて調査を行ったところ、建設投資の更なる減少により、平均点が700点を下回るのみならず、制度設計上の評価ウエイト0.35から大幅に下方乖離している状態にあることが判明しました。

そこで、各指標を適正なバランスにより評価すべきとの観点から、下方乖離が大きいX_1ウエイトを制度設計時の値に近似させるべく、評点テーブルを下表の通り上方修正することとしました。

X_1評点の新旧対照表

許可を受けた建設業に係る建設工事の種類別年間平均完成工事高（百万円）	旧X_1評点	新X_1評点
200,000以上	2,565	2,616
150,000以上200,000未満	121x／50,000,000＋2,081	123x／50,000,000＋2,124
120,000以上150,000未満	110x／30,000,000＋1,894	112x／30,000,000＋1,933
100,000以上120,000未満	110x／20,000,000＋1,674	113x／20,000,000＋1,703
80,000以上100,000未満	110x／20,000,000＋1,674	112x／20,000,000＋1,708
60,000以上 80,000未満	97x／20,000,000＋1,726	99x／20,000,000＋1,760
50,000以上 60,000未満	85x／10,000,000＋1,507	86x／10,000,000＋1,541
40,000以上 50,000未満	86x／10,000,000＋1,502	88x／10,000,000＋1,531
30,000以上 40,000未満	85x／10,000,000＋1,506	87x／10,000,000＋1,535
25,000以上 30,000未満	73x／ 5,000,000＋1,323	74x／ 5,000,000＋1,352
20,000以上 25,000未満	72x／ 5,000,000＋1,328	74x／ 5,000,000＋1,352
15,000以上 20,000未満	74x／ 5,000,000＋1,320	75x／ 5,000,000＋1,348
12,000以上 15,000未満	61x／ 3,000,000＋1,237	63x／ 3,000,000＋1,258
10,000以上 12,000未満	60x／ 2,000,000＋1,121	61x／ 2,000,000＋1,144
8,000以上 10,000未満	62x／ 2,000,000＋1,111	63x／ 2,000,000＋1,134
6,000以上 8,000未満	48x／ 2,000,000＋1,167	49x／ 2,000,000＋1,190
5,000以上 6,000未満	49x／ 1,000,000＋1,017	50x／ 1,000,000＋1,037
4,000以上 5,000未満	49x／ 1,000,000＋1,017	50x／ 1,000,000＋1,037
3,000以上 4,000未満	48x／ 1,000,000＋1,021	49x／ 1,000,000＋1,041
2,500以上 3,000未満	49x／ 500,000＋ 871	50x／ 500,000＋ 888
2,000以上 2,500未満	37x／ 500,000＋ 931	38x／ 500,000＋ 948
1,500以上 2,000未満	36x／ 500,000＋ 935	36x／ 500,000＋ 956
1,200以上 1,500未満	36x／ 300,000＋ 863	37x／ 300,000＋ 879

1,000以上	1,200未満	37x／	200,000＋　785	38x／	200,000＋　799
800以上	1,000未満	37x／	200,000＋　785	38x／	200,000＋　799
600以上	800未満	24x／	200,000＋　837	24x／	200,000＋　855
500以上	600未満	24x／	100,000＋　765	25x／	100,000＋　777
400以上	500未満	25x／	100,000＋　760	25x／	100,000＋　777
300以上	400未満	25x／	100,000＋　760	26x／	100,000＋　773
250以上	300未満	24x／	50,000＋　691	24x／	50,000＋　707
200以上	250未満	24x／	50,000＋　691	25x／	50,000＋　702
150以上	200未満	24x／	50,000＋　691	24x／	50,000＋　706
120以上	150未満	24x／	30,000＋　643	25x／	30,000＋　653
100以上	120未満	25x／	20,000＋　589	25x／	20,000＋　603
80以上	100未満	24x／	20,000＋　594	25x／	20,000＋　603
60以上	80未満	13x／	20,000＋　638	13x／	20,000＋　651
50以上	60未満	12x／	10,000＋　605	12x／	10,000＋　618
40以上	50未満	12x／	10,000＋　605	12x／	10,000＋　618
30以上	40未満	13x／	10,000＋　601	14x／	10,000＋　610
25以上	30未満	11x／	5,000＋　574	11x／	5,000＋　586
20以上	25未満	12x／	5,000＋　569	12x／	5,000＋　581
15以上	20未満	12x／	5,000＋　569	12x／	5,000＋　581
12以上	15未満	13x／	3,000＋　540	14x／	3,000＋　547
10以上	12未満	12x／	2,000＋　520	12x／	2,000＋　531
	10未満	11x／	10,000＋　569	11x／	10,000＋　580

注）x＝完成工事高

⑵　防災に貢献する建設業者への加点

国の機関や地方公共団体と防災協定を締結する建設業者は、災害時の24時間待機など自らの負担も伴いながら防災活動を行い、社会的貢献を果たしています。こうした建設業者の社会貢献活動を評価すべく、W項目の中に新たに評価項目（W_5）を設け、当該項目において、国、特殊法人等（公共工事の入札及び契約の適正化の促進に関する法律（平成12年法律第127号）第２条第１項に規定する特殊法人等をいう。）又は地方公共団体と、災害時における建設業者の防災活動について定めた防災協定を締結している建設業者を加点評価することとしました。改正後のW項目の評点テーブルは下表の通りであり、加点幅はW_5項目で３点、W項目で20点、P点ベースでは３点となります。

W評点の新旧対照表

その他の審査項目（社会性等）		点数
W_1	労働福祉の状況	0～30点
W_2	工事の安全成績	0～30点
W_3	営業年数	0～30点
W_4	建設業経理事務士等の数	0～10点

⇒

その他の審査項目（社会性等）		点数
W_1	労働福祉の状況	0～30点
W_2	工事の安全成績	0～30点
W_3	営業年数	0～30点
W_4	公認会計士等の数	0～10点
W_5	防災活動への貢献の状況	0もしくは3点

W_0	W	0.15W
100	967	145.05
99	960	144
98	953	142.95
97	947	142.05
96	940	141
95	933	139.95
94	927	139.05
93	920	138
92	913	136.95
91	907	136.05
90	900	135
⋮	⋮	⋮
10	367	55.05
9	360	54
8	353	52.95
7	347	52.05
6	340	51
5	333	49.95
4	327	49.05
3	320	48
2	313	46.95
1	307	46.05
0	0	0

⇒

W_0	W	0.15W
103	987	148.05
102	980	147
101	973	145.95
100	967	145.05
99	960	144
98	953	142.95
97	947	142.05
96	940	141
95	933	139.95
94	927	139.05
93	920	138
92	913	136.95
91	907	136.05
90	900	135
⋮	⋮	⋮
10	367	55.05
9	360	54
8	353	52.95
7	347	52.05
6	340	51
5	333	49.95
4	327	49.05
3	320	48
2	313	46.95
1	307	46.05
0	0	0

⑶　加点対象となる資格の追加

電気通信工事に係る主任技術者になり得る者として、平成18年４月１日以降新たに「電気通信主任技術者資格者証の交付を受けた者であって、５年以上の実務経験を有するもの」が追加されることを受けて、経審のＺ指標（技術力）でも当該技術者を加点対象に含めることとしました。

⑷　加点対象となる資格の位置付けの改正

Ｚの加点対象となっている地すべり防止工事士及び一級計装士、Ｗの加点対象となっている建設業経理事務士について、平成14年の閣議決定「公益法人に対する行政関与の在り方の改革実施計画」に基づき、これらに対応する資格試験を平成18年４月１日以降は国土交通大臣の登録制度として実施することとしました。

登録制度化に伴い資格の名称等について変更があるものの、経審上の基本的な取扱いについては従来と同様です。平成17年度までの地すべり防止工事士、一級計装士、建設業経理事務士についても、従来通り加点が継続されます。

21　平成18年７月改正（会社法施行に伴う改正）

○改正経緯

建設業者が作成すべき各事業年度の計算書類（貸借対照表、損益計算書等）については建設業法施行規則の別記様式等で規定しており、その内容は商法、商法施行規則、企業会計準則等に準拠して定められています。

今般、平成18年５月１日から会社法及び会社計算規則が施行され、株式会社が作成すべき各事業年度に係る計算書類が改められたことに伴い、建設業法施行規則で定める計算書類の様式及び記載要領についても平成18年７月７日付けで改正を行い、それに伴って経営事項審査の評価項目の一部についても定義の変更を行いました。

なお、本改正は、平成18年５月１日以降を審査基準日（＝決算日）とする経営事項審査に関して、会社法に沿って決算を行い改正後の建設業法施行規則に基づいて計算書類を作成している場合に適用されることになり、旧商法に沿って決算を行い改正前の建設業法施行規則に基づいて計算書類を作成している場合は、改正前の基準によることとなります。

○改正概要（次ページの表参照）

⑴　「自己資本」の定義の変更

「資本の部」が「純資産の部」と改正されたこと、「利益処分案」が廃止されたことに伴い、X_2の評価項目となっている「自己資本」の定義を、「純資産合計の額」と改めました。また、旧来は「資本の部」の内訳の各勘定科目を加算する形で定義していましたが、今回の改正を機に、合計額で定義する形に改めました。

なお、これに伴い、Ｙの評価項目である自己資本比率、自己資本対固定資産比率、長期固定適合比率の算出にあたって用いる「自己資本」の定義も、同様に変更されることになります。

⑵　「総資本」の定義の変更

上記⑴で「自己資本」の定義を変更したことに伴い、Yの評価項目である総資本経常利益率の算出にあたって用いる「総資本」の定義を、「負債純資産合計の額」と改めました。

⑶　「キャッシュ・フロー」の定義の変更

「利益処分案」が廃止され、期中にいつでも剰余金の配当を行うことが可能になったこと、「役員賞与」が販管費に含まれることになったことに伴い、Yの評価項目であるキャッシュ・フロー対売上高比率の算出にあたって用いる「キャッシュ・フロー」の定義を、「当期純利益に減価償却費及び引当金の増減額を加えた額から審査対象事業年度に実施した剰余金の配当の額を控除した額」と改めました。

今回の改正に伴う各評価項目の定義変更（法人の場合）

	項目	変更点	旧	新
X_2	自己資本額	自己資本の定義	資本金、新株式払込金（又は新株式申込証拠金）、資本剰余金、利益準備金、任意積立金、土地再評価差額金、株式等評価差額金、自己株式払込金（又は自己株式申込証拠金）及び自己株式の合計額からその資本剰余金の処分により配当を行う場合における当該配当金を控除した額、並びに利益処分（損失処理）における利益準備金、資本金、任意積立金及び次期繰越利益（又は次期繰越損失）の額の合計の額から利益準備金又は任意積立金を取り崩す場合における当該取崩額を控除した額の合計の額	純資産合計の額
Y	総資本経常利益率	総資本の定義	流動負債、固定負債、資本金、新株式払込金（又は新株式申込証拠金）、資本剰余金、利益剰余金、土地再評価差額金、株式等評価差額金、自己株式払込金（又は自己株式申込証拠金）及び自己株式の合計額	負債純資産合計の額
	キャッシュ・フロー対売上高比率	キャッシュ・フローの定義	当期純利益の額に減価償却実施額及び引当金増減額の合計の額を加えた額（税効果会計（貸借対照表に計上されている資産及び負債の金額と課税所得の計算の結果算定された資産及び負債の金額との間に差異がある場合において、当該差異に係る法人税等（法人税、住民税及び利益に関連する金額を課税基準として課される事業税をいう。以下同じ。）の金額を適切に期間配分することにより、法人税等を控除する前の当期純利益の金額と法人税等の金額を合理的に対応させるための会計処理をいう。）を適用している場合においては、この額に法人税等調整額を加減した額とする。以下同じ。）から株主配当金（その他資本剰余金の処分において配当を行った場合は、当該配当金を含む。）及び役員賞与金の額を控除した額	当期純利益の額に減価償却実施額及び引当金増減額の合計の額を加えた額（税効果会計の適用に当たり法人税等調整額を計上している場合は当該金額を加減した額とする。以下同じ。）から審査対象事業年度に実施した剰余金の配当の額を控除した額

22　平成20年４月改正

○改正経緯

経営事項審査は、公共工事における企業評価のいわば物差しであり、建設業の経営に与える影響も大きいため、その評価項目や基準については、社会経済情勢が変化する中でも評価の適正性を欠かないために、また企業行動を歪めることのないように適宜の見直しが必要です。このような観点から、経営事項審査が公共工事の企業評価における物差しとして、公正かつ実態に則した評価基準となるように、また生産性の向上や経営の効率化に向けた企業の努力を評価・後押しするものとなるように見直しを行いました。具体的には、企業規模別の特性を踏まえた評価となるように、完成工事高偏重にあった評価を是正し、利益や自己資本を重視した評価とすることや、地域貢献や労働福祉に積極的に取り組むことで社会的責任を果たしている企業を高く評価することを目指しています。

経営事項審査の改正のポイント

改正の目的

○公共工事の企業評価における「物差し」として、公正かつ実態に則した評価基準の確立

○生産性の向上や経営の効率化に向けた企業の努力を評価・後押し

(1) 評価項目及び基準の見直し

完工高、利益、資本ストックをバランス良く加味した規模評価（X1、X2）

・完工高（X1）のウエイトを0．35から0．25に、上限金額を2000億円から1000億円に引き下げ
・X2の指標として、利益額（EBITDA）、自己資本額を評価

企業実態を的確に反映した経営状況評価（Y）

・負債抵抗力、収益性・効率性、財務健全性、絶対的力量を評価できる8指標による新たな評価体系
・企業実態に即した評点分布となるよう（例：小規模企業において高すぎる評点が出ないようにする。）評点分布を見直し

より的確な技術力評価（Z）

・元請のマネジメント能力を評価する観点から、新たに元請けの完工高を評価
・技術力（Z）のウエイトを引き上げ
・登録基幹技能者講習（省令で規定）を修了した基幹技能者を優遇評価
・1人の技術者を複数業種で重複カウントすることを2業種までに制限
・技術職員数における激変緩和措置を廃止

社会的責任の果たし方によって差のつく評価（W）

・労働福祉の状況や防災協定の締結、営業年数等について加点・減点の幅を拡大するとともに、W全体の評点を引き上げ
・法令遵守状況を評価対象に追加
・会計監査人の設置等、経理の信頼性向上の取組みを評価

(2) 虚偽申請防止の徹底

虚偽申請を行いにくい制度設計

・経理の信頼性向上の取組み（会計監査人の設置等）を評価

虚偽申請に対するペナルティ強化

・虚偽申請を行った場合の営業停止期間を15日から30日に拡大

(3) 企業形態の多様化への的確な対応

経営状況の連結評価

・会社法上の大会社かつ有価証券報告書提出会社は、経営状況を連結決算で評価

新たな企業集団評価制度の創設

・一定の企業集団に属する連結子会社は経営状況を、連結財務諸表により評価。その他の評価項目は、子会社の実際の数値で評価

(4) その他

申請負担の軽減

・経営事項審査のための提出書類の見直し

(5) 施行日

・平成20年4月1日より施行

評価項目及び基準の改正概要

	改正前			改正後			
	ウエイト	評点幅	評価内容	ウエイト	評点幅	評価項目	備考
X_1	0.35	2,616点 〜 580点	・完成工事高（業種別）	0.25	2,268点 〜 390点	・完成工事高（業種別）	・ウエイトを０．３５から０．２５へ引き下げ ・評点の上限（現行２０００億円）を１０００億円に引き下げ ・小規模業者間で完工高の評点に差が付くよう評点テーブルを修正 （最低点を390点に引き下げ）
X_2	0.1	954点 〜 118点	・自己資本額／完工高 ・職員数／完工高	0.15	2,280点 〜 454点	・自己資本額（＝純資産額） ・利払前税引前償却前利益 ＝営業利益＋減価償却費	・自己資本、利払前税引前償却前利益の金額をそれぞれ数値化し、１：１で合算 ・中小業者の層で極端な差がつかないよう評点テーブルを設定 ・現行の職員数の評価項目は廃止
Y	0.2	1,430点 〜 0点	・売上高営業利益率 ・総資本経常利益率 ・キャッシュ・フロー対売上高比率 ・必要運転資金月商倍率 ・立替工事高比率 ・受取勘定月商倍率 ・自己資本比率 ・有利子負債月商倍率 ・純支払利息比率 ・自己資本対固定資産比率 ・長期固定適合比率 ・付加価値対固定資産比率	0.2	1,595点 〜 0点	・純支払利息比率 ・負債回転期間 ・売上高経常利益率 ・総資本売上総利益率 ・自己資本対固定資産比率 ・自己資本比率 ・営業キャッシュフロー（絶対額） ・利益剰余金（絶対額）	・特定の評価項目（固定資産等）への偏りを緩和し、負債抵抗力、収益性・効率性、財務健全性及び絶対的力量を評価できる８指標を選定 ・ペーパーカンパニーが過大な評価とならないなど、企業実態を反映した評点分布となるよう評点幅等を見直し ・会計基準によって差が生じにくい制度設計
Z	0.2	2,402点 〜 590点	・技術職員数（業種別）	0.25	2,366点 〜 450点	・技術職員数（業種別） ・元請完工高（業種別）	・元請のマネジメント能力を評価する観点から新たに元請完工高を評価 ・技術者数と元請完工高をそれぞれ数値化し、４：１で合算 ・技術者の重複カウントは一人あたり２業種までに制限 ・省令に位置付けられた講習を修了した基幹技能者を優遇して評価 ・監理技術者講習受講者を優遇して評価 ・評点テーブルを線形式化
W	0.15	987点 〜 0点	・労働福祉の状況 ・工事の安全成績 ・建設業の営業年数 ・公認会計士等数 ・防災活動への貢献の状況	0.15	1,750点 〜 0点	・労働福祉の状況 ・建設業の営業年数 ・防災活動への貢献の状況 ・法令遵守の状況 ・建設業の経理に関する状況 ・研究開発の状況	・それぞれの項目について加点幅・減点幅を拡大するとともに、評点の上限を引き上げ、社会的責任の果たし方によって差のつきやすい制度設計とする ・自己申告による評価項目（工事安全成績、賃金不払状況）は廃止 ・労働福祉の状況は評価項目を整理統合（退職一時金制度と企業年金制度） ・法令遵守の状況は、審査対象年における建設業法に基づく監督処分の状況を評価 ・建設業の経理に関する状況は、現行の社内で雇用する公認会計士等の数の評価に加え、会計監査人又は会計参与を設置している場合、有資格の経理実務責任者による会計のチェックがなされている場合に加点 ・研究開発の状況として、研究開発費の金額を評価。評価対象は会計監査人設置会社に限定
P		1925点 〜 333点			2082点 〜 278点		

各評点項目の実質ウェイト

○大企業においてはX_1（完工高）の実質ウエイトを大幅に引き下げる一方、X_2（利払前税引前償却前利益・自己資本）の実質ウエイトを相対的に高くする
○中小企業においては、W（社会性等）の実質ウエイトを相対的に高くする

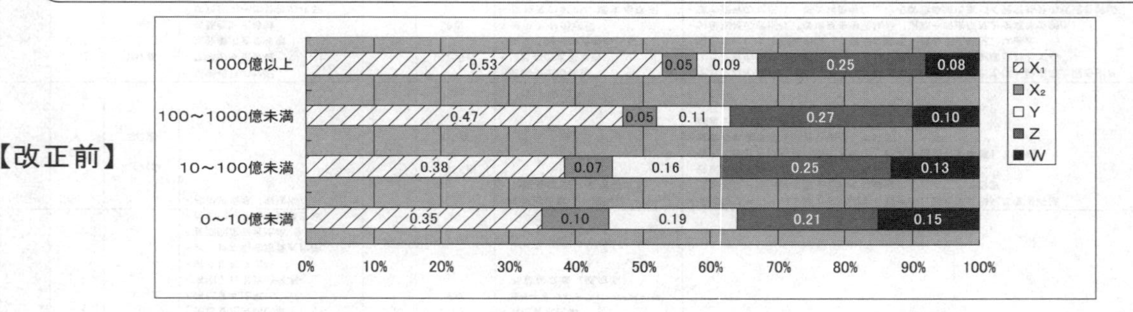

【改正前】

	X_1	X_2	Y	Z	W
1000億以上	0.53	0.05	0.09	0.25	0.08
100～1000億未満	0.47	0.05	0.11	0.27	0.10
10～100億未満	0.38	0.07	0.16	0.25	0.13
0～10億未満	0.35	0.10	0.19	0.21	0.15

【改正後】

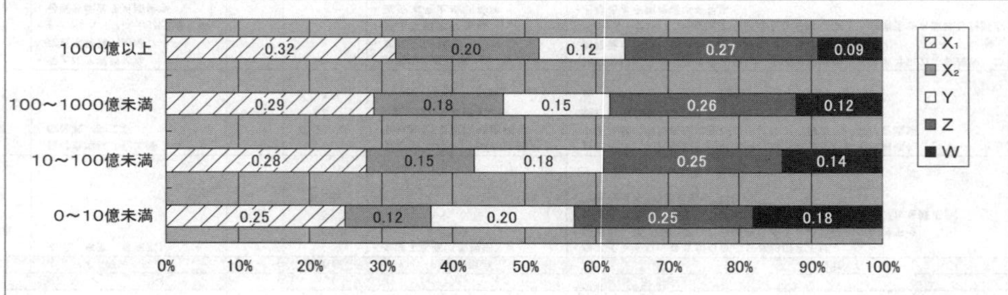

総合評定値（Ｐ点）の評点分布

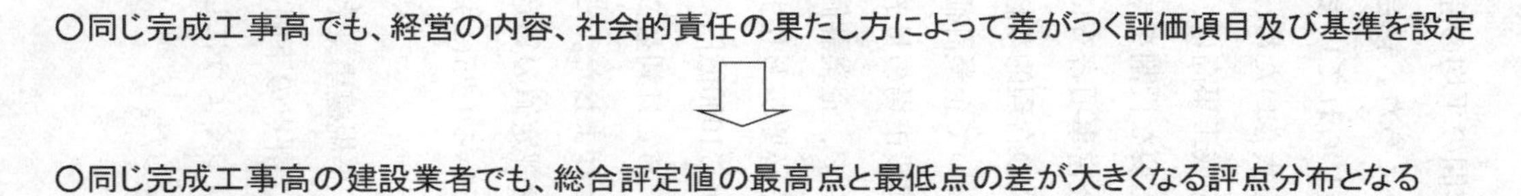

○同じ完成工事高でも、経営の内容、社会的責任の果たし方によって差がつく評価項目及び基準を設定

○同じ完成工事高の建設業者でも、総合評定値の最高点と最低点の差が大きくなる評点分布となる

【現行】

総合評定値（Ｐ）

1,800
1,500
1,200
900
600
300
0

0.1 1 10 100 1,000

完成工事高（億円）

【改正後】

総合評定値（Ｐ）

1,800
1,500
1,200
900
600
300
0

0.1 1 10 100 1,000

完成工事高（億円）

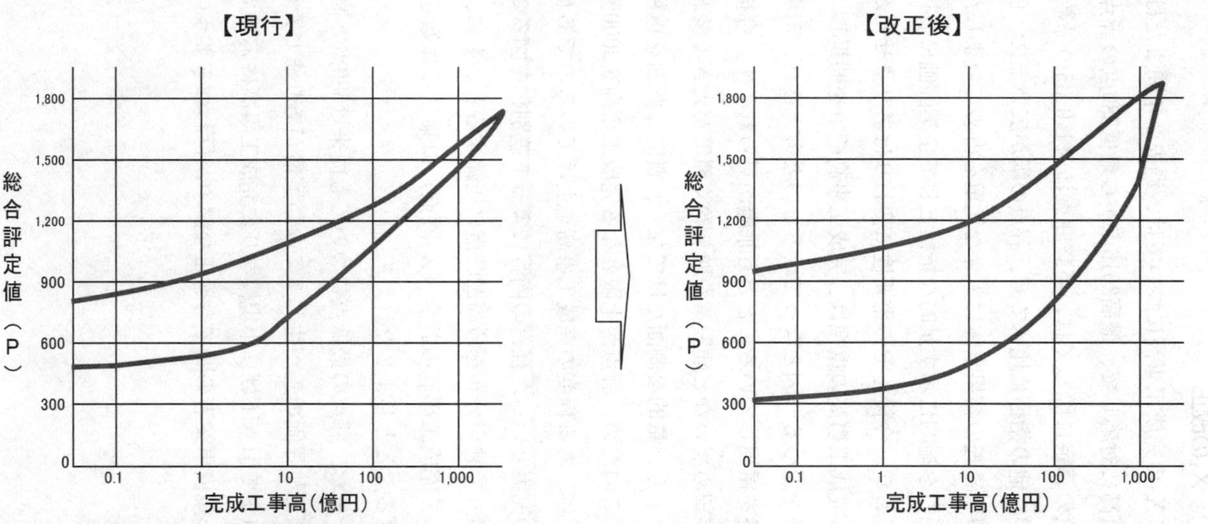

※上記表の太線 —— は、建設業者の分布範囲の外延を示したもの（X_2、Y、Z、Wも同じ）。

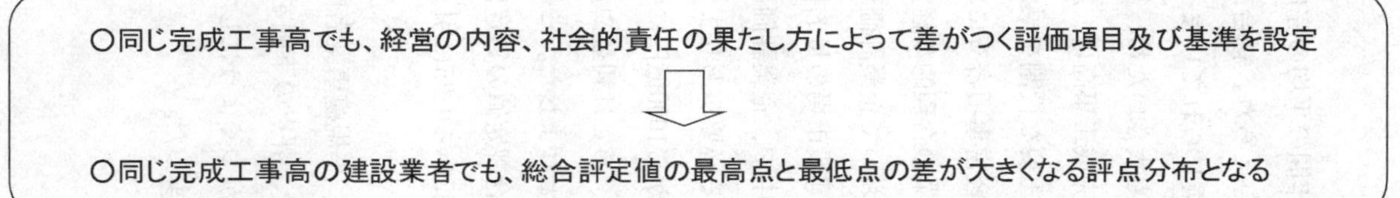

○改正概要

(1)　X_1の改正

X_1の完成工事高については、過去2年間または3年間の平均の完成工事高に対応して、最高2616点から最低580点の評点が与えられ、総合評定値の算定に際しては、当該評点に対し0.35の係数が乗じられていましたが、他の指標に比べても、評点の幅が広い上に、係数も大きいため、経営事項審査の結果全体に大きな比重を占めていました。完成工事高は、施工能力を端的に示す量的な指標として企業評価における重要な役割を果たしており、今後もその重要性に変わりはありませんが、経営事項審査における完成工事高の重視は、完成工事高競争を助長し、企業の合理的な経営戦略を歪める一因となっているものと考えられ、市場において企業評価が利益を重視していることとも乖離が見られます。今後、建設市場の量的拡大が望めないなど建設業を取り巻く環境が大きく変わる中で、企業評価においても、量的な側面だけでなく、質的な側面を重視する必要があります。

このため、評点が上限となる完成工事高を2000億円から1000億円に引き下げ、ある程度の完成工事高を上げているのであれば、あとは利益や資本の充実といった経営の内容によって差別化を図ることとしました。これに伴って評点分布を最高2268点に圧縮するとともに、総合評定値の算定に際して完成工事高の評点（X_1評点）に乗じる係数を0.35から0.25に引き下げることとしました。

また、評点の最低点についても従来は580点と高く、小規模事業者間で適正な評価の差が生じてこない実情がありましたので、評点の下限を390点まで引き下げ、小規模なりに完成工事高に応じて差がつくようにして、小規模事業者の間でも適正な競争が行われるようにしました。

X_1の改正のポイント

改正前

ウェイト　0.35
評点幅　580～2616
評価内容　完成工事高（業種別）

改正後

ウェイト　0.25
評点幅　390～2268
評価内容　完成工事高（業種別）

・改正前のX_1は評点の幅が広い上に、ウェイトも0.35と大きいため、経営事項審査の結果全体に大きな比重を占めている。

・完工高は、施行能力を端的に示す量的な指標として、今後もその重要性にかわりはない。しかし、経審における完工高重視は、企業の完工高競争を助長し、その合理的な経営戦略を歪める一因となっているものと考えられ、市場においては、企業評価が利益を重視していることと乖離がある。

・評点の下限が高いため、小規模事業者間で、適正な評価の差が生じていない。

・建設業界の量的拡大が望めないなど建設業をとりまく環境が大きく変わる中で、ある程度完成工事高をあげているのであれば、利益や資本の充実といった経営の内容によって差別化をはかることが適当。

・小規模事業者の間でも適正な競争を行うためには、小規模なりに完成工事高に応じて差がつくようにすることが必要。

X_1の改正のポイント

○評価の上限（改正前：完工高2000億円、評点2616点）を1000億円、2268点まで引き下げる

○小規模事業者間の間でも、適正な競争が行われるよう、完工高5億円未満の層について、完工高に応じて差がつく評点テーブルに設計

完工高5億以下の企業の新旧評点を比較すると・・・

完工高	改正前評点 X_1評点	改正前評点 (×0.35)	改正後評点 X_1評点	改正後評点 (×0.25)
5億円	902点	(315点)	902点	(225点)
3億円	851点	(297点)	828点	(207点)
1億円	728点	(254点)	699点	(174点)
0億円	580点	(203点)	390点	(97点)

新旧評点テーブル（全体図）

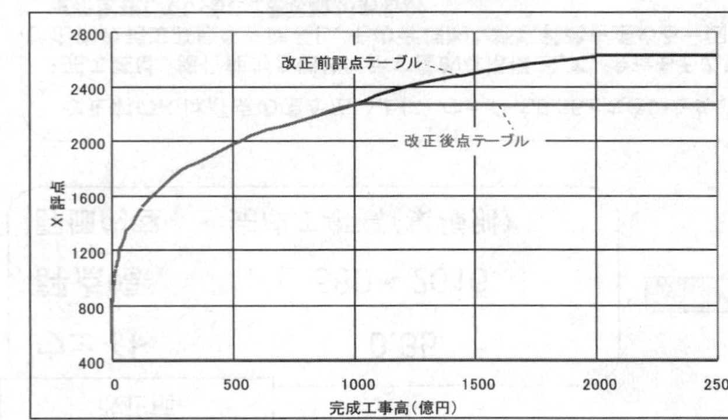

新旧評点テーブル（完工高5億円未満の部分）

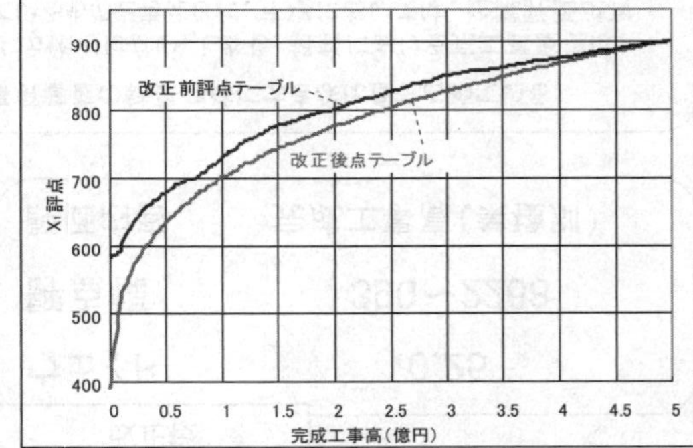

⑵　X_2の改正

改正前は自己資本を完成工事高で除した値、職員数を完成工事高で除した値を評価しているX_2について、これらの評価項目を廃止し、これらに替えて、経営のフローとストックを表す利益額及び自己資本額を評点化して評価することとし、経営の内容を今まで以上に重視した評価となるようにしました。利益額としては、会計基準による差異が小さく、年度の変動も小さい利払前税引前償却前利益（EBITDA）を採用しました。EBITDA は、国際的な企業比較や企業価値の算定の際にしばしば用いられる指標であり、営業利益に減価償却費を加えるためペーパーカンパニーに有利に働くこともありませんので、適当であると判断しました。また、自己資本額の定義につきましては、現行と同様の純資産額としました。総合評定値の算定に際しては、利益額の評点と自己資本額の評点を概ね１：１で合算して得たX_2評点に0.15を乗じることとしました。評点の設定に当たっては、商社等の兼業企業に有利とならないよう、自己資本額については3000億円、EBITDA については300億円を上限としました。

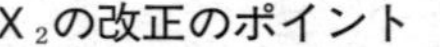

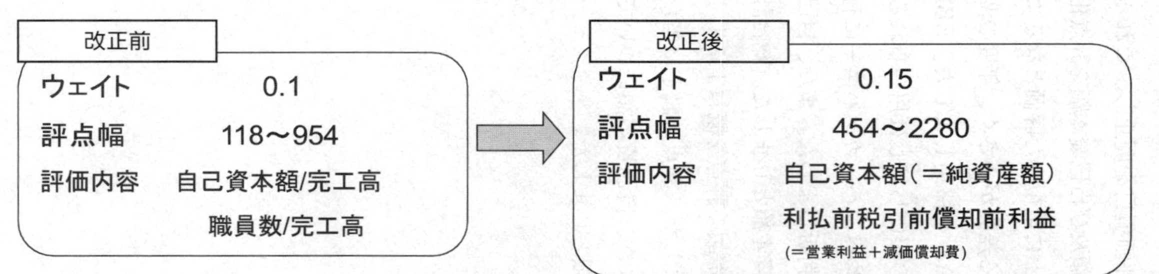

・改正前の制度では、自己資本と職員数をそれぞれ完成工事高で除した数値を評価。
・経営事項審査が建設業者の評価の物差しとして適切に機能するためには、経営の内容を今まで以上に重視した評価とすることが必要。
・経営の内容を評価するにあたっては、経営のフローとストックをバランス良く評価することが必要。

・自己資本と利益額をそれぞれ数値化したものの合計値を評価することとし、自己資本額と利益額の評点のバランスは1：1とする。
・自己資本額の定義は現行と同様、純資産額とする。
・利益額の指標は、年度毎に極端に変動しないこと、申請者が採用する会計基準によって大きな差異が発生しないこと等の点を考慮し、利払前税引前償却前利益（＝営業利益＋減価償却費）を採用する。
・なお、商社等、兼業企業が極端に高い点数をとることがないよう、自己資本額については3000億円、利払前税引前償却前利益については300億円を上限とする。

X_2の改正のポイント

○評点幅を現行118～954から454～2280に拡大。売上高が小さい層では、評点の差がそれほどつかないよう評点テーブルを設計

○売上高が大きい層では評点に差がつきやすいよう評点テーブルを設計

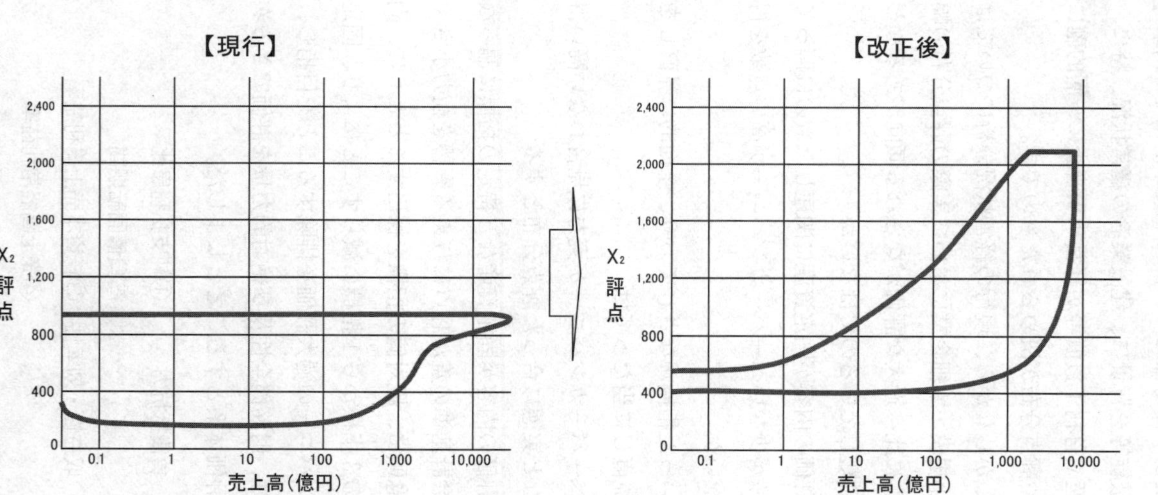

⑶　Yの改正

現在の経営状況分析は、平成10年当時に相次いで発生した建設業者の経営破綻等を背景に、建設業者の経営状況、特に、破綻の原因となった不良資産や有利子負債等が経営事項審査に一層的確に反映されるよう、評価項目や評点分布が決められたものです。

しかしながら、現行の経営状況分析については、

・小規模・零細企業において実際の評点分布の幅が非常に大きく、企業実態に比べ過大な評価がなされる傾向があるなど、評点分布が企業実態と乖離しているのではないか

・評価の内容が固定資産に関連したものに偏っており、結果として固定資産が少ないペーパーカンパニーが高い点数を得ている傾向があるのではないか

といった指摘がなされており、全面的に見直しをすることが必要です。

見直しに当たっては、

・ペーパーカンパニーが実力に見合わない高い得点を取ることを防止するなど実態に合った評点分布とする

・評価の内容が固定資産など特定の指標に偏らないようにする

・会計基準の差が評点に与える影響を極力小さくする

を念頭に、絶対値の指標を採用するとともに、固定資産に関する指標を従来の3指標から1指標に減らすことにより、固定資産を持たないペーパーカンパニーの過大評価を排除することを目指し、負債抵抗力、収益性・効率性、財務健全性及び絶対的力量を評価できる次の8つの指標による新たな評価体系とすることとしました。

負債抵抗力	①純支払利息比率
	②負債回転期間
収益性・効率性	③総資本売上総利益率
	④売上高経常利益率
財務健全性	⑤自己資本対固定資産比率
	⑥自己資本比率

絶対的力量　　⑦営業キャッシュフロー（絶対額）
　　　　　　　⑧利益剰余金（絶対額）

このほか、最近の企業評価において連結評価が主流となっていること、子会社との間の経理操作等を排除した的確な評価を行う必要があることから、連結財務諸表の作成を義務付けられた会社（会社法の大会社かつ有価証券報告書提出会社）については、連結財務諸表により経営状況の審査をすることとしました。

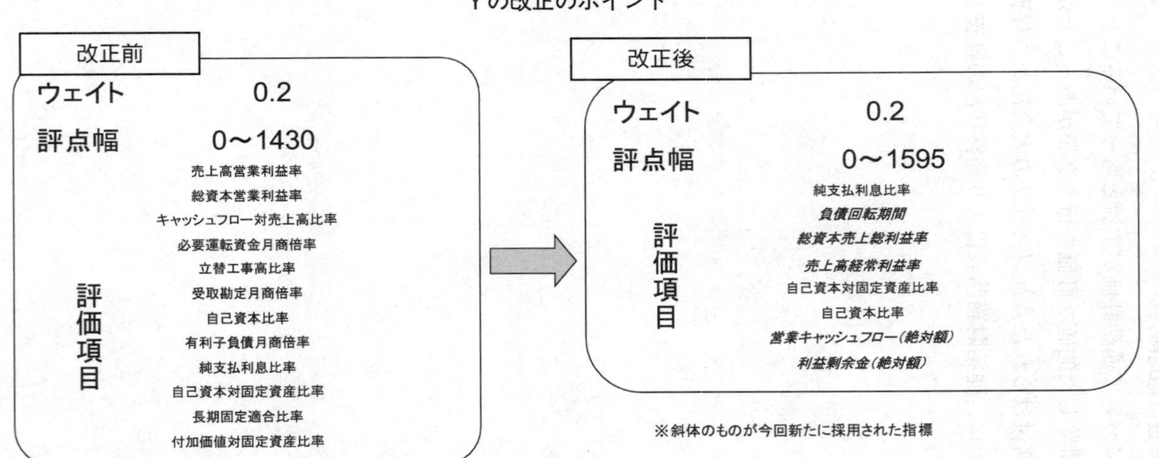

Yの改正のポイント
改正前
ウェイト 0.2
評点幅 0～1430
評価項目
売上高営業利益率
総資本営業利益率
キャッシュフロー対売上高比率
必要運転資金月商倍率
立替工事高比率
受取勘定月商倍率
自己資本比率
有利子負債月商倍率
純支払利息比率
自己資本対固定資産比率
長期固定適合比率
付加価値対固定資産比率
改正後
ウェイト 0.2
評点幅 0～1595
評価項目
純支払利息比率
負債回転期間
総資本売上総利益率
売上高経常利益率
自己資本対固定資産比率
自己資本比率
営業キャッシュフロー（絶対額）
利益剰余金（絶対額）
※斜体のものが今回新たに採用された指標

・小規模零細企業の間で評点分布の幅が非常に大きく、企業実体に比べて過大な評価がなされる傾向がある。

・評価の内容が、固定資産に関連したものに偏っており、結果として固定資産が少ない、いわゆるペーパーカンパニーが高い点数を得ている。

⇩

・絶対値の指標を採用するとともに、比率の指標についても、指標の性格に応じて上下限を設定することにより、ペーパーカンパニーの過大評価を排除。

・新指標では流動・固定の区分によって影響がでる指標が1指標のみとなり、実質的に同一の経済行為であるにもかかわらず、計上される勘定科目の差異によって評点に差がでるケースが大幅に減少、会計基準の差異が評点に与える影響を極小化。

Yの改正のポイント

新指標一覧

		各比率	計算式	上限値	下限値
負債抵抗力	①	純支払利息比率	（支払利息－受取利息配当金）÷売上高×100	5.1	-0.3
	②	負債回転期間	負債合計÷（売上高÷12）	18.0	0.9
収益性・効率性	③	総資本売上総利益率	売上総利益÷総資本（2期平均）×100	63.6	6.5
	④	売上高経常利益率	経常利益÷売上高×100	5.1	-8.5
財務健全性	⑤	自己資本対固定資産比率	自己資本÷固定資産×100	350.0	-76.5
	⑥	自己資本比率	自己資本÷総資本×100	68.5	-68.6
絶対的力量	⑦	営業キャッシュフロー	営業キャッシュフロー÷1億（2期平均）	15.0	-10.0
	⑧	利益剰余金	利益剰余金÷1億	100.0	-3.0

〇改正前と比べ、売上高が小さい層で評点の分布幅を小さく、売上高が大きい層では分布幅を大きくすることにより、評点分布の適正化を図る

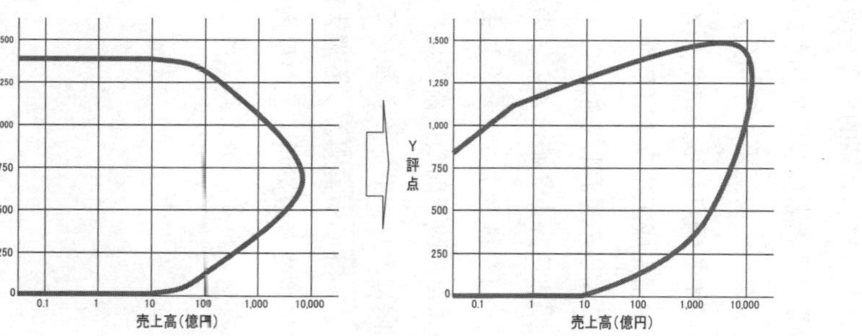

⑷　Zの改正

技術力については、在籍する技術職員で監理技術者又は主任技術者としての資格を有する者を評価対象としていますが、技術職員の人数だけでなく、技術職員の能力、資格、継続的学習への取組等を反映したきめ細かな評価を行うことが必要です。このため、法令に基づく制度化を前提に、新たに基幹技能者に加点をし、専門工事業における人材育成の取組を評価するとともに、継続的教育を受ける技術者を評価する観点から、監理技術者講習の受講者について加点評価することとしました。

また、公共工事の元請負人として求められるマネジメント能力を的確に評価する観点から、マネジメントをした工事の積み重ねを量的に評価できる元請完成工事高を評価することとしました。

これらの見直しを行った上で、技術職員に関する評点と元請完成工事高に関する評点を概ね４：１の比で合算して得たＺ評点に0.25を乗じて総合評定値を算定することとしました。

また、改正前の技術職員数の評価では、一人の技術者を複数の業種で無制限にカウントすることができますが、これによって、専門工事においてはＺの評価が実態よりも過大になっているとの指摘があり、専門工事業など建設業者の業種ごとの得意分野を適切に評価する観点から、技術者の重複カウントを制限することとしました。

Zの改正のポイント

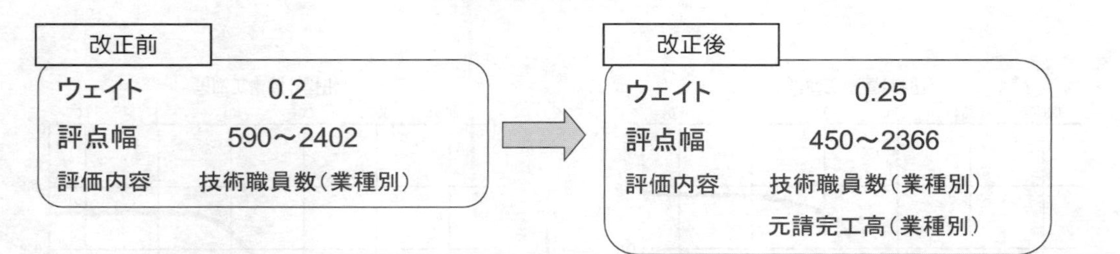

改正前
ウェイト　0.2
評点幅　590～2402
評価内容　技術職員数（業種別）
改正後
ウェイト　0.25
評点幅　450～2366
評価内容　技術職員数（業種別）
元請完工高（業種別）
・技術職員の人数だけでなく、技術職員の能力、資格、継続的学習への取組等を反映したきめ細かな評価を行うことが必要。
・元請のマネジメント能力を量的に評価するため、新たに元請完工高を評価項目に加え、ウェイトを0.25に引き上げる。
・建設業者の業種ごとの得意分野を適切に評価する観点から、技術者の重複評価を１人２業種までに制限する。
・一定の要件を満たす基幹技能者について新たに加点する（一律３点）。
・継続的教育を受ける技術者を評価する観点から、１級技術者が監理技術者講習を受講している場合に優遇して評価する（プラス１点）。

改正前後の技術職員の区分一覧

	１級技術者		基幹技能者	２級技術者	その他
	監理技術者資格者証保有 かつ 監理技術者講習受講 （1級監理受講者）	１級技術者であって左以外の者			
改正前	５点			２点	１点
改正後	６点	５点	３点	２点	１点

Zの改正のポイント

○技術者数と元請完工高をそれぞれ数値化したものの合計値を評価することとし、技術者数と元請完工高の評点のバランスは4：1とする。

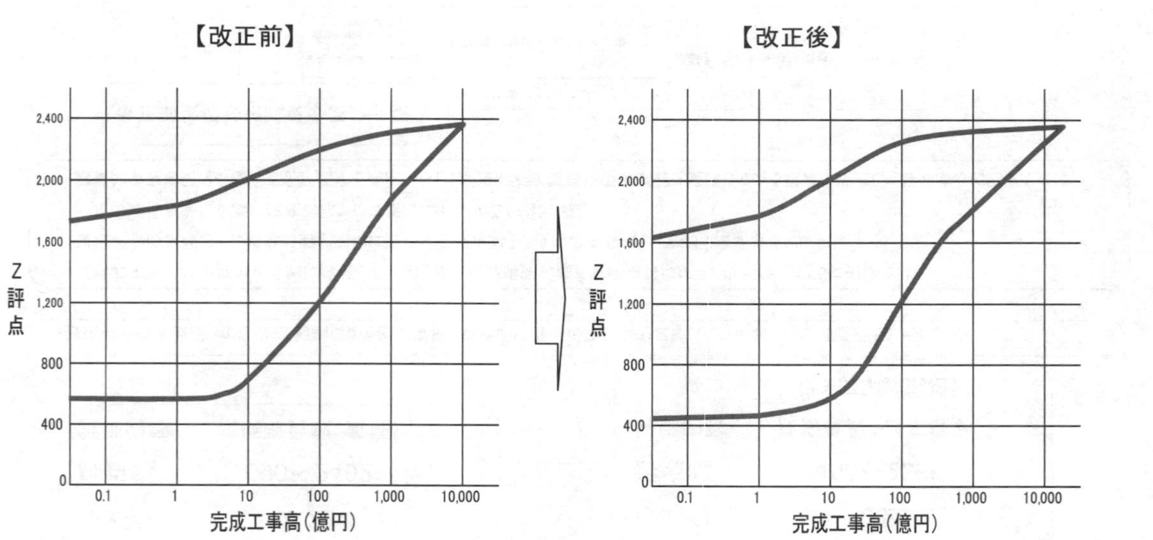

技術職員の重複評価の制限について

・改正後は評価対象となっている業種の中から任意の２つを選ぶことができる。１つの資格の評価対象から２つ選択（例１）してもかまわないし、２つの資格からそれぞれ１つずつ選択（例２）してもかまわない。

例：１級土木施工管理技士・１級建築施工管理技士・１級電気工事施工管理技士を所有している技術者の場合・・・

		土	建	大	左	と	石	屋	電	管	タ	鋼	筋	ほ	し	板	ガ	塗	防	内	機	絶	通	園	井	具	水	消	清
保有資格	1級土木施工	◎				◎	◎					◎		◎	◎			◎									◎		
	1級建築施工		◎	◎	◎	◎	◎	◎			◎	◎	◎			◎	◎	◎	◎	◎		◎				◎			
	1級電気工事施工								◎																				

◎の業種が、当該資格で評価されうる業種

	土	建	大	左	と	石	屋	電	管	タ	鋼	筋	ほ	し	板	ガ	塗	防	内	機	絶	通	園	井	具	水	消	清	評価業種数
改正前評価	◎	◎	◎	◎	◎	◎	◎	◎		◎	◎	◎	◎	◎	◎	◎	◎	◎	◎		◎				◎	◎			21業種
改正後評価（例1）		◎					◎																						2業種
改正後評価（例2）	◎	◎																											2業種

※ 重複カウントの制限 → 経審上での評価のみ

建設業法に基づいて建設工事の現場に配置されなければならない監理技術者等については、従来通り1人の技術者が複数の業種で監理技術者等となり得る資格をもっていれば、複数の業種の技術者になれるものであり、実際の技術者の配置については従前の運用と変更はなし

⑸　Wの改正

企業の社会的責任に対する関心が高まる中、建設業においても、社会的責任を適切に果たしている企業を高く評価することが必要です。このため、既存の評価項目のうち、労働福祉の状況、建設業の営業年数、防災活動への貢献の状況については、加点幅及び減点幅を拡大し、地域において長年貢献してきた建設業者や地域における防災活動に貢献している建設業者を適切に評価し、社会的責任の果たし方によって差が付くような評価体系とすることとしました。

また、入札談合等の不正行為が相次ぐ中、企業活動における法令遵守の状況を適切に企業評価に反映できるよう、建設業法に基づく行政処分を受けた場合に減点評価することとしました。併せて、経理面でのコンプライアンスの取組を評価するため、会計監査人又は会計参与の設置の状況や社内における経理のチェック体制を加点評価することとしました。研究開発の状況についても、Wにおいて評価することとし、研究開発費の額を評点化して評価することとしました。

他方で、自主申告による指標の廃止、類似の指標の統合など、評価指標の簡素化も図りました。

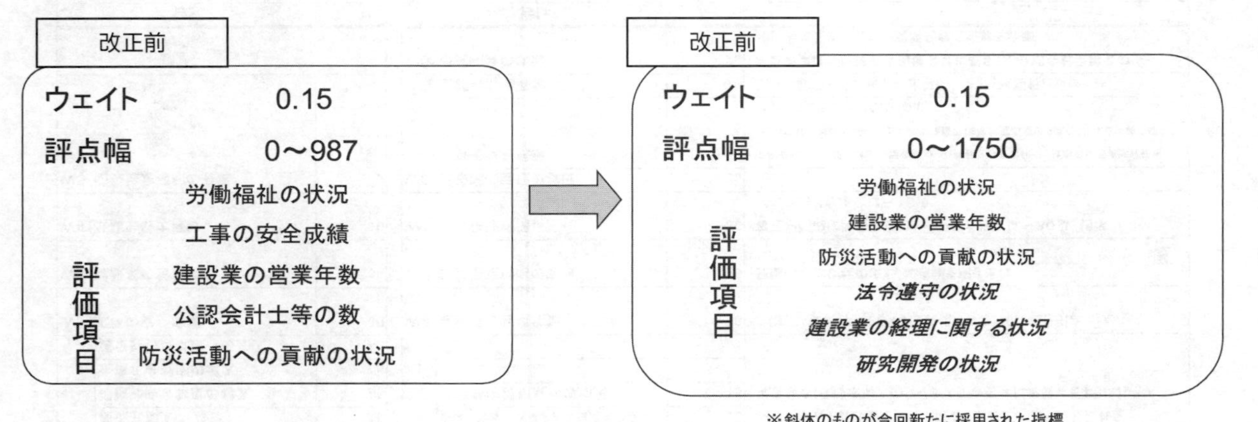

・企業の社会的責任に対する関心が高まるなか、建設業においても、社会的責任を適切に果たしている企業を高く評価することが必要。

Wの改正のポイント

改正の概要

- ○ 評点の上限を引き上げ、特に労働福祉の状況や防災協定の締結、営業年数等について加点・減点の幅を拡大。
- ○ 法令遵守状況を評価項目に加える一方、自己申告による評価項目（工事安全成績、賃金不払状況）を廃止。
- ○ 経理の信頼性の向上に取り組む企業を評価する観点から、新たに監査の受審状況を評価。
- ○ 研究開発投資の状況として、新たに研究開発費の金額を評価（会計監査人設置会社に限定）。

改正前		改正後		備考
W1：労働福祉の状況	30	W1：労働福祉の状況	45	
雇用保険未加入	−15	雇用保険未加入	−30	・賃金不払件数は自己申告項目のため廃止 ・退職一時金、企業年金は一つの評価項目に統合 ・残った項目について、加点幅・減点幅ともに倍に引き上げる。 ・現行ではW1項目全体での下限が0点となっているが、これを撤廃する（保険未加入のマイナスがW全体に影響するように）。
健康保険・厚生年金保険の未加入	−15	健康保険・厚生年金保険の未加入	−30	
賃金不払件数	−15	建退共加入	15	
建退共加入	7.5	退職一時金もしくは企業年金制度の導入	15	
退職一時金制度の導入	7.5	法定外労災制度への加入	15	
企業年金制度の導入	7.5			
法定外労災制度への加入	7.5			
W2：工事の安全成績	30	W2：建設業の営業年数	60	・上限、下限（5年～35年）は現状のまま、加点幅を引き上げ
W3：建設業の営業年数	30	W3：防災協定締結の有無	15	・評価内容は現状のまま、加点幅を引き上げ
W4：公認会計士等数	10	W4：法令遵守状況	−30	・審査期間内に営業停止処分を受けた場合は－30点、指示処分を受けた場合は－15点。
W5：防災協定締結の有無	3	W5：建設業の経理の状況	30	
		監査の受審状況	20	・監査法人又は公認会計士の監査20点、会計参与の設置10点、社内の経理実務責任者（公認会計士等数の現行加点対象有資格者（2級経理事務士を除く））による経理処理の適正を確認した旨の書類の提出）
		公認会計士等数	10	・社内に雇用する公認会計士等の数を評価（現行と同様）
		W6：研究開発の状況	25	・加点対象は会計監査人設置会社に限定し、公認会計士協会の指針等で定義された研究開発費の金額を評価
合計	103	合計	175	
廃止項目を除いた合計	73	監査の受審状況と研究開発の状況を除いた合計	130	

Wの改正のポイント

○評点の上限を引き上げ、社会的責任の果たし方によって評点に差がつくよう評点テーブルを設計

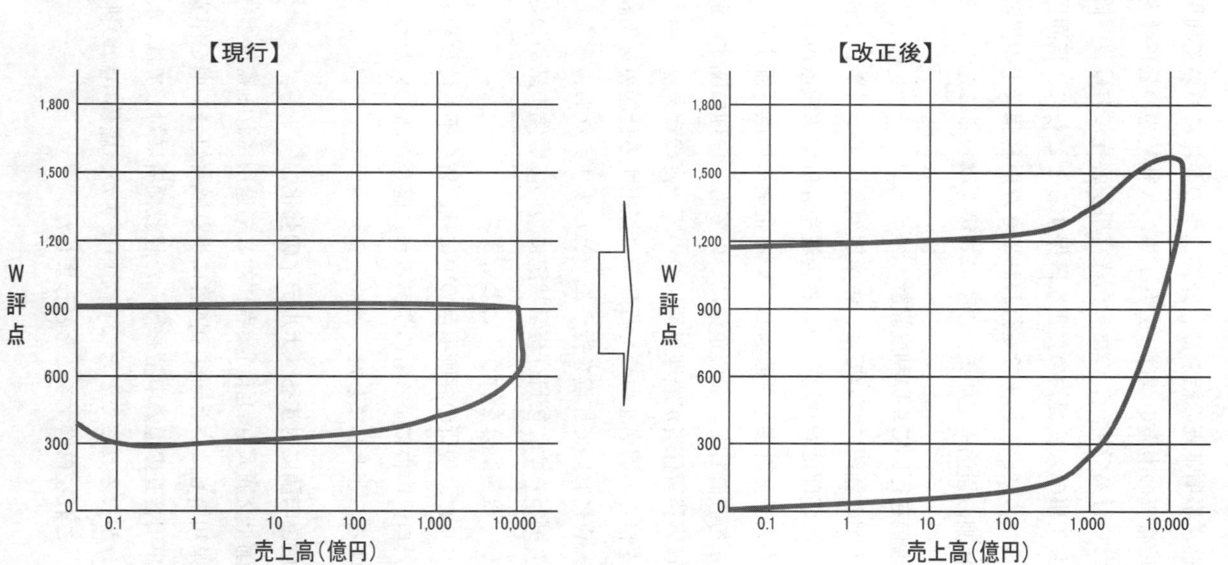

⑹　経営事項審査の虚偽申請の防止

経営事項審査の結果は、公共工事の発注において利用されており、経営事項審査の虚偽申請は、公共工事の入札契約の公正性を大きく損なう許しがたい行為です。このため、経営事項審査における虚偽申請を排除して、公共工事の入札契約の公正を確保するとともに、真面目な建設業者が報われるために、これまでも行われてきた財務諸表上の異常値のチェック、審査体制の強化等に加え、以下の対策を講じることとしました。

・虚偽を行いにくい制度設計

企業の経理については、企業規模等によって監査の体制等が異なるが、厳正な経理に取り組んでいる企業を評価する観点から、Wにおいて、会計監査人や会計参与を設置している企業に加点評価することとしました。これらを設置していない企業についても、経理に関する資格を有する企業の経理実務責任者が経理処理について一定のチェック項目を確認した旨の書面を自らの署名を付して行政庁に提出する仕組みを創設し、これについては、Wにおいて加点を行うこととします。なお、そうした書面を提出したにも関わらず、後日、経営状況について虚偽申請がなされた場合には、加重して監督処分を行うこととします。

さらに、現行の評価項目の中には、賃金不払件数や工事の安全成績といった自己申告によるものがあるが、確認が難しいため、こうした項目は廃止することとしました。

・虚偽申請に対するペナルティの強化

国土交通大臣の許可業者に対して適用される監督処分基準（多くの都道府県知事もこれと同様の内容により監督処分基準を作成）においては、経営事項審査の虚偽申請を行った建設業者に対しては、15日以上の営業停止処分がなされることとなっていますが、虚偽申請の排除の徹底を図るため、これを倍増することとしました。

偽造防止

問題意識

現行の経営事項審査は虚偽申請を完全に排除しきれていないのではないか。

⇓

公共工事の入札契約の公正を確保し、真面目な建設業者が報われるためにも虚偽を徹底して排除する必要がある。

施策

虚偽申請を行いにくい制度設計

・Wにおいて、会計監査人や会計参与を設置している企業を加点評価する。

・上記を設置していない企業についても、経理に関する資格を有する経理の実務経験者が経理処理の適正を確認した旨の書面を自ら署名して提出した場合には加点評価する。

虚偽申請に対するペナルティ強化

・国土交通大臣の許可業者に対して適用される監督処分基準において、経営事項審査の虚偽申請を行った建設業者に対しては、営業停止30日(改正前は15日)とすることとする。

また、経審虚偽を行った建設業者がWの監査の受審状況において加点されていた場合であって、かつ、監査の受審の対象となった計算書類等の内容に虚偽があった場合は、営業停止期間を45日とする。

⑺　企業形態の多様化への的確な対応

近年の会社法制の整備等を背景に、持株会社化、分社化など企業が多様な経営形態をとることができるようになっています。建設業においても、各企業が最適と考える経営形態を採用できるような条件整備が必要であり、経営事項審査が企業の経営形態の選択を阻害しないようにすることが必要です。

このため、企業集団に適用される評価制度を新たに創設することとし、企業の実態に見合わない評価とならないよう、また、不良不適格業者による悪用を防止できるよう、仕組みを整えた上で、完成工事高や技術者数については個別企業の実際の数値に基づいて評価するものの、経営状況については、子会社でも親会社の連結財務諸表に基づいて評価することとしました。これにより、子会社であっても企業集団の一員としての実態のある場合には、経営状況の評価が不利なものとならないようにすることができます。

但し、企業集団全体に占める連結子会社のシェアが僅かな場合や、単体の財務状況が連結に比べて著しく劣るような場合にまで連結評価をすることは適当ではありません。このため、連結評価の適用除外の判断基準として、連結子会社のグループ内の売上高が５％未満の場合、単体評価による経営状況（Ｙ）の評点が連結評価による場合に比べて2/3未満の場合には連結評価の対象外とします。

経営事項審査における新たな企業集団評価制度の創設

目的

企業の多様な経営形態（持株会社化、分社化等）の選択を阻害しない制度設計の構築

内容

一定の企業集団に属する建設業者については、連結財務諸表により経営状況（Y）を評価

企業集団の要件

以下の要件を満たす親会社及び連結子会社からなる企業集団であること。

（1）親会社が会計監査人を設置し、会計監査を受けていること

（2）企業集団に含まれる連結子会社は、
　①親会社が有価証券報告書提出会社である場合には、実質支配基準
　②親会社が有価証券報告書提出会社以外の場合には、親会社が議決権の過半数を有していること（形式基準）

（3）ただし、以下に該当する連結子会社は対象外。
　①売上高が企業集団全体の売上高の一定割合（5％）未満
　②単体評価による評点が連結評価による評点に比べ一定割合（2／3）未満

※なお、要件を満たす連結子会社の全てを企業集団に含むものとする必要はなく、新たな企業集団評価制度を申請する子会社のみが含まれていれば足りるものとする。

認定について

知事・大臣許可業者ともに国土交通大臣（総合政策局建設業課受付）が認定を行う。

企業集団評価の具体例

（持株会社化した場合）

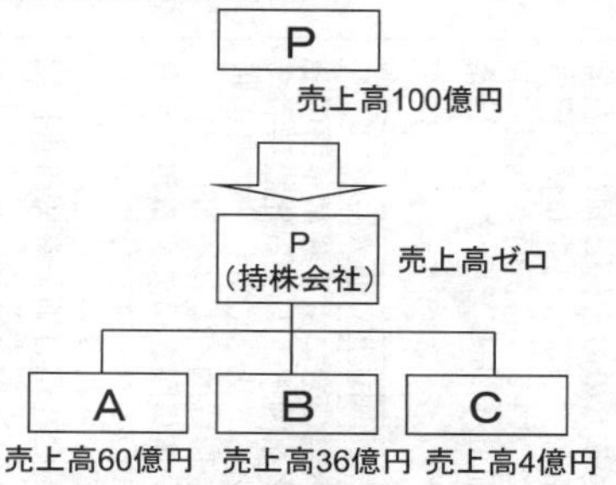

P
売上高100億円

↓

P（持株会社）　売上高ゼロ

A　売上高60億円
B　売上高36億円
C　売上高4億円

【経営事項審査の取扱い】

X_1（完工高）：各企業の実数値

Z（技術者数）：各企業の実数値

Y（経営状況）：A、B・・・Pの連結財務諸表により評価
　C・・・単体で評価（∵売上高5％未満）

企業集団評価

<table>
<tr><th colspan="2"></th><th>グループ経審</th><th>持株会社経審</th></tr>
<tr><td colspan="2">趣旨</td><td>・新たに企業結合を行った場合のうち、グループ会社間で相当程度の機能分担が図られているなど、法人格は分かれているものの合併と同様の企業結合であると見なし得る場合について、合併時と同様の評価とインセンティブを与える。</td><td>・持株会社方式による企業統合を行った企業集団について、他の統合方式と比べて不利にならぬよう、事業を行わない持株会社に所属する技術者等を子会社に按分評価。
・合併やグループ経審の場合と比べ、結合の度合いが低いと考えられるため、インセンティブは合併等に比べ抑制。</td></tr>
<tr><td rowspan="2">認定要件</td><td>認定権者</td><td>国土交通大臣</td><td>国土交通大臣</td></tr>
<tr><td>要件</td><td>①企業結合により経営基盤の強化を図ろうとする建設業者であること。（グループ内再編や形式的再編は不可）
②企業集団を構成する建設業者間の相互の機能分担が相当程度なされていること。
③親会社が有価証券報告書提出会社であること。
④親・子会社は原則としてそれぞれ建設業者であること。</td><td>①企業結合により経営基盤の強化を図ろうとする建設業者であること。（グループ内再編や形式的再編は不可）
②親会社は主として企業集団全体の経営管理のみを行うものであり、経営事項審査を受けていないこと。
③親会社が有価証券報告書提出会社であること。
④親会社が子会社の株式の総数を有する者であること。</td></tr>
<tr><td rowspan="5">経審での評価</td><td>X_1</td><td>・企業集団の中で業種毎に代表企業を決め、代表企業にグループ他社の完工高を集約して評価</td><td>・子会社単体の数値で評価</td></tr>
<tr><td>X_2</td><td>・自己資本《及び利払前税引前償却前利益》は全企業の合計数値で評価</td><td>・子会社単体の数値で評価</td></tr>
<tr><td>Y</td><td>・経営状況については、親会社の連結財務諸表により評価</td><td>・子会社単体の数値で評価</td></tr>
<tr><td>Z</td><td>・企業集団の中で業種毎に代表企業を決め、代表企業にグループ他社の《元請完工高》と技術者数を集約して評価</td><td>・持株会社に所属する技術職員を、企業集団に含まれる子会社に按分して評価。《元請完工高については、子会社単体の数値で評価》</td></tr>
<tr><td>W</td><td>・社会性等については、原則として企業集団に所属する全ての企業が加点条件を満たした際に加点評価（営業年数については親会社の営業年数で評価）</td><td>・持株会社に所属する公認会計士等を、企業集団に含まれる子会社に按分して評価。その他の項目については、子会社単体の数値等で評価</td></tr>
<tr><td colspan="2">資格審査・技術者制度等</td><td>【資格審査】
・グループ経審認定企業は、国交省直轄工事の資格審査において総合点数を一定期間加算（３年間15％、その後２年間10％）</td><td>【資格審査】
・持株経審認定企業は、国交省直轄工事の資格審査において総合点数を一定期間加算（３年間10％）
【技術者制度】
・持株経審の認定を要件として、持株会社から子会社の出向する技術者を子会社の主任・監理技術者として認める。</td></tr>
</table>

制度比較表

連結経審（新たな企業集団評価制度）
・子会社であっても、企業集団の一員としての実態のある場合には、経営状況の評価が不利なものとならないよう、経営状況については親会社の連結財務諸表に基づいて評価
国土交通大臣
①親会社が会計監査人を設置し、会計監査をうけていること。 ②次のいずれかに該当すること。 イ　親会社が有価証券報告書提出会社である場合にあっては申請する連結子会社が実質支配基準によって判定される企業集団の範囲に含まれる者であること。 ロ　親会社が有価証券報告書提出会社以外の場合にあっては、申請する連結子会社が形式基準によって判定される企業集団の範囲に含まれる者であること。 ③申請する連結子会社の売上高の企業集団全体の売上高に占める割合が５％以上であって、かつ、単独決算で審査した際の経営状況の評点が、連結決算で審査した際の経営状況の評点の2/3以上であること。
・子会社単体の数値で評価
・子会社単体の数値で評価
・子会社の経営状況の評点を、企業集団全体の連結財務諸表によって評価
・子会社単体の数値で評価
・子会社単体の数値で評価

⑻　経営事項審査に係る負担の軽減

経営事項審査の申請に当たっては、多くの種類の申請書類、添付書類、申請事項を証明する書類等の提出が必要であり、申請する企業にとっては負担と感じられています。特に、多数の職員を抱えるなど大企業にとっては、用意する書類の量は極めて膨大です。他方で、虚偽申請の防止を図るために、確認しなければならない書類があるのも事実であり、確認のために必要な書類の提出を求めることはやむを得ない面もあります。

このため、虚偽申請の確認に支障を来さないよう十分に留意しつつ、経営事項審査、さらには許可申請や競争参加資格申請等における負担も軽減されるよう、提出書類の電子記録媒体による提出、完成工事高が1000億円を超える企業における工事経歴書の記載の省略、有価証券報告書提出企業における附属明細表の免除等の見直しを行いました。

23　平成22年10月改正

○改正経緯

近年の建設投資の減少とそれに伴う競争の激化等を踏まえ、公共工事における適正な企業評価を実施する観点から、従来にも増して企業実態をより適正に評価できる仕組みに経営事項審査を改善していくことが重要となっています。

このため、平成22年３月に発表した「入札契約制度の更なる改善」に基づき、中央建設業審議会において審査基準の改正について審議を行い、平成23年７月26日に取りまとめを行いました。

今般、これらの審議・検討の結果を踏まえ、経営事項審査の審査基準について、ペーパーカンパニー対策など評価の適正化の観点、現下の社会経済情勢を踏まえた多様なニーズへの対応の観点から所要の改正を行いました。

○改正概要

⑴　技術者に必要な雇用期間の明確化

技術者の名義借り等の不正を防止するため、評価対象とする技術者を「審査基準日以前に６ヶ月を超える恒常的雇用関係のある者」に限定しました。

また、高年齢者雇用安定法に基づく継続雇用制度対象者については、雇用期間が限定されていても評価対象に含めるとしました。

⑵　完成工事高の評点テーブルの上方修正

建設投資の減少により平均点が低下している完成工事高及び元請完成工事高について、今年度の建設投資見込額のもとで平均点が制度設計時の平均点700点程度となるよう評点テーブルを補正し、全体としてバランスのとれた評価を行うとともに、適切な入札機会を確保します。

この措置により、完成工事高は平均点で約12点の上昇、元請完成工事高は平均点で約91点の上昇となります。

⑶　再生企業に対する減点措置

債権カット等により地域の下請企業等に多大な負担を強いた再生企業（民事再生企業及び会社更生企業）について、社会性等（W点）の評価で、以下の減点措置を創設しました。

・再生期間中（手続開始決定日から手続終結決定日まで）は、一律マイナス60点（「営業年数」評価の最高点）の減点

・再生期間終了後は、「営業年数」評価はゼロ年から再スタート

なお、この措置は平成23年4月1日以降に民事再生手続開始又は会社更生手続開始の申立てを行う企業から適用します。

⑷　社会性等（W点）の評価項目の追加

①　建設機械の保有状況

地域防災への備えの観点から、建設機械抵当法に規定する「建設機械」のうち、災害時に使用される代表的な建設機械（ショベル系掘削機、ブルドーザー及びトラクターショベル）について、所有台数に応じて加点評価を行います。（一台につき1点、最高15点）

なお、建設機械のリースが増えてきている現状を踏まえ、経営事項審査の有効期間（1年7ヶ月）中の使用期間が定められている賃貸借契約（リース契約等）についても、同様に取り扱います。

②　ISOの取得状況

多くの都道府県等が発注者別評価点で評価しているISO9001及びISO14001の取得状況について、受発注者双方の事務の重複・負担の軽減を図るため、経審の評価項目に追加します。（片方で5点、両方で10点）

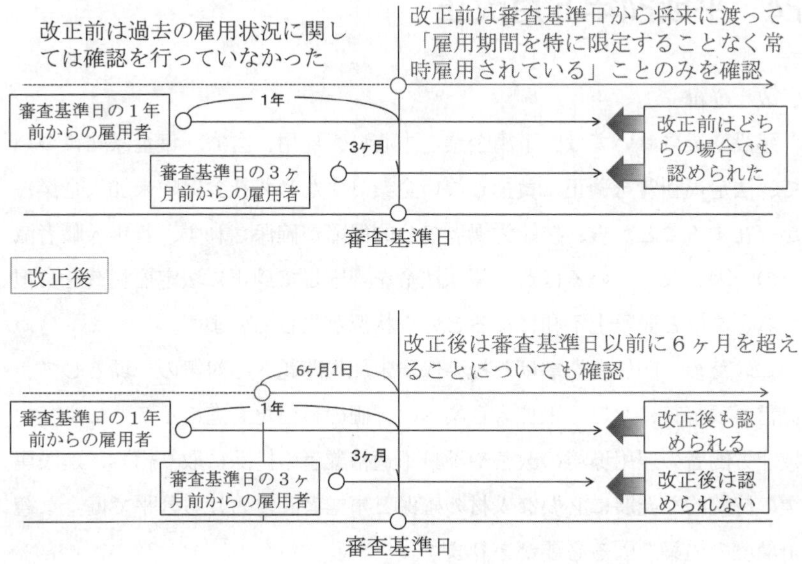
改正前
改正前は過去の雇用状況に関しては確認を行っていなかった
改正前は審査基準日から将来に渡って「雇用期間を特に限定することなく常時雇用されている」ことのみを確認
1年
審査基準日の１年前からの雇用者
3ヶ月
審査基準日の３ヶ月前からの雇用者
改正前はどちらの場合でも認められた
審査基準日

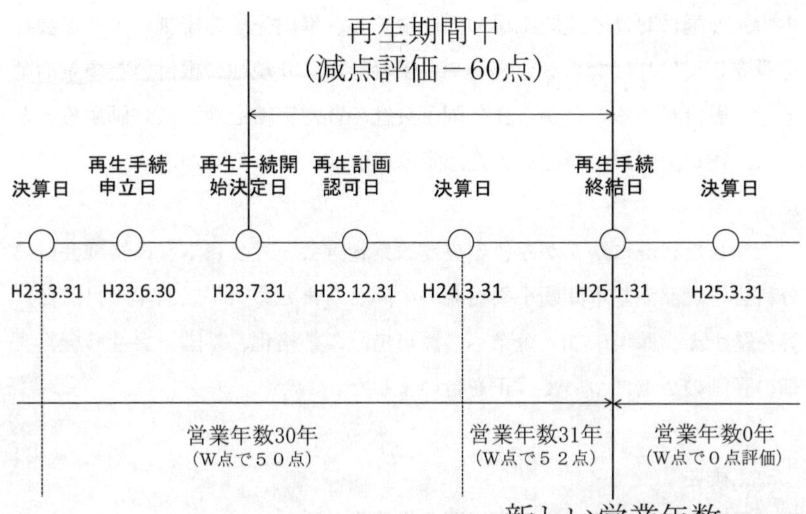
改正後
改正後は審査基準日以前に６ヶ月を超えることについても確認
6ヶ月1日
1年
審査基準日の１年前からの雇用者
改正後も認められる
3ヶ月
審査基準日の３ヶ月前からの雇用者
改正後は認められない
審査基準日
再生期間中
（減点評価－60点）
決算日
再生手続申立日
再生手続開始決定日
再生計画認可日
決算日
再生手続終結日
決算日
H23.3.31
H23.6.30
H23.7.31
H23.12.31
H24.3.31
H25.1.31
H25.3.31
営業年数30年
（W点で５０点）
営業年数31年
（W点で５２点）
営業年数0年
（W点で０点評価）
新しい営業年数の起算点

24　平成24年5月改正

○改正経緯

建設産業においては、下請企業を中心に、雇用、医療、年金保険について、法定福利費を適正に負担しない企業（すなわち社会保険未加入企業）が存在することから、技能労働者の公的保障が確保されず、若年入職者減少の一因となっているほか、関係法令を遵守して適正に法定福利費を負担する企業ほど競争上不利になるという状況が生じています。

このため、関係者を挙げた社会保険未加入問題への対策の一環として、経営事項審査における未加入企業への評価の厳格化を進めることにより、技能労働者の雇用環境の改善や不良不適格業者の排除に取り組み、建設産業の持続的な発展に必要な人材の確保と事業者間における公平で健全な競争環境の構築を図る必要があります。

また、昨今、我が国建設企業の活動範囲が国内外を問わず拡大している中で、外国における建設工事の受注に際し、進出先国の規制により子会社を設立しなければならない場合や、子会社により現地に根付いた事業活動を行う場合があることから、外国子会社の経営実績を適正に評価するとともに、我が国建設企業の海外進出意欲の醸成を図ることが求められています。

こうした状況にかんがみ、中央建設業審議会・社会資本整備審議会産業分科会建設部会基本問題小委員会の中間とりまとめ（平成24年1月27日）等を踏まえ、保険未加入企業への減点措置の厳格化、外国子会社の経営実績の評価の2点について改正を行いました。

○改正概要

(1)　保険未加入企業への減点措置の厳格化

社会性等（労働福祉の状況）に係る評価の項目及び基準を次のとおり見直しました。

・評価項目のうち「健康保険及び厚生年金保険」を、「健康保険」と「厚生年金保険」に区分し、各項目ごとに審査

・「雇用保険」、「健康保険」及び「厚生年金保険」の各項目について、未加入の場合それぞれ40点の減点（３保険に未加入の場合120点の減点）

⑵　外国子会社の経営実績の評価

本邦親会社及び外国子会社の経営規模に係る次の数値について、国土交通大臣に申請し、認定を受けた場合には、当該数値を評価の対象とすることとしました。

・外国子会社の完成工事高

・親会社及び外国子会社合算の利益額及び自己資本額

25　平成26年10月改正

○改正経緯

平成26年6月4日、現在及び将来の公共工事の品質確保の促進を目的として「公共工事の品質確保の促進に関する法律」の改正法（以下「改正品確法」という。）が公布・施行されました。基本理念に、「公共工事の品質は、施工技術の維持向上が図られ、並びにそれを有する者等が公共工事の品質確保の担い手として中長期的に育成され、及び確保されることにより、将来にわたり確保されなければならない」（改正品確法第3条第3項）と明記されるとともに、発注者の責務として、「発注に係る公共工事の契約につき競争に付するときは、当該公共工事の性格、地域の実情等に応じ、競争に参加する者（競争に参加しようとする者も含む。以下同じ。）について、

① 若年の技術者、技能労働者等の育成及び確保の状況
② 建設機械の保有の状況
③ 災害時における工事の実施体制の確保の状況

等に関する事項を適切に審査し、又は評価するよう努めなければならない」旨規定されたところです（改正品確法第13条）。

これを踏まえ、公共工事における発注者共通の評価として活用されている経営事項審査の項目及び基準について、平成26年9月10日に開催された中央建設業審議会での審議を経て、所要の改正を行うこととなりました。

○改正概要

上記①～③のうち、③については、社会性等（W点）において、既に「防災協定締結の有無（W3）」を評価しているため、次の2点について改正が行われました。

(1) 若年の技術者及び技能労働者の育成及び確保の状況の新設

若年の技術者及び技能労働者につき、次の2点を評価します。

ⅰ）若年技術職員の継続的な育成及び確保の状況

審査基準日時点で、若年技術職員の人数が技術職員の人数の合計の15％以上の場合、W点において一律１点の加点

ⅱ）新規若年技術職員の育成及び確保の状況

審査基準日から遡って１年以内に新たに技術職員となった若年技術職員の人数が審査基準日における技術職員の人数の合計の１％以上の場合、W点において一律１点の加点

技術職員はZ点においてその資格と人数を評価対象とされているところ、改正品確法の理念に基づき、中長期な公共工事の担い手を育成・確保する観点から、若年技術職員の育成及び確保の状況について、付加的な要素としてW点において新たに加点することとなりました。

⑵　評価対象となる建設機械の範囲の拡大

現行の評価対象であるショベル系掘削機、トラクターショベル、ブルドーザーに加えて、災害時に使用され、定期検査により保有・稼働が確認できるものとして、新たに次の３機種が加点評価の対象となりました。いずれの機種も１台につきW点において１点、合計で最大15点（現状維持）まで加点されます。

ⅰ）モーターグレーダー

建設機械抵当法施行令（昭和29年政令第294号）別表に規定するもの

ⅱ）大型ダンプ車

土砂等を運搬する大型自動車による交通事故の防止等に関する特別措置法（昭和42年法律第131号）第２条第２項に規定する大型自動車のうち下記を満たすもの

・経営する事業の種類として建設業を届け出ていること

・表示番号の指定を受けていること

ⅲ）移動式クレーン

労働安全衛生法施行令（昭和47年政令第318号）第12条第１項第４号に規定するつり上げ荷重３トン以上のもの

いずれも、所定の定期検査を受けていることが加点の要件となります。

26　平成28年２月改正

○改正経緯

解体工事については、これまでの運用上、とび・土工工事業に含まれていたところ、平成26年６月４日公布の「建設業法の一部を改正する法律」において許可に係る業種区分を見直し、新たな建設業許可として解体工事業が追加されることとなりました。これに伴い、平成27年11月11日に開催された中央建設業審議会において経営事項審査の所要の改正について審議が行われ、以下の改正が行われました。

○改正概要

⑴　解体工事業の追加について

改正法の施行により、建設業許可業種は現行の28業種から、解体工事業を追加した29業種となりました。これを受け、解体工事業の経営事項審査を新設することとなりました。

具体的には、「経営規模等評価の結果に係る数値のうち、完成工事高に係るもの（X1）」、「経営規模等評価の結果に係る数値のうち、技術職員数及び元請完成工事高に係るもの（Z）」については、許可業種別に審査が行われている項目ですので、これらの項目については解体工事業に係る数値で申請を受け、解体工事業の総合評定値を通知することになりました。

⑵　経過措置について

改正法の経過措置において、改正法施行日時点でとび・土工工事業の許可を受けて解体工事業を営んでいる建設業者は、引き続き３年間は解体工事業の許可を受けずに解体工事を施工することが可能とされています。そのため、経過措置期間内における公共工事受注に係る競争環境の激変緩和措置として、また、解体業者の円滑な許可の取得及び公共工事の受注を担保するために、経営事項審査においても次の通り、平成28年６月１日より

３年間の経過措置を設けることとしています。

① 改正法施行後の許可区分における「とび・土工工事業」・「解体工事業」の総合評定値に加え、「改正法施行以前の許可区分によるとび・土工工事業」の総合評定値も算出し、通知を行う

② 「とび・土工工事業」及び「解体工事業」の技術職員については、双方を申請しても１の業種とみなす（通常、技術職員１人につき申請できる建設業の種類は２であるところ、当該ケースに限り３となることを認める）

上記経過措置により、各発注者は定期の競争参加資格審査における客観的事項の審査点数において、従来（改正法施行以前）の許可区分による総合評定値を使用することが可能となり、経過措置期間における解体工事業新設に伴う競争環境の急激な変化に備えることができるようになっています。

また、登録解体工事試験の合格者や、登録基礎ぐい工事試験の合格者が主任技術者として位置づけられたことを受け、平成28年８月に、技術力（Z）の技術職員数においてそれぞれ２点の加点となるよう改正を行いました。

27　平成29年12月改正

○改正経緯

10年後においても建設産業が「生産性」を高めながら、「現場力」を維持できるよう、建設業関連制度の基本的な枠組みについて検討を行うことを目的として、平成28年10月に建設産業政策会議が設置され、平成29年７月に「建設産業政策2017＋10」が提言されました。

この中で提言されている様々な施策のうち、経営事項審査に関係する３つの施策について、同月に開催された中央建設業審議会で審議が行われ、以下の改正が行われました。

○改正概要

⑴　社会保険未加入企業等への減点措置・法令遵守減点措置を厳格化

社会保険未加入対策や法令遵守の観点から、社会性等（W点）の合計値について、「社会性等（W）の合計が０に満たない場合は０とみなす」とされているところを、０と見なさず、マイナス値であっても合計値のまま計算する見直しを行いました。

⑵　防災活動への貢献の状況の加点幅の拡大

防災活動への貢献の状況（W3）については、従来より15点の加点を行っていましたが、建設業者の「地域の守り手」としての活動を評価すべく、加点幅を20点に拡大しました。

⑶　建設機械の保有状況の加点方法の見直し

建設機械の保有状況（W7）についても、従来より15点の加点を行っていました（１台１点、15台で15点）。一方、企業によっては災害時に使用する建設機械を購入すると経営状況（Y点）が低下し、結果として総合評定値（P点）が低下してしまうなど、W点での評価が建設機械保有へのインセンティブにつながっていないケースもありました。

このような状況を踏まえ、加点テーブルの見直しを行い、少ない台数でも建設機械を保有する企業を高く評価する形に改正を行いました。

改正後の加点テーブルは以下の通りになります。

改正前

台数	1台	2台	3台	4台	5台
点数	1点	2点	3点	4点	5点
台数	6台	7台	8台	9台	10台
点数	6点	7点	8点	9点	10点
台数	11台	12台	13台	14台	15台
点数	11点	12点	13点	14点	15点

⇨

改正後

台数	1台	2台	3台	4台	5台
点数	5点	6点	7点	8点	9点
台数	6台	7台	8台	9台	10台
点数	10点	11点	12点	12点	13点
台数	11台	12台	13台	14台	15台
点数	13点	14点	14点	15点	15点

また、営業用の大型ダンプ車のうち、主として建設業の用途に使用するものを新たに評価対象として追加しました。

平成30年12月現在の経営事項審査の項目と点数は以下の通りとなります。

項目区分		審査項目	最高点／最低点	ウェイト
経営規模	X1	完成工事高（許可業種別）	最高点：2,309点 最低点：397点	0.25
	X2	自己資本額 利払前税引前償却前利益	最高点：2,280点 最低点：454点	0.15
経営状況	Y	①負債抵抗力 ②収益性・効率性 ③財務健全性 ④絶対的力量	最高点：1,595点 最低点：0点	0.20
技術力	Z	元請完成工事高（許可業種別） 技術職員数（許可業種別）	最高点：2,441点 最低点：456点	0.25
その他 審査項目 （社会性等）	W	①労働福祉の状況 ②建設業の営業継続の状況 ③防災活動への貢献の状況 ④法令遵守の状況 ⑤建設業の経理の状況 ⑥研究開発の状況 ⑦建設機械の保有状況 ⑧国際標準化機構が定めた規格による登録の状況 ⑨若年の技術者及び技能労働者の育成及び確保の状況	最高点：1,966点 最低点：▲1,995点	0.15
総合評定値	P	0.25X1＋0.15X2＋0.20Y＋0.25Z＋0.15W	最高点：2,143点 最低点：▲18点	

第 3 章
経営事項審査の審査内容

1　経営事項審査の受審義務者

建設業法第27条の23第１項の規定により、「公共性のある施設又は工作物に関する建設工事」を発注者から直接請け負おうとする建設業者は、経営事項審査を受けることが義務付けられています。この経営事項審査の義務付けの対象となる「公共性のある施設又は工作物に関する建設工事」の範囲は、建設業法施行令第27条の13に定められており、国、地方公共団体、法人税法別表第１の公共法人及び特殊法人（一部を除く）が発注者である施設又は工作物に関する建設工事で、次の表のとおりです。ただし、軽微な建設工事（建築一式工事は、1,500万円未満、その他の建設工事は500万円未満）や、物理的・経済的に影響の大きい災害等により必要を生じた応急の建設工事については、義務付けの対象外とされています。（通常の災害復旧工事は、義務付けの対象となります。）

表　経営事項審査を受けなければ請け負うことができない建設工事の発注者一覧

根拠	名称	
法人税法別表第一	沖縄振興開発金融公庫 株式会社国際協力銀行 株式会社日本政策金融公庫 港務局 国立大学法人 社会保険診療報酬支払基金 水害予防組合 水害予防組合連合 大学共同利用機関法人 地方公共団体 地方公共団体金融機構 地方公共団体情報システム機構 地方住宅供給公社 地方道路公社 地方独立行政法人	独立行政法人（その資本金の額若しくは出資の金額の全部が国若しくは地方公共団体の所有に属しているもの又はこれに類するものとして、財務大臣が指定をしたものに限る。） 土地開発公社 土地改良区 土地改良区連合 土地区画整理組合 日本下水道事業団 日本司法支援センター 日本中央競馬会 日本年金機構 日本放送協会

建設業法施行規則第18条		
	(公財) JKA	(独)理化学研究所
	首都高速道路株式会社	中日本高速道路株式会社
	消防団員等公務災害補償等共済基金	成田国際空港株式会社
	新関西国際空港株式会社	西日本高速道路株式会社
	地方競馬全国協会	日本私立学校振興・共済事業団
	中間貯蔵・環境安全事業株式会社	日本たばこ産業株式会社
	東京地下鉄株式会社	日本電信電話株式会社
	東京湾横断道路建設事業者	東日本電信電話株式会社
	(独)科学技術振興機構	西日本電信電話株式会社
	(独)環境再生保全機構	農林漁業団体職員共済組合
	(独)勤労者退職金共済機構	阪神高速道路株式会社
	(独)新エネルギー・産業技術総合開発機構	東日本高速道路株式会社
	(独)中小企業基盤整備機構	本州四国連絡高速道路株式会社
	(独)日本原子力研究開発機構	北海道旅客鉄道株式会社
	(独)農業者年金基金	四国旅客鉄道株式会社
		日本貨物鉄道株式会社

2　経営事項審査の有効期間

経営事項審査は、一度受けさえすればよいというものではありません。経営事項審査義務付けの対象となる上記の建設工事（以下「公共工事」という。）について発注者と請負契約を締結することができるのは、経営事項審査を受けた後その経営事項審査の申請の直前の事業年度終了の日（＝審査基準日）から１年７か月の間に限られています〔図―１〕。

したがって、毎年公共工事を発注者から直接請け負おうとする建設業者は、審査基準日から１年７か月間の“公共工事を請け負うことができる期間”が切れ目なく継続するよう、毎年定期に経営事項審査を受けることが必要となります〔図―２〕。

このことに関連して、次の点に十分注意することが必要です。

① 公共工事の競争入札への参加資格を有する者の名簿については、その有効期間を２年とし２年に１回見直しを行うものとしている例が多

く見受けられますが、この名簿の有効期間とは関わりなく、毎年公共工事を発注者から直接請け負おうとする建設業者は、毎年経営事項審査を受けることが必要です。

② 毎事業年度経過後、決算関係書類が整い次第、速やかに経営事項審査の申請を行う必要があります。“公共工事を請け負うことができる期間”は、申請の時期に関わりなく審査基準日から１年７か月とされているので、申請が遅れると審査や結果通知が遅れ、その分だけ“公共工事を請け負うことができる期間”が短くなり、“公共工事を請け負うことができる期間”が継続せず切れ目ができてしまう（＝公共工事を請け負うことができない期間ができてしまう）ことがあるためです。

図―３は、２年目の申請時期が遅れたために、公共工事を請け負うことができる期間が短くなり、しかも“公共工事を請け負うことができる期間”が継続せず、公共工事を請け負うことができない期間ができてしまった例です。

③ 当然のことですが、単に申請を行っただけでは公共工事を請け負うことはできず、審査が終了していなければいけません。したがって、申請後審査が終了するまでの時間的余裕を十分見込んだ上で、早めに申請を行う必要があります。

図―１

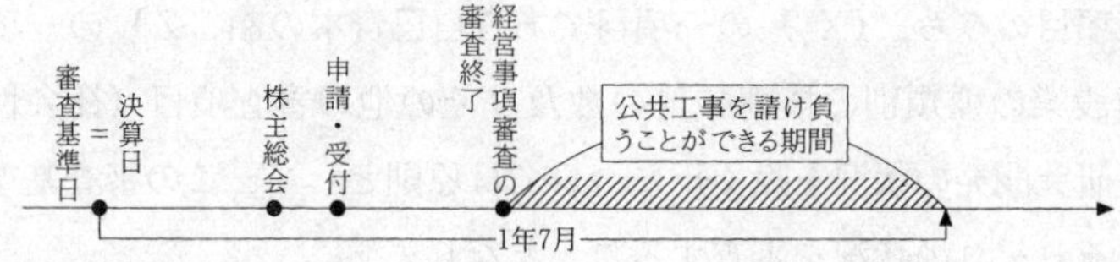

図ー2

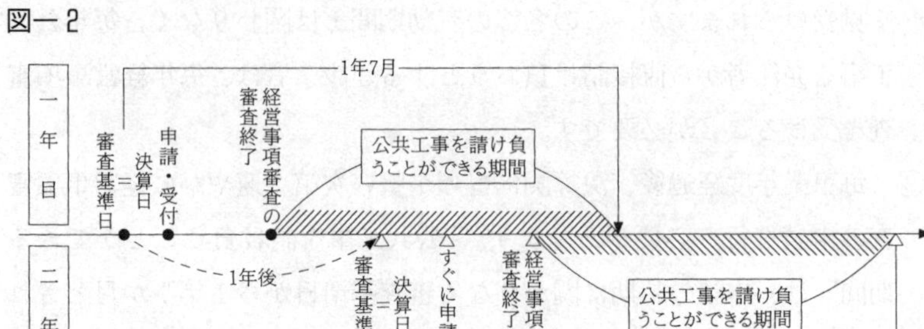

図ー3

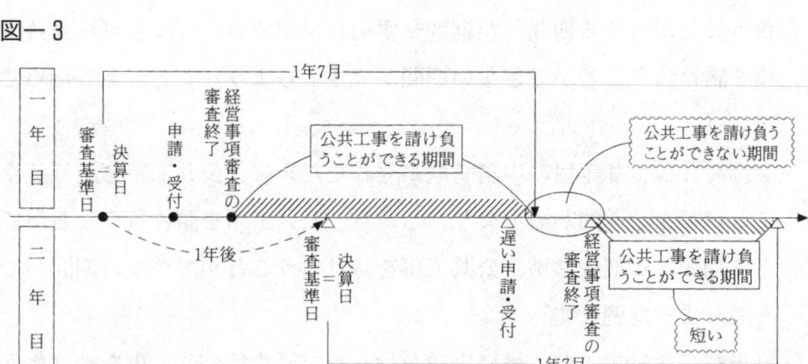

3　審査基準日

審査基準日は、経営事項審査申請をする日の直前の事業年度終了の日となります。

審査項目のうち、（X_2）の一項目である自己資本の額（Z）の一項目である建設業の種類別の技術職員の数及びその他の審査項目（社会性等）（W）（研究開発の状況を除く）については原則として、この審査基準日におけるそれぞれの状況を審査することとなります。

種類別年間平均完成工事高（X_1）及び（Z）の一項目である種類別年間平均元請完成工事高については、審査基準日の翌日（申請をする日の属する事業年度の開始の日）の直前2年又は直前3年の年間平均工事高を審査することとなります。

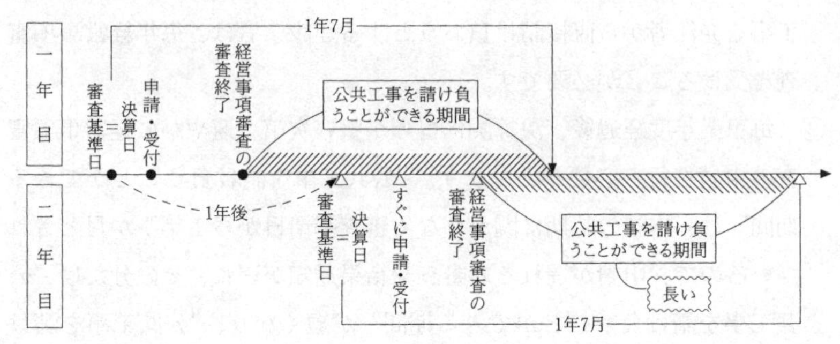

経営状況（Y）（営業キャッシュフローを除く）については、審査基準日の翌日（申請をする日の属する事業年度の開始の日）の直前12か月の計算書類（貸借対照表・損益計算書・株主資本等変動計算書・注記表）を基に審査することとなります。（X_2）の一項目である平均利益額（Y）の一項目である営業キャッシュフロー及び（W）の一項目である研究開発の状況については、審査対象年と前審査対象年の平均額を審査することとなります。

4　審査項目及び基準

経営事項審査の審査項目及び基準は、建設業法第34条に規定されている中央建設業審議会の意見を聴いて国土交通大臣が定めることとされています（建設業法第27条の23第３項）。この規定に基づき「建設業法第27条の23第３項の経営事項審査の項目及び基準を定める件（平成20年１月31日国土交通省告示第85号）」が告示され、⑴経営規模、⑵経営状況、⑶技術力及び⑷その他の審査項目（社会性等）を審査することが定められています。

また、これらの各項目の審査の結果算出された評点を次の式にあてはめて総合評定値を算出することが建設業法施行規則に規定されています。

$$P = 0.25X_1 + 0.15X_2 + 0.2Y + 0.25Z + 0.15W$$

P　：総合評定値
X_1　：経営規模のうち、種類別年間平均完成工事高の評点
X_2　：経営規模のうち、自己資本額及び平均利益額の評点
Y　：経営状況の評点
Z　：技術力の評点
W　：その他の審査項目（社会性等）の評点

⑴　経営規模（X）

①　年間平均完成工事高（X_1）

審査基準日の翌日（当期事業年度開始日）の直前２年又は直前３年

の各事業年度における完成工事高を平均した数値（年間平均完成工事高）を下記評点テーブルにあてはめて評点が付けられます。なお、年間平均完成工事高は、建設業許可を受けた建設工事の種類のうち、経営事項審査を申請する建設工事の種類毎に審査されます。

区分	許可を受けた建設業に係る建設工事の種類別年間平均完成工事高		評　点
(1)	1,000億円以上		2,309
(2)	800億円以上	1,000億円未満	114×（年間平均完成工事高）÷20,000,000＋1,739
(3)	600億円以上	800億円未満	101×（年間平均完成工事高）÷20,000,000＋1,791
(4)	500億円以上	600億円未満	88×（年間平均完成工事高）÷10,000,000＋1,566
(5)	400億円以上	500億円未満	89×（年間平均完成工事高）÷10,000,000＋1,561
(6)	300億円以上	400億円未満	89×（年間平均完成工事高）÷10,000,000＋1,561
(7)	250億円以上	300億円未満	75×（年間平均完成工事高）÷5,000,000＋1,378
(8)	200億円以上	250億円未満	76×（年間平均完成工事高）÷5,000,000＋1,373
(9)	150億円以上	200億円未満	76×（年間平均完成工事高）÷5,000,000＋1,373
(10)	120億円以上	150億円未満	64×（年間平均完成工事高）÷3,000,000＋1,281
(11)	100億円以上	120億円未満	62×（年間平均完成工事高）÷2,000,000＋1,165
(12)	80億円以上	100億円未満	64×（年間平均完成工事高）÷2,000,000＋1,155
(13)	60億円以上	80億円未満	50×（年間平均完成工事高）÷2,000,000＋1,211
(14)	50億円以上	60億円未満	51×（年間平均完成工事高）÷1,000,000＋1,055
(15)	40億円以上	50億円未満	51×（年間平均完成工事高）÷1,000,000＋1,055
(16)	30億円以上	40億円未満	50×（年間平均完成工事高）÷1,000,000＋1,059
(17)	25億円以上	30億円未満	51×（年間平均完成工事高）÷500,000＋903
(18)	20億円以上	25億円未満	39×（年間平均完成工事高）÷500,000＋963
(19)	15億円以上	20億円未満	36×（年間平均完成工事高）÷500,000＋975
(20)	12億円以上	15億円未満	38×（年間平均完成工事高）÷300,000＋893
(21)	10億円以上	12億円未満	39×（年間平均完成工事高）÷200,000＋811
(22)	8億円以上	10億円未満	38×（年間平均完成工事高）÷200,000＋816
(23)	6億円以上	8億円未満	25×（年間平均完成工事高）÷200,000＋868
(24)	5億円以上	6億円未満	25×（年間平均完成工事高）÷100,000＋793
(25)	4億円以上	5億円未満	34×（年間平均完成工事高）÷100,000＋748
(26)	3億円以上	4億円未満	42×（年間平均完成工事高）÷100,000＋716
(27)	2億5,000万円以上	3億円未満	24×（年間平均完成工事高）÷50,000＋698
(28)	2億円以上	2億5,000万円未満	28×（年間平均完成工事高）÷50,000＋678
(29)	1億5,000万円以上	2億円未満	34×（年間平均完成工事高）÷50,000＋654
(30)	1億2,000万円以上	1億5,000万円未満	26×（年間平均完成工事高）÷30,000＋626
(31)	1億円以上	1億2,000万円未満	19×（年間平均完成工事高）÷20,000＋616
(32)	8,000万円以上	1億円未満	22×（年間平均完成工事高）÷20,000＋601
(33)	6,000万円以上	8,000万円未満	28×（年間平均完成工事高）÷20,000＋577
(34)	5,000万円以上	6,000万円未満	16×（年間平均完成工事高）÷10,000＋565
(35)	4,000万円以上	5,000万円未満	19×（年間平均完成工事高）÷10,000＋550
(36)	3,000万円以上	4,000万円未満	24×（年間平均完成工事高）÷10,000＋530
(37)	2,500万円以上	3,000万円未満	13×（年間平均完成工事高）÷5,000＋524
(38)	2,000万円以上	2,500万円未満	16×（年間平均完成工事高）÷5,000＋509
(39)	1,500万円以上	2,000万円未満	20×（年間平均完成工事高）÷5,000＋493
(40)	1,200万円以上	1,500万円未満	14×（年間平均完成工事高）÷3,000＋483
(41)	1,000万円以上	1,200万円未満	11×（年間平均完成工事高）÷2,000＋473
(42)		1,000万円未満	131×（年間平均完成工事高）÷10,000＋397

注）評点に小数点以下の端数がある場合は、これを切り捨てる。

② 自己資本額及び平均利益額（X_2）

経営事項審査における自己資本の額とは貸借対照表上の純資産合計の額を指しており、審査基準日における自己資本の額又は審査基準日と前審査基準日における自己資本の額の平均の額を算出し、下記の評点テーブルにあてはめて評点が付けられます。

区分	自己資本の額又は平均自己資本額		点　数
(1)	3,000億円以上		2114
(2)	2,500億円以上	3,000億円未満	63×（自己資本額）÷50,000,000+1,736
(3)	2,000億円以上	2,500億円未満	73×（自己資本額）÷50,000,000+1,686
(4)	1,500億円以上	2,000億円未満	91×（自己資本額）÷50,000,000+1,614
(5)	1,200億円以上	1,500億円未満	66×（自己資本額）÷30,000,000+1,557
(6)	1,000億円以上	1,200億円未満	53×（自己資本額）÷20,000,000+1,503
(7)	800億円以上	1,000億円未満	61×（自己資本額）÷20,000,000+1,463
(8)	600億円以上	800億円未満	75×（自己資本額）÷20,000,000+1,407
(9)	500億円以上	600億円未満	46×（自己資本額）÷10,000,000+1,356
(10)	400億円以上	500億円未満	53×（自己資本額）÷10,000,000+1,321
(11)	300億円以上	400億円未満	66×（自己資本額）÷10,000,000+1,269
(12)	250億円以上	300億円未満	39×（自己資本額）÷5,000,000+1,233
(13)	200億円以上	250億円未満	47×（自己資本額）÷5,000,000+1,193
(14)	150億円以上	200億円未満	57×（自己資本額）÷5,000,000+1,153
(15)	120億円以上	150億円未満	42×（自己資本額）÷3,000,000+1,114
(16)	100億円以上	120億円未満	33×（自己資本額）÷2,000,000+1,084
(17)	80億円以上	100億円未満	39×（自己資本額）÷2,000,000+1,054
(18)	60億円以上	80億円未満	47×（自己資本額）÷2,000,000+1,022
(19)	50億円以上	60億円未満	29×（自己資本額）÷1,000,000+989
(20)	40億円以上	50億円未満	34×（自己資本額）÷1,000,000+964
(21)	30億円以上	40億円未満	41×（自己資本額）÷1,000,000+936
(22)	25億円以上	30億円未満	25×（自己資本額）÷500,000+909
(23)	20億円以上	25億円未満	29×（自己資本額）÷500,000+889
(24)	15億円以上	20億円未満	36×（自己資本額）÷500,000+861
(25)	12億円以上	15億円未満	27×（自己資本額）÷300,000+834
(26)	10億円以上	12億円未満	21×（自己資本額）÷200,000+816
(27)	8億円以上	10億円未満	24×（自己資本額）÷200,000+801
(28)	6億円以上	8億円未満	30×（自己資本額）÷200,000+777
(29)	5億円以上	6億円未満	18×（自己資本額）÷100,000+759
(30)	4億円以上	5億円未満	21×（自己資本額）÷100,000+744
(31)	3億円以上	4億円未満	27×（自己資本額）÷100,000+720
(32)	2億5,000万円以上	3億円未満	15×（自己資本額）÷50,000+711
(33)	2億円以上	2億5,000万円未満	19×（自己資本額）÷50,000+691
(34)	1億5,000万円以上	2億円未満	23×（自己資本額）÷50,000+675
(35)	1億2,000万円以上	1億5,000万円未満	16×（自己資本額）÷30,000+664
(36)	1億円以上	1億2,000万円未満	13×（自己資本額）÷20,000+650
(37)	8,000万円以上	1億円未満	16×（自己資本額）÷20,000+635
(38)	6,000万円以上	8,000万円未満	19×（自己資本額）÷20,000+623
(39)	5,000万円以上	6,000万円未満	11×（自己資本額）÷10,000+614
(40)	4,000万円以上	5,000万円未満	14×（自己資本額）÷10,000+599
(41)	3,000万円以上	4,000万円未満	16×（自己資本額）÷10,000+591
(42)	2,500万円以上	3,000万円未満	10×（自己資本額）÷5,000+579
(43)	2,000万円以上	2,500万円未満	12×（自己資本額）÷5,000+569
(44)	1,500万円以上	2,000万円未満	14×（自己資本額）÷5,000+561
(45)	1,200万円以上	1,500万円未満	11×（自己資本額）÷3,000+548
(46)	1,000万円以上	1,200万円未満	8×（自己資本額）÷2,000+544
(47)		1,000万円未満	223×（自己資本額）÷10,000+361

注）点数に小数点以下の端数がある場合は、これを切り捨てる。

平均利益額については、利払前税引前償却前利益（営業利益＋減価償却実施額）の審査基準日と前審査基準日の平均の額を算出し、下記の評点テーブルにあてはめて評点が付けられます。

区分	平均利益額		点　数
(1)	300億円以上		2447
(2)	250億円以上	300億円未満	134×（平均利益額）÷5,000,000＋1,643
(3)	200億円以上	250億円未満	151×（平均利益額）÷5,000,000＋1,558
(4)	150億円以上	200億円未満	175×（平均利益額）÷5,000,000＋1,462
(5)	120億円以上	150億円未満	123×（平均利益額）÷3,000,000＋1,372
(6)	100億円以上	120億円未満	93×（平均利益額）÷2,000,000＋1,306
(7)	80億円以上	100億円未満	104×（平均利益額）÷2,000,000＋1,251
(8)	60億円以上	80億円未満	122×（平均利益額）÷2,000,000＋1,179
(9)	50億円以上	60億円未満	70×（平均利益額）÷1,000,000＋1,125
(10)	40億円以上	50億円未満	79×（平均利益額）÷1,000,000＋1,080
(11)	30億円以上	40億円未満	92×（平均利益額）÷1,000,000＋1,028
(12)	25億円以上	30億円未満	54×（平均利益額）÷500,000＋980
(13)	20億円以上	25億円未満	60×（平均利益額）÷500,000＋950
(14)	15億円以上	20億円未満	70×（平均利益額）÷500,000＋910
(15)	12億円以上	15億円未満	48×（平均利益額）÷300,000＋880
(16)	10億円以上	12億円未満	37×（平均利益額）÷200,000＋850
(17)	8億円以上	10億円未満	42×（平均利益額）÷200,000＋825
(18)	6億円以上	8億円未満	48×（平均利益額）÷200,000＋801
(19)	5億円以上	6億円未満	28×（平均利益額）÷100,000＋777
(20)	4億円以上	5億円未満	32×（平均利益額）÷100,000＋757
(21)	3億円以上	4億円未満	37×（平均利益額）÷100,000＋737
(22)	2億5,000万円以上	3億円未満	21×（平均利益額）÷50,000＋722
(23)	2億円以上	2億5,000万円未満	24×（平均利益額）÷50,000＋707
(24)	1億5,000万円以上	2億円未満	27×（平均利益額）÷50,000＋695
(25)	1億2,000万円以上	1億5,000万円未満	20×（平均利益額）÷30,000＋676
(26)	1億円以上	1億2,000万円未満	15×（平均利益額）÷20,000＋666
(27)	8,000万円以上	1億円未満	16×（平均利益額）÷20,000＋661
(28)	6,000万円以上	8,000万円未満	19×（平均利益額）÷20,000＋649
(29)	5,000万円以上	6,000万円未満	12×（平均利益額）÷10,000＋634
(30)	4,000万円以上	5,000万円未満	12×（平均利益額）÷10,000＋634
(31)	3,000万円以上	4,000万円未満	15×（平均利益額）÷10,000＋622
(32)	2,500万円以上	3,000万円未満	8×（平均利益額）÷5,000＋619
(33)	2,000万円以上	2,500万円未満	10×（平均利益額）÷5,000＋609
(34)	1,500万円以上	2,000万円未満	11×（平均利益額）÷5,000＋605
(35)	1,200万円以上	1,500万円未満	7×（平均利益額）÷3,000＋603
(36)	1,000万円以上	1,200万円未満	6×（平均利益額）÷2,000＋595
(37)		1,000万円未満	78×（平均利益額）÷10,000＋547

注）点数に小数点以下の端数がある場合は、これを切り捨てる。

減価償却実施額は、未成工事支出金や販売費及び一般管理費、完成工事原価等に係る減価償却費が該当し、税務申告書別表16に基づく数値を利用します。

自己資本額については激変緩和措置として審査基準日か２年平均のどちらかが選択できますが、平均利益額については必ず２年平均で計算することとなります。

こうして算出した自己資本額の点数と平均利益額の点数を合計したものを２で除したものがX_2の数値となります。

X_2評点＝（自己資本額の点数＋平均利益額の点数）÷２

⑵　経営状況（Y）

経営状況は、審査基準日における貸借対照表及び審査基準日の翌日の直前12ヶ月（審査対象事業年度）の損益計算書及び株主資本等変動計算書に計上された数値から算出される８指標からなります（ただし、営業キャッシュフローについては前審査対象年との平均額となります）。これらはその指標の性質から２指標ずつにまとめられ、それぞれ負債抵抗力（純支払利息比率、負債回転期間）、収益性・効率性（総資本売上総利益率、売上高経常利益率）、財務健全性（自己資本対固定資産比率、自己資本比率）、絶対的力量（営業キャッシュフロー、利益剰余金）を審査します。経営状況の評点は、８指標の数値を次の算式に当てはめて算出し、評点が付けられます。

経営状況分析の8指標

属性	記号	経営状況分析の指標 {( )内はY評点への寄与度}	算出式	上限値	下限値
負債抵抗力	X_1	純支払利息比率 (29.9%)	(支払利息－受取利息配当金)／売上高×100	5.1%	−0.3%
	X_2	負債回転期間 (11.4%)	(流動負債＋固定負債)／(売上高÷12)	18.0ヵ月	0.9ヵ月
収益性・効率性	X_3	総資本売上総利益率 (21.4%)	売上総利益／※総資本(2期平均)×100	63.6%	6.5%
	X_4	売上高経常利益率 (5.7%)	経常利益／売上高×100	5.1%	−8.5%
財務健全性	X_5	自己資本対固定資産比率 (6.8%)	自己資本／固定資産×100	350.0%	−76.5%
	X_6	自己資本比率 (14.6%)	自己資本／総資本×100	68.5%	−68.6%
絶対的力量	X_7	営業キャッシュ・フロー (5.7%)	営業キャッシュ・フロー／1億※(2年平均)	15.0億円	−10.0億円
	X_8	利益剰余金 (4.4%)	利益剰余金／1億	100.0億円	−3.0億円

注)・X_1及びX_2については、数値が小さいほど評点に対してプラスの影響を及ぼす指標。
・X_3については、総資本を2期平均とし、さらにその平均の額が3,000万円未満の場合は3,000万円とみなして計算する。また、個人の場合は、売上総利益を完成工事総利益と読み替える。
・X_4について、個人の場合は、経常利益を事業主利益と読み替える。
・X_7については、営業キャッシュ・フローの額を1億で除した数値の2年平均とする。
【営業キャッシュ・フローの計算】
営業キャッシュ・フロー＝経常利益＋減価償却実施額－法人税、住民税及び事業税±引当金（貸倒引当金）増減額∓売掛債権（受取手形＋完成工事未収入金）増減額±仕入債務（支払手形＋工事未払金）増減額∓棚卸資産（未成工事支出金＋材料貯蔵品）増減額±受入金（未成工事受入金）増減額
・X_8について、個人の場合は、利益剰余金を純資産合計と読み替える。
・X_1～X_8の数値について、小数点以下3位未満の端数があるときは、これを四捨五入する。

経営状況点数（A）＝−0.4650×X_1（純支払利息比率）−0.0508×X_2（負債回転期間）＋0.0264×X_3（総資本売上総利益率）＋0.0277×X_4（売上高経常利益率）＋0.0011×X_5（自己資本対固定資産比率）＋0.0089×X_6（自己資本比率）＋0.0818×X_7（営業キャッシュフロー）＋0.0172×X_8（利益剰余金）＋0.1906（小数点第三位以下は四捨五入）

経営状況の評点（Y）＝167.3×A＋583（小数点第一位以下は四捨五入）

①　純支払利息比率（%）（X_1）

（支払利息－受取利息配当金）／売上高×100

審査対象事業年度における売上高（建設業以外の事業を併せて営む者については、兼業事業売上高を含みます。以下、経営状況の審査項目について同じです。）に対する同年度の純支払利息の割合が審査されます。純支払利息（支払利息－受取利息配当金）とは、金融費用である借入金の支払利息、CP 利息及び社債利息等の合計額から金融利益である貸付金の受取利息、投資有価証券利息及び受取配当金等の合計額を差し引いた金額であり、本業以外の金融取引で実質的にどれほどの金融コストが生じているかを示しています。純支払利息比率の審査においては、本業で獲得した売上高に対する金融コストの割合がどれほどであるかが審査され、数値が低いほど資金調達に係る負担が少ないと考えられるため、評価が高くなります。

② 負債回転期間（月）（X_2）

（流動負債＋固定負債）／（売上高÷12）

審査対象事業年度における１か月当たりの売上高（月商）に対する審査基準日における貸借対照表の流動負債と固定負債の合計額の割合が審査されます。１か月当たりの売上高は、年間の売上高の額を12で除することで求められる月平均売上高を用います。負債回転期間の審査においては、負債の総額が毎月の経常的な収入である月商に対してどのくらいの水準にあるかが審査され、数値が低いほど月商と比較した場合の負債額が少なく、負債の額を適正な範囲に留め身の丈にあった経営を行っていると考えられるため、評価が高くなります。

③ 総資本売上総利益率（％）（X_3）

売上総利益／総資本（２期平均）×100

審査基準日及び前審査基準日における総資本（貸借対照表における負債と純資産の合計額）の額の平均の額に対する審査対象基準年度における売上総利益（粗利）の額の割合が審査されます。２期平均の総資本の額が3,000万円未満の場合には3,000万円とみなして計算し、売上高から売上原価を控除したものが企業の利益の源である売上総利益となります。総資本売上総利益率の審査においては、企業が経営活動のために投下した資本に対してどれだけの利益の源が生まれたかが審査され、数値が高いほど収益性が高く効率的な経営を行っていると考えられるため、評価が高くなります。

④　売上高経常利益率（%）（X_4）

経常利益／売上高×100

審査対象事業年度における売上高に対する同年度の経常利益の割合が審査されます。経常利益とは、企業の経常活動、すなわち、本業である営業活動と営業外活動のうちの財務活動の結果を示したもので、営業利益に営業外収益（受取利息配当金、有価証券売却益等）と営業外費用（支払利息、社債発行差金償却等の金融費用、有価証券売却損等）を加減して計算されます。売上高経常利益率の審査においては、企業の金融収支を含めた経常活動の結果得られた利益が売上高に対してどれだけあるかが審査され、数値が高いほど収益性が高く効率的な経営を行っていると考えられるため、評価が高くなります。

⑤　自己資本対固定資産比率（%）（X_5）

自己資本／固定資産×100

審査基準日における固定資産の額に対する自己資本の額の割合が審査されます。経営事項審査における自己資本とは、貸借対照表上の純資産の合計のことを指し、企業が保有する資産の合計から負債の合計を差し引いたものです。固定資産は長期に渡り経営活動のために使用される資産であることから、返済を要しない自己資本によって調達されるのが安全であると考えられます。自己資本対固定資産比率の審査においては、固定資産の調達がどれほど自己資本で賄われているかが審査され、数値が高いほど自己資本が充実していて経営の安定性が高いと考えられるため、評価が高くなります。

⑥　自己資本比率（%）（X_6）

自己資本／総資本×100

審査基準日における総資本の額に対する自己資本の額の割合が審査されます。自己資本比率の審査においては、企業の保有する総資産に対して純資産の割合がどれほどであるかが審査され、数値が高いほど自己資本が充実していて経営の安定性が高いと考えられるため、評価が高くなります。

⑦　営業キャッシュフロー（億円）（X_7）

営業キャッシュフロー／1億円（2年平均）

営業キャッシュフロー＝経常利益＋減価償却実施額－法人税、住民税及び事業税±引当金増減額∓売掛債権増減額±仕入債務増減額∓棚卸資産増減額±受入金増減額

減価償却実施額：未成工事支出金その他の棚卸資産に係る減価償却費、販売費及び一般管理費に係る減価償却費、完成工事原価に係る減価償却費、兼業事業売上原価に係る原価償却費等、減価償却費として費用を計上した額の総額

引当金増減額：審査基準日における貸倒引当金その他の引当金の額から前審査基準日における当該引当金の額を差し引いた額の総額

売掛債権増減額：審査基準日における受取手形や完成工事未収入金等の合計額から前審査基準日における当該売掛債権の額を差し引いた額の総額

仕入債務増減額：審査基準日における支払手形や工事未払金等の合計額から前審査基準日における当該仕入債務の額を差し引いた額の総額

棚卸資産増減額：審査基準日における未成工事支出金や材料貯蔵品等の合計額から前審査基準日における当該棚卸資産の額を差し引いた額の総額

受入金増減額：審査基準日における未成工事受入金等から前審査基準日における当該受入金の額を差し引いた額の総額

審査対象事業年度における営業キャッシュフローを1億円で除したものと前審査対象事業年における営業キャッシュフローを1億円で除したものの平均額が審査されます。キャッシュフローとは、企業の現金の収支状況を示したもので、経営事項審査で審査されるキャッシュフローは、企業が営業活動により実際にどの程度キャッシュ（資金）を獲得したかを表す営業キャッシュフローとなります。営業キャッシュフローの審査においては、企業として実際に現金の収支どれほどあったかが審査され、比率ではなく絶対額の指標であり数値が高いほど資金収支に余裕があると考えられるため、評価が高くなります。

⑧　利益剰余金（億円）（X_8）

利益剰余金／1億円

審査基準日における利益剰余金を1億円で除したものが審査されます。利益剰余金は貸借対照表の純資産の部に含まれる項目であり、企業自らが経営活動によって稼いだ過去の利益の蓄積量を表しており、比率ではなく絶対額の指標であり数値が高いほど利益の蓄積が十分になされ資金繰りに余裕があると考えられるため、評価が高くなります。

また、連結財務諸表の作成を義務付けられた会社については。平成20年の改正により連結財務諸表により評価することとなりました。これは、金融機関での評価をはじめとして企業を評価する時には連結財務諸表による評価が一般的となっている現状を反映するとともに、子会社との間の経理操作等を排除した的確な評価を行う観点から、連結財務諸表により評価することとなりました。

⑶　技術力（Z）

技術職員については、建設業許可における営業所専任技術者や現場の主任技術者、監理技術者になり得る職員等で、審査基準日以前に6か月を超える恒常的な雇用関係があり、かつ、雇用期間を特に限定することなく常時雇用されている者を建設業の業種毎に加点対象としています。

従来は審査基準日において雇用期間を定めずに雇用されてさえいれば評価対象としていましたが、技術者の名義借り等の不正を防止するために、審査基準日以前の6ヶ月を超える恒常的な雇用関係を確認するよう改正が行われています。

なお、高年齢者雇用安定法の継続制度対象者については、雇用期間が限定されていても（毎年契約を更新するのが一般的)、恒常的な雇用関係がある者とみなして評価対象に含めることとしています。

技術職員の点数について、具体的には、技術職員の能力、資格、継続的学習への取組を反映するため、保有する資格に応じ、以下の算式で技術職員数値を算出し、下記評点テーブルにあてはめて評点が付けられます。

技術職員数値＝1級監理受講者数×6
＋1級技術者（1級監理受講者を除く）数×5
＋基幹技能者（1級技術者を除く）数×3
＋2級技術者数（1級技術者及び基幹技能者を除く）×2
＋その他技術者数（1級技術者、基幹技能者及び2級技術者を除く）×1

1級監理受講者：1級技術者であって、かつ、監理技術者資格者証の交付を受けている者（ただし、直前5年以内に講習を受講した者に限る)

1級技術者：建設業法第15条第2号イに該当する者（技術者を対象とする国家資格の1級を有する者、技術士法に基づく資格を有する者)

基幹技能者：登録基幹技能者講習の修了者

2級技術者：技術検定その他の法令の規定による試験に合格した、もしくは免許等を受けた者で、試験に合格すること等によって直ちに営業所専任技術者になることのできる者
登録基礎ぐい工事試験、登録解体工事試験に合格した者

その他技術者：営業所専任技術者になることのできる者

区分	技術職員数値		点　数
(1)	15,500以上		2335
(2)	11,930以上	15,500未満	62×（技術職員数値）÷3,570＋2,065
(3)	9,180以上	11,930未満	63×（技術職員数値）÷2,750＋1,998
(4)	7,060以上	9,180未満	62×（技術職員数値）÷2,120＋1,939
(5)	5,430以上	7,060未満	62×（技術職員数値）÷1,630＋1,876
(6)	4,180以上	5,430未満	63×（技術職員数値）÷1,250＋1,808
(7)	3,210以上	4,180未満	63×（技術職員数値）÷970＋1,747
(8)	2,470以上	3,210未満	62×（技術職員数値）÷740＋1,686
(9)	1,900以上	2,470未満	62×（技術職員数値）÷570＋1,624
(10)	1,460以上	1,900未満	63×（技術職員数値）÷440＋1,558
(11)	1,130以上	1,460未満	63×（技術職員数値）÷330＋1,488
(12)	870以上	1,130未満	62×（技術職員数値）÷260＋1,434
(13)	670以上	870未満	63×（技術職員数値）÷200＋1,367
(14)	510以上	670未満	62×（技術職員数値）÷160＋1,318
(15)	390以上	510未満	63×（技術職員数値）÷120＋1,247
(16)	300以上	390未満	62×（技術職員数値）÷90＋1,183
(17)	230以上	300未満	63×（技術職員数値）÷70＋1,119
(18)	180以上	230未満	62×（技術職員数値）÷50＋1,040
(19)	140以上	180未満	62×（技術職員数値）÷40＋984
(20)	110以上	140未満	63×（技術職員数値）÷30＋907
(21)	85以上	110未満	63×（技術職員数値）÷25＋860
(22)	65以上	85未満	62×（技術職員数値）÷20＋810
(23)	50以上	65未満	62×（技術職員数値）÷15＋742
(24)	40以上	50未満	63×（技術職員数値）÷10＋633
(25)	30以上	40未満	63×（技術職員数値）÷10＋633
(26)	20以上	30未満	62×（技術職員数値）÷10＋636
(27)	15以上	20未満	63×（技術職員数値）÷5＋508
(28)	10以上	15未満	62×（技術職員数値）÷5＋511
(29)	5以上	10未満	63×（技術職員数値）÷5＋509
(30)		5未満	62×（技術職員数値）÷5＋510

注）点数に小数点以下の端数がある場合は、これを切り捨てる。

資格と技術職員の区分については、以下の表を確認してください。

業種別技術職員コード表

（◎は5点　○は2点　△は1点）

区分	コード	技術職員区分 1級	基幹技能者	2級	その他	資格区分（資格の取得後に必要な実務経験年数）		土	PC	建	大	左	と	法	石	屋	電	管	タ	鋼	橋	筋	舗	し	板	ガ	塗	防	内	機	絶	通	園	井	具	水	消	清	解
	001				○	法第7条第2号イ該当（指定学科卒業後3又は5年の実務経験）		※2業種以内に限り1点ずつ配点します。																															
	002				○	法第7条第2号ロ該当（10年の実務経験）		同　上																															
	003				○	法第15条第2号ハ該当（同号イと同等以上）	〔大臣認定者〕	同　上（ただし指定建設業（土・建・電・管・鋼・舗・園）に限る。）																															
	004				○	法第15条第2号ハ該当（同号ロと同等以上）	〔大臣認定者〕	同　上（ただし指定建設業（土・建・電・管・鋼・舗・園）に限る。）																															
建設業法	111	○				1級建設機械施工技士		◎	◎				◎	◎									◎																
建設業法	11A	○				1級建設機械施工技士	（附則第4条該当）	◎	◎				◎	◎									◎																◎
建設業法	212			○		2級建設機械施工技士（第1種～第6種）		○	○				○	○									○																
建設業法	21B			○		2級建設機械施工技士（第1種～第6種）	（附則第4条該当）	○	○				○	○									○																○
建設業法	113	○				1級土木施工管理技士		◎	◎				◎	◎	◎					◎	◎		◎	◎			◎									◎			◎
建設業法	11C	○				1級土木施工管理技士	（附則第4条該当）	◎	◎				◎	◎	◎					◎	◎		◎	◎			◎									◎			◎
建設業法	214			○		2級土木施工管理技士	種別 土木	○	○				○	○	○					○	○		○	○												○			○
建設業法	21D			○		2級土木施工管理技士	種別 土木（附則第4条該当）	○	○				○	○	○					○	○		○	○												○			○
建設業法	215			○		2級土木施工管理技士	種別 鋼構造物塗装																				○												
建設業法	216			○		2級土木施工管理技士	種別 薬液注入						○	○																									
建設業法	21E			○		2級土木施工管理技士	種別 薬液注入（附則第4条該当）						○	○																									○
建設業法	120	○				1級建築施工管理技士				◎	◎	◎	◎	◎	◎	◎			◎	◎	◎	◎			◎	◎	◎	◎	◎		◎				◎				◎
建設業法	12A	○				1級建築施工管理技士	（附則第4条該当）			◎	◎	◎	◎	◎	◎	◎			◎	◎	◎	◎			◎	◎	◎	◎	◎		◎				◎				◎
建設業法	221			○		2級建築施工管理技士	種別 建築			○																													○
建設業法	222			○		2級建築施工管理技士	種別 躯体				○		○	○					○	○	○	○																	○
建設業法	22B			○		2級建築施工管理技士	種別 躯体（附則第4条該当）				○		○	○					○	○	○	○																	○
建設業法	223			○		2級建築施工管理技士	種別 仕上げ				○	○			○	○			○						○	○	○	○	○		○				○				
建設業法	127	○				1級電気工事施工管理技士											◎																						
建設業法	228			○		2級電気工事施工管理技士											○																						
建設業法	129	○				1級管工事施工管理技士												◎																					
建設業法	230			○		2級管工事施工管理技士												○																					
建設業法	131	○				1級電気通信工事施工管理技士																										◎							
建設業法	232			○		2級電気通信工事施工管理技士																										○							
建設業法	133	○				1級造園施工管理技士																											◎						
建設業法	234			○		2級造園施工管理技士																											○						
建築士法	137	○				1級建築士				◎	◎					◎			◎	◎	◎									◎									
建築士法	238			○		2級建築士				○	○					○			○											○									
建築士法	239			○		木造建築士				○																													
技術士法	141	○				建設・総合技術監理（建設）		◎	◎				◎	◎			◎						◎	◎									◎						◎
技術士法	14A	○				建設・総合技術監理（建設）	（附則第4条該当）	◎	◎				◎	◎			◎						◎	◎									◎						◎
技術士法	142	○				建設「鋼構造及びコンクリート」・総合技術監理（建設「鋼構造物及びコンクリート」）		◎	◎				◎	◎			◎			◎	◎		◎	◎									◎						◎
技術士法	14B	○				建設「鋼構造及びコンクリート」・総合技術監理（建設「鋼構造物及びコンクリート」）	（附則第4条該当）	◎	◎				◎	◎			◎			◎	◎		◎	◎									◎						◎
技術士法	143	○				農業「農業土木」・総合技術監理（農業「農業土木」）		◎	◎				◎	◎																									
技術士法	14C	○				農業「農業土木」・総合技術監理（農業「農業土木」）	（附則第4条該当）	◎	◎				◎	◎																									◎
技術士法	144	○				電気電子・総合技術監理（電気電子）											◎															◎							
技術士法	145	○				機械・総合技術監理（機械）																								◎									

	コード	技術職員区分 1級	基幹技能者	2級	その他	資格区分	〔資格の取得後に必要な実務経験年数〕	土	PC	建	大	左	と	法	石	屋	電	管	タ	鋼	橋	筋	ほ	し	板	ガ	塗	防	内	機	絶	通	園	井	具	水	消	清	解
技術士法	146	○				機械「流体工学」又は「熱工学」・総合技術監理（機械「流体工学」又は「熱工学」）												◎												◎									
	147	○				上下水道・総合技術監理（上下水道）												◎																		◎			
	148	○				上下水道「上水道及び工業用水道」・総合技術監理（上下水道「上水道及び工業用水道」）												◎																◎		◎			
	149	○				水産「水産土木」・総合技術監理（水産「水産土木」）		◎	◎				◎	◎										◎															
	14D	○				（附則第４条該当）		◎	◎				◎	◎										◎															◎
	150	○				森林「林業」・総合技術監理（森林「林業」）																											◎						
	151	○				森林「森林土木」・総合技術監理（森林「森林土木」）		◎	◎				◎	◎																			◎						
	15A	○				（附則第４条該当）		◎	◎				◎	◎																			◎						◎
	152	○				衛生工学・総合技術監理（衛生工学）												◎																					
	153	○				衛生工学「水質管理」・総合技術監理（衛生工学「水質管理」）												◎																		◎			
	154	○				衛生工学「廃棄物管理」・総合技術監理（衛生工学「廃棄物管理」）												◎																		◎		◎	
電気工事士法 電気事業法	155			○		第１種電気工事士											○																						
	256				○	第２種電気工事士	〔３年〕										△																						
	258				○	電気主任技術者（第１種～第３種）	〔５年〕										△																						
電気通信事業法	259				○	電気通信主任技術者	〔５年〕																									△							
水道法	265				○	給水装置工事主任技術者	〔１年〕											△																					
消防法	168			○		甲種消防設備士																															○		
	169			○		乙種消防設備士																															○		
職業能力開発促進法	171			○		建築大工（１級）					○																												
	271				○	〃　（２級）	〔３年〕				△																												
	164					型枠施工（１級）					○		○	○																									
	264					〃　（２級）	〔３年〕				△		△	△																									
	16B			○		型枠施工（１級）（附則第４条該当）					○		○	○																									○
	26B				○	〃　（２級）（附則第４条該当）	〔３年〕				△		△	△																									△
	172			○		左官（１級）					○																												
	272				○	〃　（２級）	〔３年〕				△																												
	157			○		とび・とび工（１級）							○	○																									○
	257				○	〃　〃　（２級）	〔３年〕						△	△																									△
	15B			○		とび・とび工（１級）（附則第４条該当）							○	○																									○
	25B				○	〃　〃　（２級）（附則第４条該当）	〔３年〕						△	△																									△
	173			○		コンクリート圧送施工（１級）							○	○																									
	273				○	〃　（２級）	〔３年〕						△	△																									
	17A			○		コンクリート圧送施工（１級）（附則第４条該当）							○	○																									○
	27A				○	〃　（２級）（附則第４条該当）	〔３年〕						△	△																									△
	166			○		ウェルポイント施工（１級）							○	○																									
	266				○	〃　（２級）	〔３年〕						△	△																									
	16C			○		ウェルポイント施工（１級）（附則第４条該当）							○	○																									○
	26C				○	〃　（２級）（附則第４条該当）	〔３年〕						△	△																									△
	174			○		冷凍空気調和機器施工・空気調和設備配管（１級）												○																					

	コード	技術職員区分				資格区分	〔必要な実務経験年数〕	建設業の種類																															
		1級	基幹技能者	2級	その他			土	PC	建	大	左	と	法	石	屋	電	管	タ	鋼	橋	筋	ほ	し	板	ガ	塗	防	内	機	絶	通	園	井	具	水	消	清	解
職業能力開発促進法	274				○	冷凍空気調和機器施工・空気調和設備配管（2級）	〔3年〕											△																					
	175			○		給排水衛生設備配管（1級）												○																					
	275				○	〃　（2級）	〔3年〕											△																					
	176			○		配管・配管工（1級）												○																					
	276				○	〃　〃（2級）	〔3年〕											△																					
	170					建築板金「ダクト板金作業」（1級）										○		○							○														
	270					〃　（2級）	〔3年〕									△		△							△														
	177			○		タイル張り・タイル張り工（1級）													○																				
	277				○	〃　〃　（2級）	〔3年〕												△																				
	178			○		築炉・築炉工（1級）・れんが積み													○																				
	278				○	〃　〃（2級）	〔3年〕												△																				
	179			○		ブロック建築・ブロック建築工（1級）・コンクリート積みブロック施工									○				○																				
	279				○	〃　〃　（2級）	〔3年〕								△				△																				
	180			○		石工・石材施工・石積み（1級）									○																								
	280				○	〃　〃　〃（2級）	〔3年〕								△																								
	181			○		鉄工・製罐（1級）														○	○																		
	281				○	〃　〃（2級）	〔3年〕													△	△																		
	182			○		鉄筋組立て・鉄筋施工（1級）																○																	
	282				○	〃　〃　（2級）	〔3年〕															△																	
	183			○		工場板金（1級）																			○														
	283				○	〃（2級）	〔3年〕																		△														
	184			○		板金「建築板金作業」・建築板金「内外装板金作業」・板金工「建築板金作業」（1級）											○								○														
	284				○	板金「建築板金作業」・建築板金「内外装板金作業」・板金工「建築板金作業」（2級）	〔3年〕										△								△														
	185			○		板金・板金工・打出し板金（1級）																			○														
	285				○	〃　〃　〃（2級）	〔3年〕																		△														
	186			○		かわらぶき・スレート施工（1級）											○																						
	286				○	〃　〃（2級）	〔3年〕										△																						
	187			○		ガラス施工（1級）																				○													
	287				○	〃（2級）	〔3年〕																			△													
	188			○		塗装・木工塗装・木工塗装工（1級）																					○												
	288				○	〃　〃　〃（2級）	〔3年〕																				△												
	189			○		建築塗装・建築塗装工（1級）																					○												
	289				○	〃　〃（2級）	〔3年〕																				△												
	190			○		金属塗装・金属塗装工（1級）																					○												
	290				○	〃　〃（2級）	〔3年〕																				△												
	191			○		噴霧塗装（1級）																					○												
	291				○	〃（2級）	〔3年〕																				△												
	167			○		路面標示施工																					○												
	192			○		畳製作・畳工（1級）																							○										
	292				○	〃　〃（2級）	〔3年〕																						△										
	193			○		内装仕上げ施工・カーテン施工・天井仕上げ施工・床仕上げ施工・表装・表具・表具工(1級)																							○										
	293				○	〃　〃　〃　〃　〃　〃　〃　(2級)	〔3年〕																						△										

コード	技術職員区分				資格区分	〔必要な実務経験年数〕	建設業の種類																															
	１級	基幹技能者	２級	その他			土	PC	建	大	左	と	法	石	屋	電	管	タ	鋼	橋	筋	ほ	し	板	ガ	塗	防	内	機	絶	通	園	井	具	水	消	清	解
194			○		熱絶縁施工（１級）																									○								
294				○	〃　（２級）	〔３年〕																								△								
195			○		建具製作・建具工・木工・カーテンウォール施工・サッシ施工（１級）																													○				
295				○	〃　〃　〃　〃　〃（２級）	〔３年〕																												△				
196			○		造園（１級）																											○						
296				○	〃（２級）	〔３年〕																										△						
197			○		防水施工（１級）																						○											
297				○	〃　（２級）	〔３年〕																					△											
198			○		さく井　（１級）																												○					
298				○	〃　（２級）	〔３年〕																											△					
061				○	地すべり防止工事	〔１年〕						△	△																				△					
06A				○	〃　（附則第４条該当）	〔１年〕						△	△																				△					△
040				○	基礎ぐい工事							○	○																									
062				○	建築設備士	〔１年〕										△	△																					
063				○	計装	〔１年〕										△	△																					
060				○	解体工事																																	○
064		○			基幹技能者		※講習の種数に応じて２業種以内に限り３点ずつ評価します。																															
099				○	その他		※２業種以内に限り１点ずつ評価します。																															

また、技術職員数の評価については、その評価が実態よりも過大になり建設業者の実力に見合った施工力を的確に反映しないことを防止し、専門工事業など建設業者の業種ごとの得意分野を適切に評価する観点から、技術者の重複カウントを制限し、一人２業種まで申請できることとしています。

例えば、下記表のように１人の技術職員（技術者A）が「１級土木施工管理技士」と「１級建築施工管理技士」の２資格を持っている場合、この技術者Aは「土木」と「建築」の２業種で申請を行ったり、もしくは「建築」と「屋根」の２業種で申請を行う等、いくつかの選択肢の中から選んで申請を行うこととなります。

	保有資格	土	建	大	左	と	石	屋	
技術者A	１級土木施工管理技士	○				○	○		…
	１級建築施工管理技士		○	○	○	○	○	○	

なお、平成28年６月１日から平成31年５月31日までの間にとび・土工工事業または解体工事業に関する経営事項審査を申請する場合は、経過措置が適用されます。具体的には、「とび・土工工事業」及び「解体工事業」の技術職員については、双方を申請しても１の業種とみなして申請することができます。つまり、通常、技術職員１人につき申請できる建設業の種類は２であるところ、当該ケースに限り３となることを認める形となります。この際の具体的な申請方法についてはP179をご覧ください。

② 年間平均元請完成工事高（Z_2）

年間平均元請完成工事高は、公共工事の元請人として要求されるマネジメント能力を評価するため、元請として扱った工事量を評価しようというものです。許可を受けた建設業の種類毎の当期事業年度開始日の直前２年又は直前３年の年間平均元請完成工事高を算出し、下記評点テーブルにあてはめて評価します。但し、直前２年又は直前３年平均の選択については、年間平均完成工事高（X_1）で選択した方法と同一でなければなりません。

区分	許可を受けた建設業に係る建設工事の種類別年間平均元請完成工事高		点　数
(1)	1,000億円以上		2,865
(2)	800億円以上	1,000億円未満	119×（年間平均元請完成工事高）÷20,000,000＋2,270
(3)	600億円以上	800億円未満	145×（年間平均元請完成工事高）÷20,000,000＋2,166
(4)	500億円以上	600億円未満	87×（年間平均元請完成工事高）÷10,000,000＋2,079
(5)	400億円以上	500億円未満	104×（年間平均元請完成工事高）÷10,000,000＋1,994
(6)	300億円以上	400億円未満	126×（年間平均元請完成工事高）÷10,000,000＋1,906
(7)	250億円以上	300億円未満	76×（年間平均元請完成工事高）÷5,000,000＋1,828
(8)	200億円以上	250億円未満	90×（年間平均元請完成工事高）÷5,000,000＋1,758
(9)	150億円以上	200億円未満	110×（年間平均元請完成工事高）÷5,000,000＋1,678
(10)	120億円以上	150億円未満	81×（年間平均元請完成工事高）÷3,000,000＋1,603
(11)	100億円以上	120億円未満	63×（年間平均元請完成工事高）÷2,000,000＋1,549
(12)	80億円以上	100億円未満	75×（年間平均元請完成工事高）÷2,000,000＋1,489
(13)	60億円以上	80億円未満	92×（年間平均元請完成工事高）÷2,000,000＋1,421
(14)	50億円以上	60億円未満	55×（年間平均元請完成工事高）÷1,000,000＋1,367
(15)	40億円以上	50億円未満	66×（年間平均元請完成工事高）÷1,000,000＋1,312
(16)	30億円以上	40億円未満	79×（年間平均元請完成工事高）÷1,000,000＋1,260
(17)	25億円以上	30億円未満	48×（年間平均元請完成工事高）÷500,000＋1,209
(18)	20億円以上	25億円未満	57×（年間平均元請完成工事高）÷500,000＋1,164
(19)	15億円以上	20億円未満	70×（年間平均元請完成工事高）÷500,000＋1,112
(20)	12億円以上	15億円未満	50×（年間平均元請完成工事高）÷300,000＋1,072
(21)	10億円以上	12億円未満	41×（年間平均元請完成工事高）÷200,000＋1,026
(22)	8億円以上	10億円未満	47×（年間平均元請完成工事高）÷200,000＋996
(23)	6億円以上	8億円未満	57×（年間平均元請完成工事高）÷200,000＋956
(24)	5億円以上	6億円未満	36×（年間平均元請完成工事高）÷100,000＋911
(25)	4億円以上	5億円未満	40×（年間平均元請完成工事高）÷100,000＋891
(26)	3億円以上	4億円未満	51×（年間平均元請完成工事高）÷100,000＋847
(27)	2億5,000万円以上	3億円未満	30×（年間平均元請完成工事高）÷50,000＋820
(28)	2億円以上	2億5,000万円未満	35×（年間平均元請完成工事高）÷50,000＋795
(29)	1億5,000万円以上	2億円未満	45×（年間平均元請完成工事高）÷50,000＋755
(30)	1億2,000万円以上	1億5,000万円未満	32×（年間平均元請完成工事高）÷30,000＋730
(31)	1億円以上	1億2,000万円未満	26×（年間平均元請完成工事高）÷20,000＋702
(32)	8,000万円以上	1億円未満	29×（年間平均元請完成工事高）÷20,000＋687
(33)	6,000万円以上	8,000万円未満	36×（年間平均元請完成工事高）÷20,000＋659
(34)	5,000万円以上	6,000万円未満	22×（年間平均元請完成工事高）÷10,000＋635
(35)	4,000万円以上	5,000万円未満	27×（年間平均元請完成工事高）÷10,000＋610
(36)	3,000万円以上	4,000万円未満	31×（年間平均元請完成工事高）÷10,000＋594
(37)	2,500万円以上	3,000万円未満	19×（年間平均元請完成工事高）÷5,000＋573
(38)	2,000万円以上	2,500万円未満	23×（年間平均元請完成工事高）÷5,000＋553
(39)	1,500万円以上	2,000万円未満	28×（年間平均元請完成工事高）÷5,000＋533
(40)	1,200万円以上	1,500万円未満	19×（年間平均元請完成工事高）÷3,000＋522
(41)	1,000万円以上	1,200万円未満	16×（年間平均元請完成工事高）÷2,000＋502
(42)		1,000万円未満	341×（年間平均元請完成工事高）÷10,000＋241

注）評点に小数点以下の端数がある場合は、これを切り捨てる。

(4) その他の審査項目（社会性等）（W）

その他の審査項目（社会性等）については、労働福祉の状況（W_1）、建設業の営業継続の状況（W_2）、防災協定締結の有無（W_3）、法令遵守の状況（W_4）、建設業の経理の状況（W_5）、研究開発の状況（W_6）、建設機械の保有状況（W_7）、国際標準化機構が定めた規格による登録の状況（W_8）若年の技術者及び技能労働者の育成及び確保の状況（W_9）からなり、それぞれについて審査が行われ、点数の合計点数に10×190／200を乗じた数値として評価します。

W評点＝｛労働福祉の状況（W_1）
＋建設業の営業継続の状況（W_2）
＋防災協定締結の有無（W_3）
＋法令遵守の状況（W_4）
＋建設業の経理の状況（W_5）
＋研究開発の状況（W_6）
＋建設機械の保有状況（W_7）
＋国際標準化機構が定めた規格による登録の状況（W_8）
＋若年の技術者及び技能労働者の育成及び確保の状況（W_9）｝
×10×190／200

① 労働福祉の状況（W_1）

労働福祉の状況については、次の5項目について審査が行われます。

(ア) 雇用保険加入の有無（W_{11}）

雇用保険法（昭和49年法律第116号）に基づき、審査基準日に係る雇用保険被保険者資格取得届を公共職業安定所の長に提出していない場合に、減点して審査されます。

(イ)―1　健康保険加入の有無（W_{12-1}）

健康保険法（大正11年法律第70号）に基づき、審査基準日に係る被保険者資格取得届を日本年金機構又は各健康保険組合に提出していない場合に、減点して審査されます。

(イ)―2　厚生年金保険加入の有無（W_{12-2}）

厚生年金保険法（昭和29年法律第115号）に基づき、審査基準日に係る被保険者資格取得届を日本年金機構に提出していない場合に、減点して審査されます。

(ウ) 建設業退職金共済組合加入の有無（W_{13}）

独立行政法人勤労者退職金共済機構との間で、審査基準日時点で特定業種退職金共済契約を締結しており、適切に契約が履行されている場合に、加点して審査されます。

(エ)　退職一時金制度又は企業年金制度導入の有無（W_{14}）

独立行政法人勤労者退職金共済機構もしくは所得税法施行令（昭和40年政令第96号）第73条第１項に規定される特定退職金共済団体との間で、審査基準日時点で退職金共済契約が締結されている場合、審査基準日時点で退職金の制度について労働協約もしくは就業規則の定めがある場合に、加点して審査されます。

また、厚生年金基金が設立されている場合、法人税法（昭和40年法律第34号）附則第20条第３項に規定する適格退職年金契約が締結されている場合、確定給付企業年金法（平成13年法律第50号）第２条第１項に規定する確定給付企業年金が導入されている場合、確定拠出年金法（平成13年法律第88号）第２条第２項に規定する企業型年金が導入されている場合に、加点して審査されます。

(オ)　法定外労働災害補償制度加入の有無（W_{15}）

（公財）建設業福祉共済団、（一社）全国建設業労災互助会、全日本火災共済協同組合連合会、（一社）全国労働保険事務組合連合会、保険会社との間で締結される労働者災害補償保険法（昭和22年法律第50号）に基づく保険給付の基因となった業務災害及び通勤災害（下請負人に係るものを含む。）に関する給付についての契約であり、下記ⅰ）及びⅱ）に該当するものを締結している場合に加点して審査されます。

ⅰ）申請者が直接雇用している職員だけでなく、下請負人の雇用している職員をも対象とする給付が規定されていること。

ⅱ）原則として、労働者災害補償保険の障害等級第１級から第７級までに係る障害補償給付及び障害給付並びに遺族補償給付及び遺族給付の基因となった災害のすべてを対象とするものであること。

労働福祉の状況の評点は、次の算出式で求められます。

労働福祉の状況の評点＝$Y_1 \times 15 - Y_2 \times 40$

Y_1＝(ウ)～(オ)の各項目のうち加入又は導入をしているとされたものの数

Y_2＝(ア)・(イ)―１・(イ)―２の各項目のうち加入をしていないとされたものの数

従来は減点幅が小さいため、労働福祉への取組みにより差が付きにくい状況でしたが、労働福祉への取組みを的確に評価するために、保険未加入業者への減点を拡大するとともに、従来は０点であったW_1の下限をマイナスの評点にもなるようにしました。また平成30年４月からはWの評点全体についても、従来０点であったボトムを撤廃し、マイナス値であってもそのまま総合評定値（P）の算出に用いるようにしました。

② 営業継続の状況（W_2）

(ア) 営業年数（W_{21}）

営業年数は、地域において長年貢献してきた建設業者を評価する観点から、審査基準日までの建設業の営業年数（許可又は登録を受けて行っていた営業年数。年未満の端数があるときは切り捨てる。ただし、営業休止期間については営業年数から控除する。）について、下記評点テーブルに従って審査されます。また、平成23年４月１日以降の申立てに係る再生手続開始の決定又は更生手続開始の決定を受け、かつ、当該手続終結の決定を受けた建設業者については、営業年数をゼロ年とした上で、当該手続終結の決定を受けた時を起算日として営業年数を再計算します。

なお、商業登記法の規定に基づく組織変更を行った場合や、個人の法人成りや世代交代の場合で一定の要件を満たす場合は、営業年数を通算して申請することができます。

区分	営業年数	点　数
⑴	35年以上	60
⑵	34年	58
⑶	33年	56
⑷	32年	54
⑸	31年	52
⑹	30年	50
⑺	29年	48
⑻	28年	46
⑼	27年	44
⑽	26年	42
⑾	25年	40
⑿	24年	38
⒀	23年	36
⒁	22年	34
⒂	21年	32
⒃	20年	30
⒄	19年	28
⒅	18年	26
⒆	17年	24
⒇	16年	22
(21)	15年	20
(22)	14年	18
(23)	13年	16
(24)	12年	14
(25)	11年	12
(26)	10年	10
(27)	9年	8
(28)	8年	6
(29)	7年	4
(30)	6年	2
(31)	5年以下	0

(イ)　民事再生法又は会社更生法の適用の有無（W_{22}）

民事再生法又は会社更生法の適用により、債権カット等を行った再生企業は、地域の下請企業等に多大な負担を強いることとなります。このため、平成23年４月１日以降の申立てに係る再生手続開始の決定又は更生手続開始の決定を受け、かつ、審査基準日以前に当該手続終結の決定を受けていない再生期間中にある場合には、－60点の減点をして評価します。

区分	民事再生法又は会社更生法の適用の有無	点　数
(1)	無	0
(2)	有	－60

③　防災協定締結の有無（W_3）

国の機関や地方公共団体と防災協定を締結する建設業者は、災害時の24時間待機など自らの負担も伴いながら地域における防災活動を行い、社会的貢献を果たしています。こうした建設業者の地域における社会貢献活動を評価すべく、国、特殊法人等（公共工事の入札及び契約の適正化の促進に関する法律（平成12年法律第127号）第２条第１項に規定する特殊法人等をいう。）又は地方公共団体と、災害時における建設業者の防災活動について定めた防災協定を締結している建設業者について、20点の加点評価をしています。

区分	防災協定締結の有無	点　数
(1)	有	20
(2)	無	0

④　法令遵守の状況（W_4）

法令遵守の状況は、コンプライアンスに対する社会的な関心が高まっている現状をふまえて、審査対象年に建設業法第28条の規定により指示処分され、又は営業の全部若しくは一部の停止処分を受けたことがある場合に減点となります。指示処分の場合は15点、営業の停止処分の場合は30点の減点となります。

区分	法令遵守の状況	点　数
(1)	無	0
(2)	指示をされた場合	−15
(3)	営業の全部若しくは一部の停止を命ぜられた場合	−30

指示処分：

指示処分は、建設業法に違反した場合（建設業法第19条の３、法第19条の４及び第24条の３から第24条の５までを除く。）、特定建設業者が第41条第２項又は第３項の規定による勧告に従わない場合、又は次のいずれかに該当する事実があった場合に、当該件建設業者に対してそれを是正させるためにとるべき措置を命令するものです（建設業法第28条第１項、第２項）。

ａ．建設工事を適切に施工しなかったため、工事関係者以外の一般公衆に危害を及ぼしたとき、又は危害を及ぼす恐れが大である場合

ｂ．請負契約に関して不誠実な行為をした場合

ｃ．建設業者（建設業者が法人であるときは、当該法人又はその役員）又は政令で定める使用人（支配人及び支店又は営業所の代表者）が業務に関し他の法令に違反し、建設業者として不適当であると認められる場合

ｄ．一括下請負禁止に違反した場合

ｅ．工事現場に置いた主任技術者又は監理技術者が工事の施工の管理について著しく不適当であり、かつ、その変更が公益上必要であると認められる場合

ｆ．軽微でない建設工事について許可対象外業者と下請契約をした場合

ｇ．建設業者が、特定建設業の許可を受けていない元請負人から3,000万円以上（ただし、建築一式工事業の場合は4,500万円以上）の建設工事を請け負った場合

ｈ．建設業者が、実情を知って、営業の停止及び営業の禁止を命ぜられた者と下請契約を締結した場合

営業の停止処分：

前述の指示処分の対象事由となるａからｈまでのいずれかに該当し、その事実について情状が重く、指示処分のみでは十分でない場合には、営業の停止処分が行われます。営業の停止とは、請負契約の締結及び入札、見積等これに附随する行為の停止であり、営業の停止を命ずる期間は、１年以内の期間とされており、営業の停止を命ぜられる範囲は、事件の内容により、営業の全部又はその一部（地域を限定した営業停止、工事の種類を限定した営業停止、又はその両方を含んだ営業の停止があります。）について行われます。

また、軽微なもので指示処分を受けたものであっても、その指示に従わなかった場合においては、営業停止処分が行われます（建設業法第28条第３項）。

一　営業停止期間中は行えない行為 １　新たな建設工事の請負契約の締結（仮契約等に基づく本契約の締結を含む。） ２　処分を受ける前に締結された請負契約の変更であって、工事の追加に係るもの（工事の施工上特に必要があると認められるものを除く。） ３　前２号及び営業停止期間満了後における新たな建設工事の請負契約の締結に関連する入札、見積り、交渉等 ４　営業停止処分に地域限定が付されている場合にあっては、当該地域内における前各号の行為 ５　営業停止処分に業種限定が付されている場合にあっては、当該業種に係る第１号から第３号までの行為 ６　営業停止処分に公共工事又はそれ以外の工事に係る限定が付されている場合にあっては、当該公共工事又は当該それ以外の工事に係る第１号から第３号までの行為
二　営業停止期間中でも行える行為 １　建設業の許可、経営事項審査、入札の参加資格審査の申請 ２　処分を受ける前に締結された請負契約に基づく建設工事の施工 ３　施工の瑕疵に基づく修繕工事等の施工 ４　アフターサービス保証に基づく修繕工事等の施工

５　災害時における緊急を要する建設工事の施工
６　請負代金等の請求、受領、支払い等
７　企業運営上必要な資金の借入れ等

⑤　建設業の経理に関する状況（W_5）

建設業の経理に関する状況は監査の受審状況及び公認会計士等数の点数の合計として審査します。

建設業経理状況（W_5）＝監査受審状況の点数＋公認会計士等数の点数

ａ．監査の受審状況

会社が作成した財務諸表が一般に公正妥当と認められる会計基準にどれだけ準拠しているかを審査します。会計監査人や会計参与を設置した会社、経理処理の適正を確認した旨の書類の提出した会社は経理の信頼性が高く、虚偽申請の防止を図る観点からも加点して評価します。

○会計監査人の設置：

会計監査人設置会社において、会計監査人が当該会社の財務諸表に対して無限定適正意見又は限定適正意見を表明している場合に20点を加点評価します。

○会計参与の設置：

会計参与設置会社において、会計参与が会計参与報告書を作成している場合に、10点を加算評価します。

○経理処理の適正を確認した旨の書類提出会社：

社内の経理実務責任者で公認会計士、会計士補、税理士及びこれらの資格を有する者並びに登録経理試験１級の合格者（建設業経理事務士1級有資格者含む。）のいずれかに該当する者が「経理処理の適正を確認した旨の書類」に署名して提出した場合に２点を加点評価します。

区分	監査の受審状況	点　数
(1)	会計監査人の設置	20
(2)	会計参与の設置	10
(3)	経理処理の適正を確認した旨の書類の提出	2
(4)	無	0

注）区分(3)の場合に確認・署名する経理実務責任者は、告示第一の四の５の(二)のイに規定する公認会計士等（登録経理試験１級合格者含む）である。

なお、経営事項審査において虚偽申請をした場合営業停止処分の期間は30日以上ですが、監査の受審状況において加点評価されている場合に財務諸表に虚偽があった場合には、営業停止の期間が45日以上となります。

b．公認会計士等数

公認会計士等数において評価されるのは、公認会計士、会計士補、税理士及びこれらの資格を有する者並びに登録経理試験の１級又は２級の合格者であり、企業内部の経営管理能力を強化するための企業の取組を審査します。

公認会計士等数値＝公認会計士等の数（登録経理試験１級合格者を含む。）×１＋登録経理試験２級合格者の数×0.4

上記式から得られる公認会計士等数値と年間平均完成工事高に応じ、下記評点テーブルにあてはめて評価されます。

項目 / 区分 / 点数 / 年間平均完成工事高	公認会計士等数値					
区分	(1)	(2)	(3)	(4)	(5)	(6)
点数	10点	8点	6点	4点	2点	0点
600億円以上	13.6以上	10.8以上 13.6未満	7.2以上 10.8未満	5.2以上 7.2未満	2.8以上 5.2未満	2.8未満
150億円以上　600億円未満	8.8以上	6.8以上 8.8未満	4.8以上 6.8未満	2.8以上 4.8未満	1.6以上 2.8未満	1.6未満
40億円以上　150億円未満	4.4以上	3.2以上 4.4未満	2.4以上 3.2未満	1.2以上 2.4未満	0.8以上 1.2未満	0.8未満

10億円以上　40億円未満	2.4以上	1.6以上 2.4未満	1.2以上 1.6未満	0.8以上 1.2未満	0.4以上 0.8未満	0.4未満
1億円以上　10億円未満	1.2以上	0.8以上 1.2未満	0.4以上 0.8未満	—	—	0
1億円未満	0.4以上	—	—	—	—	0

⑥　研究開発の状況（W_6）

研究開発の状況は、下記評点テーブルにあてはめて、企業の先進的な取組、競争力を高めるために行っている努力について審査対象年と前審査対象年における研究開発費の平均額により評価します。ただし、会計監査人設置会社において、監査の無限定適正意見又は限定適正意見が表明されている場合に限り、企業会計審議会で定義された研究開発費の金額によって評価されることになります。

区分	平均研究開発費の額		点　数
(1)	100億円以上		25
(2)	75億円以上	100億円未満	24
(3)	50億円以上	75億円未満	23
(4)	30億円以上	50億円未満	22
(5)	20億円以上	30億円未満	21
(6)	19億円以上	20億円未満	20
(7)	18億円以上	19億円未満	19
(8)	17億円以上	18億円未満	18
(9)	16億円以上	17億円未満	17
(10)	15億円以上	16億円未満	16
(11)	14億円以上	15億円未満	15
(12)	13億円以上	14億円未満	14
(13)	12億円以上	13億円未満	13
(14)	11億円以上	12億円未満	12
(15)	10億円以上	11億円未満	11
(16)	9億円以上	10億円未満	10

(17)	8億円以上	9億円未満	9
(18)	7億円以上	8億円未満	8
(19)	6億円以上	7億円未満	7
(20)	5億円以上	6億円未満	6
(21)	4億円以上	5億円未満	5
(22)	3億円以上	4億円未満	4
(23)	2億円以上	3億円未満	3
(24)	1億円以上	2億円未満	2
(25)	5,000万円以上	1億円未満	1
(26)		5,000万円未満	0

⑦　建設機械の保有状況（W_7）

地域防災への備えの観点から、災害時において使用される代表的な建設機械の保有状況を評価します。代表的な建設機械とは以下の通りです。

○建設機械抵当法施行令別表関係

・ショベル系掘削機

・ブルドーザー

・トラクターショベル

・モーターグレーダー

○土砂等を運搬する大型自動車による交通事故の防止等に関する特別措置法関係

・大型ダンプ車

※自家用のもので、主として経営する事業の種類として建設業を届け出たもの、または営業用のもので主として建設業の用途に使用するもの

○労働安全衛生法施行令関係

・移動式クレーン

※つり上げ荷重３トン以上

審査基準日において、建設機械を自ら所有している場合、または審査基準日から１年７か月以上の使用期間が定められているリース契約を締結している場合に、下記評点テーブルにあてはめて評価されます。

区分	建設機械の所有及びリース台数	点　数
(1)	15台以上	15
(2)	14台	15
(3)	13台	14
(4)	12台	14
(5)	11台	13
(6)	10台	13
(7)	9台	12
(8)	8台	12
(9)	7台	11
(10)	6台	10
(11)	5台	9
(12)	4台	8
(13)	3台	7
(14)	2台	6
(15)	1台	5
(16)	0台	0

⑧　国際標準化機構が定めた規格による登録の状況（W_8）

国際標準化機構が定めた規格による登録の状況については、審査基準日において、財団法人日本適合性認定協会又は同協会と相互認証している認定機関に認定されている審査登録機関によって国際標準化機構第9001号（ISO9001）又は第14001号（ISO14001）の規格による登録を受けている場合に、それぞれ５点ずつ加点して評価されます。

ただし、認証範囲に建設業が含まれていない場合及び認証範囲が一部の支店等に限られている場合には、加点対象とはなりません。

区分	国際標準化機構が定めた規格による登録の状況	点数
(1)	第9001号及び第14001号の登録	10
(2)	第9001号の登録	5
(3)	第14001号の登録	5
(4)	無	0

⑨　若年の技術者及び技能労働者の育成及び確保の状況（W_9）

審査基準日における若年技術職員（満35歳未満の技術職員）の状況について、次の２点を評価します（合計２点）。

a．若年技術職員の継続的な育成及び確保の状況

審査基準日において、若年技術職員の人数が技術職員の人数の合計の15％以上の場合、１点を加点評価します。

b．新規若年技術職員の育成及び確保の状況

審査基準日から遡って１年以内に新たに技術職員となった若年技術職員の人数が審査基準日における技術職員の人数の合計の１％以上の場合、１点を加点評価します。

若年技術職員の継続的な育成及び確保の点数

区分	若年技術職員の継続的な育成及び確保	点数
(1)	15％以上	1
(2)	15％未満	0

新規若年技術職員の育成及び確保の点数

区分	新規若年技術職員の育成及び確保	点数
(1)	１％以上	1
(2)	１％未満	0

※技術職員名簿に記載できる技術職員は、審査基準日以前に６か月を超える恒常的な雇用関係があり、かつ、雇用期間を特に限定することなく常時雇用されているとみなされる者に限られる。

第 4 章
審査申請手続と結果通知

1　申請先

経営事項審査は、従来、建設業の許可をした国土交通大臣又は都道府県知事が「経営規模の認定をし、経営状況の分析をし、並びにこれらの認定及び分析の結果を考慮して客観的事項の全体について総合的な評定をして」行ってきたところでありますが、平成15年６月の建設業法改正（平成16年３月施行）により、「①　経営状況」、「②　経営規模、技術的能力等の客観的事項」について数値により評価することとされ、改正前の経営事項審査の審査体系に組み込まれていた総合的な評定（改正法に規定される総合評定値）は、許可行政庁の行う計算事務として位置付けられるとともに、申請者の任意請求となりました。

また、経営状況分析については、国及び都道府県が指定機関に委任することによりその分析が行われてきたところでありますが、この度の法改正により、国土交通大臣が登録した登録機関が審査主体となって業務を実施することになり、申請者は自ら登録機関を選んで経営状況分析を受けることが必要となりました。

登録機関は、国土交通省ホームページで確認することができます。 　アドレス：http://www.mlit.go.jp/totikensangyo/const/1_6_bt_000091.html

このため、法改正以前は、経営事項審査申請をすれば、経営状況分析は国土交通大臣又は都道府県知事が指定機関に委任して行っていたものの審査主体は国土交通大臣又は都道府県知事であったため申請者に経営状況分析結果通知書の提出を求めなくともこれを考慮して総合評点（P）まで算出し、経営事項審査結果通知書により通知されていたところでありますが、法改正後は、国土交通大臣又は都道府県知事が行う経営規模等評価を受けたうえで、総合評定値（P）が必要な場合は申請者が自らの意思でその請求を行うことが必要とされました。

さらに、総合評定値を請求する場合は、国土交通大臣又は都道府県知事は登録経営状況分析機関が国土交通大臣に登録された複数の登録機関が審査主体であることから国土交通大臣又は都道府県知事は経営状況分析の結果について登録機関から通知を受けていないため、申請者は経営状況分析結果通知書の原本を添付して行うこととなりました。つまり、総合評定値を請求する場合には、必ず経営状況分析を受け、その結果通知書を添付しなければなりません。

2　申請書類

提出・提示書類一覧表

【国土交通大臣又は都道府県知事】

申請書等（帳票番号）	添付書類又は提示書類
※経営規模等評価申請書 ※総合評定値請求書 （20001帳票） ※別紙一　工事種類別完成工事高 工事種類別元請完成工事高 （20002帳票） ※別紙二　技術職員名簿 （20005帳票） （継続雇用制度の適用を受けている技術職員名簿（20006帳票）） ※別紙三　その他の審査項目（社会性等）（20004帳票）	◎手数料印紙（証紙）貼付（払込み）書 ◎工事経歴書（規則別記様式第二） （許可の申請等で提出していれば省略可能） ○審査機関が提出又は提示を求めている書類 ※国土交通大臣許可の例（平成16年4月19日国土交通省告示第482号に規定する確認書類） 1　審査対象営業年度の消費税確定申告書の控え及び添付書類の写し並びに消費税納税証明証の写し 2　工事経歴書に記載されている工事に係る工事請負契約書の写し又は注文書及び請書の写し 3　法人税申告書別表（別表十六㈠及び㈡）の写し並びに規則別記様式第十五号及び第十六号による貸借対照表及び損益計算書の写し 4　健康保険及び厚生年金保険に係る標準報酬の決定を通知する書面又は住民

税特別徴収税額を通知する書面

5　規則別記様式第二十五号の十一別紙二による技術職員名簿に記載されている職員に係る次に掲げる書類

・検定若しくは試験の合格証その他の当該職員が有する資格を証明する書面等の写し

・事業所の名称が記載された健康保険被保険者証の写し又は雇用保険被保険者資格取得確認通知書の写し

・継続雇用制度の適用を受けている職員についてはそれを証明する書面及び同制度について定めた労働基準監督署長の印のある就業規則又は労働協約の写し

6　労働保険概算・確定保険料申告書の控え及びこれにより申告した保険料の納入に係る領収済通知書の写し

7　健康保険及び厚生年金保険の保険料の納入に係る領収証書の写し又は納入証明書の写し

8　建設業退職金共済事業加入・履行証明書（経営事項審査用）の写し

9　(公財)建設業福祉共済団、(一社)全国建設業労災互助会、全日本火災共済協同組合連合会又は(一社)全国労働保険事務組合連合会の労働災害補償制度への加入を証明する書面又は労働災害総合保険若しくは準記名式の普通傷害保険の保険証券の写し

10　企業年金制度又は退職一時金制度に係る書類であって、次に掲げるいずれかの書類

(1)　厚生年金基金への加入を証明する書面、適格退職金年金契約書、確定拠出年金運営管理機関の発行する確定拠出年金への加入を証明する書面、確定給付企業年金の企業年金基金の発行する企業年金基金への加入

を証明する書面又は資産管理運用機関との間の契約書の写し

⑵　中小企業退職金共済制度若しくは特定退職金共済団体制度への加入を証明する書面、労働基準監督署長の印のある就業規則又は労働協定の写し

11　審査対象営業年度に再生手続開始又は更生手続開始の決定を受けた場合にあってはその決定日を証明する書面の写し

12　審査対象営業年度に再生手続終結又は更生手続終結の決定を受けた場合にあってはその決定日を証明する書面の写し

13　防災協定書の写し（申請者の所属する団体が防災協定を締結している場合にあっては、当該団体への加入を証明する書類及び防災活動に対し一定の役割を果たすことを証明する書類）

14　有価証券報告書若しくは監査証明書の写し、会計参与報告書の写し又は建設業の経理実務の責任者のうち公認会計士、会計士補、税理士及びこれらとなる資格を有する者並びに登録経理試験（規則第18条の３第３項第２号ロに規定する登録経理試験をいう。以下同じ。）に合格した者のいずれかに該当する者が経理処理の適正を確認した旨の書類に自らの署名を付したもの

15　規則別記様式第二十五号の七の二による登録経理試験の合格証の写し又は平成17年度までに実施された建設業経理事務士検定試験の１級試験若しくは２級試験の合格証の写し

16　規則別記様式第十七号の二による注記表の写し

17　建設機械の売買契約書の写し又はリース契約書の写し

	18　建設機械に係る特定自主検査記録表、自動車検査証又は移動式クレーン検査証の写し 19　国際標準化機構第9001号又は第14001号の規格により登録されていることを証明する書面の写し

（注）1．表中※印及び◎は提出書類、○印は審査機関の要請により提出又は提示する書類です。
2．一覧表に記載している審査機関が提出又は提示を求めている書類については、国土交通大臣許可を受けている者が審査を受ける場合の例です。都道府県知事許可については、各都道府県申請窓口にご確認下さい。
3．※印の申請書等の様式は、本書「第５章　2　記入例及び記載要領」を参照して下さい。

【登録経営状況分析機関】

申請書等	添付書類又は提示書類
経営状況分析申請書	国土交通大臣が登録した登録経営状況分析機関にお問い合わせ下さい。 登録機関は、国土交通省ホームページで確認することができます。 アドレス：http://www.mlit.go.jp/totikensangyo/const/1_6_bt_000091.html

3　申請方法

⑴　申請等の方法

①　総合評定値の請求及び経営規模等評価の申請を同時に行う場合

まず、登録経営状況分析機関に経営状況分析申請書を提出し、経営状況分析結果通知書を取得します。

その後、国土交通大臣許可を受けている者については本店所在地を管轄する都道府県を経由して地方整備局長等に、都道府県知事許可を受けている者については当該都道府県知事に、経営規模等評価申請書と総合評定値請求書を提出します。なお、経営規模等評価申請書と総合評定値請求書の提出は、同一の様式で行うことが可能です。

② 経営状況分析の申請のみを行う場合

登録経営状況分析機関に経営状況分析申請書を提出します。（行政庁に提出する書類はありません。）なお、経営状況分析申請書の入手方法については申請を行おうとする登録機関へ直接お問い合わせ下さい。

③ 経営規模等評価の申請のみを行う場合

経営規模等評価申請書を、国土交通大臣許可を受けている者については本店所在地を管轄する都道府県を経由して地方整備局長等に、都道府県知事許可を受けている者については当該都道府県知事に提出します。

④ 総合評定値の請求のみを行う場合

総合評定値請求書を、国土交通大臣許可を受けている者については本店所在地を管轄する都道府県を経由して地方整備局長等に、都道府県知事許可を受けている者については当該都道府県知事に提出します。なお、この総合評定値の請求のみを行う場合は、経営状況分析及び経営規模等評価の両方を受けている場合に限って行うことが可能です。

⑵ 手数料の納付（払込み）を証する書面

申請書の提出に際しては、手数料の払込みを証する書面の添付が必要です。

○経営規模等評価申請及び総合評定値請求

審査手数料

① 経営規模等評価申請

「8,100円」に建設業者が審査を受けようとする建設業（以下「審査対象業種」という。）１種類につき「2,300円」として計算した額を加算した額

（計算式）〔8,100円〕＋〔2,300円×審査対象業種の数〕

②　総合評定値請求

「400円」に審査対象業種１種類につき「200円」として計算した額を加算した額

（計算式）　〔400円〕＋〔200円×審査対象業種の数〕

審査手数料等印紙（証紙）又は

払込領収書貼付欄　（用紙Ａ４）

収入印紙（証紙）又は払込領収証書 はり付け欄 （収入印紙又は証紙を証印してはならない。）

○経営状況分析申請

経営状況分析等に係る費用は、登録経営状況分析機関にお問い合わせ下さい。

登録機関は、国土交通省ホームページで確認することができます。 アドレス：http://www.mlit.go.jp/totikensangyo/const/1_6_bt_000091.html

経営事項審査事務都道府県主管課一覧表

都道府県名	主管課	郵便番号	所在地	電話番号
北海道	建設部建設管理局建設情報課	060-8588	札幌市中央区北三条西６丁目	011(231)4111㈹
青森県	県土整備部監理課	030-8570	青森市長島１丁目１番１号	017(722)1111㈹
岩手県	県土整備部建設技術振興課	020-8570	盛岡市内丸10番１号	019(629)5954
宮城県	土木部事業管理課	980-8570	仙台市青葉区本町３の８の１	022(211)3116
秋田県	建設部建設政策課	010-8570	秋田市山王４丁目１番１号	018(860)2425
山形県	県土整備部建設企画課	990-8570	山形市松波２の８の１	023(630)2658
福島県	土木部建設産業室	960-8670	福島市杉妻町２の16	024(521)7452
茨城県	土木部監理課	310-8555	水戸市笠原町978番６号	029(301)4334
栃木県	県土整備部監理課	320-8501	宇都宮市塙田１の１の20	028(623)2390
群馬県	県土整備部建設企画課	371-8570	前橋市大手町１の１の１	027(223)1111㈹
埼玉県	県土整備部建設管理課	330-9301	さいたま市浦和区高砂３の15の１	048(830)5183
千葉県	県土整備部建設・不動産業課	260-8667	千葉市中央区市場町１番１号	043(223)3116
東京都	都市整備局市街地建築部建設業課	163-8001	新宿区西新宿２－８－１第２本庁舎	03(5321)1111㈹
神奈川県	県土整備局事業管理部建設業課	231-8588	横浜市中区日本大通１	045(640)6301
新潟県	土木部監理課建設業室	950-8570	新潟市中央区新光町４番地１	025(280)5511㈹
山梨県	県土整備部県土整備総務課建設業対策室	400-8501	甲府市丸の内１の６の１	055(223)1843
長野県	建設部建設政策課	380-8570	長野市大字南長野字幅下692の2	026(235)7293
富山県	土木部建設技術企画課	930-8501	富山市新総曲輪１の７	076(444)3316
石川県	土木部監理課建設業振興グループ	920-8580	金沢市鞍月１の１	076(225)1712
岐阜県	県土整備部技術検査課	500-8570	岐阜市薮田南２の１の１	058(272)8504
静岡県	交通基盤部建設支援局建設業課	420-8601	静岡市葵区追手町９の６	054(221)3058
愛知県	建設部建設業不動産業課	460-8501	名古屋市中区三の丸３の１の２	052(954)6503
三重県	県土整備部建設業課	514-8570	津市広明町13	059(224)2660
福井県	土木部土木管理課	910-8580	福井市大手３の17の１	0776(20)0470
滋賀県	土木交通部監理課	520-8577	大津市京町４丁目１の１	077(528)4114
京都府	建設交通部指導検査課	602-8570	京都市上京区下立売通新町西入薮の内町	075(414)5222
大阪府	住宅まちづくり部建築振興課	540-0008	大阪市中央区大手前３の７の４	06(6210)9735
兵庫県	県土整備部県土企画局建設業室	650-8567	神戸市中央区下山手通５の10の１	078(362)9249
奈良県	県土マネジメント部建設業・契約管理課	630-8501	奈良市登大路町30	0742(27)5429
和歌山県	県土整備部県土整備政策局技術調査課	640-8585	和歌山市小松原通１の１	073(441)3069
鳥取県	県土整備部県土総務課建設産業対策室	680-8570	鳥取市東町１の220	0857(26)7347
島根県	土木部土木総務課建設産業対策室	690-8501	松江市殿町１	0852(22)5185
岡山県	土木部監理課	700-8570	岡山市内山下２の４の６	086(226)7463
広島県	土木建築局建設産業課	730-8511	広島市中区基町10の52	082(513)3822
山口県	土木建築部監理課	753-8501	山口市滝町１番１号	083(933)3629
徳島県	県土整備部建設管理課建設業振興指導室	770-8570	徳島市万代町１の１	088(621)2519
香川県	土木部土木監理課契約・建設業グループ	760-8570	高松市番町４の１の10	087(832)3507
愛媛県	土木部土木管理課	790-8570	松山市一番町４の４の２	089(912)2640
高知県	土木部土木政策課	780-8570	高知市丸の内１の２の20	088(823)9815
福岡県	建築都市部建築指導課	812-8577	福岡市博多区東公園７－７	092(643)3719
佐賀県	県土整備部建設・技術課	840-8570	佐賀市城内１の１の59	0952(25)7153
長崎県	土木部監理課	850-8570	長崎市江戸町２番13号	095(894)3015
熊本県	土木部監理課	862-8570	熊本市水前寺６の18の１	096(333)2485
大分県	土木建築部土木建築企画課	870-8501	大分市大手町３丁目１番１号	097(506)4516
宮崎県	県土整備部管理課	880-8501	宮崎市橘通東２の10の１	0985(26)7176
鹿児島県	土木部監理課	890-8577	鹿児島市鴨池新町10の１	099(286)3490
沖縄県	土木建築部技術・建設業課	900-8570	那覇市泉崎１の２の２	098(866)2374

経営事項審査事務地方整備局等担当課一覧表

地方整備局等名	担当課	郵便番号	所在地	電話番号	所管区域	登録免許税の納入税務署
北海道開発局	事業振興部建設産業課	060-8511	札幌市北区北８条西２丁目 札幌第一合同庁舎	011-709-2311	北海道	札幌北税務署
東北地方整備局	建政部計画・建設産業課	980-8602	仙台市青葉区本町 ３－３－１	022-225-2171	青森・岩手 宮城・秋田 山形・福島	仙台北税務署
関東地方整備局	建政部建設産業第一課	330-9724	さいたま市中央区新都心 ２－１ さいたま新都心合同庁舎２号館	048-601-3151	茨城・栃木 群馬・埼玉 千葉・東京 神奈川・山梨・長野	浦和税務署
北陸地方整備局	建政部計画・建設産業課	950-8801	新潟市中央区美咲町 １－１－１ 新潟美咲合同庁舎１号館	025-280-8880	新潟・富山 石川	新潟税務署
中部地方整備局	建政部建設産業課	460-8514	名古屋市中区三の丸 ２－５－１ 名古屋合同庁舎第２号館	052-953-8572	岐阜・静岡 愛知・三重	名古屋中税務署
近畿地方整備局	建政部建設産業第一課	540-8586	大阪市中央区大手前 １－５－44 大阪合同庁舎第１号館	06-6942-1141	福井・滋賀 京都・大阪 兵庫・奈良 和歌山	東税務署
中国地方整備局	建政部計画・建設産業課	730-0013	広島市中区八丁堀２－15	082-221-9231	鳥取・島根 岡山・広島 山口	広島東税務署
四国地方整備局	建政部計画・建設産業課	760-8554	高松市サンポート３－33	087-851-8061	徳島・香川 愛媛・高知	高松税務署
九州地方整備局	建政部建設産業課	812-0013	福岡市博多区博多駅東 ２－10－７ 福岡第２合同庁舎	092-471-6331	福岡・佐賀 長崎・熊本 大分・宮崎 鹿児島	博多税務署
沖縄総合事務局	開発建設部建設産業・地方整備課	900-0006	那覇市おもろまち ２－１－１ 那覇第２地方合同庁舎２号館	098-866-0031	沖縄	北那覇税務署

4　審査手続及び結果通知

登録経営状況分析機関は、経営状況分析を行うことを求められたときは、正当な理由がある場合を除き、遅滞なく、経営状況分析を行わなければならず、経営状況分析を行ったときは、遅滞なく「経営状況分析結果通知書」（規則別記様式第25号の10）により、当該経営状況分析の申請をした建設業者に対して、当該経営状況分析の結果に係る数値を通知します。

国土交通大臣又は都道府県知事は、経営規模等評価の申請があったときは、経営規模等評価を行い、遅滞なく、「経営規模等評価通知書」（規則別記様式第25号の12：総合評定値通知書と一体）により、当該経営規模等評価の申請をした建設業者に対して、当該経営規模等評価の結果に係る数値を通知します。また、総合評定値の請求があったときは、経営状況分析の結果に係る数値及び経営規模等評価の結果に係る数値を用いて算出した客観的事項の全体についての総合的な評定の結果に係る数値を算出し、「総合評定値通知書」（規則別記様式第25号の12：経営規模等評価通知書と一体）により、当該総合評定値の請求をした建設業者に対して、当該総合評定値を通知します。

なお、経営規模等評価の申請と総合評定値の請求は同時に行うことができます。

申請から結果通知までの流れを簡単にまとめると次のようになります。

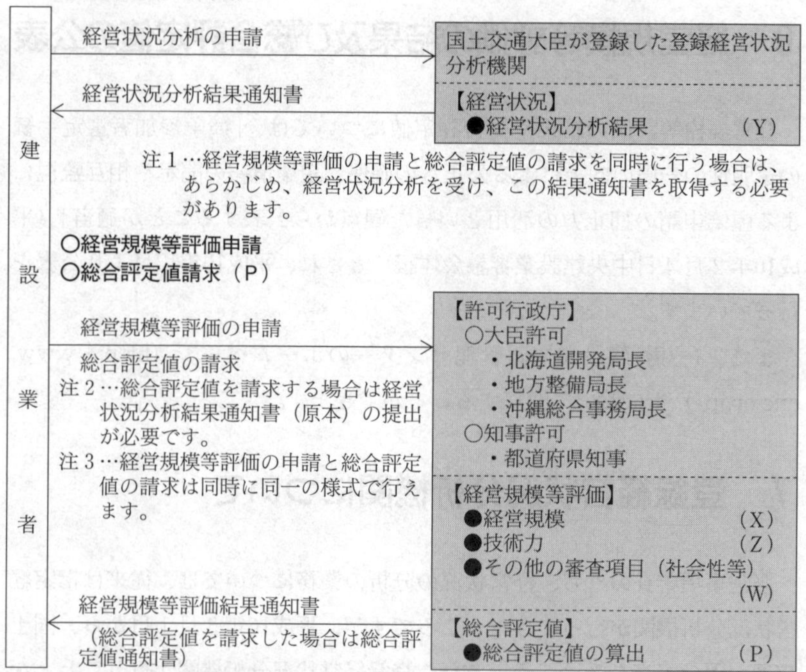

5　再審査の申立

①　経営規模等評価の結果について異議のある建設業者は、当該経営規模等評価を行った国土交通大臣又は都道府県知事に対して審査の結果の通知を受けた日から30日以内に再審査を申し立てることができます。

②　国土交通大臣が定める経営規模等評価の基準が改正された場合について、当該改正前の基準に基づく審査の結果の通知を受けた者は、上記①に関わらず、当該改正の日から120日以内に限り、再審査（当該改正に係る事項についての再審査に限る。）を申し立てることができます。

6　経営規模等評価の結果及び総合評定値の公表

経営規模等評価の結果や総合評定値については、「競争参加者選定手続の透明性の一層の向上による公正さの確保、企業情報の開示や相互監視による虚偽申請の抑止力の活用といった観点から公表することが適当」（平成10年２月４日中央建設業審議会建議）とされ、平成10年12月より公表を行っています。

また、(一財)建設業情報管理センターのホームページ（http://www.ciic.or.jp/）上において閲覧することができます。

7　登録経営状況分析機関について

経営事項審査のうち、経営状況の分析の業務については、従来は指定経営状況分析機関が行ってきたところですが、平成16年３月１日から、国土交通大臣の審査を受けて登録された登録経営状況分析機関が行うこととなっています。

経営事項審査は公共工事の発注者の入札参加資格者選定に幅広く活用されるなど建設業者を評価する重要な制度です。建設工事の適正な施工を確保するためには、その審査基準の統一を図り、信頼性のある情報を提供することが重要です。特に経営状況分析については、財務諸表等に計上された各勘定科目等の金額を基に経営状況分析の結果（８指標）を正確かつ迅速に算出するだけでなく、その基となる財務諸表等の金額そのものが真正なものであるかについても厳格に審査する必要があります。

したがって、登録経営状況分析機関は、建設業者から提出された財務諸表等の金額が国土交通大臣の定める基準に照らして真正なものでない疑いがあるときは、国土交通大臣が定める方法によりその内容を確認すること、審査を通じて財務諸表等の金額が適正でないことが判明したときは、建設業者に対して金額の補正を求めることなどが国土交通省令で義務付けられています。（なお、国土交通大臣が定める基準及び方法については登録後に登録経営状況分析機関のみにあらためて通知されます。）また、これらの審査については、その正確性、迅速性、均一性等を確保する観点から、その審査の複雑性に鑑み、システムを用いることが義務付けられています。

更に登録経営状況分析機関自らや登録経営状況分析機関を実質的に支配している者が建設業者の申請書等の作成に関与した場合など審査の公正な実施に支障を及ぼすおそれがある場合（具体的には、代理人として申請を行った場合、財務諸表を作成した場合等）については、登録経営状況分析機関は、その申請について審査を行ってはならないこととなっています。

また、登録経営状況分析の審査については、登録を行った国土交通大臣が厳格に監督する必要があることから、登録経営状況分析機関が審査を行った全ての建設業者について、審査結果のみならず、財務諸表の真正性に係る審査内容についての詳細な報告が義務付けられており、審査が公正に行われていないこと又は国土交通省令で定める基準に従って行われていないことが発覚した場合などについては、改善命令、登録の取消し等の処分が行われることとなります。なお、こうした処分については公表を行うこととしています。

第５章
経営規模等評価申請書・総合評定値請求書の記載方法

1　申請書の記入上の一般的注意

① 各申請書の□□□□□で表示された枠（以下「カラム」という。）内に記入する場合には１カラムに１文字ずつ丁寧に、かつ、カラムからはみ出さないように、数字は右詰め（ただし、電話番号は左詰め）、文字は左詰めでペン又はボールペンで記入します。

② 各申請書の右上「申請者」欄には主たる営業所の所在地、商号又は名称及び代表者又は個人の氏名を記載します。

2　記入例及び記載要領

(1)　経営規模等評価申請書・経営規模等評価再審査申立書・総合評定値請求書【20001帳票】

経営規模等評価の申請と総合評定値の請求を同時に行う場合の例

様式第25号の11（第19条の７、第20条、第21条の２関係）

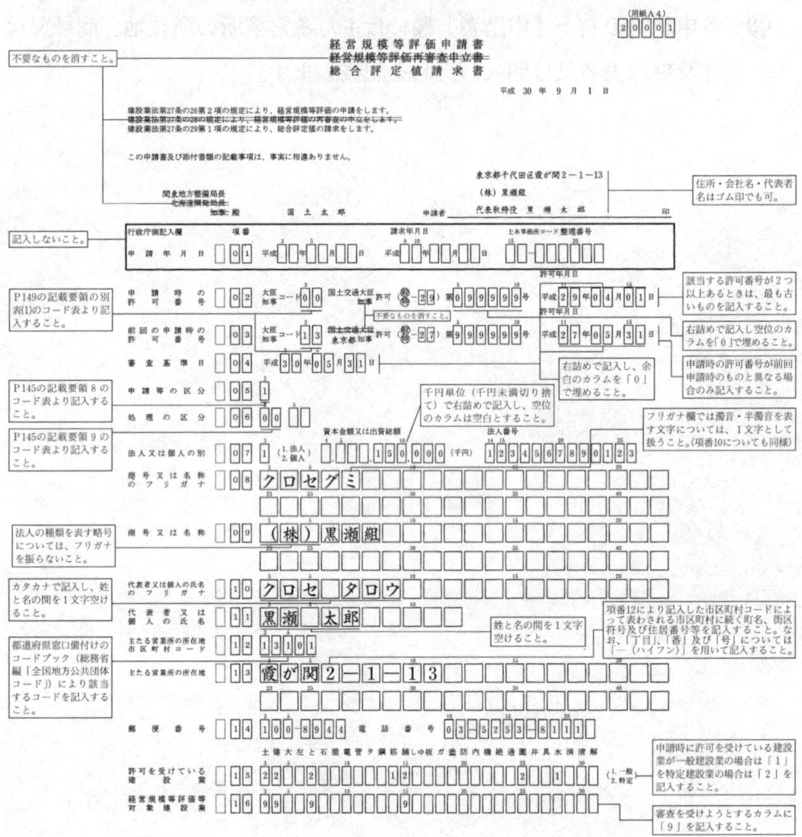

（用紙Ａ４）

20001

経営規模等評価申請書
~~経営規模等評価再審査申立書~~
総合評定値請求書

平成 30 年 9 月 1 日

建設業法第27条の26第２項の規定により、経営規模等評価の申請をします。
~~建設業法第27条の28の規定により、経営規模等評価の再審査の申立をします。~~
建設業法第27条の29第１項の規定により、総合評定値の請求をします。

この申請書及び添付書類の記載事項は、事実に相違ありません。

東京都千代田区霞が関２－１－13
（株）黒瀬組
申請者　代表取締役　黒　瀬　太　郎　印

関東地方整備局長
~~北海道開発局長~~
~~知事~~　殿　国　土　太　郎

	項番	
行政庁側記入欄　申請年月日	01	平成□□年□□月□□日　請求年月日 平成□□年□□月□□日　土木事務所コード 整理番号 □□－□□□□□□□
申請時の許可番号	02	大臣/知事 コード 00　国土交通大臣/知事　許可（般/特－29）第099999号　許可年月日 平成29年04月01日
前回の申請時の許可番号	03	大臣/知事 コード 13　~~国土交通大臣~~ 東京都知事　許可（般/特－27）第999999号　許可年月日 平成27年05月31日
審査基準日	04	平成30年05月31日
申請等の区分	05	1
処理の区分	06	00 □□
法人又は個人の別	07	1（1. 法人 2. 個人）　資本金額又は出資総額 □,□□□,150,000（千円）　法人番号 1234567890123
商号又は名称のフリガナ	08	クロセグミ
商号又は名称	09	（株）黒瀬組
代表者又は個人の氏名のフリガナ	10	クロセ タロウ
代表者又は個人の氏名	11	黒瀬 太郎
主たる営業所の所在地市区町村コード	12	13101
主たる営業所の所在地	13	霞が関２－１－１３
郵便番号	14	100－8944　電話番号 03－5253－8111

項目	項番	土	建	大	左	と	石	屋	電	管	タ	鋼	筋	舗	しゅ	板	ガ	塗	防	内	機	絶	通	園	井	具	水	消	清	解
許可を受けている建設業（1. 一般 2. 特定）	15	2	2			2						1	2									2		1						
経営規模等評価等対象建設業	16	9	9			9							9																	

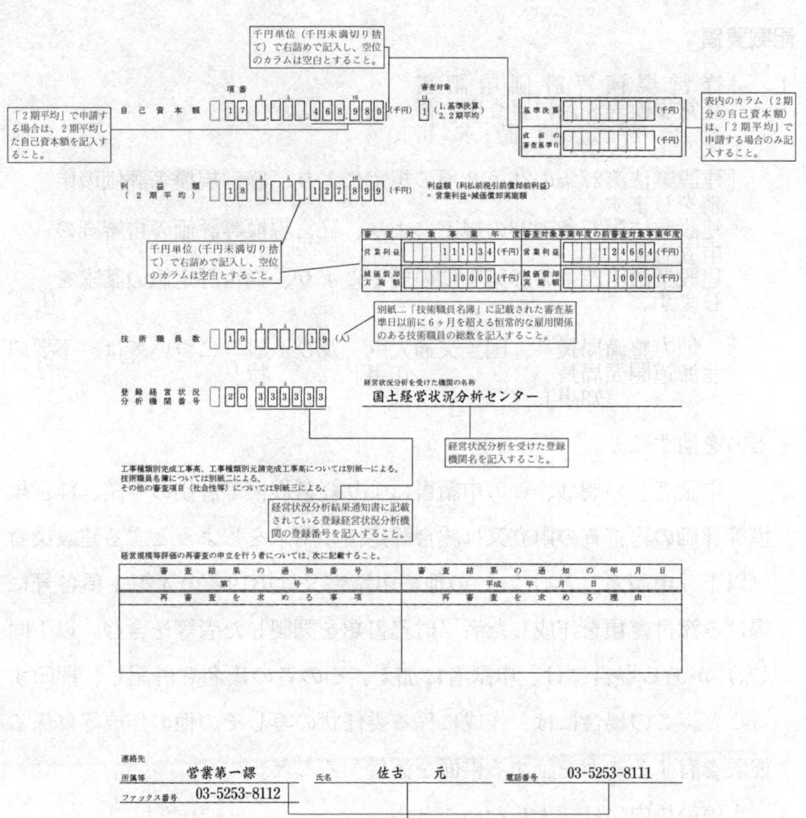

千円単位（千円未満切り捨て）で右詰めで記入し、空位のカラムは空白とすること。

項番

自己資本額　17　468,980（千円）

審査対象　1（1. 基準決算　2. 2期平均）

「2期平均」で申請する場合は、2期平均した自己資本額を記入すること。

基準決算	（千円）
直前の審査基準日	（千円）

表内のカラム（2期分の自己資本額）は、「2期平均」で申請する場合のみ記入すること。

利益額（2期平均）　18　127,899（千円）

利益額（利払前税引前償却前利益）＝営業利益＋減価償却実施額

千円単位（千円未満切り捨て）で右詰めで記入し、空位のカラムは空白とすること。

審査対象事業年度		審査対象事業年度の前審査対象事業年度	
営業利益	111134（千円）	営業利益	124664（千円）
減価償却実施額	10000（千円）	減価償却実施額	10000（千円）

技術職員数　19　19（人）

別紙二「技術職員名簿」に記載された審査基準日以前に6ヶ月を超える恒常的な雇用関係のある技術職員の総数を記入すること。

登録経営状況分析機関番号　20　333333

経営状況分析を受けた機関の名称　国土経営状況分析センター

経営状況分析を受けた登録機関名を記入すること。

工事種類別完成工事高、工事種類別元請完成工事高については別紙一による。
技術職員名簿については別紙二による。
その他の審査項目（社会性等）については別紙三による。

経営状況分析結果通知書に記載されている登録経営状況分析機関の登録番号を記入すること。

経営規模等評価の再審査の申立を行う者については、次に記載すること。

審査結果の通知番号	審査結果の通知の年月日
第　　号	平成　年　月　日
再審査を求める事項	再審査を求める理由

連絡先

所属等　営業第一課　　氏名　佐古　元　　電話番号　03-5253-8111

ファックス番号　03-5253-8112

この申請書又は添付書類を作成した者その他この申請の内容に係る質問等に応答できる者の所属、氏名、電話番号を記入すること。

記載要領

1　「経 営 規 模 等 評 価 申 請 書
経営規模等評価再審査申立書
総　合　評　定　値　請　求　書」、

「建設業法第27条の26第2項の規定により、経営規模等評価の申請をします。
建設業法第27条の28の規定により、経営規模等評価の再審査の申立をします。
建設業法第27条の29第1項の規定により、総合評定値の請求をします。」、

「　地方整備局長
北海道開発局長
知事」、「国土交通大臣
知事」及び「般
特」については、不要のものを消すこと。

2　「申請者」の欄は、この申請書により経営規模等評価の申請、経営規模等評価の再審査の申立又は総合評定値の請求をしようとする建設業者（以下「申請者」という。）の他に申請書又は第19条の4第1項各号に掲げる添付書類を作成した者（財務書類を調製した者等を含む。以下同じ。）がある場合には、申請者に加え、その者の氏名も併記し、押印すること。この場合には、作成に係る委任状の写しその他の作成等に係る権限を有することを証する書面を添付すること。

3　太線の枠内には記入しないこと。

4　□□□□で表示された枠（以下「カラム」という。）に記入する場合は、1カラムに1文字ずつ丁寧に、かつ、カラムからはみ出さないように記入すること。数字を記入する場合は、例えば□□1 2のように右詰めで、また、文字を記入する場合は、例えば甲 建 設 工 業□□のように左詰めで記入すること。

5　0 2「申請時の許可番号」の欄の「大臣
知事」コードのカラムには、申請時に許可を受けている行政庁について別表(1)の分類に従い、該当するコードを記入すること。

「許可番号」及び「許可年月日」は、例えば0 0 1 2 3 4又は0 1月0 1日のように、カラムに数字を記入するに当たつて空

位のカラムに「0」を記入すること。

なお、現在2以上の建設業の許可を受けている場合で許可を受けた年月日が複数あるときは、そのうち最も古いものについて記入すること。

6　[0][3]「前回の申請時の許可番号」の欄は、前回の申請時の許可番号と申請時の許可番号が異なつている場合についてのみ記入すること。

7　[0][4]「審査基準日」の欄は、審査の申請をしようとする日の直前の事業年度の終了の日（別表(2)の分類のいずれかに該当する場合で直前の事業年度の終了の日以外の日を審査基準日として定めるときは、その日）を記入し、例えば審査基準日が平成15年3月31日であれば、[1][5]年[0][3]月[3][1]日のように、カラムに数字を記入するに当たつて空位のカラムに「0」を記入すること。

8　[0][5]「申請等の区分」の欄は、次の表の分類に従い、該当するコードを記入すること。

コード	申請等の種類
1	経営規模等評価の申請及び総合評定値の請求
2	経営規模等評価の申請
3	総合評定値の請求
4	経営規模等評価の再審査の申立及び総合評定値の請求
5	経営規模等評価の再審査の申立

9　[0][6]「処理の区分」の欄の左欄は、次の表の分類に従い、該当するコードを記入すること。

コード	処理の種類
00	12か月ごとに決算を完結した場合 （例）平成15年4月1日から平成16年3月31日までの事業年度について申請する場合
01	6か月ごとに決算を完結した場合 （例）平成15年10月1日から平成16年3月31日までの事業年度について申請する場合
02	商業登記法（昭和38年法律第125号）の規定に基づく組織変更の登記後最初の事業年度その他12か月に満たない期間で終了した事業年度について申請する場合

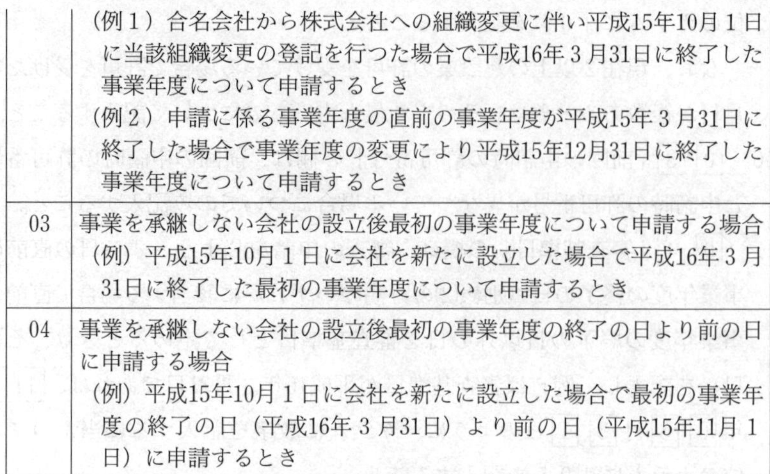

	（例１）合名会社から株式会社への組織変更に伴い平成15年10月１日に当該組織変更の登記を行つた場合で平成16年３月31日に終了した事業年度について申請するとき （例２）申請に係る事業年度の直前の事業年度が平成15年３月31日に終了した場合で事業年度の変更により平成15年12月31日に終了した事業年度について申請するとき
03	事業を承継しない会社の設立後最初の事業年度について申請する場合 （例）平成15年10月１日に会社を新たに設立した場合で平成16年３月31日に終了した最初の事業年度について申請するとき
04	事業を承継しない会社の設立後最初の事業年度の終了の日より前の日に申請する場合 （例）平成15年10月１日に会社を新たに設立した場合で最初の事業年度の終了の日（平成16年３月31日）より前の日（平成15年11月１日）に申請するとき

また、「処理の区分」の右欄は、別表(2)の分類のいずれかに該当する場合は、同表の分類に従い、該当するコードを記入すること。

10　0 7「資本金額又は出資総額」の欄は、申請者が法人の場合にのみ記入し、株式会社にあつては資本金額を、それ以外の法人にあつては出資総額を記入し、申請者が個人の場合には記入しないこと。

「法人番号」の欄は、申請者が法人であつて法人番号（行政手続における特定の個人を識別するための番号の利用等に関する法律（平成25年法律第27号）第２条第15項に規定する法人番号をいう。）の指定を受けたものである場合にのみ当該法人番号を記入すること。

11　0 8「商号又は名称のフリガナ」の欄は、カタカナで記入し、その際、濁音又は半濁音を表す文字については、例えば ギ 又は パ のように１文字として扱うこと。なお、株式会社等法人の種類を表す文字についてはフリガナは記入しないこと。

12　0 9「商号又は名称」の欄は、法人の種類を表す文字については次の表の略号を用いて、記入すること。

（例　（ 株 ） 甲 建 設 　
　　　乙 建 設 （ 有 ） 　 　）

種　　類	略　　号
株式会社	（株）
特例有限会社	（有）

合名会社	（名）
合資会社	（資）
合同会社	（合）
協同組合	（同）
協業組合	（業）
企業組合	（企）

13　[1][0]「代表者又は個人の氏名のフリガナ」の欄は、カタカナで姓と名の間に1カラム空けて記入し、その際、濁音又は半濁音を表す文字については、例えば[ギ]又は[パ]のように1文字として扱うこと。

14　[1][1]「代表者又は個人の氏名」の欄は、申請者が法人の場合はその代表者の氏名を、個人の場合はその者の氏名を、それぞれ姓と名の間に1カラム空けて記入すること。

15　[1][2]「主たる営業所の所在地市区町村コード」の欄は、都道府県の窓口備付けのコードブック（総務省編「全国地方公共団体コード」）により、主たる営業所の所在する市区町村の該当するコードを記入すること。

16　[1][3]「主たる営業所の所在地」の欄には、15により記入した市区町村コードによつて表される市区町村に続く町名、街区符号及び住居番号等を、「丁目」、「番」及び「号」については—（ハイフン）を用いて、例えば[霞][が][関][2][—][1][—][1][3][ ]のように記入すること。

17　[1][4]「電話番号」の欄は、市外局番、局番及び番号をそれぞれ—（ハイフン）で区切り、例えば[0][3][—][5][2][5][3][—][8][1][1][1][ ]のように記入すること。

18　[1][5]「許可を受けている建設業」の欄は、申請時に許可を受けている建設業が一般建設業の場合は「1」を、特定建設業の場合は「2」を次の表の（　）内に示された略号のカラムに記入すること。

土木工事業（土）	鋼構造物工事業（鋼）	熱絶縁工事業（絶）
建築工事業（建）	鉄筋工事業（筋）	電気通信工事業（通）
大工工事業（大）	舗装工事業（舗）	造園工事業（園）
左官工事業（左）	しゆんせつ工事業（しゆ）	さく井工事業（井）

とび・土工工事業（と）	板金工事業（板）	建具工事業（具）
石工事業（石）	ガラス工事業（ガ）	水道施設工事業（水）
屋根工事業（屋）	塗装工事業（塗）	消防施設工事業（消）
電気工事業（電）	防水工事業（防）	清掃施設工事業（清）
管工事業（管）	内装仕上工事業（内）	解体工事業（解）
タイル・れんが・ブロック工事業（タ）	機械器具設置工事業（機）	

19　[1][6]「経営規模等評価等対象建設業」の欄は、経営規模等評価等を申請する建設業（総合評定値の請求のみを行う場合にあつては、経営規模等評価の結果の通知を受けた建設業）について18の表の（　）内に示された略号のカラムに「9」と記入すること。

20　[1][7]「自己資本額」の欄は、審査基準日の決算（以下「基準決算」という。）における自己資本の額又は基準決算及び前回の申請時における審査基準日（以下「直前の審査基準日」という。）の決算における自己資本の額の平均の額（以下「平均自己資本額」という。）を記入し、「審査対象」のカラムに「1」又は「2」を記入すること。また、平均自己資本額を記入した場合は、表内のカラムに基準決算における自己資本の額及び直前の審査基準日の決算における自己資本の額をそれぞれ記入すること。

記入すべき金額は、千円未満の端数を切り捨てて表示すること。

ただし、会社法（平成17年法律第86号）第2条第6号に規定する大会社にあつては、百万円未満の端数を切り捨てて表示することができる。ただし、「自己資本額」の欄に平均自己資本額を記入するときは、平均自己資本額を計算する際に生じる百万円未満の端数については切り捨てずにそのまま記入すること。カラムに数字を記入するに当たつては、単位は千円とし、例えば[ ], [ ][ ][1], [2][3][4], [0][0][0]のように百万円未満の単位に該当するカラムに「0」を記入すること。

21　[1][8]「利益額（2期平均）」の欄は、審査対象事業年度における利益額及び審査対象事業年度の前審査対象事業年度の利益額の平均の額を記入すること。また、表内のカラムに審査対象事業年度及び審査対象事業年度の前審査対象事業年度における営業利益の額及び減価償却実施額をそれぞれ記入すること。

記入すべき金額は、千円未満の端数を切り捨てて表示すること。

ただし、会社法第2条第6号に規定する大会社にあつては、百万円未満の端数を切り捨てて表示することができる。ただし、「利益額（2期平均)」を計算する際に生じる百万円未満の端数については切り捨てずにそのまま記入すること。

22　[1][9]「技術職員数」の欄は、別紙二で記入した技術職員の人数の合計を記入すること。

23　[2][0]「登録経営状況分析機関番号」の欄は、経営状況分析を受けた登録経営状況分析機関の登録番号を記入し、例えば[0][0][0][0][0][1]のように、カラムに数字を記入するに当たつて空位のカラムに「0」を記入すること。

24　「連絡先」の欄は、この申請書又は添付書類を作成した者その他この申請の内容に係る質問等に応答できる者の氏名、電話番号等を記入すること。

別表(1)

00	国土交通大臣	12	千葉県知事	24	三重県知事	36	徳島県知事
01	北海道知事	13	東京都知事	25	滋賀県知事	37	香川県知事
02	青森県知事	14	神奈川県知事	26	京都府知事	38	愛媛県知事
03	岩手県知事	15	新潟県知事	27	大阪府知事	39	高知県知事
04	宮城県知事	16	富山県知事	28	兵庫県知事	40	福岡県知事
05	秋田県知事	17	石川県知事	29	奈良県知事	41	佐賀県知事
06	山形県知事	18	福井県知事	30	和歌山県知事	42	長崎県知事
07	福島県知事	19	山梨県知事	31	鳥取県知事	43	熊本県知事
08	茨城県知事	20	長野県知事	32	島根県知事	44	大分県知事
09	栃木県知事	21	岐阜県知事	33	岡山県知事	45	宮崎県知事
10	群馬県知事	22	静岡県知事	34	広島県知事	46	鹿児島県知事
11	埼玉県知事	23	愛知県知事	35	山口県知事	47	沖縄県知事

別表(2)

コード	処　理　の　種　類
10	申請者について会社の合併が行われた場合で合併後最初の事業年度の終了の日を審査基準日として申請するとき
11	申請者について会社の合併が行われた場合で合併期日又は合併登記の日を審査基準日として申請するとき
12	申請者について建設業に係る事業の譲渡が行われた場合で譲渡後最初の事業年度の終了の日を審査基準日として申請するとき
13	申請者について建設業に係る事業の譲渡が行われた場合で譲受人である法人の設立登記日又は事業の譲渡により新たな経営実態が備わつたと認められる日を審査基準日として申請するとき
14	申請者について会社更生手続開始の申立て、民事再生手続開始の申立て又は特定調停手続開始の申立てが行われた場合で会社更生手続開始決定日、会社更生計画認可日、会社更生手続開始決定日から会社更生計画認可日までの間に決算日が到来した場合の当該決算日、民事再生手続開始決定日、民事再生手続開始決定日から民事再生計画認可日までの間に決算日が到来した場合の当該決算日又は特定調停手続開始申立日から調停条項受諾日までの間に決算日が到来した場合の当該決算日を審査基準日として申請するとき
15	申請者が、国土交通大臣の定めるところにより、外国建設業者の属する企業集団に属するものとして認定を受けて申請する場合
16	申請者が、国土交通大臣の定めるところにより、その属する企業集団を構成する建設業者の相互の機能分担が相当程度なされているものとして認定を受けて申請する場合
17	申請者が、国土交通大臣の定めるところにより、建設業者である子会社の発行済株式の全てを保有する親会社と当該子会社からなる企業集団に属するものとして認定を受けて申請する場合
18	申請者について会社分割が行われた場合で分割後最初の事業年度の終了の日を審査基準日として申請するとき
19	申請者について会社分割が行われた場合で分割期日又は分割登記の日を審査基準日として申請するとき
20	申請者について事業を承継しない会社の設立後最初の事業年度の終了の日より前の日に申請する場合
21	申請者が、国土交通大臣の定めるところにより、一定の企業集団に属する建設業者（連結子会社）として認定を受けて申請する場合
22	申請者が、国土交通大臣の定めるところにより、その外国にある子会社について認定を受けて申請する場合

⑵ 工事種類別完成工事高 工事種類別元請完成工事高【20002帳票】

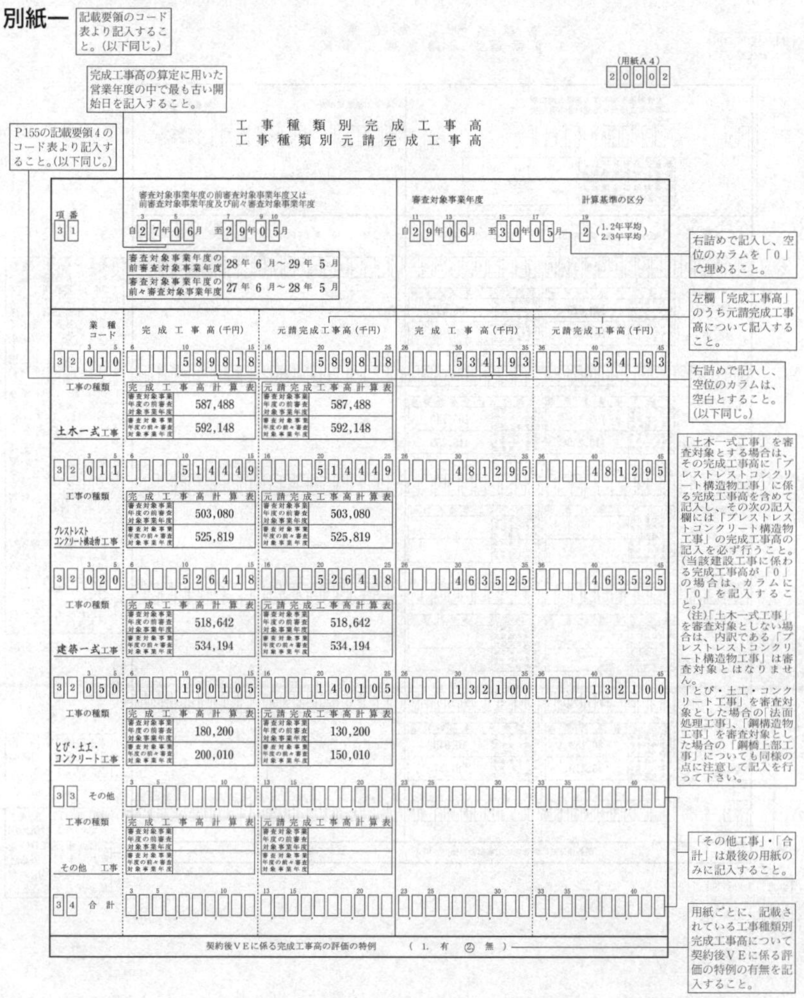

別紙一

記載要領のコード表より記入すること。(以下同じ。)

完成工事高の算定に用いた営業年度の中で最も古い開始日を記入すること。

P155の記載要領4のコード表より記入すること。(以下同じ。)

(用紙A4)
20002

工事種類別完成工事高
工事種類別元請完成工事高

項番 31

審査対象事業年度の前審査対象事業年度又は前審査対象事業年度及び前々審査対象事業年度
自 27年06月 至 29年05月

審査対象事業年度の前審査対象事業年度	28年 6月～29年 5月
審査対象事業年度の前々審査対象事業年度	27年 6月～28年 5月

審査対象事業年度
自 29年06月 至 30年05月

計算基準の区分 2 (1. 2年平均 2. 3年平均)

項番	業種コード	完成工事高(千円)	元請完成工事高(千円)	完成工事高(千円)	元請完成工事高(千円)
32	010	589818	589818	534193	534193
32	011	514449	514449	481295	481295
32	020	526418	526418	463525	463525
32	050	190105	140105	132100	132100
33	その他				
34	合計				

工事の種類		完成工事高計算表	元請完成工事高計算表
土木一式工事	審査対象事業年度の前審査対象事業年度	587,488	587,488
	審査対象事業年度の前々審査対象事業年度	592,148	592,148
プレストレストコンクリート構造物工事	審査対象事業年度の前審査対象事業年度	503,080	503,080
	審査対象事業年度の前々審査対象事業年度	525,819	525,819
建築一式工事	審査対象事業年度の前審査対象事業年度	518,642	518,642
	審査対象事業年度の前々審査対象事業年度	534,194	534,194
とび・土工・コンクリート工事	審査対象事業年度の前審査対象事業年度	180,200	130,200
	審査対象事業年度の前々審査対象事業年度	200,010	150,010
その他 工事	審査対象事業年度の前審査対象事業年度		
	審査対象事業年度の前々審査対象事業年度		

契約後VEに係る完成工事高の評価の特例 (1. 有 ②無)

右詰めで記入し、空位のカラムを「0」で埋めること。

左欄「完成工事高」のうち元請完成工事高について記入すること。

右詰めで記入し、空位のカラムは、空白とすること。(以下同じ。)

「土木一式工事」を審査対象とする場合は、その完成工事高に「プレストレストコンクリート構造物工事」に係る完成工事高を含めて記入し、その次の記入欄には「プレストレストコンクリート構造物工事」の完成工事高の記入を必ず行うこと。(当該建設工事に係わる完成工事高が「0」の場合は、カラムに「0」を記入すること。)
(注)「土木一式工事」を審査対象としない場合は、内訳である「プレストレストコンクリート構造物工事」は審査対象とはなりません。
「とび・土工・コンクリート工事」を審査対象とした場合の「法面処理工事」、「鋼構造物工事」を審査対象とした場合の「鋼橋上部工事」についても同様の点に注意して記入を行って下さい。

「その他工事」・「合計」は最後の用紙のみに記入すること。

用紙ごとに、記載されている工事種類別完成工事高について契約後VEに係る評価の特例の有無を記入すること。

別紙一

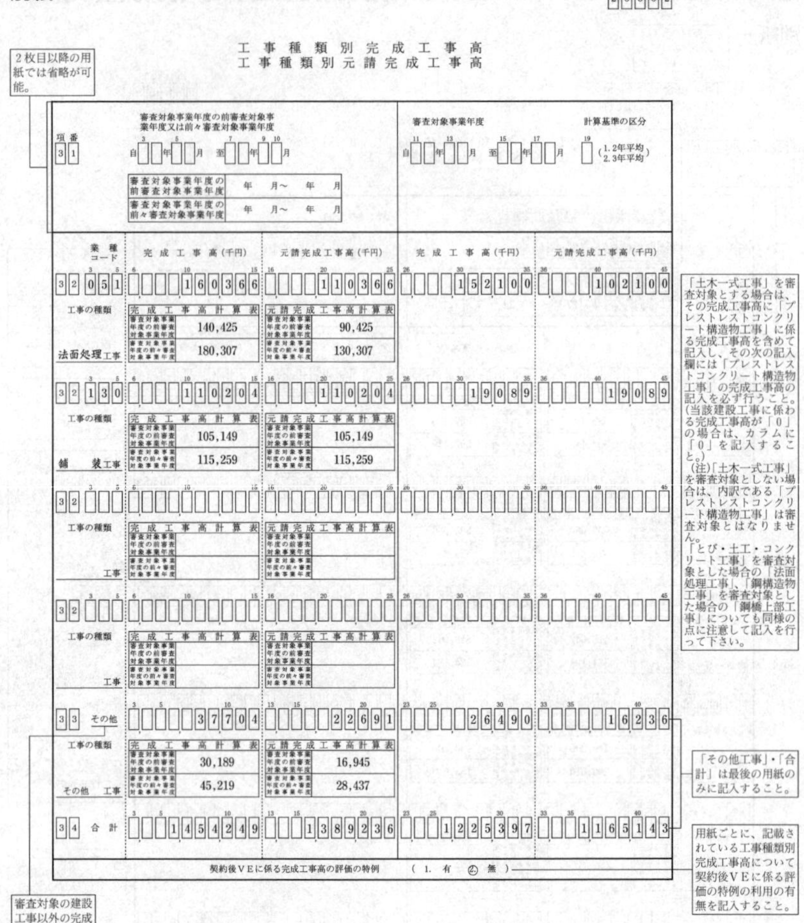

（用紙Ａ４）
20002

工 事 種 類 別 完 成 工 事 高
工 事 種 類 別 元 請 完 成 工 事 高

２枚目以降の用紙では省略が可能。

項番	審査対象事業年度の前審査対象事業年度又は前々審査対象事業年度	審査対象事業年度	計算基準の区分
31	自　年　月　至　年　月	自　年　月　至　年　月	（1. 2年平均 2. 3年平均）

審査対象事業年度の前審査対象事業年度	年　月～　年　月
審査対象事業年度の前々審査対象事業年度	年　月～　年　月

項番	業種コード	完成工事高（千円）	元請完成工事高（千円）	完成工事高（千円）	元請完成工事高（千円）
32	051	160366	110366	152100	102100
工事の種類　法面処理工事		完成工事高計算表　審査対象事業年度の前審査対象事業年度 140,425／審査対象事業年度の前々審査対象事業年度 180,307	元請完成工事高計算表　審査対象事業年度の前審査対象事業年度 90,425／審査対象事業年度の前々審査対象事業年度 130,307		
32	130	110204	110204	19089	19089
工事の種類　舗装工事		完成工事高計算表　審査対象事業年度の前審査対象事業年度 105,149／審査対象事業年度の前々審査対象事業年度 115,259	元請完成工事高計算表　審査対象事業年度の前審査対象事業年度 105,149／審査対象事業年度の前々審査対象事業年度 115,259		
32					
工事の種類　工事		完成工事高計算表　審査対象事業年度の前審査対象事業年度／審査対象事業年度の前々審査対象事業年度	元請完成工事高計算表　審査対象事業年度の前審査対象事業年度／審査対象事業年度の前々審査対象事業年度		
32					
工事の種類　工事		完成工事高計算表　審査対象事業年度の前審査対象事業年度／審査対象事業年度の前々審査対象事業年度	元請完成工事高計算表　審査対象事業年度の前審査対象事業年度／審査対象事業年度の前々審査対象事業年度		
33	その他	37704	22691	26490	16236
工事の種類　その他工事		完成工事高計算表　審査対象事業年度の前審査対象事業年度 30,189／審査対象事業年度の前々審査対象事業年度 45,219	元請完成工事高計算表　審査対象事業年度の前審査対象事業年度 16,945／審査対象事業年度の前々審査対象事業年度 28,437		
34	合計	1454249	1389236	1225397	1165143

契約後ＶＥに係る完成工事高の評価の特例　（1. 有　②. 無）

「土木一式工事」を審査対象とする場合は、その完成工事高に「プレストレストコンクリート構造物工事」に係る完成工事高を含めて記入し、その次の記入欄には「プレストレストコンクリート構造物工事」の完成工事高の記入を必ず行うこと。（当該建設工事に係わる完成工事高が「０」の場合は、カラムに「０」を記入すること。）
（注）「土木一式工事」を審査対象としない場合は、内訳である「プレストレストコンクリート構造物工事」は審査対象とはなりません。
「とび・土工・コンクリート工事」を審査対象とした場合の「法面処理工事」、「鋼構造物工事」を審査対象とした場合の「鋼橋上部工事」についても同様の点に注意して記入を行って下さい。

「その他工事」・「合計」は最後の用紙のみに記入すること。

用紙ごとに、記載されている工事種類別完成工事高について契約後ＶＥに係る評価の特例の利用の有無を記入すること。

審査対象の建設工事以外の完成工事高を記入すること。

記載要領

1　□□□□で表示された枠（以下「カラム」という。）に記入する場合は、1カラムに1文字ずつ丁寧に、かつ、カラムからはみ出さないように数字を記入すること。例えば□□1 2のように右詰めで記入すること。

2　3 1「審査対象事業年度」の欄は、次の例により記入すること。

⑴　12か月ごとに決算を完結した場合

（例）平成15年4月1日から平成16年3月31日までの事業年度について申請する場合

自平成15年04月～至平成16年03月

⑵　6か月ごとに決算を完結した場合

（例）平成15年10月1日から平成16年3月31日までの事業年度について申請する場合

自平成15年04月～至平成16年03月

⑶　商業登記法（昭和38年法律第125号）の規定に基づく組織変更の登記後最初の事業年度その他12か月に満たない期間で終了した事業年度について申請する場合

（例1）合名会社から株式会社への組織変更に伴い平成15年10月1日に当該組織変更の登記を行つた場合で平成16年3月31日に終了した事業年度について申請するとき

自平成15年04月～至平成16年03月

（例2）申請に係る事業年度の直前の事業年度が平成15年3月31日に終了した場合で事業年度の変更により平成15年12月31日に終了した事業年度について申請するとき

自平成15年01月～至平成15年12月

⑷　事業を承継しない会社の設立後最初の事業年度について申請する場合

（例）平成15年10月1日に会社を新たに設立した場合で平成16年3月31日に終了した最初の事業年度について申請するとき

自平成15年10月～至平成16年03月

(5)　事業を承継しない会社の設立後最初の事業年度の終了の日より前の日に申請する場合

（例）平成15年10月１日に会社を新たに設立した場合で最初の事業年度の終了の日（平成16年３月31日）より前の日（平成15年11月１日）に申請するとき

自平成15年10月～至平成00年00月

3　[3][1]「審査対象事業年度の前審査対象事業年度又は前審査対象事業年度及び前々審査対象事業年度」の欄は、「審査対象事業年度」の欄に記入した期間の直前の審査対象事業年度の期間を２の例により記入すること。

ただし、審査対象事業年度及び審査対象事業年度の直前２年の審査対象事業年度の完成工事高及び元請完成工事高について申請する場合にあつては、直前２年の各審査対象事業年度の期間を２の例により記入し、下欄に直前２年の各審査対象事業年度の期間をそれぞれ記入すること。

4　[3][2]「業種コード」の欄は、次のコード表により該当する工事の種類に応じ、該当するコードをカラムに記入すること。

なお、「土木一式工事」について記入した場合においてはその次の「業種コード」の欄は「プレストレストコンクリート構造物工事」のコード「011」を記入し、「完成工事高」の欄には「土木一式工事」の完成工事高のうち「プレストレストコンクリート構造物工事」に係るものを記入することとし、当該工事に係る実績がない場合においてはカラムに「０」を記入すること。また、「元請完成工事高」の欄には「土木一式工事」の元請完成工事高のうち「プレストレストコンクリート構造物工事」に係るものを記入することとし、当該工事に係る実績がない場合においてはカラムに「０」を記入すること。同様に、「とび・土工・コンクリート工事」に記入した場合においては「業種コード」の欄に「法面処理工事」のコード「051」を記入し、「鋼構造物工事」に記入した場合においては「業種コード」の欄に「鋼橋上部工事」のコード「111」を記入し、それぞれの工事に係る完成工事高及び元請完成工事高を記入すること。

「完成工事高」の欄は、3 1で記入した各審査対象事業年度ごとに完成工事高を記入すること。また、「元請完成工事高」の欄においても同様に、各審査対象事業年度ごとに元請完成工事高を記入すること。

ただし、審査対象事業年度及び審査対象事業年度の直前2年の審査対象事業年度について申請する場合にあつては、完成工事高においては審査対象事業年度の直前2年の各審査対象事業年度の完成工事高の合計を2で除した数値を記入し、「完成工事高計算表」に直前2年の審査対象事業年度ごとに完成工事高を記入すること。同様に、元請完成工事高においても審査対象事業年度の直前2年の各審査対象事業年度の元請完成工事高の合計を2で除した数値を記入し、「元請完成工事高計算表」に直前2年の審査対象事業年度ごとに元請完成工事高を記入すること。

また、平成28年6月1日から平成31年5月31日までの間にとび・土工工事業又は解体工事業の経営事項審査を受けようとするときは、必ず「とび・土工・コンクリート工事・解体工事（経過措置）」についても記載すること。その際、「完成工事高」の欄にはとび・土工・コンクリート工事及び解体工事の完成工事に係る請負代金の額の合計を記載すること。元請完成工事高の欄についても同様とする。

コード	工事の種類	コード	工事の種類
010	土木一式工事	150	板金工事
011	プレストレストコンクリート構造物工事	160	ガラス工事
020	建築一式工事	170	塗装工事
030	大工工事	180	防水工事
040	左官工事	190	内装仕上工事
050	とび・土工・コンクリート工事	200	機械器具設置工事
051	法面処理工事	210	熱絶縁工事
060	石工事	220	電気通信工事
070	屋根工事	230	造園工事
080	電気工事	240	さく井工事
090	管工事	250	建具工事

100	タイル･れんが･ブロック工事	260	水道施設工事
110	鋼構造物工事	270	消防施設工事
111	鋼橋上部工事	280	清掃施設工事
120	鉄筋工事	290	解体工事
130	舗装工事	300	とび・土工・コンクリート工事・解体工事（経過措置）
140	しゆんせつ工事		

5　[3][3]「その他工事」の欄は、審査対象建設業以外の建設業に係る建設工事の完成工事高及び元請完成工事高をそれぞれ記入すること。

6　[3][4]「合計」の欄は、完成工事高においては、[3][2]及び[3][3]に記入した完成工事高の合計を記入すること。同様に、元請完成工事高においては、元請完成工事高の合計を記入すること。

7　この表は審査対象建設業に係る４のコード表中の工事の種類４つごとに作成すること。この場合、「その他工事」及び「合計」は最後の用紙のみに記入すること。また、用紙ごとに、契約後ＶＥ（施工段階で施工方法等の技術提案を受け付ける方式をいう。以下同じ。）に係る工事の完成工事高について、契約後ＶＥによる縮減変更前の契約額で評価をする特例の利用の有無について記入すること。

8　記入すべき金額は、千円未満の端数を切り捨てて表示すること。

ただし、会社法（平成17年法律第86号）第２条第６号に規定する大会社にあつては、百万円未満の端数を切り捨てて表示することができる。この場合、カラムに数字を記入するに当たつては、例えば[ ],[ ][ ][1],[2][3][4],[0][0][0]のように、百万円未満の単位に該当するカラムに「０」を記入すること。

工事種類別完成工事高　工事種類別元請完成工事高【20002帳票】の各種事例

(イ)　種類別年間平均完成工事高は、許可を受けた建設業のうち経営事項審査の対象とする旨申出のあった建設業（以下「審査対象建設業」という。）に係る建設工事について、経営事項審査の申請をする日の属する事業年度の開始の日（以下「当期事業年度開始日」という。）の直前2年又は直前3年の年間平均完成工事高とする。ただし、審査対象建設業ごとに直前2年又は直前3年の年間平均完成工事高を選択できることとはせず、すべての審査対象建設業において同一の方法によることとする。また、1つの請負契約に係る建設工事の完成工事高を2以上の種類に分割又は重複計上することはできないものとする。

(ロ)　審査対象建設業に係る建設工事が「土木一式工事」である場合においてはその内訳として「プレストレストコンクリート構造物工事」を、「とび・土工・コンクリート工事」である場合においてはその内訳として「法面処理工事」を、「鋼構造物工事」である場合においてはその内訳として「鋼橋上部工事」がそれぞれ審査される。

(ハ)　契約後ＶＥ（主として施工段階における現場に即したコスト縮減が可能となる技術提案が期待できる工事を対象として、契約後、受注者が施工方法等について技術提案を行い、採用された場合、当該提案に従って設計図書を変更するとともに、提案のインセンティブを与えるため、契約額の縮減額の一部に相当する金額を受注者に支払うことを前提として、契約額の減額変更を行う方式。以下同じ。）による公共工事の完成工事高については、契約後ＶＥによる減額変更前の契約額で評価できることとする。この場合において、経営事項審査の申請者は、申請の際に契約後ＶＥによる契約額の減額の金額が証明できる書類を提出すること。

(ニ)　審査対象建設業が土木工事業又は建築工事業（以下「一式工事業」という。）である場合においては、許可を受けている建設業のうち一式工事業以外の建設業（審査対象建設業として申出をしている建設業を除く。）に係る建設工事の年間平均完成工事高を、その内容に応じて当該一式工事業のいずれかの年間平均完成工事高に含めることができる。

(ホ)　審査対象建設業が一式工事業以外の建設業である場合においては、許可を受けた建設業のうち一式工事業以外の建設業（審査対象建設業として申出をしている建設業を除く。）に係る建設工事の完成工事高を、その建設工事の性質に応じて当該一式工事業以外の建設業に係る建設工事の完成工事高に含めることができる。

(ヘ) 上記のほか、申請者のうち次の申出をしようとする者については、その申出の額をそのまま、別記様式第一号に記入し、工事種類別完成工事高（20002帳票）に添付すること。

① 一式工事業に係る建設工事の完成工事高を一式工事業以外の建設業に係る建設工事の完成工事高として分割分類し、許可を受けた建設業に係る建設工事の完成工事高に加えて申し出ようとする者

② 一式工事業以外の建設業に係る完成工事高についても①と同様の方法により計算して申し出ようとする者

工事種類別完成工事高付表

（用紙Ａ４）

審査対象建設業	完成工事高

注）申請者のうち次の申出をしようとする者については、その申出の額をそのまま審査対象建設業ごとに記載すること。

(1) 一式工事業に係る建設工事の完成工事高を一式工事業以外の建設業に係る建設工事の完成工事高として分割分類し、許可を受けた建設業に係る建設工事の完成工事高に加えて申し出ようとする者。

(2) 一式工事業以外の建設業に係る完成工事高についても①と同様の方法により計算して申し出ようとする者。

> ※　以下の完成工事高の記載例は、一般的な記載方法を表したものです。
> 　なお、合併時等の経営規模等評価申請については、事前に許可行政庁へ相談することをお勧めします。

(ト)　12か月決算の場合の項番［3］［1］及び［3］［2］の各欄及び関連する表への記載例を次に掲げる。

〔例１〕審査基準日を平成30年５月31日として、２年平均による完成工事高で申請する場合（建築一式工事の場合）

審査対象事業年度　　H29．6～H30．5（12か月）

完成工事高　1,600,000千円……①

前審査対象事業年度　H28．6～H29．5（12か月）

完成工事高　1,300,000千円……②

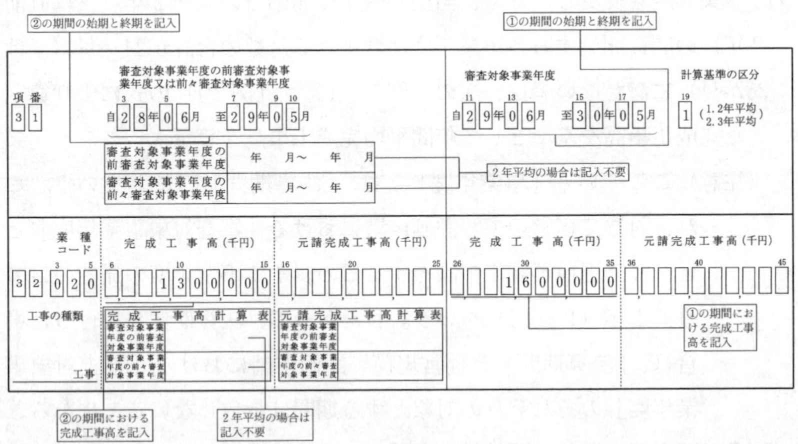

〔例２〕審査基準日を平成30年５月31日として、３年平均による完成工事高で申請する場合（建築一式工事の場合）

審査対象事業年度　　H29．6～H30．5（12か月）

完成工事高　1,600,000千円……①

前審査対象事業年度　H28．6～H29．5（12か月）

完成工事高　1,300,000千円……②

前々審査対象事業年度　H27. 6～H28. 5（12か月）

完成工事高　1,700,000千円……③

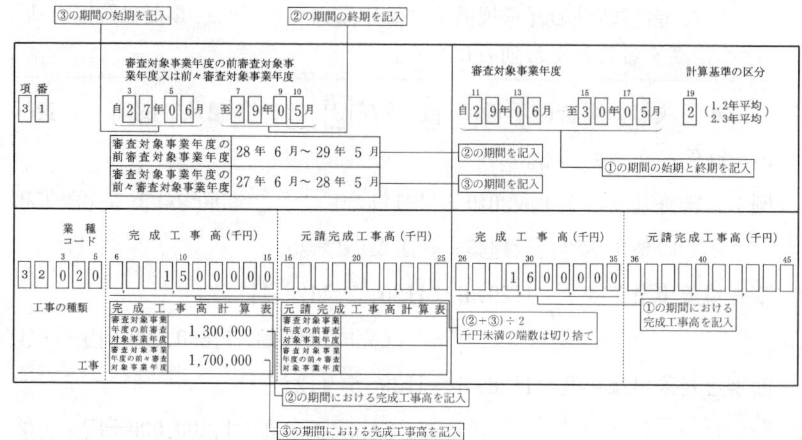

(チ)　事業年度を変更したため、当期事業年度開始日の直前2年（又は直前3年）の間に開始する各事業年度に含まれる月数の合計が24か月（又は36か月）に満たない者は、次の〔例1〕（又は〔例2〕）の式により算定した完成工事高を基準として年間平均完成工事高を算定する。

（注意）ここでいう「事業年度」とは、「決算期間」のことをいう。これに対して経営規模等評価申請における「審査対象事業年度」とは、経営規模等評価申請をする日の属する事業年度の開始の日の直前1年（12か月）をいう。したがって、決算期変更を行った場合は、「決算期間」と経営規模等評価申請における「審査対象事業年度」のそれぞれの対象とする期間は合致しないことになる。

（参考）当期事業年度開始日の直前2年の間に開始する各事業年度に含まれる月数の合計が24か月に満たない場合とは次のようなケースをいう。

●　従前まで12月31日を決算日としていた建設業者（事業年度＝1月1日から12月31日まで）が、決算日を9月30日に変更（事業年度＝10月1日から9月30日まで）し、この変更後の決算日が最初に到来した平成26年9月30日を審査基準日として経営事

項審査を申請するような場合

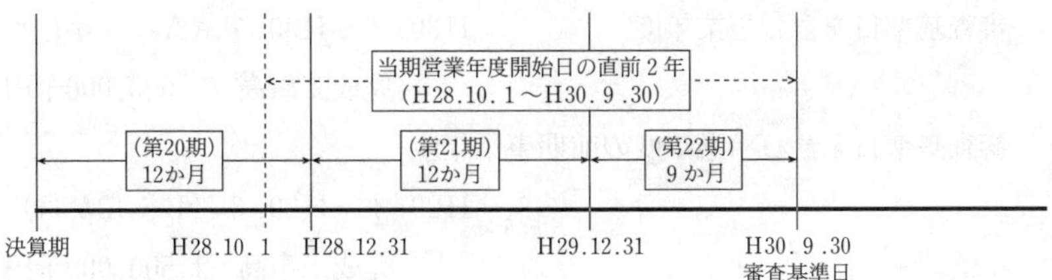

〔例１〕決算期を変更して24か月に満たない場合

審査基準日を含む事業年度……………………A

審査基準日を含む事業年度の前期事業年度……B

審査基準日を含む事業年度の前々期事業年度……C

●事業年度
→決算期間
●審査対象事業年度
→経営規模等評価の対象となる年度

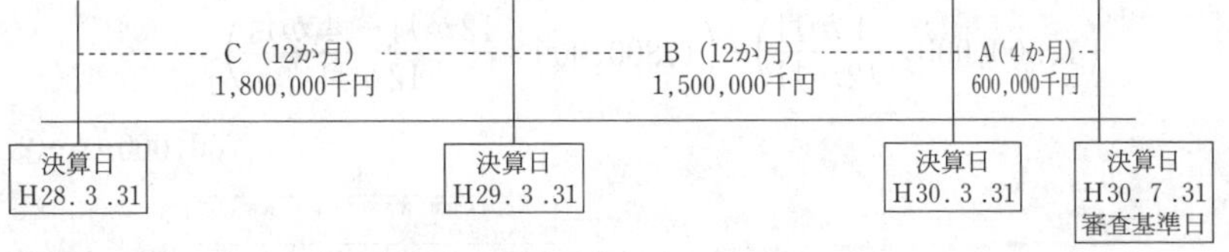

（算式）

$$\underbrace{\left[\text{Aの完成工事高}+\left(\text{Bの完成工事高}\times\frac{\text{12か月}-\text{Aの月数}}{\text{12か月}}\right)\right]}_{①}+\underbrace{\left[\left(\text{Bの完成工事高}\times\frac{\text{Aの月数}}{\text{12か月}}\right)+\left(\text{Cの完成工事高}\times\frac{\text{12か月}-\text{Aの月数}}{\text{12か月}}\right)\right]}_{②}=\text{直前2年の完成工事高}$$

①↓

【審査対象事業年度における完成工事高】
Aの事業年度に含まれる月数が４か月しかないため、不足する８か月分をBの事業年度における完成工事高から按分（Bの完成工事高×８／12）し、審査対象事業年度における完成工事高として算入する。

②↓

【前審査対象事業年度における完成工事高】
Bの期間における完成工事高のうち、①で按分調整し、審査対象事業年度における完成工事高として計上した残りの完成工事高と、この処理によって生じるBの期間における完成工事高の不足月数分を、①と同様の方法により、Cの事業年度における完成工事高を按分して、前審査対象事業年度における完成工事高として算入する。

〔記入例〕

審査基準日を含む事業年度　H30．4～H30．7（A：４か月）

完成工事高　600,000千円

審査基準日を含む事業年度の前期事業年度

H29．4～H30．3（B：12か月）

完成工事高　1,500,000千円

審査基準日を含む事業年度の前々期事業年度

H28．4～H29．3（C：12か月）

完成工事高　1,800,000千円

①　審査対象事業年度の完成工事高

$$600,000+\left(1,500,000\times\frac{12\text{か月}-4\text{か月}}{12\text{か月}}\right)=1,600,000\cdots\cdots①$$

②　前審査対象事業年度の完成工事高

$$\left(1,500,000\times\frac{4\text{か月}}{12\text{か月}}\right)+\left(1,800,000\times\frac{12\text{か月}-4\text{か月}}{12\text{か月}}\right)=$$

$$1,700,000\cdots\cdots②$$

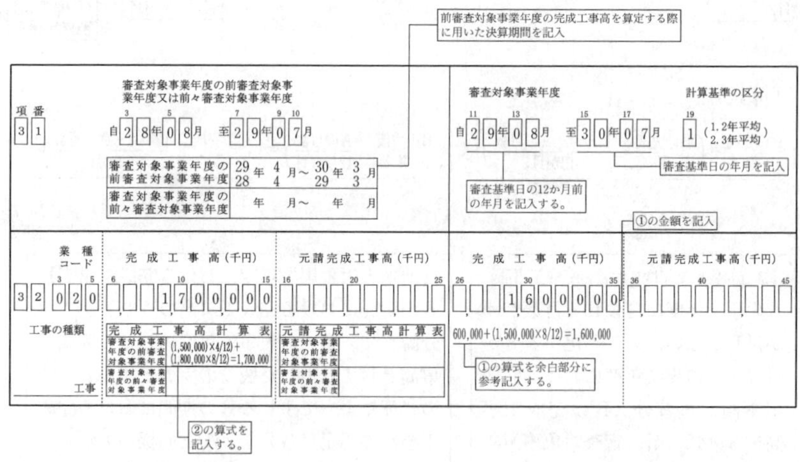

〔例２〕決算期を変更して36か月に満たない場合

審査基準日を含む事業年度……………………………A

審査基準日を含む事業年度の前期事業年度…………B

審査基準日を含む事業年度の前々期事業年度………C

審査基準日を含む事業年度の前々々期事業年度……D

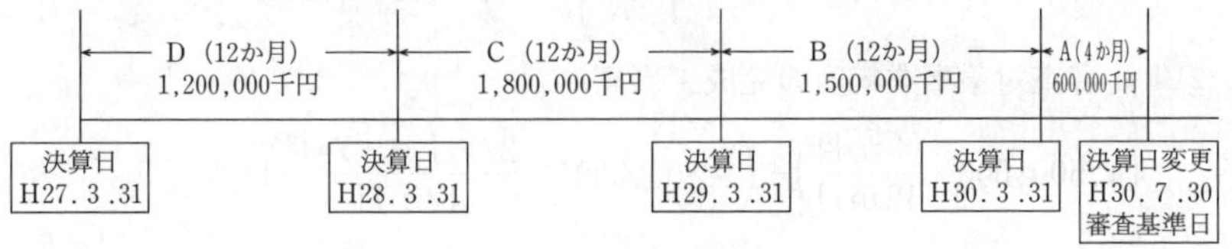

（算式）

$$\underbrace{\left[\begin{matrix}\text{Aの完成}\\\text{工事高}\end{matrix}+\left(\begin{matrix}\text{Bの完成}\\\text{工事高}\end{matrix}\times\frac{\text{12か月}-\text{Aの月数}}{\text{12か月}}\right)\right]}_{①}+$$

$$\underbrace{\left[\left(\begin{matrix}\text{Bの完成}\\\text{工事高}\end{matrix}\times\frac{\text{Aの月数}}{\text{12か月}}\right)+\left(\begin{matrix}\text{Cの完成}\\\text{工事高}\end{matrix}\times\frac{\text{12か月}-\text{Aの月数}}{\text{12か月}}\right)\right]}_{②}+$$

$$\underbrace{\left[\left(\begin{matrix}\text{Cの完成}\\\text{工事高}\end{matrix}\times\frac{\text{Aの月数}}{\text{12か月}}\right)+\left(\begin{matrix}\text{Dの完成}\\\text{工事高}\end{matrix}\times\frac{\text{12か月}-\text{Aの月数}}{\text{12か月}}\right)\right]}_{③}$$

＝直前3年の完成工事高

〔記入例〕

審査基準日を含む事業年度　　H30．4～H30．7（A：4か月）

完成工事高　600,000千円

審査基準日を含む事業年度の前期事業年度

H29．4～H30．3（B：12か月）

完成工事高　1,500,000千円

審査基準日を含む事業年度の前々期事業年度

H28．4～H29．3（C：12か月）

完成工事高　1,800,000千円

審査基準日を含む事業年度の前々々期事業年度

H27．4～H28．3（D：12か月）

完成工事高　1,200,000千円

①　審査対象事業年度の完成工事高

$$600,000+\left(1,500,000\times\frac{12か月-4か月}{12か月}\right)=1,600,000\cdots\cdots①$$

②　前審査対象事業年度の完成工事高

$$\left(1,500,000\times\frac{4か月}{12か月}\right)+\left(1,800,000\times\frac{12か月-4か月}{12か月}\right)=1,700,000\cdots\cdots②$$

③　前々審査対象事業年度の完成工事高

$$\left(1,800,000\times\frac{4か月}{12か月}\right)+\left(1,200,000\times\frac{12か月-4か月}{12か月}\right)=1,400,000\cdots\cdots③$$

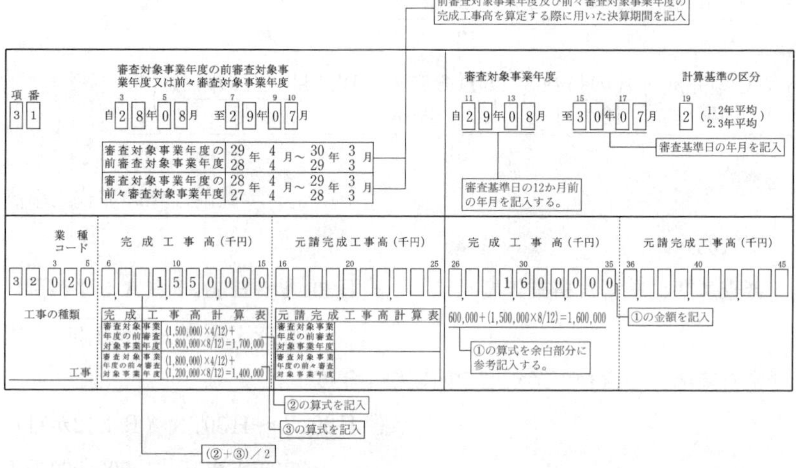

(リ)　次のいずれかに該当する者にあっては、当期事業年度開始日の直前2年（又は直前3年）の各事業年度における完成工事高の合計額を年間平均完成工事高の算定基礎とすることができる。

①　当期事業年度開始日からさかのぼって2年以内（又は3年以内）に商業登記法（昭和38年法律第125号）の規定に基づく組織変更の登記を行った者

②　当期事業年度開始日からさかのぼって2年以内（又は3年以内）に配偶者又は二親等以内の建設業者（個人に限る。②において「被承継

人」という。）から建設業の主たる部分を承継した者（以下「承継人」という。）であって、次のいずれにも該当する者

ⅰ）被承継人が建設業を廃業すること

ⅱ）被承継人の事業年度と承継人の事業年度が連続すること（やむを得ない場合を除く。）

ⅲ）承継人が被承継人の業務を補佐した経験を有すること

③　当期事業年度開始日からさかのぼって２年以内（又は３年以内）に建設業者（個人に限る。③において「被承継人」という。）から事業の主たる部分を承継した者（法人に限る。③において「承継法人」という。）であって、次のいずれにも該当する者

ⅰ）被承継人が建設業を廃業すること

ⅱ）被承継人が50％以上を出資して設立した法人であること

ⅲ）被承継人の事業年度と承継法人の事業年度が連続すること

ⅳ）承継法人の代表権を有する法人が被承継人であること

(ヌ)　当期事業年度からさかのぼって２年以内（又は３年以内）に合併の沿革を有する者（吸収合併においては合併後存続している会社、新設合併においては合併に伴い設立された会社をいう。）又は建設業を譲り受けた沿革を有する者は、当期事業年度開始日の直前２年（又は直前３年）の各事業年度における完成工事高の合計額に当該吸収合併により消滅した建設業者又は譲渡人に係る事業期間のうちそれぞれ次の算式により調整した期間における同一種類の建設工事の完成工事高の合計額を加えたものを年間平均完成工事高の算定基礎とすることができる。

（注意）合併後若しくは建設業の譲渡後最初の事業年度終了日以降に受ける経営規模等評価の場合の取扱いのため、いわゆる「合併時経審」若しくは「譲渡時経審」の場合の取扱いと異なるため注意が必要である。

〔例１〕合併の場合（直前２年）

○合併の概要

【合併期日】

平成29年12月31日

【存続会社の事業年度及び完成工事高】

・審査基準日を含む事業年度　H29．４．１～H30．３．31（12か月）

350,000千円……A

・審査基準日を含む事業年度の前期事業年度

H28．４．１～H29．３．31（12か月）

320,000千円……B

【消滅会社の事業年度及び完成工事高】

第○○期　H29．１．１～H29.12.31（12か月）　480,000千円……a

第△△期　H28．１．１～H28.12.31（12か月）　240,000千円……b

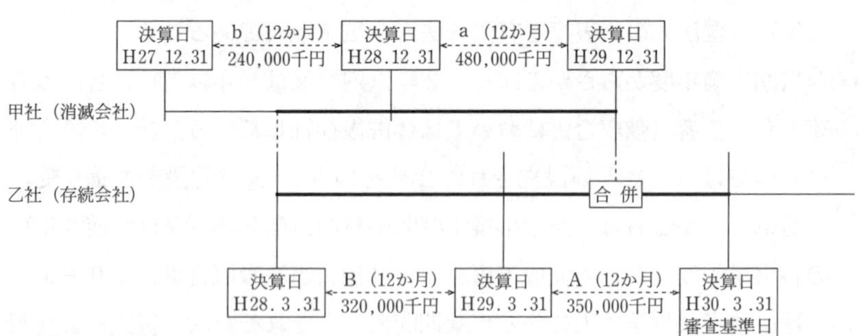

○完成工事高の算出式

$$\frac{\text{Aの完成工事高}}{\text{A}} + \frac{\text{Bの完成工事高}}{\text{B}} + \frac{\text{aの完成工事高}}{\text{a}} + \frac{\left[\text{bの完成工事高} \times \frac{\text{Bの始期からbの終期にいたる月数}}{\text{bに含まれる月数（12か月）}}\right]}{\text{b}} = \text{直前2年の完成工事高}$$

〔記入例〕

①　審査対象事業年度の完成工事高

・存続会社における審査対象事業年度の完成工事高

$$350,000\times\frac{12\text{か月}}{12\text{か月}}=350,000\cdots\cdots(1)$$

②　前審査対象事業年度の完成工事高

・存続会社における前審査対象事業年度の完成工事高

$$320,000\times\frac{12\text{か月}}{12\text{か月}}=320,000\cdots\cdots(2)$$

・消滅会社における第○○期の完成工事高

$$480,000\times\frac{12\text{か月}}{12\text{か月}}=480,000\cdots\cdots(3)$$

・消滅会社における第△△期の完成工事高

$$240,000\times\frac{9\text{か月}^{※}}{12\text{か月}}=180,000\cdots\cdots(4)$$

※　9か月＝Bの始期からbの終期にいたる月数→平成28年4月から平成28年12月までの間の月数

③　直前2年の完成工事高

(2)＋(3)＋(4)＝320,000＋480,000＋180,000＝980,000……(5)

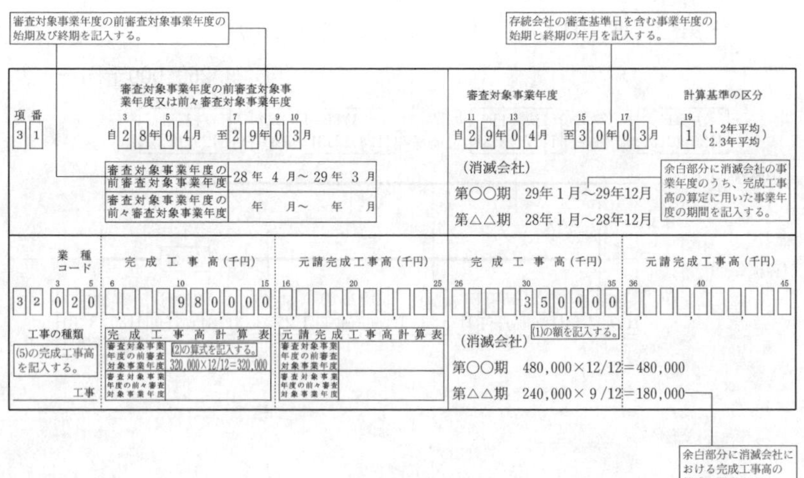
審査対象事業年度の前審査対象事業年度の始期及び終期を記入する。

存続会社の審査基準日を含む事業年度の始期と終期の年月を記入する。

項番　3 1

審査対象事業年度の前審査対象事業年度又は前々審査対象事業年度
自 2 8 年 0 4 月　至 2 9 年 0 3 月

審査対象事業年度の前審査対象事業年度	28年 4月～29年 3月
審査対象事業年度の前々審査対象事業年度	年 月～ 年 月

審査対象事業年度
自 2 9 年 0 4 月　至 3 0 年 0 3 月

計算基準の区分
1 （1. 2年平均 2. 3年平均）

（消滅会社）
第○○期　29年1月～29年12月
第△△期　28年1月～28年12月

余白部分に消滅会社の事業年度のうち、完成工事高の算定に用いた事業年度の期間を記入する。

業種コード　3 2 0 2 0

完成工事高（千円）　980000

元請完成工事高（千円）

完成工事高（千円）　350000

元請完成工事高（千円）

工事の種類

(5)の完成工事高を記入する。

工事

完成工事高計算表	
審査対象事業年度の前審査対象事業年度	(2)の算式を記入する。 320,000×12/12＝320,000
審査対象事業年度の前々審査対象事業年度	

元請完成工事高計算表	
審査対象事業年度の前審査対象事業年度	
審査対象事業年度の前々審査対象事業年度	

（消滅会社）　(1)の額を記入する。
第○○期　480,000×12/12＝480,000
第△△期　240,000×9/12＝180,000

余白部分に消滅会社における完成工事高の算式を記入する。

〔例2〕合併の場合（直前3年）

○合併の概要

【合併期日】

平成29年12月31日

【存続会社の事業年度及び完成工事高】

・審査基準日を含む事業年度　H29.4.1～H30.3.31(12か月)

350,000千円……A

・審査基準日を含む事業年度の前期事業年度

H28.4.1～H29.3.31(12か月)

320,000千円……B

・審査基準日を含む事業年度の前々期事業年度

H27.4.1～H28.3.31(12か月)

370,000千円……C

【消滅会社の事業年度及び完成工事高】

・第○○期　H29.1.1～H29.12.31（12か月）

480,000千円……a

・第△△期　H28.1.1～H28.12.31（12か月）

240,000千円……b

・第□□期　H27.1.1～H27.12.31（12か月）

260,000千円……c

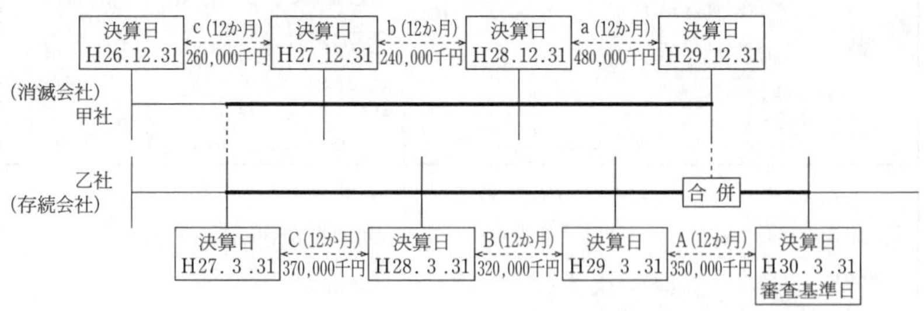

○完成工事高の算出式

$$\frac{\text{Aの完成工事高}}{\text{A}}+\frac{\text{Bの完成工事高}}{\text{B}}+\frac{\text{Cの完成工事高}}{\text{C}}+\frac{\text{aの完成工事高}}{\text{a}}+\frac{\text{bの完成工事高}}{\text{b}}+$$

$$\frac{\left[\text{cにおける完成工事高}\times\frac{\text{Cの始期からcの終期にいたる月数}}{\text{cに含まれる月数（12か月）}}\right]}{\text{c}}=\text{直前3年の完成工事高}$$

〔記入例〕

①　審査対象事業年度の完成工事高

・存続会社における審査対象事業年度の完成工事高

$350,000\times\frac{12\text{か月}}{12\text{か月}}=350,000$……(1)

②　前審査対象事業年度の完成工事高

・存続会社における前審査対象事業年度の完成工事高

$320,000\times\frac{12\text{か月}}{12\text{か月}}=320,000$……(2)

・存続会社における前々審査対象事業年度の完成工事高

$370,000\times\frac{12\text{か月}}{12\text{か月}}=370,000$……(3)

・消滅会社における第○○期の完成工事高

$480,000\times\frac{12\text{か月}}{12\text{か月}}=480,000$……(4)

・消滅会社における第△△期の完成工事高

$240,000\times\frac{12\text{か月}}{12\text{か月}}=240,000$……(5)

・消滅会社における第□□期の完成工事高

$260,000\times\frac{9\text{か月}^{※}}{12\text{か月}}=195,000$……(6)

※　9か月＝Cの始期からcの終期にいたる月数→平成27年4月から平成27年12月の間の月数

・　直前3年の完成工事高

$$((2)+(3)+(4)+(5)+(6))/2$$

$$=\frac{320,000+370,000+480,000+240,000+195,000}{2^{※}}=802,500$$

※　３年平均で申請する場合は２で除すことが必要

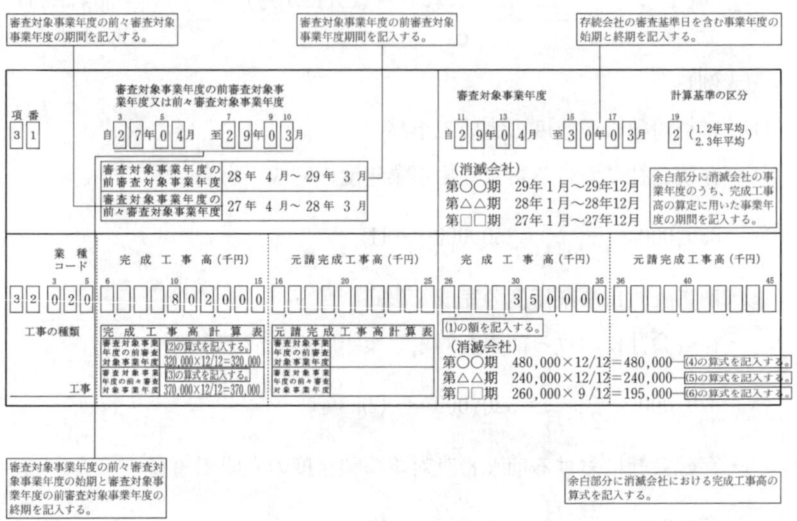

※　譲渡時の経営規模等評価申請については、事前に許可行政庁へお問い合わせ下さい。

解体工事業の追加に伴う措置について

Q1－1

法施行後にとび・土工工事業又は解体工事業について経営事項審査を申請する場合、完成工事高についてはどのように取り扱えば良いか。

A1－1

法施行後に建設業者が当該業種について申請を行う場合には、過去に遡ってとび・土工・コンクリート工事の完成工事高と解体工事の完成工事高に切り分けて申請する。この際、とび・土工・コンクリート工事と解体工事の完成工事高については、経営事項審査の申請時に過去の工事経歴書を再度作成し、添付する。

Q1－2

法施行後に、解体工事の実績を持つ業者が解体工事の許可を取得せず、とび・土工工事業について経営事項審査を申請する場合、完成工事高についてはどのように計上すれば良いか。

A1－2

解体工事の工事実績を有する建設業者においては、解体工事業の許可を取得せず、解体工事業の経営事項審査を申請しない場合においても、過去に遡ってとび・土工・コンクリート工事と解体工事の完成工事高を切り分けて申請する必要がある。その際、とび・土工・コンクリート工事の工事経歴書についても切り分けたものを添付する。（分類の便宜上、解体工事業についても工事経歴書を作成し、提出することを妨げるものではない。）

なお、解体工事業の経営事項審査を受審しない場合には、解体工事業の完成工事高については「その他」工事として計上して申請する。

Q1－3

法施行日時点でとび・土工工事業の許可を有し、解体工事の実績があるものの、解体工事業の許可の取得が未済である業者が経営事項審査を申請する場合、解体工事の実績は「その他」工事に計上されるが、この場合に改正工事高の切り分けに際して提出する工事経歴書はどのように記載すべきか。

A1－3

解体工事の許可を受けていない場合、工事経歴書の建設工事の種類欄は「その他（解体工事）」と記載して作成し、その他工事の内訳としての解体工事の完成工事高が分かるように申請を行う。

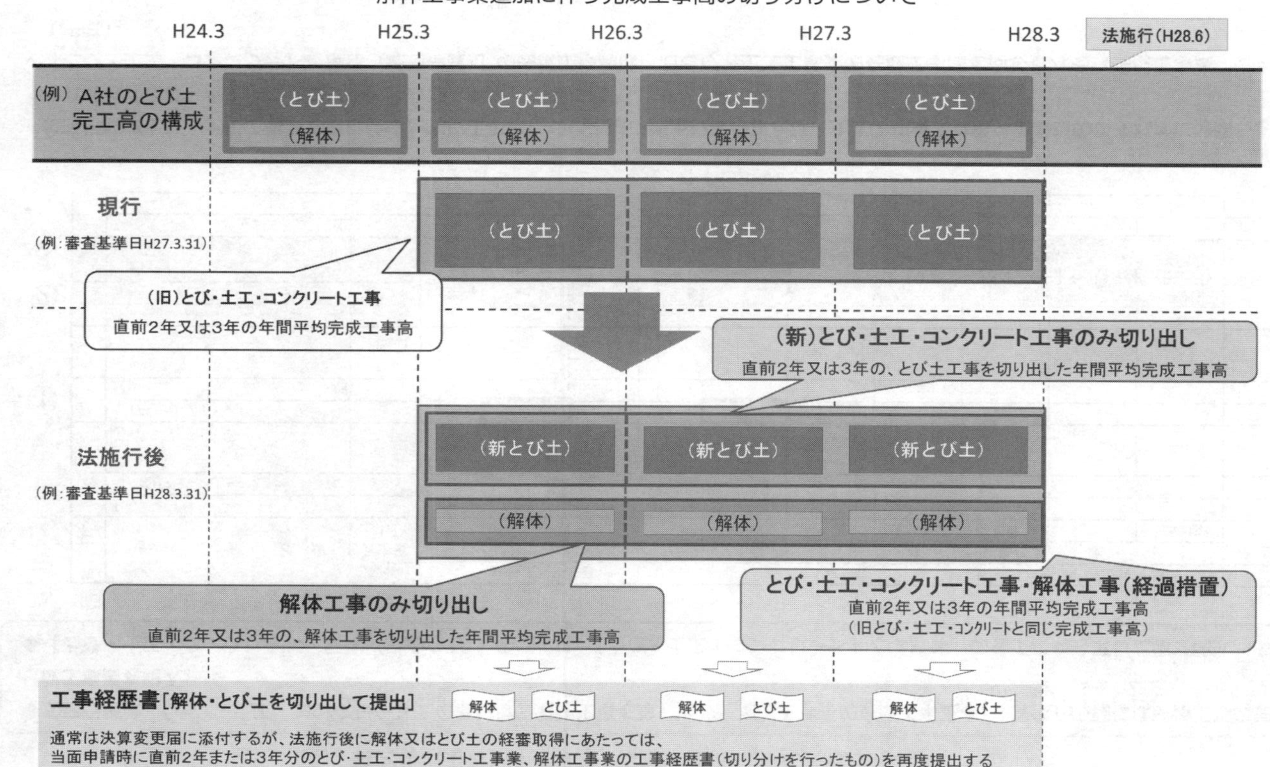
解体工事業追加に伴う完成工事高の切り分けについて
H24.3
H25.3
H26.3
H27.3
H28.3
法施行（H28.6）
（例）A社のとび土完工高の構成
（とび土）
（解体）
（とび土）
（解体）
（とび土）
（解体）
（とび土）
（解体）
現行
（例：審査基準日H27.3.31）
（とび土）
（とび土）
（とび土）
（旧）とび・土工・コンクリート工事
直前2年又は3年の年間平均完成工事高
（新）とび・土工・コンクリート工事のみ切り出し
直前2年又は3年の、とび土工事を切り出した年間平均完成工事高
法施行後
（例：審査基準日H28.3.31）
（新とび土）
（新とび土）
（新とび土）
（解体）
（解体）
（解体）
解体工事のみ切り出し
直前2年又は3年の、解体工事を切り出した年間平均完成工事高
とび・土工・コンクリート工事・解体工事（経過措置）
直前2年又は3年の年間平均完成工事高
（旧とび・土工・コンクリートと同じ完成工事高）
工事経歴書［解体・とび土を切り出して提出］
解体
とび土
解体
とび土
解体
とび土
通常は決算変更届に添付するが、法施行後に解体又はとび土の経審取得にあたっては、
当面申請時に直前2年または3年分のとび・土工・コンクリート工事業、解体工事業の工事経歴書（切り分けを行ったもの）を再度提出する

経営事項審査結果通知書（経過措置期間中の完成工事高）

◆法施行後は、「とび・土工・コンクリート」の欄には、解体工事を除くとび・土工工事業の完成工事高を、「解体」の欄には解体工事の完成工事高を記入。
◆「とび・土工・コンクリート・解体（経過措置）」の欄には、「とび・土工・コンクリート」と「解体」の完工高を合算した値を記入。

	許可区分	建設工事の種類	総合評定値（P）	完成工事高		元請完成工事高及び技術職員数						
				年平均	評点（X_1）	元請完成工事高 年平均	技術職員数 一級	（講習受講）	基幹	二級	その他	評点（Z）
		土木一式		100,0[illegible]		[illegible]00						
		プレストレストコンクリート構造物										
		・・・										
①		とび・土工・コンクリート		100,000		70,000						
		法面処理										
		・・・										
		清掃施設										
②		解体		30,000		0						
③		とび・土工・コンクリート・解体（経過措置）		130,000		70,000						
		その他										
		合計		230,000		170,000						

✓法施行前にとび・土工工事業で請け負った完成工事高については、法施行後の新とび・土工工事業又は解体工事業のいずれかに分類し、それぞれ「とび・土工・コンクリート」及び「解体」の欄に記入。

✓「とび・土工・コンクリート・解体（経過措置）」の完成工事高は、旧とび・土工工事業の完成工事高と同じとなる（完成工事高：③＝①＋②）。

⑶　技術職員名簿【20005帳票】

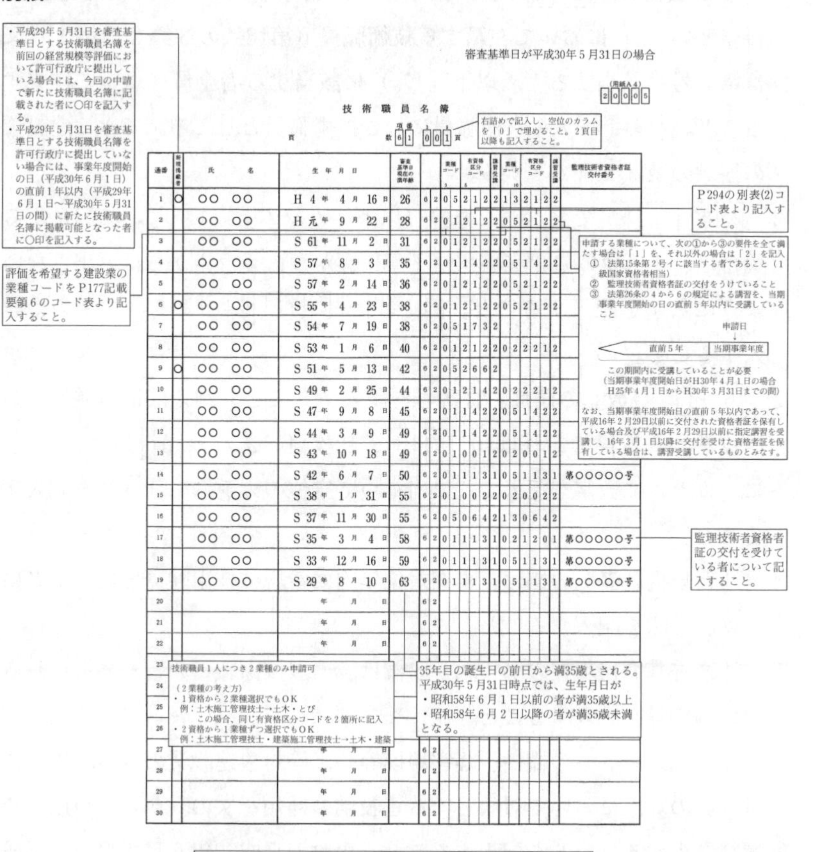

別紙二

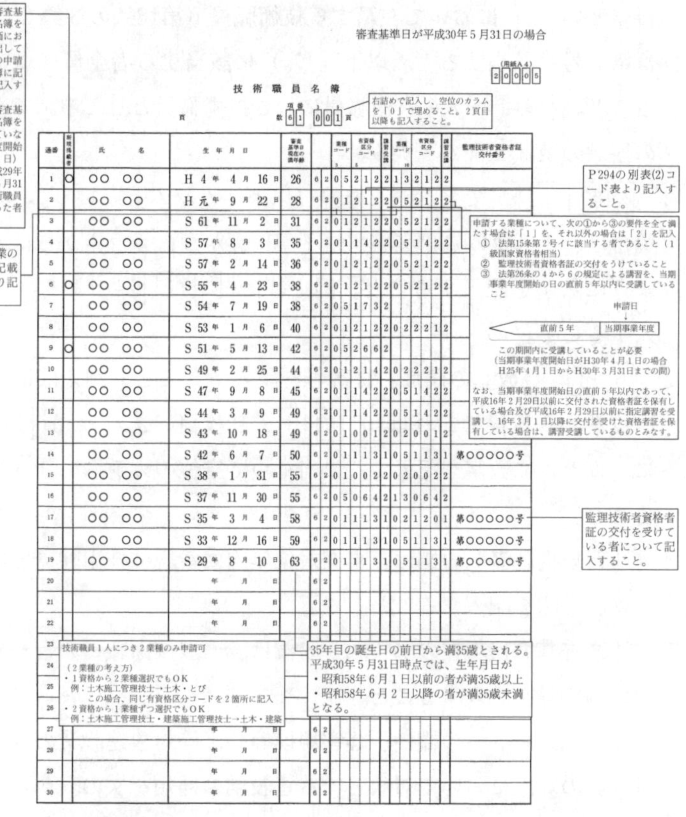

審査基準日が平成30年５月31日の場合

（用紙Ａ４）
20005

技　術　職　員　名　簿

頁　　項番 数 61　001 頁

通番	新規掲載者	氏　名	生年月日	審査基準日現在の満年齢	項番		業種コード	有資格区分コード	講習受講	業種コード	有資格区分コード	講習受講	監理技術者資格者証交付番号
1	○	○○　○○	H 4 年 4 月 16 日	26	6	2	05	212	2	13	212	2	
2		○○　○○	H 元 年 9 月 22 日	28	6	2	01	212	2	05	212	2	
3		○○　○○	S 61 年 11 月 2 日	31	6	2	01	212	2	05	212	2	
4		○○　○○	S 57 年 8 月 3 日	35	6	2	01	142	2	05	142	2	
5		○○　○○	S 57 年 2 月 14 日	36	6	2	01	212	2	05	212	2	
6	○	○○　○○	S 55 年 4 月 23 日	38	6	2	01	212	2	05	212	2	
7		○○　○○	S 54 年 7 月 19 日	38	6	2	05	173	2				
8		○○　○○	S 53 年 1 月 6 日	40	6	2	01	212	2	02	221	2	
9	○	○○　○○	S 51 年 5 月 13 日	42	6	2	05	266	2				
10		○○　○○	S 49 年 2 月 25 日	44	6	2	01	214	2	02	221	2	
11		○○　○○	S 47 年 9 月 8 日	45	6	2	01	142	2	05	142	2	
12		○○　○○	S 44 年 3 月 9 日	49	6	2	01	142	2	05	142	2	
13		○○　○○	S 43 年 10 月 18 日	49	6	2	01	001	2	02	001	2	
14		○○　○○	S 42 年 6 月 7 日	50	6	2	01	113	1	05	113	1	第○○○○○号
15		○○　○○	S 38 年 1 月 31 日	55	6	2	01	002	2	02	002	2	
16		○○　○○	S 37 年 11 月 30 日	55	6	2	05	064	2	13	064	2	
17		○○　○○	S 35 年 3 月 4 日	58	6	2	01	113	1	02	120	1	第○○○○○号
18		○○　○○	S 33 年 12 月 16 日	59	6	2	01	113	1	05	113	1	第○○○○○号
19		○○　○○	S 29 年 8 月 10 日	63	6	2	01	113	1	05	113	1	第○○○○○号
20			年 月 日		6	2							
21			年 月 日		6	2							
22			年 月 日		6	2							
23													
24													
25													
26													
27			年 月 日		6	2							
28			年 月 日		6	2							
29			年 月 日		6	2							
30			年 月 日		6	2							

申請する業種について、次の①から③の要件を全て満たす場合は「１」を、それ以外の場合は「２」を記入

直前５年　当期事業年度
この期間内に受講していることが必要
（当期事業年度開始日がH30年４月１日の場合H25年４月１日からH30年３月31日までの間）

（２業種の考え方）
・１資格から２業種選択でもＯＫ
例：土木施工管理技士→土木・とび

・２資格から１業種ずつ選択でもＯＫ

35年目の誕生日の前日から満35歳とされる。

・昭和58年６月１日以前の者が満35歳以上
・昭和58年６月２日以降の者が満35歳未満

記載要領

1　この名簿は、[0][4]「審査基準日」に記入した日（以下「審査基準日」という。）において在籍する技術職員（第18条の３第２項第１号又は第２号に該当する者。以下同じ。）に該当する者全員について作成すること。なお、一人の技術職員につき技術職員として申請できる建設業の種類の数は２までとする。

2　[ ][ ][ ][ ]で表示された枠（以下「カラム」という。）に記入する場合は、１カラムに１文字ずつ丁寧に、かつ、カラムからはみ出さないように数字を記入すること。例えば[ ][ ][1][2]のように右詰めで記入すること。

3　[6][1]「頁数」の欄は、頁番号を記入すること。例えば技術職員名簿の枚数が３枚目であれば[0][0][3]、12枚目であれば[0][1][2]のように、カラムに数字を記入するに当たつて空位のカラムに「０」を記入すること。

4　「新規掲載者」の欄は、審査対象年内に新規に技術職員となった者につき、○印を記入すること。

5　「審査基準日現在の満年齢」の欄は、当該技術職員の審査基準日時点での満年齢を記入すること。

6　「業種コード」の欄は、経営規模等評価等対象建設業のうち、技術職員の数の算出において対象とする建設業の種類を次の表から２つ以内で選び該当するコードを記入すること。なお、平成28年６月１日から平成31年５月31日までの間に、とび・土工工事業又は解体工事業の経営事項審査を受けようとするときは、必ず、とび・土工工事業の技術職員については「業種コード」の欄に「とび・土工工事業」のコード「05」を、解体工事業の技術職員については「業種コード」の欄に「解体工事業」のコード「29」を、とび・土工工事業及び解体工事業の技術職員については「業種コード」の欄に「とび・土工工事業・解体工事業（経過措置）」のコード「99」を、それぞれ記入すること。この場合、「業種コード」の欄に「とび・土工工事業」のコード「05」が記入された技術職員はとび・土工工事業及びとび・土工工事業・解体工事業（経過措置）の技術職員として、「業種コード」の欄に「解体工事業」のコード「29」が記入された技術職員は解体工事業及びとび・土工工事業・解体工事業（経過措置）の技術職員として、「業種コード」の欄に「とび・土工工事業・解体工事業（経過措置）」のコード「99」が記入された技術職員はとび・土工工事業、解体工事業及びとび・土工工事業・解体工事業（経過措置）の技術職員として、それぞれ審査される。

コード	工事の種類	コード	工事の種類
01	土木工事業	17	塗装工事業
02	建築工事業	18	防水工事業
03	大工工事業	19	内装仕上工事業
04	左官工事業	20	機械器具設置工事業
05	とび・土工工事業	21	熱絶縁工事業
06	石工事業	22	電気通信工事業
07	屋根工事業	23	造園工事業
08	電気工事業	24	さく井工事業
09	管工事業	25	建具工事業
10	タイル・れんが・ブロック工事業	26	水道施設工事業
11	鋼構造物工事業	27	消防施設工事業
12	鉄筋工事業	28	清掃施設工事業
13	舗装工事業	29	解体工事業
14	しゆんせつ工事業	99	とび・土工工事業・解体工事業（経過措置）
15	板金工事業		
16	ガラス工事業		

7　「有資格区分コード」の欄は、技術職員が保有する資格のうち、「業種コード」の欄で記入したコードに対応する建設業の種類に係るものについて別表㈣及び別表㈤の分類に従い、該当するコードを記入すること。

8　「講習受講」の欄は、建設業法第15条第2号イに該当する者が、法第27条の18第1項の規定により監理技術者資格者証の交付を受けている場合であつて、法第26条の4から第26条の6までの規定により国土交通大臣の登録を受けた講習を受講した場合は「1」を、その他の場合は

「2」を記入すること。

9　「監理技術者資格者証交付番号」の欄は、法第27条の18第1項の規定により監理技術者資格者証の交付を受けている者についてその交付番号を記入すること。

技術職員の重複評価の制限について

・評価対象となっている業種の中から任意の２つを選ぶことができる。１つの資格の評価対象から２つ選択（例１）してもかまわないし、２つの資格からそれぞれ１つずつ選択（例２）してもかまわない。
・なお、平成28年６月１日から平成31年５月31日までの間にとび・土工工事業又は解体工事業に関する経営事項審査を受けようとするときは業務コード「99」を使うことで、とび・土工工事業、解体工事業及びその他の１業種をあわせた３つまで選ぶことができる。（例３）

例：１級土木施工管理技士・１級建築施工管理技士・１級電気工事施工管理技士
　　を所有している技術者の場合・・・

◎の業種が、当該資格で評価されうる業種

		土	建	大	左	と	石	屋	電	管	タ	鋼	筋	舗	し	板	ガ	塗	防	内	機	絶	通	園	井	具	水	消	清	解
保有資格	１級土木施工	◎				◎	◎					◎		◎	◎			◎									◎			◎
	１級建築施工		◎	◎	◎	◎	◎	◎			◎	◎	◎			◎	◎	◎	◎	◎		◎				◎				◎
	１級電気工事施工								◎																					

評価対象業種を選択

（例１）		◎					◎																						２業種
（例２）	◎	◎																											２業種
（例３）	◎				◎																							◎	３業種

※　重複カウントの制限　→　経審上での評価のみ

建設業法に基づいて建設工事の現場に配置されなければならない監理技術者等については、１人の技術者が複数の業種で監理技術者等となりえる資格をもっていれば、複数の業種の技術者になれる

【20006帳票】

申請を行う技術職員の中に継続雇用制度の適用を
受けている65歳以下の者がいる場合に添付する

（用紙Ａ４）
2 0 0 0 6

継続雇用制度の適用を受けている技術職員名簿

建設業法施行規則別記様式第25号の11・別紙２の技術職員名簿に記載した者のうち、下表に掲げる者については、審査基準日において継続雇用制度の適用を受けていることを証明します。

地方整備局長　　　　　　　　　　年　　月　　日
北海道開発局長
知事　殿　　　　　　住所
商号又は名称
代表者氏名　　　　　　　　　　　　印

通番	氏　名	生年月日

記載要領

1　「　地方整備局長
北海道開発局長　については、不要のものを消すこと。
知事」

2　規則別記様式第25号の11・別紙２の技術職員名簿に記載した者のうち、審査基準日において継続雇用制度の適用を受けている者（65歳以下の者に限る。）について記載すること。

3　通番、氏名及び生年月日は、規則別記様式第25号の11・別紙２の記載と統一すること。

⑷　その他の審査項目（社会性等）【20004帳票】

別紙三

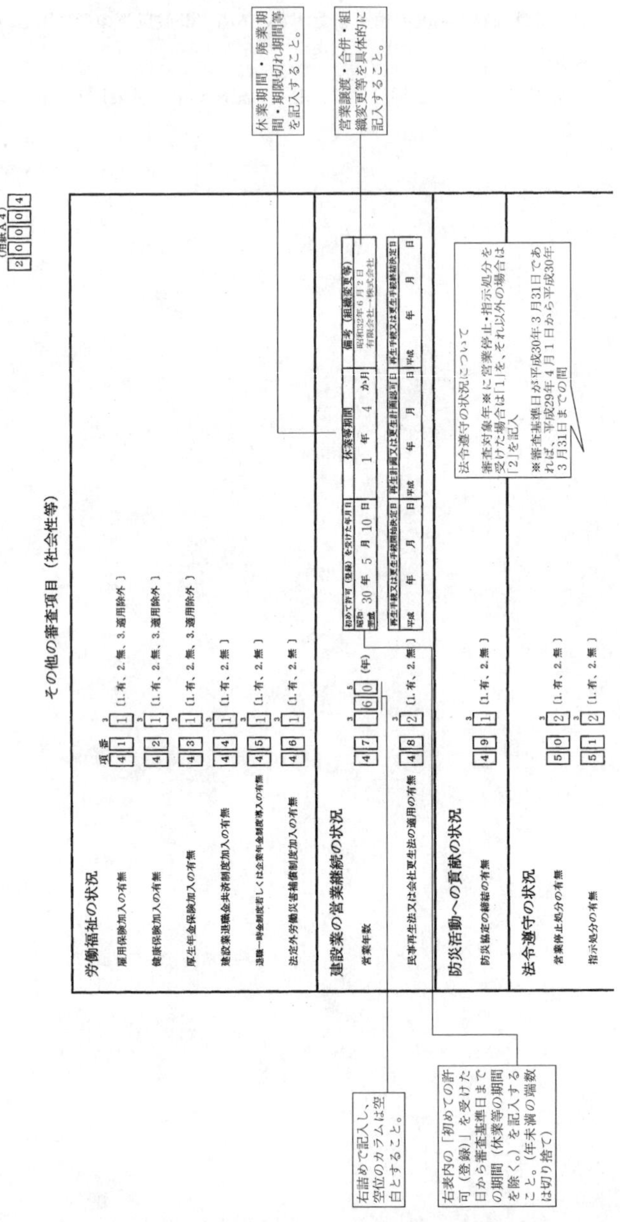
（用紙Ａ４）
20004

その他の審査項目（社会性等）

労働福祉の状況

	項番		
雇用保険加入の有無	41	1	〔1.有、2.無、3.適用除外〕
健康保険加入の有無	42	1	〔1.有、2.無、3.適用除外〕
厚生年金保険加入の有無	43	1	〔1.有、2.無、3.適用除外〕
建設業退職金共済制度加入の有無	44	1	〔1.有、2.無〕
退職一時金制度若しくは企業年金制度導入の有無	45	1	〔1.有、2.無〕
法定外労働災害補償制度加入の有無	46	1	〔1.有、2.無〕

建設業の営業継続の状況

営業年数　47　60（年）

初めて許可（登録）を受けた年月日	休業等期間	備考（組織変更等）
昭和・平成　30年　5月　10日	1年　4か月	昭和32年6月2日 有限会社→株式会社

民事再生法又は会社更生法の適用の有無　48　2〔1.有、2.無〕

再生手続又は更生手続開始決定日	再生計画又は更生計画認可日	再生手続又は更生手続終結決定日
平成　年　月　日	平成　年　月　日	平成　年　月　日

防災活動への貢献の状況

防災協定の締結の有無　49　1〔1.有、2.無〕

法令遵守の状況

営業停止処分の有無　50　2〔1.有、2.無〕

指示処分の有無　51　2〔1.有、2.無〕

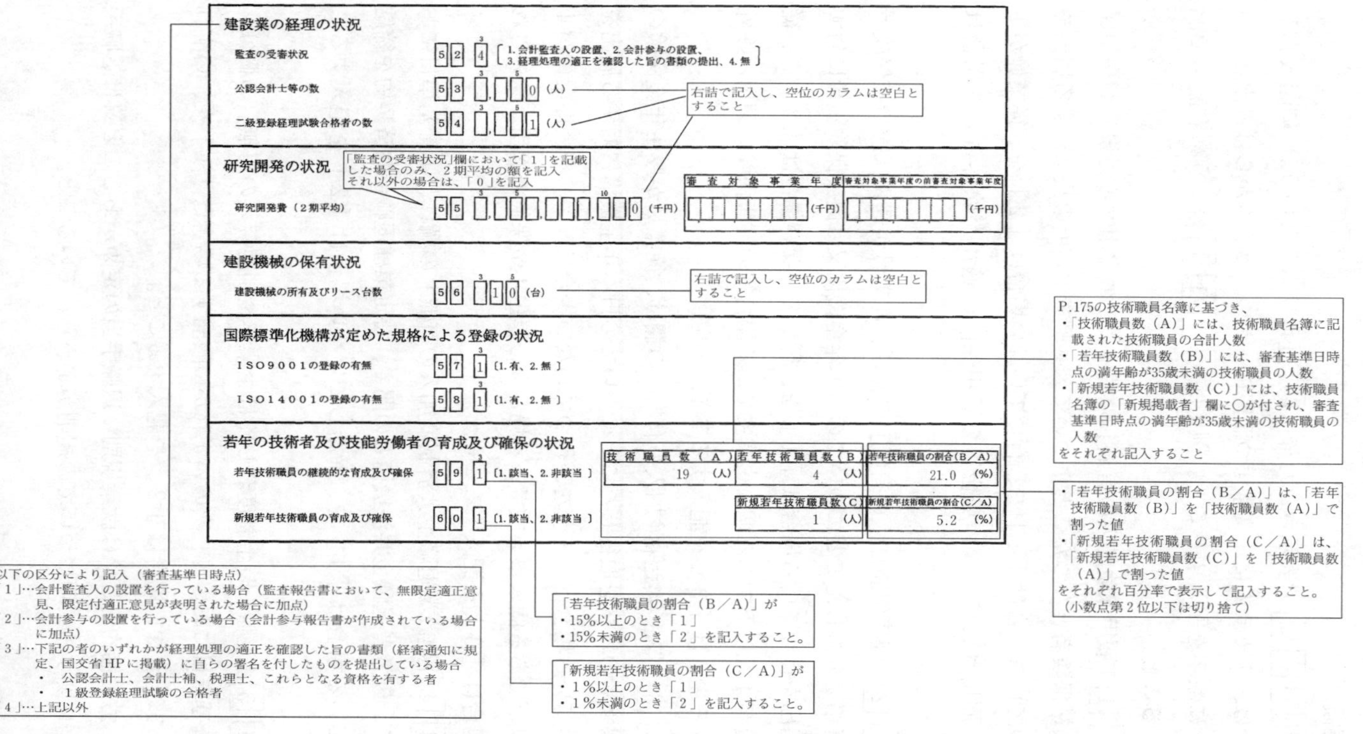

建設業の経理の状況

監査の受審状況　5 2　4　〔1. 会計監査人の設置、2. 会計参与の設置、3. 経理処理の適正を確認した旨の書類の提出、4. 無〕

公認会計士等の数　5 3　0（人）

二級登録経理試験合格者の数　5 4　1（人）

右詰で記入し、空位のカラムは空白とすること

研究開発の状況

「監査の受審状況」欄において「1」を記載した場合のみ、2期平均の額を記入
それ以外の場合は、「0」を記入

研究開発費（2期平均）　5 5　0（千円）

審査対象事業年度	審査対象事業年度の前審査対象事業年度
（千円）	（千円）

建設機械の保有状況

建設機械の所有及びリース台数　5 6　10（台）

右詰で記入し、空位のカラムは空白とすること

国際標準化機構が定めた規格による登録の状況

ＩＳＯ９００１の登録の有無　5 7　1〔1. 有、2. 無〕

ＩＳＯ１４００１の登録の有無　5 8　1〔1. 有、2. 無〕

若年の技術者及び技能労働者の育成及び確保の状況

若年技術職員の継続的な育成及び確保　5 9　1〔1. 該当、2. 非該当〕

新規若年技術職員の育成及び確保　6 0　1〔1. 該当、2. 非該当〕

技術職員数（A）	若年技術職員数（B）	若年技術職員の割合（B／A）
19（人）	4（人）	21.0（%）

新規若年技術職員数（C）	新規若年技術職員の割合（C／A）
1（人）	5.2（%）

以下の区分により記入（審査基準日時点）
「1」…会計監査人の設置を行っている場合（監査報告書において、無限定適正意見、限定付適正意見が表明された場合に加点）
「2」…会計参与の設置を行っている場合（会計参与報告書が作成されている場合に加点）
「3」…下記の者のいずれかが経理処理の適正を確認した旨の書類（経審通知に規定、国交省HPに掲載）に自らの署名を付したものを提出している場合
・　公認会計士、会計士補、税理士、これらとなる資格を有する者
・　1級登録経理試験の合格者
「4」…上記以外

「若年技術職員の割合（B／A）」が
・15%以上のとき「1」
・15%未満のとき「2」を記入すること。

「新規若年技術職員の割合（C／A）」が
・1%以上のとき「1」
・1%未満のとき「2」を記入すること。

P.175の技術職員名簿に基づき、
・「技術職員数（A）」には、技術職員名簿に記載された技術職員の合計人数
・「若年技術職員数（B）」には、審査基準日時点の満年齢が35歳未満の技術職員の人数
・「新規若年技術職員数（C）」には、技術職員名簿の「新規掲載者」欄に○が付され、審査基準日時点の満年齢が35歳未満の技術職員の人数
をそれぞれ記入すること

・「若年技術職員の割合（B／A）」は、「若年技術職員数（B）」を「技術職員数（A）」で割った値
・「新規若年技術職員の割合（C／A）」は、「新規若年技術職員数（C）」を「技術職員数（A）」で割った値
をそれぞれ百分率で表示して記入すること。
（小数点第2位以下は切り捨て）

記載要領

1　□□□□で表示された枠（以下「カラム」という。）に記入する場合は、１カラムに１文字ずつ丁寧に、かつ、カラムからはみ出さないように数字を記入すること。例えば□□[1][2]のように右詰めで記入すること。

2　[4][1]「雇用保険加入の有無」の欄は、その雇用する労働者が雇用保険の被保険者となつたことについて公共職業安定所の長に対する届出を行つている場合は「１」を、行つていない場合は「２」を、従業員が１人も雇用されていない場合等の雇用保険の適用が除外される場合は「３」を記入すること。

3　[4][2]「健康保険加入の有無」の欄は、従業員が健康保険の被保険者の資格を取得したことについての日本年金機構又は健康保険組合に対する届出を行つている場合は「１」を、行つていない場合は「２」を、従業員が４人以下である個人事業主である場合等の健康保険の適用が除外される場合は「３」を記入すること。

4　[4][3]「厚生年金保険加入の有無」の欄は、従業員が厚生年金保険の被保険者の資格を取得したことについての日本年金機構に対する届出を行つている場合は「１」を、行つていない場合は「２」を、従業員が４人以下である個人事業主である場合等の厚生年金保険の適用が除外される場合は「３」を記入すること。

5　[4][4]「建設業退職金共済制度加入の有無」の欄は、審査基準日において、勤労者退職金共済機構との間で、特定業種退職金共済契約を締結している場合は「１」を、締結していない場合は「２」を記入すること。

6　[4][5]「退職一時金制度若しくは企業年金制度導入の有無」の欄は、審査基準日において、次のいずれかに該当する場合は「１」を、いずれにも該当しない場合は「２」を記入すること。

(1)　労働協約若しくは就業規則に退職手当の定めがあること又は退職手当に関する事項についての規則が定められていること。

⑵　勤労者退職金共済機構との間で特定業種退職金共済契約以外の退職金共済契約が締結されていること。

⑶　所得税法施行令に規定する特定退職金共済団体との間で退職金共済についての契約が締結されていること。

⑷　厚生年金基金が設立されていること。

⑸　法人税法に規定する適格退職年金の契約が締結されていること。

⑹　確定給付企業年金法（平成13年法律第50号）に規定する確定給付企業年金が導入されていること。

⑺　確定拠出年金法（平成13年法律第88号）に規定する企業型年金が導入されていること。

7　[4][6]「法定外労働災害補償制度加入の有無」の欄は、審査基準日において、(公財)建設業福祉共済団、(一社)建設業労災互助会、全日本火災共済協同組合連合会、(一社)全国労働保険事務組合連合会又は保険会社との間で、労働者災害補償保険法（昭和22年法律第50号）に基づく保険給付の基因となつた業務災害及び通勤災害（下請負人に係るものを含む。）に関する給付についての契約を、締結している場合は「１」を、締結していない場合は「２」を記入すること。

8　[4][7]「営業年数」の欄は、審査基準日までの建設業の営業年数（建設業の許可又は登録を受けて営業を行つていた年数をいい、休業等の期間を除く。ただし、平成23年４月１日以降の申立てに係る再生手続開始の決定又は更生手続開始の決定を受け、かつ、再生手続終結の決定又は更生手続終結の決定を受けた建設業者は、当該再生手続終結の決定又は更生手続終結の決定を受けてから営業を行つていた年数をいい、休業等の期間を除く。）を記入し、表内の年号については不要のものを消すこと。

9　[4][8]「民事再生法又は会社更生法の適用の有無」の欄は、平成23年４月１日以降の申立てに係る再生手続開始の決定又は更生手続開始の決定を受け、かつ、再生手続終結の決定又は更生手続終結の決定を受けていない場合は「１」を、その他の場合は「２」を記入すること。

10　[4][9]「防災協定の締結の有無」の欄は、審査基準日において、国、特殊法人等（公共工事の入札及び契約の適正化の促進に関する法律第2条第1項に規定する特殊法人等）又は地方公共団体との間で、防災活動に関する協定を締結している場合は「1」を、締結していない場合は「2」を記入すること。

11　[5][0]「営業停止処分の有無」の欄は、審査対象年において、法第28条の規定による営業の停止を受けたことがある場合は「1」を、受けたことがない場合は「2」を記入すること。

12　[5][1]「指示処分の有無」の欄は、審査対象年において、法第28条の規定による指示を受けたことがある場合は「1」を、受けたことがない場合は「2」を記入すること。

13　[5][2]「監査の受審状況」の欄は、審査基準日において、会計監査人の設置を行つている場合は「1」を、会計参与の設置を行つている場合は「2」を、公認会計士、会計士補及び税理士並びにこれらとなる資格を有する者並びに一級登録経理試験の合格者が経理処理の適正を確認した旨の書類に自らの署名を付したものを提出している場合は「3」を、いずれにも該当しない場合は「4」を記入すること。

14　[5][3]「公認会計士等の数」及び[5][4]「二級登録経理試験合格者の数」の欄のうち、公認会計士等の数については、公認会計士、会計士補及び税理士並びにこれらとなる資格を有する者並びに一級登録経理試験の合格者の人数の合計を記入すること。

15　[5][5]「研究開発費（2期平均)」の欄は、審査対象事業年度及び審査対象事業年度の前審査対象事業年度における研究開発費の額の平均の額を記入すること。ただし、会計監査人設置会社以外の建設業者はカラムに「0」を記入すること。また、表内のカラムに審査対象事業年度及び審査対象事業年度の前審査対象事業年度における研究開発費の額を記入すること。

16　[5][6]「建設機械の所有及びリース台数」の欄は、審査基準日において、自ら所有し、又はリース契約（審査基準日から1年7月以上の使用期間が定められているものに限る。）により使用する建設機械抵当法施行令（昭和29年政令第294号）別表に規定するショベル系掘削機、ブルドーザー、トラクターショベル及びモーターグレーダー、土砂等を運搬する大型自動車による交通事故の防止等に関する特別措置法（昭和42年法律第131号）第２条第２項に規定する大型自動車（以下「大型自動車」という。）のうち、同法第３条第１項第２号に規定する経営する事業の種類として建設業を届け出、かつ、同項又は同条第３項の規定による表示番号の指定を受けているもの、大型自動車のうち、土砂等を運搬する大型自動車による交通事故の防止等に関する特別措置法施行規則（昭和42年運輸省令第86号）第５条第１項に規定する表示番号指定申請書（記載事項に変更があった場合においては、同条第２項に規定する申請事項変更届出書）に主として経営する事業の種類が建設業である旨を記載し、かつ、同法第３条第２項の規定による表示番号の指定を受けているもの（以下「大型ダンプ車」という。）並びに労働安全衛生法施行令（昭和47年政令第318号）第12条第１項第４号に規定するつり上げ荷重が３トン以上の移動式クレーンについて、台数の合計を記入すること。

17　5 7「ISO9001の登録の有無」の欄は、審査基準日において、国際標準化機構第9001号の規格により登録されている場合（登録範囲に建設業が含まれていない場合及び登録範囲が一部の支店等に限られている場合を除く。）は「１」を、受けていない場合は「２」を記入すること。

18　5 8「ISO14001の登録の有無」の欄は、審査基準日において、国際標準化機構第14001号の規格により登録されている場合（登録範囲に建設業が含まれていない場合及び登録範囲が一部の支店等に限られている場合を除く。）は「１」を、受けていない場合は「２」を記入すること。

19　5 9「若年技術職員の継続的な育成及び確保」の欄は、審査基準日において、満35歳未満の技術職員の人数が技術職員の人数の合計の15%以上に該当する場合は「１」を、該当しない場合は「２」を記入すること。また、「技術職員数」の欄には別紙二の技術職員名簿に記載した技術職員の合計人数を、「若年技術職員数」の欄には、審査基準日において満35歳未満の技術職員の人数を、「若年技術職員の割合」の欄には、「若年技術職員数」の欄に記載した数値を「技術職員数」の欄に記載した数値で除した数値を百分率で表し、記載すること。

20　[6][0]「新規若年技術職員の育成及び確保」の欄は、審査基準日において、満35歳未満の技術職員のうち、審査対象年内に新規に技術職員となつた人数が技術職員の人数の合計の１％以上に該当する場合は「１」を、該当しない場合は「２」を記入すること。また、「新規若年技術職員数」の欄には、別紙二の技術職員名簿に記載された技術職員のうち、「新規掲載者」欄に○が付され、審査基準日において満35歳未満のものの人数を、「新規若年技術職員の割合」欄には「新規若年技術職員数」の欄に記載した数値を前項「技術職員数」の欄に記載した数値で除した数値を百分率で表し、記載すること。

記入すべき金額は、千円未満の端数を切り捨てて表示すること。

ただし、会社法（平成17年法律第86号）第２条第６号に規定する大会社にあつては、百万円未満の端数を切り捨てて表示することができる。ただし、研究開発費（２期平均）を計算する際に生じる百万円未満の端数については切り捨てずにそのまま記入すること。

記入すべき割合は、小数点第２位以下の端数を切り捨てて表示すること。

⑸　経営状況分析申請書

〈参考〉

経営状況分析申請書及び次頁の記載要領については、登録経営状況分析機関が、省令様式に基づいて、それぞれ作成していますので、詳細については経営状況分析を受けようとする登録経営状況分析機関にお問い合わせ下さい。なお、登録経営状況分析機関は国土交通省のホームページで確認することができます。（アドレス：http://www.mlit.go.jp/totikensangyo/const/1_6_bt_000091.html）

様式第25号の８（第19条の３関係）

（用紙Ａ４）

経営状況分析申請書

建設業法第27条の24第２項の規定により、経営に関する客観的事項の審査のうち経営状況の分析の申請をします。
この申請書及び添付書類の記載事項は、事実に相違ありません。

平成　年　月　日

登録経営状況分析機関代表者

殿　　申請者　　印

申請年月日	平成　年　月　日
申請時の許可番号	大臣 知事 コード　国土交通大臣 知事 許可　許可番号（般 特－　）第　号　許可年月日 平成　年　月　日
前回の申請時の許可番号	大臣 知事 コード　国土交通大臣 知事 許可　許可番号（般 特－　）第　号　許可年月日 平成　年　月　日
審査基準日	平成　年　月　日
審査対象事業年度	期間 自 平成　年　月　日～至平成　年　月　日 処理の区分 ①　②
審査対象事業年度の前審査対象事業年度	期間 自 平成　年　月　日～至平成　年　月　日 処理の区分 ①　②
審査対象事業年度の前々審査対象事業年度	期間 自 平成　年　月　日～至平成　年　月　日 処理の区分 ①　②
法人又は個人の別	＿（1.法人　2.個人）
前回の申請の有無	＿（1.有　2.無）
単独決算又は連結決算の別	＿（1.単独決算　2.連結決算）
商号又は名称のフリガナ	
商号又は名称	
代表者又は個人の氏名のフリガナ	
代表者又は個人の氏名	
主たる営業所の所在地	
主たる営業所の電話番号	
当期減価償却実施額	.　.　.（千円）
前期減価償却実施額	.　.　.（千円）

（備考欄）

連絡先

所属等　　氏名　　電話番号　　ファックス番号

記載要領

1　「申請者」の欄は、この申請書により経営状況分析を受けようとする建設業者（以下「申請者」という。）の他に申請書又は建設業法施行規則第19条の４第１項各号に掲げる添付書類を作成した者（財務書類を調製した者等を含む。以下同じ。）がある場合には、申請者に加え、その者の氏名も併記し、押印すること。この場合には、作成に係る委任状の写しその他の作成等に係る権限を有することを証する書面を添付すること。

2　太枠（備考欄）の枠内には記入しないこと。

3　「申請年月日」の欄は、登録経営状況分析機関に申請書を提出する年月日を記入すること。

4　「申請時の許可番号」の欄の「国土交通大臣
知事」及び「般
特」は、不要のものを消すこと。

5　「申請時の許可番号」の欄の「大臣
知事コード」は、申請時に許可を受けている行政庁について別表(1)の分類に従い、該当するコードを記入すること。

「許可番号」及び「許可年月日」は、現在２以上の建設業の許可を受けている場合で許可を受けた年月日が複数あるときは、そのうち最も古いものについて記入すること。

6　「前回の申請時の許可番号」の欄は、前回の申請時の許可番号と申請時の許可番号が異なつている場合についてのみ記入すること。

7　「審査基準日」の欄は、審査の申請をしようとする日の直前の事業年度の終了の日（別表(2)の分類のいずれかに該当する場合で直前の事業年度の終了の日以外の日を審査基準日として定めるときは、その日）を記入すること。

8　「審査対象事業年度」の欄の「至平成　　年　　月　　日」は審査基準日等を、「自平成　　年　　月　　日」は審査基準日の１年前の日の翌日等を次の表の例により記入すること。

また、「処理の区分」の①は、次の表の分類に従い、該当するコードを記入すること。

コード	処　理　の　種　類
00	12か月ごとに決算を完結した場合 （例）平成15年４月１日から平成16年３月31日までの事業年度について申請する場合 自平成15年４月１日～至平成16年３月31日
01	６か月ごとに決算を完結した場合 （例）平成15年10月１日から平成16年３月31日までの事業年度について申請する場合 自平成15年４月１日～至平成16年３月31日
02	商業登記法（昭和38年法律第125号）の規定に基づく組織変更の登記後最初の事業年度その他12か月に満たない期間で終了した事業年度について申請する場合 （例１）合名会社から株式会社への組織変更に伴い平成15年10月１日に当該組織変更の登記を行つた場合で平成16年３月31日に終了した事業年度について申請するとき 自平成15年４月１日～至平成16年３月31日 （例２）申請に係る事業年度の直前の事業年度が平成15年３月31日に終了した場合で事業年度の変更により平成15年12月31日に終了した事業年度について申請するとき 自平成15年１月１日～至平成15年12月31日
03	事業を承継しない会社の設立後最初の事業年度について申請する場合 （例）平成15年10月１日に会社を新たに設立した場合で平成16年３月31日に終了した最初の事業年度について申請するとき 自平成15年10月１日～至平成16年３月31日
04	事業を承継しない会社の設立後最初の事業年度の終了の日より前の日に申請する場合 （例）平成15年10月１日に会社を新たに設立した場合で最初の事業年度の終了の日（平成16年３月31日）より前の日（平成15年11月１日）に申請するとき 自平成15年10月１日～至平成15年10月１日

また、「処理の区分」の②は、別表(2)の分類のいずれかに該当する場合は、同表の分類に従い、該当するコードを記入すること。

9　「審査対象事業年度の前審査対象事業年度」の欄は、「審査対象事業年度」の欄の「自平成　　年　　月　　日」に記入した日の直前の審査対象事業年度の期間及び処理の区分を８の例により記入すること。

10　「審査対象事業年度の前々審査対象事業年度」の欄は、「審査対象事業年度の前審査対象事業年度」の欄の「自平成　　年　　月　　日」に記入した日の直前の審査対象事業年度の期間及び処理の区分を８の例により記入すること。

11　「前回の申請の有無」の欄は、審査対象事業年度の直前の審査対象事業年度について経営状況分析を受けた登録経営状況分析機関と同一の機関に申請をする場合は「１」を、そうでない場合は「２」を記入すること。

12　「単独決算又は連結決算の別」の欄は、申請者が会社法（平成17年法律第86号）第２条第６号の規定に基づく大会社であり、かつ、金融商品取引法（昭和23年法律第25号）第24条の規定に基づき、有価証券報告書を内閣総理大臣に提出しなければならない者である場合は「２」を、そうでない場合は「１」を記入すること。

13　「商号又は名称のフリガナ」の欄は、カタカナで記入すること。

14　「商号又は名称」の欄は、法人の種類を表す文字については次の表の略号を用いて、記入すること。

種　類	略　号
株式会社	(株)
特例有限会社	(有)
合名会社	(名)
合資会社	(資)
合同会社	(合)
協同組合	(同)
協業組合	(業)
企業組合	(企)

15　「代表者又は個人の氏名のフリガナ」の欄は、カタカナで記入すること。

16　「代表者又は個人の氏名」の欄は、申請者が法人の場合はその代表者の氏名を、個人の場合はその者の氏名を記入すること。

17　「主たる営業所の所在地」の欄は、都道府県、市区町村、町名、街区符号及び住居番号等を、「丁目」、「番」及び「号」については－（ハイフン）を用いて、記入すること。

18　「主たる営業所の電話番号」の欄は、市外局番、局番及び番号をそれぞれ―（ハイフン）で区切り、記入すること。

19　「当期減価償却実施額」の欄は、「単独決算又は連結決算の別」の欄に「１」と記入した者は、審査対象事業年度に係る減価償却実施額（未成工事支出金に係る減価償却費、販売費及び一般管理費に係る減価償却費、完成工事原価に係る減価償却費、兼業事業売上原価に係る減価償却費その他減価償却費として費用を計上した額をいう。以下同じ。）を記入すること。「２」と記入した者は、記入を要しない。

記入すべき金額は、千円未満の端数を切り捨てて表示すること。

ただし、会社法（平成17年法律第86号）第２条第６号に規定する大会社にあつては、百万円未満の端数を切り捨てて表示することができる。この場合、単位は千円とし、百万円未満は「０」を記入すること。

20　「前期減価償却実施額」の欄は、審査対象事業年度の前審査対象事業年度に係る減価償却実施額を19の例により記入すること。

ただし、「前回の申請の有無」の欄に「１」と記入し、かつ、前回の「当期減価償却実施額」の欄の内容に変更がないものについては、記入を省略することができる。

21　「連絡先」の欄は、この申請書又は添付書類を作成した者その他この申請の内容に係る質問等に応答できる者の氏名、電話番号等を記入すること。

別表(1)

00	国土交通大臣	12	千葉県知事	24	三重県知事	36	徳島県知事
01	北海道知事	13	東京都知事	25	滋賀県知事	37	香川県知事
02	青森県知事	14	神奈川県知事	26	京都府知事	38	愛媛県知事
03	岩手県知事	15	新潟県知事	27	大阪府知事	39	高知県知事
04	宮城県知事	16	富山県知事	28	兵庫県知事	40	福岡県知事
05	秋田県知事	17	石川県知事	29	奈良県知事	41	佐賀県知事
06	山形県知事	18	福井県知事	30	和歌山県知事	42	長崎県知事
07	福島県知事	19	山梨県知事	31	鳥取県知事	43	熊本県知事
08	茨城県知事	20	長野県知事	32	島根県知事	44	大分県知事
09	栃木県知事	21	岐阜県知事	33	岡山県知事	45	宮崎県知事
10	群馬県知事	22	静岡県知事	34	広島県知事	46	鹿児島県知事
11	埼玉県知事	23	愛知県知事	35	山口県知事	47	沖縄県知事

別表(2)

コード	処理の種類
10	申請者について会社の合併が行われた場合で合併後最初の事業年度の終了の日を審査基準日として申請するとき
11	申請者について会社の合併が行われた場合で合併期日又は合併登記の日を審査基準日として申請するとき
12	申請者について建設業に係る事業の譲渡が行われた場合で譲渡後最初の事業年度の終了の日を審査基準日として申請するとき
13	申請者について建設業に係る事業の譲渡が行われた場合で譲受人である法人の設立登記日又は事業の譲渡により新たな経営実態が備わつたと認められる日を審査基準日として申請するとき
14	申請者について会社更生手続開始の申立て、民事再生手続開始の申立て又は特定調停手続開始の申立てが行われた場合で会社更生手続開始決定日、会社更生計画認可日、会社更生手続開始決定日から会社更生計画認可日までの間に決算日が到来した場合の当該決算日、民事再生手続開始決定日、民事再生手続開始決定日から民事再生計画認可日までの間に決算日が到来した場合の当該決算日又は特定調停手続開始申立日から調停条項受諾日までの間に決算日が到来した場合の当該決算

	日を審査基準日として申請するとき
15	申請者が、国土交通大臣の定めるところにより、外国建設業者の属する企業集団に属するものとして認定を受けて申請する場合
16	申請者が、国土交通大臣の定めるところにより、その属する企業集団を構成する建設業者の相互の機能分担が相当程度なされているものとして認定を受けて申請する場合
17	申請者が、国土交通大臣の定めるところにより、建設業者である子会社の発行済株式の全てを保有する親会社と当該子会社からなる企業集団に属するものとして認定を受けて申請する場合
18	申請者について会社分割が行われた場合で分割後最初の事業年度の終了の日を審査基準日として申請するとき
19	申請者について会社分割が行われた場合で分割期日又は分割登記の日を審査基準日として申請するとき
20	申請者について事業を承継しない会社の設立後最初の事業年度の終了の日より前の日に申請する場合
21	申請者が、国土交通大臣の定めるところにより、一定の企業集団に属する建設業者（連結子会社）として認定を受けて申請する場合

⑹　法人における貸借対照表、損益計算書、株主資本等変動計算書、注記表　(参考：附属明細表)

様式第15号（第４条、第10条、第19条の４関係）　（用紙Ａ４）

貸　借　対　照　表

税抜方式で作成すること。以下同じ。

平成 30 年 5 月 31 日現 在

(会社名)（株）黒 瀬 組

資　産　の　部

		千円
Ⅰ 流 動 資 産		
現金預金		688,859
受取手形		26,258
完成工事未収入金		20,659
有価証券		22,650
未成工事支出金		437,816
材料貯蔵品		22,179
短期貸付金		85,849
前払費用		
繰延税金資産		40,000
その他		17,026
貸倒引当金		△ 1,470
流動資産合計		1,359,828
Ⅱ 固 定 資 産		
⑴ 有形固定資産		
建物・構築物	158,290	
減価償却累計額	△ 92,118	66,172
機械・運搬具	109,112	
減価償却累計額	△ 89,426	19,686
工具器具・備品	25,661	
減価償却累計額	△ 21,580	4,081
土地		264,524
リース資産		
減価償却累計額	△	
建設仮勘定		
その他		

		千円
減価償却累計額	△	
有形固定資産合計		354,464
(2) 無形固定資産		
特許権		
借地権		
のれん		
リース資産		
その他		13,406
無形固定資産合計		13,406
(3) 投資その他の資産		
投資有価証券		3,107
関係会社株式・関係会社出資金		
長期貸付金		
破産更生債権等		10,298
長期前払費用		
繰延税金資産		
その他		
貸倒引当金		△
投資その他の資産合計		13,405
固定資産合計		381,276
III 繰延資産		
創立費		
開業費		
株式交付費		
社債発行差金		
開発費		
繰延資産合計		
資産合計		1,741,104

負債の部

	千円
I 流動負債	
支払手形	100,119

	千円
工事未払金	115,722
短期借入金	210,000
リース債務	
未払金	
未払費用	11,900
未払法人税等	21,995
繰延税金負債	
未成工事受入金	470,992
預り金	4,950
前受収益	
……………引当金	
その他	4,930
流動負債合計	940,612
II 固定負債	
社債	
長期借入金	316,923
リース債務	
繰延税金負債	
……………引当金	
負ののれん	
その他	14,589
固定負債合計	331,512
負債合計	1,272,124

純資産の部

	千円
I 株主資本	
(1) 資本金	150,000
(2) 新株式申込証拠金	
(3) 資本剰余金	
資本準備金	
その他資本剰余金	

千円

資本剰余金合計	
(4) 利益剰余金	
利益準備金	37,500
その他利益剰余金	
準備金	
任意積立金	80,000
繰越利益剰余金	201,480
利益剰余金合計	318,980
(5) 自己株式	△
(6) 自己株式申込証拠金	
株主資本合計	468,980
II 評価・換算差額等	
(1) その他有価証券評価差額金	
(2) 繰延ヘッジ損益	
(3) 土地再評価差額金	
評価・換算差額等合計	
III 新株予約権	
純資産合計	468,980
負債純資産合計	1,741,104

記載要領

1　貸借対照表は、一般に公正妥当と認められる企業会計の基準その他の企業会計の慣行をしん酌し、会社の財産の状態を正確に判断することができるよう明瞭に記載すること。

2　勘定科目の分類は、国土交通大臣が定めるところによること。

3　記載すべき金額は、千円単位をもって表示すること。

ただし、会社法（平成17年法律第86号）第2条第6号に規定する大会社にあっては、百万円単位をもって表示することができる。この場合、「千円」とあるのは「百万円」として記載すること。

4　金額の記載に当たって有効数字がない場合においては、科目の名称の記載を要しない。

5　「流動資産、有形固定資産、無形固定資産、投資その他の資産、流動負債及び固定負債」に属する科目の掲記が「その他」のみである場合においては、科目の記載を要しない。

6　建設業以外の事業を併せて営む場合においては、当該事業の営業取引に係る資産についてその内容を示す適当な科目をもって記載すること。

ただし、当該資産の金額が資産の総額の100分の5以下のものについては、同一の性格の科目に含めて記載することができる。

7　流動資産の「有価証券」又は「その他」に属する親会社株式の金額が資産の総額の100分の5を超えるときは、「親会社株式」の科目をもって記載すること。投資その他の資産の「関係会社株式・関係会社出資金」に属する親会社株式についても同様に、投資その他の資産に「親会社株式」の科目をもって記載すること。

8　流動資産、有形固定資産、無形固定資産又は投資その他の資産の「その他」に属する資産でその金額が資産の総額の100分の5を超えるものについては、当該資産を明示する科目をもって記載すること。

9　記載要領6及び8は、負債の部の記載に準用する。

10　「材料貯蔵品」、「短期貸付金」、「前払費用」、「特許権」、「借地権」及び「のれん」は、その金額が資産の総額の100分の1以下であるときは、それぞれ流動資産の「その他」、無形固定資産の「その他」に含めて記載することができる。

11　記載要領10は、「未払金」、「未払費用」、「預り金」、「前受収益」及び「負ののれん」の表示に準用する。

12　「繰延税金資産」及び「繰延税金負債」は、税効果会計の適用にあたり、一時差異（会計上の簿価と税務上の簿価との差額）の金額に重要性がないために、繰延税金資産又は繰延税金負債を計上しない場合には記載を要しない。

13　流動資産に属する「繰延税金資産」の金額及び流動負債に属する「繰延税金負債」の金額については、その差額のみを「繰延税金資産」又は「繰延税金負債」として流動資産又は流動負債に記載する。固定資産に属する「繰延税金資産」の金額及び固定負債に属する「繰延税金負債」の金額についても、同様とする。

14　各有形固定資産に対する減損損失累計額は、各資産の金額から減損損失累計額を直接控除し、その控除残高を各資産の金額として記載する。

15　「リース資産」に区分される資産については、有形固定資産に属する各科目（「リース資産」及び「建設仮勘定」を除く。）又は無形固定資産に属する各科目（「のれん」及び「リース資産」を除く。）に含めて記載することができる。

16　「関係会社株式・関係会社出資金」については、いずれか一方がない場合においては、「関係会社株式」又は「関係会社出資金」として記載すること。

17　持分会社である場合においては、「関係会社株式」を投資有価証券に、「関係会社出資金」を投資その他の資産の「その他」に含めて記載することができる。

18　「のれん」の金額及び「負ののれん」の金額については、その差額のみを「のれん」又は「負ののれん」として記載する。

19　持分会社である場合においては、「株主資本」とあるのは「社員資本」と、「新株式申込証拠金」とあるのは「出資金申込証拠金」として記載することとし、資本剰余金及び利益剰余金については、「準備金」と「その他」に区分しての記載を要しない。

20　その他利益剰余金又は利益剰余金合計の金額が負となった場合は、マイナス残高として記載する。

21　「その他有価証券評価差額金」、「繰延ヘッジ損益」及び「土地再評価差額金」のほか、評価・換算差額等に計上することが適当であると認められるものについては、内容を明示する科目をもって記載することができる。

様式第16号（第4条、第10条、第19条の4関係）　（用紙Ａ４）

損　益　計　算　書

自　平成 29 年 6 月 1 日
至　平成 30 年 5 月 31 日

（会社名）（株）黒瀬組

		千円
Ⅰ 売上高		
完成工事高	1,225,397	
兼業事業売上高		1,225,397
Ⅱ 売上原価		
完成工事原価	979,470	
兼業事業売上原価		979,470
売上総利益（売上総損失）		
完成工事総利益（完成工事総損失）	245,927	
兼業事業総利益（兼業事業総損失）		245,927
Ⅲ 販売費及び一般管理費		
役員報酬	22,960	
従業員給料手当	46,239	
退職金	15,000	
法定福利費	4,060	
福利厚生費	3,219	
修繕維持費	601	
事務用品費	2,571	
通信交通費	7,659	
動力用水光熱費	781	
調査研究費		
広告宣伝費	3,001	
貸倒引当金繰入額		
貸倒損失	1,600	
交際費	2,150	
寄付金		
地代家賃	3,651	
減価償却費	12,969	
開発費償却		

		千円
租税公課	2,150	
保険料	3,690	
雑費	2,490	134,793
営業利益（営業損失）		111,134
Ⅳ 営業外収益		
受取利息及び配当金	5,280	
その他	390	5,670
Ⅴ 営業外費用		
支払利息	9,272	
貸倒引当金繰入額		
貸倒損失		
その他	607	9,879
経常利益（経常損失）		106,925
Ⅵ 特別利益		
前期損益修正益	3,500	
その他	11,500	15,000
Ⅶ 特別損失		
前期損益修正損		
その他	10,109	10,109
税引前当期純利益（税引前当期純損失）		111,816
法人税、住民税及び事業税	45,000	
法人税等調整額	△ 40,000	5,000
当期純利益（当期純損失）		106,816

記載要領

1　損益計算書は、一般に公正妥当と認められる企業会計の基準その他の企業会計の慣行をしん酌し、会社の損益の状態を正確に判断することができるよう明瞭に記載すること。

2　勘定科目の分類は、国土交通大臣が定めるところによること。

3　記載すべき金額は、千円単位をもって表示すること。

ただし、会社法（平成17年法律第86号）第2条第6号に規定する大会社にあっては、百万円単位をもって表示することができる。この場合、「千円」とあるのは「百万円」として記載すること。

4　金額の記載に当たって有効数字がない場合においては、科目の名称の記載を要しない。

5　兼業事業とは、建設業以外の事業を併せて営む場合における当該建設業以外の事業をいう。この場合において兼業事業の表示については、その内容を示す適当な名称をもって記載することができる。

なお、「兼業事業売上高」（二以上の兼業事業を営む場合においては、これらの兼業事業の売上高の総計）の「売上高」に占める割合が軽微な場合においては、「売上高」、「売上原価」及び「売上総利益（売上総損失）」を建設業と兼業事業とに区分して記載することを要しない。

6　「雑費」に属する費用で販売費及び一般管理費の総額の10分の1を超えるものについては、それぞれ当該費用を明示する科目を用いて掲記すること。

7　記載要領6は、営業外収益の「その他」に属する収益及び営業外費用の「その他」に属する費用の記載に準用する。

8　「前期損益修正益」の金額が重要でない場合においては、特別利益の「その他」に含めて記載することができる。

9　特別利益の「その他」については、それぞれ当該利益を明示する科目を用いて掲記すること。

ただし、各利益のうち、その金額が重要でないものについては、当該利益を区分掲記しないことができる。

10　特別利益に属する科目の掲記が「その他」のみである場合においては、科目の記載を要しない。

11　記載要領８は「前期損益修正損」の記載に、記載要領９は特別損失の「その他」の記載に、記載要領10は特別損失に属する科目の記載にそれぞれ準用すること。

12　「法人税等調整額」は、税効果会計の適用に当たり、一時差異（会計上の簿価と税務上の簿価との差額）の金額に重要性がないために、繰延税金資産又は繰延税金負債を計上しない場合には記載を要しない。

13　税効果会計を適用する最初の事業年度については、その期首に繰延税金資産に記載すべき金額と繰延税金負債に記載すべき金額とがある場合には、その差額を「過年度税効果調整額」として株主資本等変動計算書に記載するものとし、当該差額は「法人税等調整額」には含めない。

（用紙Ａ４）

完成工事原価報告書

自　平成 29 年 6 月 1 日
至　平成 30 年 5 月 31 日

（会社名）（株）黒 瀬 組

千円

Ⅰ	材　料　費		195,690
Ⅱ	労　務　費		68,562
	（うち労務外注費	35,210）	
Ⅲ	外　注　費		568,092
Ⅳ	経　　　費		147,126
	（うち人件費	46,910）	
	完 成 工 事 原 価		979,470

様式第17号（第４条、第10条、第19条の４関係）

（用紙Ａ４）

株主資本等変動計算書

自　平成29年６月１日
至　平成30年５月31日

（会社名）　（株）黒瀬組

千円

	株主資本										評価・換算差額等					
		資本剰余金			利益剰余金											
						その他利益剰余金										
	資本金	資本準備金	その他資本剰余金	資本剰余金合計	利益準備金	積立金	繰越利益剰余金	利益剰余金合計	自己株式	株主資本合計	その他有価証券評価差額金	繰延ヘッジ損益	土地再評価差額金	評価・換算差額等合計	新株予約権	純資産合計
当期首残高	150,000				37,500	60,000	129,164	226,664		376,664						376,664
当期変動額																
新株の発行																
剰余金の配当							△14,500	△14,500		△14,500						△14,500
当期純利益							106,816	106,816		106,816						106,816
自己株式の処分																
任意積立金の積立						20,000	△20,000									
株主資本以外の項目の当期変動額（純額）																
当期変動額合計						20,000	72,316	92,316		92,316						92,316
当期末残高	150,000				37,500	80,000	201,480	318,980		468,980						468,980

記載要領

1　株主資本等変動計算書は、一般に公正妥当と認められる企業会計の基準その他の企業会計の慣行をしん酌し、純資産の部の変動の状態を正確に判断することができるよう明瞭に記載すること。

2　勘定科目の分類は、国土交通大臣が定めるところによること。

3　記載すべき金額は、千円単位をもって表示すること。

　ただし、会社法（平成17年法律第86号）第2条第6号に規定する大会社にあっては、百万円単位をもって表示することができる。この場合、「千円」とあるのは「百万円」として記載すること。

4　金額の記載に当たって有効数字がない場合においては、項目の名称の記載を要しない。

5　その他利益剰余金については、その内訳科目の前期末残高、当期変動額（変動事由ごとの金額）及び当期末残高を株主資本等変動計算書に記載することに代えて、注記により開示することができる。この場合には、その他利益剰余金の前期末残高、当期変動額及び当期末残高の各合計額を株主資本等変動計算書に記載する。

6　評価・換算差額等については、その内訳科目の前期末残高、当期変動額（当期変動額については主な変動事由にその金額を表示する場合には、変動事由ごとの金額を含む。）及び当期末残高を株主資本等変動計算書に記載することに代えて、注記により開示することができる。この場合には、評価・換算差額等の前期末残高、当期変動額及び当期末残高の各合計額を株主資本等変動計算書に記載する。

7　各合計額の記載は、株主資本合計を除き省略することができる。

8　当期首残高については、会社計算規則（平成18年法務省令第13号）第2条第3項第59号に規定する遡及適用又は同項第64号に規定する誤謬の訂正をした場合には、当期首残高及びこれに対する影響額を記載する。

9　株主資本の各項目の変動事由及びその金額の記載は、概ね貸借対照表における表示の順序による。

10　株主資本の各項目の変動事由には、例えば以下のものが含まれる。

(1)　当期純利益又は当期純損失

(2)　新株の発行又は自己株式の処分

(3)　剰余金（その他資本剰余金又はその他利益剰余金）の配当

(4)　自己株式の取得

(5) 自己株式の消却
(6) 企業結合（合併、会社分割、株式交換、株式移転など）による増加又は分割型の会社分割による減少
(7) 株主資本の計数の変動
① 資本金から準備金又は剰余金への振替
② 準備金から資本金又は剰余金への振替
③ 剰余金から資本金又は準備金への振替
④ 剰余金の内訳科目間の振替

11 剰余金の配当については、剰余金の変動事由として当期変動額に表示する。

12 税効果会計を適用する最初の事業年度については、その期首に繰延税金資産に記載すべき金額と繰延税金負債に記載すべき金額とがある場合には、その差額を「過年度税効果調整額」として繰越利益剰余金の当期変動額に表示する。

13 新株の発行の効力発生日に資本金又は資本準備金の額の減少の効力が発生し、新株の発行により増加すべき資本金又は資本準備金と同額の資本金又は資本準備金の額を減少させた場合には、変動事由の表示方法として、以下のいずれかの方法により記載するものとする。

(1) 新株の発行として、資本金又は資本準備金の額の増加を記載し、また、株主資本の計数の変動手続き（資本金又は資本準備金の額の減少に伴うその他資本剰余金の額の増加）として、資本金又は資本準備金の額の減少及びその他資本剰余金の額の増加を記載する方法。
(2) 新株の発行として、直接、その他資本剰余金の額の増加を記載する方法。

企業結合の効力発生日に資本金又は資本準備金の額の減少の効力が発生した場合についても同様に取り扱う。

14 株主資本以外の各項目の当期変動額は、純額で表示するが、主な変動事由及びその金額を表示することができる。当該表示は、変動事由又は金額の重要性などを勘案し、事業年度ごとに、また、項目ごとに選択することができる。

15 株主資本以外の各項目の主な変動事由及びその金額を表示する場合、以下の方法を事業年度ごとに、また、項目ごとに選択することができる。

(1) 株主資本等変動計算書に主な変動事由及びその金額を表示する方法
(2) 株主資本等変動計算書に当期変動額を純額で記載し、主な変動事由及びその金額を注記により開示する方法

16　株主資本以外の各項目の主な変動事由及びその金額を表示する場合、当該変動事由には、例えば以下のものが含まれる。

(1)　評価・換算差額等

①　その他有価証券評価差額金

その他有価証券の売却又は減損処理による増減

純資産の部に直接計上されたその他有価証券評価差額金の増減

②　繰延ヘッジ損益

ヘッジ対象の損益認識又はヘッジ会計の終了による増減

純資産の部に直接計上された繰延ヘッジ損益の増減

(2)　新株予約権

新株予約権の発行

新株予約権の取得

新株予約権の行使

新株予約権の失効

自己新株予約権の消却

自己新株予約権の処分

17　株主資本以外の各項目のうち、その他有価証券評価差額金について、主な変動事由及びその金額を表示する場合、時価評価の対象となるその他有価証券の売却又は減損処理による増減は、原則として、以下のいずれかの方法により計算する。

(1)　損益計算書に計上されたその他有価証券の売却損益等の額に税効果を調整した後の額を表示する方法

(2)　損益計算書に計上されたその他有価証券の売却損益等の額を表示する方法

この場合、評価・換算差額等に対する税効果の額を、別の変動事由として表示する。また、当該税効果の額の表示は、評価・換算差額等の内訳項目ごとに行う方法、その他有価証券評価差額金を含む評価・換算差額等に対する税効果の額の合計による方法のいずれによることもできる。また、繰延ヘッジ損益についても同様に取り扱う。

なお、税効果の調整の方法としては、例えば、評価・換算差額等の増減があった事業年度の法定実効税率を使用する方法や繰延税金資産の回収可能性を考慮した税率を使用する方法などがある。

18　持分会社である場合においては、「株主資本等変動計算書」とあるのは「社員資本等変動計算書」と、「株主資本」とあるのは「社員資本」として記載する。

別記様式第17号の2（第4条、第10条、第19条の4関係）　　　　（用紙A4）

注　　記　　表

自　平成29年6月1日
至　平成30年5月31日

（会社名）　（株）黒瀬組

注

1　継続企業の前提に重要な疑義を生じさせるような事象又は状況

2　重要な会計方針

(1)　資産の評価基準及び評価方法

①　有価証券

ア　時価のあるもの　　期末日の市場価格等に基づく時価法（評価差額は全部純資産直入法で処理、売却原価は移動平均法で算定）

イ　時価のないもの　　移動平均法による原価法

②　販売用不動産　　個別法による原価法

(2)　固定資産の減価償却の方法

①　有形固定資産　　建物については定額法、その他の資産は定率法

②　無形固定資産　　定額法

(3)　引当金の計上基準

貸倒引当金の計上基準

一般債権については法人税法の規定による法定繰入率、その他の債権については個々の債権の回収可能性を勘案して計上している。

(4)　収益及び費用の計上基準

工事収益の計上基準

工期2年以上かつ請負金額1億円以上の工事については工事進行基準、その他の工事については工事完成基準を適用している。

(5)　消費税及び地方消費税に相当する額の会計処理の方法

税抜方式

(6)　その他貸借対照表、損益計算書、株主資本等変動計算書、注記表作成のための基本となる重要な事項

外貨建の資産・負債の本邦通貨への換算基準

期末日の直物為替相場により円貨換算し、換算差額は損益として処理している。

3　会計方針の変更
4　表示方法の変更
5　会計上の見積りの変更
6　誤謬(びゅう)の訂正
7　貸借対照表関係
(1)　担保に供している資産及び担保付債務
①　担保に供している資産の内容及びその金額
②　担保に係る債務の金額
(2)　保証債務、手形遡及債務、重要な係争事件に係る損害賠償義務等の内容及び金額
受取手形割引高　5,000千円
(3)　関係会社に対する短期金銭債権及び長期金銭債権並びに短期金銭債務及び長期金銭債務
(4)　取締役、監査役及び執行役との間の取引による取締役、監査役及び執行役に対する金銭債権及び金銭債務
(5)　親会社株式の各表示区分別の金額
(6)　工事損失引当金に対応する未成工事支出金の金額
8　損益計算書関係
(1)　工事進行基準による完成工事高
(2)　売上高のうち関係会社に対する部分
(3)　売上原価のうち関係会社からの仕入高
(4)　売上原価のうち工事損失引当金繰入額
(5)　関係会社との営業取引以外の取引高
(6)　研究開発費の総額（会計監査人を設置している会社に限る。）
9　株主資本等変動計算書関係
(1)　事業年度末日における発行済株式の種類及び数
普通株式　72,500株
(2)　事業年度末日における自己株式の種類及び数
普通株式　72,500株
(3)　剰余金の配当
2016年8月25日　定時株主総会
ア　配当総額　　14,500円
イ　一株当たりの配当額　　20円

ウ　配当原資　利益剰余金

2017年8月25日開催の定時株主総会の議案として普通株式の配当に関する事項を次のとおり提案し可決された。

ア　配当総額　14,500円

イ　一株当たりの配当額　20円

ウ　配当原資　利益剰余金

エ　基準日　2017年5月31日

オ　効力発生日　2017年9月20日

(4)　事業年度末において発行している新株予約権の目的となる株式の種類及び数

無し

10　税効果会計

11　リースにより使用する固定資産

12　金融商品関係

(1)　金融商品の状況

(2)　金融商品の時価等

13　賃貸等不動産関係

(1)　賃貸等不動産の状況

(2)　賃貸等不動産の時価

14　関連当事者との取引

取引の内容

属性	会社等の名称又は氏名	議決権の所有(被所有)割合	関係内容	科目	期末残高(千円)

但し、会計監査人を設置している会社は以下の様式により記載する。

(1)　取引の内容

属性	会社等の名称又は氏名	議決権の所有(被所有)割合	関係内容	取引の内容	取引金額	科目	期末残高(千円)

(2) 取引条件及び取引条件の決定方針

(3) 取引条件の変更の内容及び変更が貸借対照表、損益計算書に与える影響の内容

15 一株当たり情報

(1) 一株当たりの純資産額

(2) 一株当たりの当期純利益又は当期純損失

16 重要な後発事象

17 連結配当規制適用の有無

18 その他

記載要領

1 記載を要する注記は、以下の通りとする。

	株式会社			持分会社
	会計監査人設置会社	会計監査人なし		
		公開会社	株式譲渡制限会社	
1 継続企業の前提に重要な疑義を生じさせるような事象又は状況	○	×	×	×
2 重要な会計方針	○	○	○	○
3 会計方針の変更	○	○	○	○
4 表示方法の変更	○	○	○	○
5 会計上の見積りの変更	○	×	×	×
6 誤謬(びゅう)の訂正	○	○	○	○
7 貸借対照表関係	○	○	×	×
8 損益計算書関係	○	○	×	×
9 株主資本等変動計算書関係	○	○	○	×
10 税効果会計	○	○	×	×
11 リースにより使用する固定資産	○	○	×	×
12 金融商品関係	○	○	×	×

13　賃貸等不動産関係	○	○	×	×
14　関連当事者との取引	○	○	×	×
15　一株当たり情報	○	○	×	×
16　重要な後発事象	○	○	×	×
17　連結配当規制適用の有無	○	×	×	×
18　その他	○	○	○	○

【凡例】○･･･記載要、×･･･記載不要

2　注記事項は、貸借対照表、損益計算書、株主資本等変動計算書の適当な場所に記載することができる。この場合、注記表の当該部分への記載は要しない。

3　記載すべき金額は、注15を除き千円単位をもつて表示すること。

ただし、会社法（平成17年法律第86号）第２条第６号に規定する大会社にあつては、百万円単位をもって表示することができる。この場合、「千円」とあるのは「百万円」として記載すること。

4　注に掲げる事項で該当事項がない場合においては、「該当なし」と記載すること。

5　貸借対照表、損益計算書、株主資本等変動計算書の特定の項目に関連する注記については、その関連を明らかにして記載する。

6　注に掲げる事項の記載に当たつては、当該事項の番号に対応してそれぞれ以下に掲げる要領に従つて記載する。

注１　事業年度の末日において、当該会社が将来にわたつて事業を継続するとの前提に重要な疑義を生じさせるような事象又は状況が存在する場合であつて、当該事象又は状況を解消し、又は改善するための対応をしてもなおその前提に関する重要な不確実性が認められるとき（当該事業年度の末日後に当該重要な不確実性が認められなくなつた場合を除く。）は、次に掲げる事項を記載する。

①　当該事象又は状況が存在する旨及びその内容

②　当該事象又は状況を解消し、又は改善するための対応策

③　当該重要な不確実性が認められる旨及びその理由

④　当該重要な不確実性の影響を貸借対照表、損益計算書、株主資本等変動計算書及び注記表に反映しているか否かの別

注２　重要性の乏しい変更は、記載を要しない。

⑷　完成工事高及び完成工事原価の認識基準、決算日における工事進捗度を見積もるために用いた方法その他の収益及び費用の計上基準について記載する。

⑸　税抜方式及び税込方式のうち貸借対照表及び損益計算書の作成に当たつて採用したものを記載する。ただし、経営状況分析申請書又は経営規模等評価申請書に添付する場合には、税抜方式を採用すること。

注３　一般に公正妥当と認められる会計方針を他の一般に公正妥当と認められる会計方針に変更した場合に、次に掲げる事項を記載する。ただし、重要性の乏しい事項は記載を要せず、また、会計監査人設置会社以外の株式会社及び持分会社にあつては、④ロ及びハに掲げる事項を省略することができる。

①　当該会計方針の変更の内容

②　当該会計方針の変更の理由

③　会社計算規則（平成18年法務省令第13号）第２条第３項第59号に規定する遡及適用（以下単に「遡及適用」という。）をした場合には、当該事業年度の期首における純資産額に対する影響額

④　当該事業年度より前の事業年度の全部又は一部について遡及適用をしなかつた場合には、次に掲げる事項（当該会計方針の変更を会計上の見積りの変更と区別することが困難なときは、ロに掲げる事項を除く。）

イ　貸借対照表、損益計算書、株主資本等変動計算書及び注記表の主な項目に対する影響額

ロ　当該事業年度より前の事業年度の全部又は一部について遡及適用をしなかつた理由並びに当該会計方針の変更の適用方法及び適用開始時期

ハ　当該会計方針の変更が当該事業年度の翌事業年度以降の財産又は損益に影響を及ぼす可能性がある場合であつて、当該影響に関する事項を注記することが適切であるときは、当該事項

注４　一般に公正妥当と認められる表示方法を他の一般に公正妥当と認められる表示方法に変更した場合に、次に掲げる事項を記載する。ただし、重要性の乏しい事項は、記載を要しない。

①　当該表示方法の変更の内容

②　当該表示方法の変更の理由

注5　会計上の見積りの変更をした場合に、次に掲げる事項を記載する。ただし、重要性の乏しい事項は、記載を要しない。

①　当該会計上の見積りの変更の内容

②　当該会計上の見積りの変更の貸借対照表、損益計算書、株主資本等変動計算書及び注記表の項目に対する影響額

③　当該会計上の見積りの変更が当該事業年度の翌事業年度以降の財産又は損益に影響を及ぼす可能性があるときは、当該影響に関する事項

注6　会社計算規則第2条第3項第64号に規定する誤謬(びゅう)の訂正をした場合に、次に掲げる事項を記載する。ただし、重要性の乏しい事項は、記載を要しない。

①　当該誤謬(びゅう)の内容

②　当該事業年度の期首における純資産額に対する影響額

注7

(1)　担保に供している資産及び担保に係る債務は、勘定科目別に記載する。

(2)　保証債務、手形遡及債務、損害賠償義務等（負債の部に計上したものを除く。）の種類別に総額を記載する。

(3)　総額を記載するものとし、関係会社別の金額は記載することを要しない。

(4)　総額を記載するものとし、取締役、監査役又は執行役別の金額は記載することを要しない。

(5)　貸借対照表に区分掲記している場合は、記載を要しない。

(6)　同一の工事契約に関する未成工事支出金と工事損失引当金を相殺せずに両建てで表示したときは、その旨及び当該未成工事支出金の金額のうち工事損失引当金に対応する金額を、未成工事支出金と工事損失引当金を相殺して表示したときは、その旨及び相殺表示した未成工事支出金の金額を記載する。

注8

(1)　工事進行基準を採用していない場合は、記載を要しない。

(2)　総額を記載するものとし、関係会社別の金額は記載することを要しない。

(3)　総額を記載するものとし、関係会社別の金額は記載することを要しない。

(4)　総額を記載するものとし、関係会社別の金額は記載することを要しな

い。

注9

(3)　事業年度中に行った剰余金の配当（事業年度末日後に行う剰余金の配当のうち、剰余金の配当を受ける者を定めるための会社法第124条第1項に規定する基準日が事業年度中のものを含む。）について、配当を実施した回ごとに、決議機関、配当総額、一株当たりの配当額、基準日及び効力発生日について記載する。

注10　繰延税金資産及び繰延税金負債の発生原因を定性的に記載する。

注11　ファイナンス・リース取引（リース取引のうち、リース契約に基づく期間の中途において当該リース契約を解除することができないもの又はこれに準ずるもので、リース物件（当該リース契約により使用する物件をいう。）の借主が、当該リース物件からもたらされる経済的利益を実質的に享受することができ、かつ、当該リース物件の使用に伴つて生じる費用等を実質的に負担することとなるものをいう。）の借主である株式会社が当該ファイナンス・リース取引について通常の売買取引に係る方法に準じて会計処理を行つていない重要な固定資産について、定性的に記載する。

「重要な固定資産」とは、リース資産全体に重要性があり、かつ、リース資産の中に基幹設備が含まれている場合の当該基幹設備をいう。リース資産全体の重要性の判断基準は、当期支払リース料の当期支払リース料と当期減価償却費との合計に対する割合についておおむね1割程度とする。

ただし、資産の部に計上するものは、この限りでない。

注12　重要性の乏しいものについては記載することを要しない。

注13　賃貸等不動産の総額に重要性が乏しい場合は、記載を要しない。

注14　「関連当事者」とは、会社計算規則第112条第4項に定める者をいい、記載に当たつては、関連当事者ごとに記載する。関連当事者との取引には、会社と第三者との間の取引で当該会社と関連当事者との間の利益が相反するものを含む。ただし、重要性の乏しい取引及び関連当事者との取引のうち以下の取引については記載を要しない。

①　一般競争入札による取引並びに預金利息及び配当金の受取りその他取引の性質からみて取引条件が一般の取引と同様であることが明白な取引

②　取締役、会計参与、監査役又は執行役に対する報酬等の給付

③　その他、当該取引に係る条件につき市場価格その他当該取引に係る公正な価格を勘案して一般の取引の条件と同様のものを決定していること

が明白な取引

「種類」の欄には、会社計算規則第112条第４項各号に掲げる関連当事者の種類を記載する。

注15　株式会社が当該事業年度又は当該事業年度の末日後において株式の併合又は株式の分割をした場合において、当該事業年度の期首に株式の併合又は株式の分割をしたと仮定して⑴及び⑵に掲げる額を算定したときは、その旨を追加して記載する。

注17　会社計算規則第158条第４号に規定する配当規制を適用する場合に、その旨を記載する。

注18　注１から注17に掲げた事項のほか、貸借対照表、損益計算書及び株主資本等変動計算書により会社の財産又は損益の状態を正確に判断するために必要な事項を記載する。

（参考）

様式第17号の３（第４条、第10条関係）　（用紙Ａ４）

附属明細表

平成30年５月31日現在

1　完成工事未収入金の詳細

相手先別内訳

相手先	金額
国土交通省	5,100　千円
（株）青木企画	4,900　千円
その他	10,659　千円
計	20,659　千円

滞留状況

発生時	完成工事未収入金
当期計上分	20,659　千円
前期以前計上分	
計	20,659　千円

2　短期貸付金明細表

相手先	金額
（株）松永興産	43,654　千円
石井産業（株）	21,190　千円
小林工務店	21,005　千円
計	85,849　千円

3　長期貸付金明細表

相手先	金額
	千円
計	

4　関係会社貸付金明細表

関係会社名	期首残高	当期増加額	当期減少額	期末残高	摘要
	千円	千円	千円	千円	
計					—

5　関係会社有価証券明細表

	銘柄	一株の金額	期首残高			当期増加額		当期減少額		期末残高			摘要
			株式数	取得価額	貸借対照表計上額	株式数	金額	株式数	金額	株式数	取得価額	貸借対照表計上額	
株式		千円		千円	千円		千円		千円		千円	千円	
	計												

	銘柄	期首残高		当期増加額	当期減少額	期末残高		摘要
		取得価額	貸借対照表計上額			取得価額	貸借対照表計上額	
社債		千円	千円	千円	千円	千円	千円	
	計							
その他の有価証券								
	計							

6　関係会社出資金明細表

関係会社名	期首残高	当期増加額	当期減少額	期末残高	摘　　要
	千円	千円	千円	千円	
計					—

7　短期借入金明細表

借　入　先	金　　　額	返 済 期 日	摘　　要
萬田銀行	210,000　千円	平成29年６月30日	運転資金
計			—

8　長期借入金明細表

借 入 先	期首残高	当期増加額	当期減少額	期 末 残 高	摘　　要
萬田銀行	400,000千円	0　千円	98,077千円	301,923千円	設備資金
計					—

9　関係会社借入金明細表

関係会社名	期首残高	当期増加額	当期減少額	期 末 残 高	摘　　要
	千円	千円	千円	千円	
計					—

10　保証債務明細表

相　手　先	金　　　額
	千円
計	

記載要領

第１　一般的事項

1　「親会社」とは、会社法（平成17年法律第86号）第２条第４号に定める会社をいい、「子会社」とは、会社法第２条第３号に定める会社をいう。

2　「関連会社」とは、会社計算規則（平成18年法務省令第13号）第２条第３項第18号に定める会社をいう。

3　「関係会社」とは、会社計算規則第２条第３項第22号に定める会社をいう。

4　金融商品取引法（昭和23年法律第25号）第24条の規定により、有価証券報告書を内閣総理大臣に提出しなければならない者については、附属明細表の４、５、６及び９の記載を省略することができる。この場合、同条の規定により提出された有価証券報告書に記載された連結貸借対照表の写しを添付しなければならない。

5　記載すべき金額は、千円単位をもって表示すること。

ただし、会社法第２条第６号に規定する大会社にあっては、百万円単位をもって表示することができる。この場合、「千円」とあるのは、「百万円」として記載すること。

第２　個別事項

1　完成工事未収入金の詳細

⑴　別記様式第15号による貸借対照表（以下単に「貸借対照表」という。）の流動資産の完成工事未収入金について、その主な相手先及び相手先ごとの額を記載すること。

⑵　同一の相手先について契約口数が多数ある場合には、相手先別に一括して記載することができる。

⑶　滞留状況については、当期計上分（１年未満）及び前期以前計上分（１年以上）に分け、各々の合計額を記載すること。

2　短期貸付金明細表

⑴　貸借対照表の流動資産の短期貸付金について、その主な相手先及

び相手先ごとの額を記載すること。ただし、当該科目の額が資産総額の100分の１以下である時は記載を省略することができる。

(2)　同一の相手先について契約口数が多数ある場合には、相手先別に一括して記載することができる。

(3)　関係会社に対するものはまとめて記載することができる。

3　長期貸付金明細表

(1)　貸借対照表の固定資産の長期貸付金について、その主な相手先及び相手先ごとの額を記載すること。ただし、当該科目の額が資産総額の100分の１以下である時は記載を省略することができる。

(2)　同一の相手先について契約口数が多数ある場合には、相手先別に一括して記載することができる。

(3)　関係会社に対するものはまとめて記載することができる。

4　関係会社貸付金明細表

(1)　貸借対照表の短期貸付金、長期貸付金その他資産に含まれる関係会社貸付金について、その関係会社名及び関係会社ごとの額を記載すること。ただし、当該科目の額が資産総額の100分の１以下である時は記載を省略することができる。

(2)　関係会社貸付金は貸借対照表の勘定科目ごとに区別して記載し、親会社、子会社、関連会社及びその他の関係会社について各々の合計額を記載すること。

(3)　摘要の欄には、貸付の条件（返済期限（分割返済条件のある場合にはその条件）及び担保物件の種類）について記載すること。重要な貸付金で無利息又は特別の条件による利率が約定されているものについては、その旨及び当該利率について記載すること。

(4)　同一の関係会社について契約口数が多数ある場合には、関係会社別に一括し、担保及び返済期限について要約して記載することができる。

5　関係会社有価証券明細表

(1)　貸借対照表の有価証券、流動資産の「その他」、投資有価証券、関係会社株式・関係会社出資金及び投資その他の資産の「その他」に含まれる関係会社有価証券について、その銘柄及び銘柄ごとの額を記載すること。ただし、当該科目の額が資産総額の100分の１以下である時は記載を省略することができる。

(2)　当該有価証券の発行会社について、附属明細表提出会社との関係（親会社、子会社等の関係）を摘要欄に記載すること。

(3)　社債の銘柄は、「何会社物上担保付社債」のように記載すること。なお、新株予約権が付与されている場合には、その旨を付記すること。

(4)　取得価額及び貸借対照表計上額については、その算定の基準とした評価基準及び評価方法を摘要欄に記載すること。ただし、評価基準及び評価方法が別記様式第17号の２による注記表（以下単に「注記表」という。）の２により記載されている場合には、その記載を省略することができる。

(5)　当期増加額及び当期減少額がともにない場合には、期首残高、当期増加額及び当期減少額の各欄を省略した様式に記載することができる。この場合には、その旨を摘要欄に記載すること。

(6)　一の関係会社の有価証券の総額と当該関係会社に対する債権の総額との合計額が附属明細表提出会社の資産の総額の100分の１を超える場合、一の関係会社に対する債務の総額が附属明細表提出会社の負債及び純資産の合計額が100分の１を超える場合又は一の関係会社に対する売上高が附属明細表提出会社の売上額の総額の100分の20を超える場合には、当該関係会社の発行済株式の総数に対する所有割合、社債の未償還残高その他当該関係会社との関係内容（例えば、役員の兼任、資金援助、営業上の取引、設備の賃貸借等の関係内容）を注記すること。

(7)　株式のうち、会社法第308条第１項の規定により議決権を有しないものについては、その旨を摘要欄に記載すること。

6　関係会社出資金明細表

(1)　貸借対照表の関係会社株式・関係会社出資金及び投資その他の資産の「その他」に含まれる関係会社出資金について、その関係会社名及び関係会社ごとの額を記載すること。ただし、当該科目の額が資産総額の100分の５以下である時は記載を省略することができる。

(2)　出資金額の重要なものについては、出資の条件（１口の出資金額、出資口数、譲渡制限等の諸条件）を摘要欄に記載すること。

(3)　本表に記載されている会社であって、第２の５の(6)に定められた会社と同一の条件のものがある場合には、当該関係会社に対してはこれに準じて注記すること。

7　短期借入金明細表

(1)　貸借対照表の流動負債の短期借入金について、その借入先及び借入先ごとの額を記載すること。ただし、比較的借入額が少額なものについては、無利息又は特別な利率が約定されている場合を除き、まとめて記載することができる。

(2)　設備資金と運転資金に分けて記載すること。

(3)　摘要の欄には、資金使途、借入の条件（担保、無利息の場合にはその旨、特別の利率が約定されている場合には当該利率）等について記載すること。

(4)　同一の借入先について契約口数が多数ある場合には、借入先別に一括し、返済期限、資金使途及び借入の条件について要約して記載することができる。

(5)　関係会社からのものはまとめて記載することができる。

8　長期借入金明細表

(1)　貸借対照表の固定負債の長期借入金及び契約期間が１年を超える借入金で最終の返済期限が１年内に到来するもの又は最終の返済期限が１年後に到来するもののうち１年内の分割返済予定額で貸借対照表において流動負債として掲げられているものについて、その借入先及び借入先ごとの額を記載すること。ただし、比較的借入額が少額なものについては、無利息又は特別な利率が約定されているものを除き、まとめて記載することができる。

(2)　契約期間が１年を超える借入金で最終の返済期限が１年内に到来するもの又は最終の返済期限が１年後に到来するもののうち１年内の分割返済予定額で貸借対照表において流動負債として掲げられているものについては、当期減少額として記載せず、期末残高に含めて記載すること。この場合においては、期末残高欄に内書（括弧書）として記載し、その旨を注記すること。

(3)　摘要の欄には、借入金の使途及び借入の条件（返済期限（分割返済条件のある場合にはその条件）及び担保物件の種類）について記載すること。重要な借入金で無利息又は特別の条件による利率が約定されているものについては、その旨及び当該利率について記載すること。

(4)　同一の借入先について契約口数が多数ある場合には、借入先別に一括し、使途、担保及び返済期限について要約して記載することができる。この場合においては、借入先別に一括されたすべての借入金について当該貸借対照表日以後３年間における１年ごとの返済予定額を注記すること。

(5)　関係会社からのものはまとめて記載することができる。

9　関係会社借入金明細表

(1)　貸借対照表の短期借入金、長期借入金その他負債に含まれる関係会社借入金について、その関係会社名及び関係会社ごとの額を記載すること。ただし、当該科目の額が資産総額の100分の５以下である時は記載を省略することができる。

(2)　関係会社借入金は貸借対照表の勘定科目ごとに区別して記載し、親会社、子会社、関連会社及びその他の関係会社について各々の合計額を記載すること。

(3)　短期借入金については、第２の７の(3)及び(4)に準じて記載し、長期借入金については、第２の８の(2)、(3)及び(4)に準じて記載すること。

10　保証債務明細表

(1)　注記表の3の(2)の保証債務額について、その相手先及び相手先ごとの額を記載すること。

(2)　注記表の3の(2)において、相手先及び相手先ごとの額が記載されている時は記載を省略することができる。

(3)　同一の相手先について契約口数が多数ある場合には、相手先別に一括して記載することができる。

(7) 個人における貸借対照表及び損益計算書

様式第18号（第４条、第10条、第19条の４関係）　（用紙Ａ４）

貸 借 対 照 表

平成 29 年 12 月 31 日 現 在

（商号又は名称）北 風 興 業

資 産 の 部

	千円
Ⅰ 流動資産	
現金預金	11,147
受取手形	247
完成工事未収入金	2,927
有価証券	400
未成工事支出金	494
材料貯蔵品	2,700
その他	
貸倒引当金	△
流動資産合計	17,917
Ⅱ 固定資産	
建物・構築物	415
機械・運搬具	11,115
工具器具・備品	1,559
土地	3,081
建設仮勘定	
破産更生債権等	
その他	
固定資産合計	16,172
資産合計	34,090

負債の部

	千円
I 流動負債	
支払手形	7,012
工事未払金	724
短期借入金	3,142
未払金	
未成工事受入金	425
預り金	48
……………引当金	
その他	
流動負債合計	11,353
II 固定負債	
長期借入金	5,624
その他	
固定負債合計	5,624
負債合計	16,978

純資産の部

期首資本金	14,171
事業主借勘定	471
事業主貸勘定	△　2,434
事業主利益	4,903
純資産合計	17,111
負債純資産合計	34,090

注　消費税及び地方消費税に相当する額の会計処理の方法

　　税抜方式

記載要領

1　貸借対照表は、財産の状態を正確に判断することができるよう明りょうに記載すること。

2　下記以外の勘定科目の分類は、法人の勘定科目の分類によること。

　期首資本金　―　前期末の資本合計

　事業主借勘定　―　事業主が事業外資金から事業のために借りたもの

　事業主貸勘定　―　事業主が営業の資金から家事費等に充当したもの

　事業主利益（事業主損失）　―　損益計算書の事業主利益（事業主損失）

3　記載すべき金額は、千円単位をもって表示すること。

4　金額の記載に当たって有効数字がない場合においては、科目の名称の記載を要しない。

5　流動資産、有形固定資産、無形固定資産、投資その他の資産、流動負債及び固定負債に属する科目の掲記が「その他」のみである場合においては、科目の記載を要しない。

6　流動資産の「その他」又は固定資産の「その他」に属する資産で、その金額が資産の総額の100分の１を超えるものについては、当該資産を明示する科目をもって記載すること。

7　記載要領６は、負債の部の記載に準用する。

8　「・・・引当金」には、完成工事補償引当金その他の当該引当金の設定科目を示す名称を付した科目をもって掲記すること。

9　注は、税抜方式及び税込方式のうち貸借対照表及び損益計算書の作成に当たって採用したものをいう。

　ただし、経営状況分析申請書又は経営規模等評価申請書に添付する場合には、税抜方式を採用すること。

様式第19号（第４条、第10条、第19条の４関係）　（用紙Ａ４）

損益計算書

自　平成 29 年 1 月 1 日
至　平成 29 年 12 月 31 日

（商号又は名称）　北 風 興 業

		千円
Ⅰ　完成工事高		70,832
Ⅱ　完成工事原価		
材料費	17,636	
労務費	15,096	
（うち労務外注費	）	
外注費	13,610	
経費	14,442	60,785
完成工事総利益（完成工事総損失）		10,046
Ⅲ　販売費及び一般管理費		
従業員給料手当	1,110	
退職金	887	
法定福利費		
福利厚生費	279	
維持修繕費	470	
事務用品費	214	
通信交通費	52	
動力用水光熱費	147	
広告宣伝費	91	
交際費	801	
寄付金		
地代家賃	149	
減価償却費	210	
租税公課	424	
保険料	137	
雑費	451	5,422
営業利益（営業損失）		4,624

		千円
Ⅳ 営業外収益		
受取利息及び配当金		
そ　の　他	279	279
Ⅴ 営業外費用		
支　払　利　息		
そ　の　他		
事業主利益（事業主損失）		4,903

注　工事進行基準による完成工事高

記載要領

1　損益計算書は、損益の状態を正確に判断することができるよう明りょうに記載すること。

2　「事業主利益（事業主損失）」以外の勘定科目の分類は、法人の勘定科目の分類によること。

3　記載すべき金額は、千円単位をもって表示すること。

4　金額の記載に当たって有効数字がない場合においては、科目の名称の記載を要しない。

5　建設業以外の事業（以下「兼業事業」という。）を併せて営む場合において兼業事業における売上高が総売上高の10分の１を超えるときは、兼業事業の売上高及び売上原価を建設業と区分して表示すること。

6　「雑費」に属する費用で、販売費及び一般管理費の総額の10分の１を超えるものについては、それぞれ当該費用を明示する科目を用いて掲記すること。

7　記載要領６は、営業外収益の「その他」に属する収益及び営業外費用の「その他」に属する費用の記載に準用する。

8　注は、工事進行基準による完成工事高が「完成工事高」の総額の10分の１を超える場合に記載すること。

<参考>

様式第25号の９（第19条の４関係）　（用紙Ａ４）

兼業事業売上原価報告書

自平成 29 年 4 月 1 日
至平成 30 年 3 月 31 日

会社名（株）平川組

兼業事業売上原価	千円
期首商品（製品）たな卸高	
当期商品仕入高	
当期製品製造原価	5,514,832
合　計	5,514,832
期末商品（製品）たな卸高	△
兼業事業売上原価	5,514,832
（当期製品製造原価の内訳）	
材料費	1,658,487
労務費	1,376,472
経　費	1,874,560
（うち　外注加工費）	（716,035）
小計（当期総製造費用）	4,909,519
期首仕掛品たな卸高	1,662,834
計	6,572,353
期末仕掛品たな卸高	△ 1,057,521
当期製品製造原価	5,514,832

記載要領

1　建設業以外の事業を併せて営む場合における当該建設業以外の事業（以下「兼業事業」という。）に係る売上原価について記載すること。

2　二以上の兼業事業を営む場合はそれぞれの該当項目に合算して記載すること。

3　「（当期製品製造原価の内訳）」は、当期製品製造原価がある場合に記載すること。

4　「兼業事業売上原価」は損益計算書の兼業事業売上原価に一致すること。

5　記載すべき金額は、千円未満の端数を切り捨てて表示すること。
ただし、会社法（平成17年法律第86号）第２条第６号に規定する大会社にあつては、百万円未満の端数を切り捨てて表示することができる。この場合、「千円」とあるのは「百万円」として記載すること。

⑻ 経営状況分析結果通知書

＜参考＞

様式第25号の10（第19条の5関係）

（用紙Ａ４）
10006

経営状況分析結果通知書

平成　年　月　日

登録経営状況分析機関
登録番号
登録年月日　平成　年　月　日

殿　登録経営状況分析機関代表者　印

経営状況分析の結果を通知します。
この経営状況分析結果通知書の記載事項は、事実に相違ありません。

注）「処理の区分」の欄は、建設業法施行規則別記様式第25号の８の記載要領の別表(2)の分類に従い、経営状況分析を行つた処理の区分を表示してあります。

許可番号　—　号
審査基準日　平成　年　月　日
電話番号　—　—
処理の区分

項番
資本金　（千円）

7101　売上高に占める完成工事高の割合　%

7102　単独決算又は連結決算の別　〔1. 単独決算、2. 連結決算〕

経営状況分析

項番	項目	数値	項目	数値
7103	純支払利息比率		自己資本対固定資産比率	
7104	負債回転期間		自己資本比率	
7105	総資本売上総利益率		営業キャッシュフロー	
7106	売上高経常利益率		利益剰余金	

経営状況点数（Ａ）＝

7107　経営状況分析結果（Ｙ）＝

項番	項目	金額（千円）	項目	金額（千円）
7108	固定資産		売上高	
7109	流動負債		売上総利益	
7110	固定負債		受取利息配当金	
7111	利益剰余金		支払利息	
7112	自己資本		経常（事業主）利益	
7113	総資本（当期）		営業キャッシュフロー（当期）	
7114	総資本（前期）		営業キャッシュフロー（前期）	

※経営状況分析は、どの登録経営状況分析機関で受けても本様式により通知されます。

3　添付書類の記入例及び記載要領

工事経歴書（第2号様式）の記載フロー

①元請工事に係る完成工事について、元請工事の完成工事高合計の7割を超えるところまで記載
②続けて、残りの元請工事と下請工事に係る完成工事について、全体の完成工事高合計の7割を超えるところまで記載
ただし、①②において、1,000億円又は軽微な工事の10件を超える部分については記載を要しない

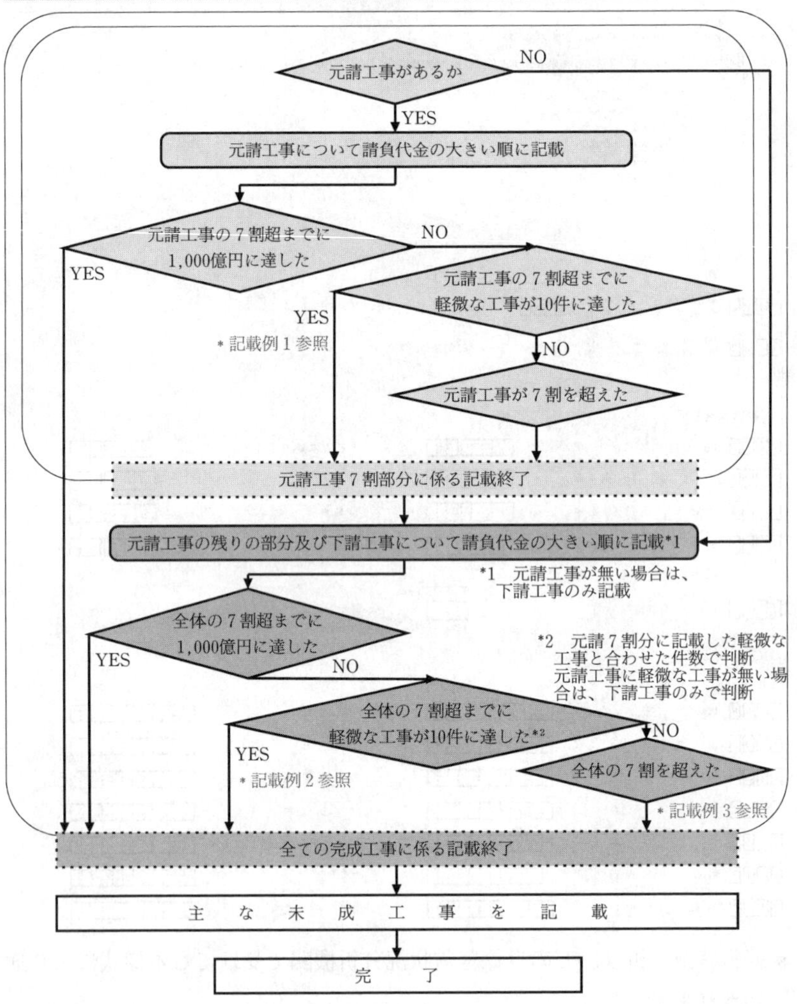

記入例及び記載要領

(1)　工事経歴書

様式第２号（第２条、第19条の８関係）

＊記載例１　工事経歴書記載例
（元請工事で軽微な工事が10件に達した場合）

工 事 経 歴 書

（建設工事の種類）　とび・土工・コンクリート　工事　（ 税込 ・ 税抜 ）

	注文者	元請又は下請の別	JVの別	工事名	工事現場のある都道府県及び市区町村名	配置技術者 氏名	主任技術者又は監理技術者の別（該当箇所にレ印を記載） 主任技術者	監理技術者	請負代金の額	うち、・PC・法面処理・鋼橋上部	工期 着工年月日	完成又は完成予定年月
A	国土建設	元請		上田邸木造住宅解体工事	東京都千代田区	東京一郎	✓		9,000千円	千円	平成29年12月	平成30年1月
B	北海道開発	〃		仙台邸車止め設置工事	〃	愛知太郎	✓		4,500千円	千円	平成30年2月	平成30年3月
C	東北土木	〃		錦住宅敷地盛土及び基礎工事	〃	一宮二郎	✓		3,200千円	千円	平成30年3月	平成30年4月
D	関東建設	〃		豊橋川改修工事の内掘削工事	〃	津島一平	✓		2,500千円	千円	平成30年5月	平成30年5月
E	北陸産業	〃		丸の内ビル新築工事の内外構工事	〃	半田五郎	✓		2,000千円	千円	平成30年1月	平成30年1月
F	中部塗装	〃		豊川アパート改築工事の内足場仮設工事	〃	岡崎三男	✓		1,900千円	千円	平成29年10月	平成29年11月
G	近畿組	〃		栄ビル新築工事の内くい打工事	〃	豊田一郎	✓		1,800千円	千円	平成29年9月	平成29年9月
H	中国建築	〃		一般国道99号線道路新設工事	〃	名古屋三郎	✓		1,700千円	千円	平成30年2月	平成30年3月
I	四国道路	〃		一般国道100号線道路改良工事の内カッター工事	〃	愛知太郎	✓		1,600千円	千円	平成30年4月	平成30年4月
J	九州工業	〃		三重邸玄関コンクリート工事	東京都足立区	岡崎三男	✓		1,500千円	千円	平成29年12月	平成29年12月
K	沖縄機械	〃		讃岐邸新築工事の内基礎工事	東京都中央区	豊田一郎	✓		1,000千円	千円	平成30年4月	平成30年5月
L	国交　太郎	下請		B～Kの件数≦10件	〃	岡崎三男			千円	千円	平成　年　月	平成30年5月
M	建設　次郎	〃		県道123号線道路側溝工事	東京都新宿区	岡崎三男	✓		7,000千円	千円	平	

				うち　元請工事	
小計	13件	45,700千円	千円	30,700千円	千円
合計	52件	65,000千円	千円	50,000千円	千円

① 元請工事の７割部分に係る完成工事（A～K）

② 下請工事に係る完成工事（L～M）

１．軽微な工事について10件を超える部分は記載不要

２．記載額が全ての完成工事高の合計額の７割を超えたため記載終了

頁ごとの元請工事に係る完成工事高の合計額（A～K）

頁ごとの完成工事高の合計額（A～M）

全ての完成工事高の合計額

元請工事に係る完成工事高の合計額

（網掛け）・・・「軽微な工事」

様式第２号（第２条、第19条の８関係）

＊記載例２ 工事経歴書記載例
（全体で軽微な工事が10件に達した場合）

工 事 経 歴 書

(建設工事の種類) とび・土工・コンクリート 工事 （ 税込 ・ 税抜 ）

	注文者	元請又は下請の別	JVの別	工事名	工事現場のある都道府県及び市区町村名	配置技術者 氏名	主任技術者	監理技術者	請負代金の額	うち、・PC・法面処理・鋼橋上部	工期 着工年月日	完成又は完成予定年月
A	国土建設	元請		上田邸木造住宅解体工事	東京都千代田区	東京一郎	✓		10,000千円	千円	平成29年12月	平成30年1月
B	北海道開発	〃		仙台邸車止め設置工事	〃	愛知太郎	✓		4,500千円	千円	平成30年2月	平成30年3月
C	東北土木	〃		錦住宅敷地盛土及び基礎工事	〃	一宮二郎	✓		3,200千円	千円	平成30年3月	平成30年4月
D	関東建設	下請		豊橋川改修工事の内掘削工事					8,000千円	千円	平成30年5月	平成30年5月
E	北陸産業	〃		丸の内ビル新築工事の内外構工事	〃	半田五郎	✓		5,500千円	千円	平成30年1月	平成30年1月
F	中部塗装	〃		豊川アパート改築工事の内足場仮設工事	〃	岡崎三男	✓		2,500千円	千円	平成29年10月	平成29年11月
G	近畿組	〃		栄ビル新築工事の内くい打工事	〃	豊田一郎	✓		2,000千円	千円	平成29年9月	平成29年9月
H	中国建築	〃		一般国道99号線道路新設工事	〃	名古屋三郎	✓		1,900千円	千円	平成30年2月	平成30年3月
I	四国道路	〃		一般国道100号線道路改良工事の内カッター工事	〃	愛知太郎	✓		1,800千円	千円	平成30年4月	平成30年4月
J	九州工業	元請		三重邸玄関コンクリート工事	東京都足立区	岡崎三男	✓		1,700千円	千円	平成29年12月	平成29年12月
K	沖縄機械	下請		讃岐邸新築工事の内基礎工事	東京都中央区	豊田一郎	✓		1,600千円	千円	平成30年4月	平成30年5月
L	国交 太郎	〃		県道758号線道路側溝工事	〃	岡崎三男	✓		1,500千円	千円	平成30年5月	平成30年5月
M	建設 次郎	〃		県道123号線道路側溝工事	東京都新宿区	岡崎三男	✓		1,000千円	千円		

① 元請工事の７割部分に係る完成工事（A〜C）

② ①以外の元請工事及び下請工事に係る完成工事（D〜M）

1．元請工事に係る完成工事の合計額の７割超まで記載

B・C＋F〜Mの件数≦10件

2．軽微な工事が10件に達したため記載終了

頁ごとの元請工事に係る完成工事高の合計額（A〜C＋J）

	件数	請負代金の額	うち PC・法面処理・鋼橋上部	うち 元請工事	
小計	13件	45,200千円	千円	19,400千円	千円
合計	52件	70,000千円	千円	25,000千円	千円

頁ごとの完成工事高の合計額（A〜M）

全ての完成工事高の合計額

元請工事に係る完成工事高の合計額

（網掛け）・・・「軽微な工事」

様式第２号（第２条、第19条の８関係）

＊記載例３　工事経歴書記載例
（全ての完成工事工事高の合計額７割に達した場合）

工事経歴書

（建設工事の種類）　とび・土工・コンクリート　工事　（税込・㊙税抜）

	注文者	元請又は下請の別	JVの別	工事名	工事現場のある都道府県及び市区町村名	配置技術者 氏名	主任技術者	監理技術者	請負代金の額	うち、・PC・法面処理・鋼橋上部	工期 着工年月日	完成又は完成予定年月
A	国交　太郎	元請	JV	上田邸木造住宅解体工事	東京都千代田区	東京一郎		✓	100,000千円	千円	平成29年12月	平成30年1月
B	北海道開発	〃	JV	仙台邸車止め設置工事	〃	愛知太郎		✓	60,000千円	千円	平成30年2月	平成30年3月
C	東北土木	〃		錦住宅敷地盛土及び基礎工事	〃	一宮二郎	✓		3,200千円	千円	平成30年3月	平成30年4月
D	関東建設	下請		豊橋川改修工事の内掘削工事					8,000千円	千円	平成30年5月	平成30年5月
E	北陸産業	〃		丸の内ビル新築工事の内外構工事	〃	半田五郎	✓		7,500千円	千円	平成30年1月	平成30年1月
F	中部塗装	〃		豊川アパート改築工事の内足場仮設工事	〃	岡崎三男	✓		6,300千円	千円	平成29年10月	平成29年11月
G	近畿組	〃		栄ビル新築工事の内くい打工事	〃	豊田一郎	✓		5,100千円	千円	平成29年9月	平成29年9月
H	中国建築	〃		一般国道99号線道路新設工事	〃	名古屋三郎	✓		2,000千円	千円	平成30年2月	平成30年3月
I	四国道路	〃		一般国道100号線道路改良工事の内カッター工事	〃	愛知太郎	✓		1,800千円	千円	平成30年4月	平成30年4月
									千円	千円	平成　年　月	平成　年　月
									千円	千円	平成　年　月	平成　年　月
									千円	千円	平成　年　月	平成　年　月
									千円	千円	平成　年　月	平成　年　月

① 元請工事の７割部分に係る完成工事（A～C）

② ①以外の元請工事及び下請工事に係る完成工事（D～I）

１．元請工事に係る完成工事の合計額の７割超まで記載

２．記載額が全ての完成工事高の合計額の７割を超えたため記載終了

A～Cの合計額≧Yの７割

A～Iの合計額≧Xの７割

小計	9件	193,900千円	千円	うち　元請工事 163,200千円	千円
合計	52件	Ⓧ 270,000千円	千円	Ⓨ うち　元請工事 233,000千円	千円

頁ごとの元請工事に係る完成工事高の合計額（A＋B＋C）

頁ごとの完成工事高の合計額（A～I）

全ての完成工事高の合計額

元請工事に係る完成工事高の合計額

（網掛け）・・・「軽微な工事」

記載要領

1　この表は、法別表第一の上欄に掲げる建設工事の種類ごとに作成すること。

2　「税込・税抜」については、該当するものに丸を付すこと。

3　この表には、申請又は届出をする日の属する事業年度の前事業年度に完成した建設工事（以下「完成工事」という。）及び申請又は届出をする日の属する事業年度の前事業年度末において完成していない建設工事（以下「未成工事」という。）を記載すること。

記載を要する完成工事及び未成工事の範囲については、以下のとおりである。

(1)　経営規模等評価の申請を行う者の場合

①　元請工事（発注者から直接請け負つた建設工事をいう。以下同じ。）に係る完成工事について、当該完成工事に係る請負代金の額（工事進行基準を採用している場合にあつては、完成工事高。以下同じ。）の合計額のおおむね７割を超えるところまで、請負代金の額の大きい順に記載すること（令第１条の２第１項に規定する建設工事については、10件を超えて記載することを要しない。）。ただし、当該完成工事に係る請負代金の額の合計額が1,000億円を超える場合には、当該額を超える部分に係る完成工事については記載を要しない。

②　それに続けて、既に記載した元請工事以外の元請工事及び下請工事（下請負人として請け負つた建設工事をいう。以下同じ。）に係る完成工事について、すべての完成工事に係る請負代金の額の合計額のおおむね７割を超えるところまで、請負代金の額の大きい順に記載すること（令第１条の２第１項に規定する建設工事については、10件を超えて記載することを要しない。）。ただし、すべての完成工事に係る請負代金の額の合計額が1,000億円を超える場合には、当該額を超える部分に係る完成工事については記載を要しない。

③　さらに、それに続けて、主な未成工事について、請負代金の額の

大きい順に記載すること。

(2)　経営規模等評価の申請を行わない者の場合

主な完成工事について、請負代金の額の大きい順に記載し、それに続けて、主な未成工事について、請負代金の額の大きい順に記載すること。

4　下請工事については、「注文者」の欄には当該下請工事の直接の注文者の商号又は名称を記載し、「工事名」の欄には当該下請工事の名称を記載すること。

5　「元請又は下請の別」の欄は、元請工事については「元請」と、下請工事については「下請」と記載すること。

6　「注文者」及び「工事名」の記入に際しては、その内容により個人の氏名が特定されることのないよう十分に留意すること。

7　「ＪＶの別」の欄は、共同企業体（ＪＶ）として行つた工事について「ＪＶ」と記載すること。

8　「配置技術者」の欄は、完成工事について、法第26条第１項又は第２項の規定により各工事現場に置かれた技術者の氏名及び主任技術者又は監理技術者の別を記載すること。また、当該工事の施工中に配置技術者の変更があつた場合には、変更前の者も含むすべての者を記載すること。

9　「請負代金の額」の欄は、共同企業体として行つた工事については、共同企業体全体の請負代金の額に出資の割合を乗じた額又は分担した工事額を記載すること。また、工事進行基準を採用している場合には、当該工事進行基準が適用される完成工事について、その完成工事高を括弧書で付記すること。

10　「請負代金の額」の「うち、ＰＣ、法面処理、鋼橋上部」の欄は、次の表の㈠欄に掲げる建設工事について工事経歴書を作成する場合において、同表の㈡欄に掲げる工事があるときに、同表の㈢に掲げる略称に丸を付し、工事ごとに同表の㈡欄に掲げる工事に該当する請負代金の額を記載すること。

(一)	(二)	(三)
土木一式工事	プレストレストコンクリート構造物工事	ＰＣ
とび・土工・コンクリート工事	法面処理工事	法面処理
鋼構造物工事	鋼橋上部工事	鋼橋上部

11　「小計」の欄は、頁ごとの完成工事の件数の合計並びに完成工事及びそのうちの元請工事に係る請負代金の額の合計及び10により「ＰＣ」、「法面処理」又は「鋼橋上部」について請負代金の額を区分して記載した額の合計を記載すること。

12　「合計」の欄は、最終頁において、すべての完成工事の件数の合計並びに完成工事及びそのうちの元請工事に係る請負代金の額の合計及び10により「ＰＣ」、「法面処理」又は「鋼橋上部」について請負代金の額を区分して記載した額の合計を記載すること。

13　この表の作成にあたり、解体工事については、平成28年５月31日までに請け負ったものも含め、とび・土工・コンクリート工事及び解体工事それぞれの分類に応じて作成する。なお、その際、解体工事業の許可を受けていない場合は、建設工事の種類欄については「その他（解体工事）」と記載する。

第 6 章
経営事項審査の自己採点

それでは、記入の終わった経営規模等評価申請書・総合評定値請求書等をもとに、自分で総合評定値を計算してみましょう。筆記用具と電卓、そして、記入の終わった経営規模等評価申請書・総合評定値請求書、財務諸表、添付書類等を用意してください。

ここでは、第5章で用いた「経営規模等評価申請書」〔142、143頁〕、「工事種類別完成工事高　工事種類別元請完成工事高」〔151、152頁〕、「技術職員名簿」〔175頁〕、「その他の審査項目（社会性等）」〔182、183頁〕、「貸借対照表」〔197〜200頁〕、「損益計算書」〔204、205頁〕、「株主資本等変動計算書」〔209頁〕、「完成工事原価報告書」〔208頁〕と下記データを設例として用いて、土木一式工事について、説明していくこととします。

総合評定値（P）は次の算式で計算します。

総合評定値（P）＝$0.25X_1$ ［　　　　］
　　　　　　　＋$0.15X_2$ ［　　　　］
　　　　　　　＋$0.20Y$ ［　　　　］
　　　　　　　＋$0.25Z$ ［　　　　］
　　　　　　　＋$0.15W$ ［　　　　］
　　　　　　　＝［　　　　］

X_1＝工事種類別年間平均完成工事高の評点
X_2＝自己資本額及び利益額の評点
Y ＝経営状況の評点
Z ＝技術力の評点
W ＝その他の審査項目（社会性等）の評点

企業名　㈱黒瀬組	○決 算 日	平成30年5月31日⇨（審査基準日）
	○許可業種	土木、建築、とび・土工、鉄筋、舗装、造園、水道施設
	○経審申請業種	土木、建築、とび・土工、舗装

〔経営規模〕

○工種別年間平均完成工事高　（金額単位：千円）

建設工事の種類	完成工事高			前期（3期と2期の平均）	年間平均
	直前第3期	直前第2期	直前第1期		
土木一式	592,148	587,488	534,193	589,818	571,276
プレストレストコンクリート	525,819	503,080	481,295	514,449	503,398
建築一式	534,194	518,642	463,525	526,418	505,454
とび・土工	200,010	180,200	182,100	190,105	187,437
法面処理	180,307	140,425	152,100	160,366	157,611
鉄筋	16,782	13,244	10,254	15,013	13,427
舗装	115,259	105,149	19,089	110,204	79,832
造園	20,212	15,144	8,647	17,678	14,668
水道	8,225	1,801	7,589	5,013	5,872
完成工事高合計	1,486,830	1,421,668	1,225,397	1,454,249	1,377,965

○自己資本の額及び平均利益額　（金額単位：千円）

	前審査対象事業年度	審査対象事業年度	平　均
自己資本	—	468,980	468,980
平均利益額	134,664	121,134	127,899

○平均利益額の内訳　（金額単位：千円）

営業利益	124,664	111,134
減価償却実施額	10,000	10,000

〔経営状況〕（注） 以下の勘定科目は決算書から必要なものを抜粋しています。

（金額単位：千円）

貸借対照表（当期）		
（受取手形 ）	①	26,258
（完成工事未収入金）	②	20,659
（未成工事支出金 ）	③	437,816
（材料貯蔵品 ）	④	22,179
（貸倒引当金 ）	⑤	△ 1,470
固定資産合計	⑥	381,276
資産合計（総資本）	⑦	1,741,104
（支払手形 ）	⑧	100,119
（工事未払金 ）	⑨	115,722
（未成工事受入金 ）	⑩	470,992
流動負債合計	⑪	940,612
固定負債合計	⑫	331,512
利益剰余金合計	⑬	318,980
純資産合計	⑭	468,980

損益計算書（当期）		
完成工事高	⑮	1,225,397
兼業事業売上高	⑯	0
売上総利益	⑰	245,927
（受取利息配当金 ）	⑱	5,280
（支払利息 ）	⑲	9,272
経常利益	⑳	106,925
法人税住民税及び事業税	㉑	45,000

貸借対照表（前期）		
（受取手形 ）	㉒	32,576
（完成工事未収入金）	㉓	29,984
（未成工事支出金 ）	㉔	393,665
（材料貯蔵品 ）	㉕	19,239
（貸倒引当金 ）	㉖	△ 3,130
資産合計（総資本）	㉗	2,586,684
（支払手形 ）	㉘	135,318
（工事未払金 ）	㉙	95,607
（未成工事受入金 ）	㉚	238,436

損益計算書（前期）		
経常利益	㉛	100,539
法人税住民税及び事業税	㉜	42,000

貸借対照表（前々期）		
（受取手形 ）	㉝	17,435
（完成工事未収入金）	㉞	28,539
（未成工事支出金 ）	㉟	409,483
（材料貯蔵品 ）	㊱	19,936
（貸倒引当金 ）	㊲	△ 2,300
（支払手形 ）	㊳	105,275
（工事未払金 ）	㊴	63,860
（未成工事受入金 ）	㊵	234,583

その他		
当期減価償却実施額	㊶	10,000
前期減価償却実施額	㊷	10,000

〔**技術力**〕

審査基準日以前に6ヶ月を超える恒常的な雇用関係のある

○技術職員名簿　　　　　技術職員数　19人

〔**その他の審査項目（社会性等）**〕

(1)　労働福祉の状況

①　雇用保険加入の有無　→　加入している

②　健康保険加入の有無　→　加入している

③　厚生年金保険加入の有無　→　加入している

④　建設業退職金共済制度加入の有無　→　加入している

⑤　退職一時金制度若しくは企業年金制度導入の有無→　導入している

⑥　法定外労働災害補償制度加入の有無　→　加入している

(2)　建設業の営業継続の状況

①　営業年数　→　60年

②　民事再生法又は会社更生法の適用の有無　→　無

(3)　防災活動への貢献の状況　→　協定を締結している

(4)　法令遵守の状況　→　処分を受けていない

(5)　建設業の経理の状況

①　公認会計士等数

・公認会計士等の数　→　0人

・2級登録経理試験合格者の数　→　1人

②　監査の受審状況

(6)　研究開発の状況　→　0円

(7)　建設機械の保有状況　→　10台

(8)　国際標準化機構が定めた規格による登録の状況

→　ISO9001、ISO14001

(9)　若年の技術者及び技能労働者の育成及び確保の状況

①　若年技術職員の継続的な育成及び確保の状況　→　若年技術職員数4人

②　新規若年技術職員の育成及び確保の状況　→　新規若年技術職員数1人

1　工事種類別年間平均完成工事高の評点（X_1）

「工事種類別完成工事高　工事種類別元請完成工事高」〔151、152頁〕の土木一式工事の「工事種類別完成工事高」欄に記載された完成工事高から、年間平均完成工事高を算出し、別表１〔274頁〕を用いて完成工事高の評点を計算し、前記の総合評定値（Ｐ）のX_1の枠内に記入してください。

設例では、「完成工事高計算基準の区分」が３年平均で、土木一式工事の審査対象事業年度の完成工事高が534,193千円、審査対象事業年度の前審査対象事業年度及び前々審査対象事業年度の平均の完成工事高が589,818千円ですから、土木一式工事の年間平均完成工事高は、(589,818千円×２＋534,193千円）÷３＝571,276千円（小数点以下四捨五入）となり、この数値は別表１〔274頁〕の５億円以上６億円未満に該当することから、該当するテーブルの算式に当てはめて計算すると、25×571,276千円÷100,000＋793＝935点（小数点以下切捨て）となります。

それでは、総合評定値（Ｐ）の算定式〔249頁〕のX_1の欄に「935」を記入しましょう。

なお、「完成工事高計算基準の区分」が２年平均の場合は、審査対象事業年度及び前年度の完成工事高の合計額を２で除した金額を評点テーブルに当てはめて計算することとなります。

また、申請する工事種類ごとに２年平均と３年平均を使い分けることはできません。全ての工事種類について２年平均又は３年平均のどちらかに統一する必要があります。

2　自己資本額及び利益額の評点（X_2）

自己資本額及び利益額の評点については、最初に、自己資本額の点数と利益額の点数をそれぞれ求め、次に両者の合計点をもとに評点テーブルに当てはめ、自己資本額及び利益額の評点を求めます。

⑴　自己資本額

自己資本額は経営規模等評価申請書〔142、143頁〕に記載された自己資本額を用いますが、これは貸借対照表上の純資産合計の額となります。また、審査基準日の自己資本額又は審査基準日及び前審査基準日の自己資本額の平均の額のどちらかを選んで申請することができます。

それでは、設例を用いて計算してみましょう。設例では、審査基準日の自己資本額を用いており、金額は468,980千円となっています。この数値は別表2〔275頁〕の4億円以上5億円未満に該当することから、該当するテーブルの数式に当てはめて計算すると21×468,980千円÷100,000＋744＝842（小数点以下切捨て）となります。

なお、自己資本の額が3,000億円以上の場合は一律最高点である2,114点となり、逆に自己資本の額が0円に満たない場合は0円とみなして最低点である361点となります。

⑵　利益額

利益額は、利払前税引前償却前利益（営業利益＋減価償却実施額）の直近2年の平均額となります。

営業利益は損益計算書〔204、205頁〕の項目である「売上高」から「売上原価」を差し引いた「売上総利益（売上総損失)」から「販売費及び一般管理費」を控除した利益であり、今期は111,134千円となります。

減価償却実施額は、未成工事支出金や販売費及び一般管理費、完成工事原価等に係る原価償却費が該当しますが、評点を計算する場合は税務申告書別表16に基づく正確な数値を利用します。

前期の営業利益を124,664千円、減価償却実施額を今期、前期ともに10,000千円と仮定しますと、利益額は127,899千円となります。この数値は平均利益額評点表の１億2000万円以上1億5000万円未満に該当することから、別表３〔276頁〕に当てはめて計算すると20×127,899÷30,000＋676＝761（小数点以下切捨）となります。

⑶　自己資本額及び利益額の評点（X_2）

ア）自己資本額の点数と利益額の点数が得られたら、両者の点数を合計して、自己資本額及び利益額の合計点数を出します。そして、これを２で除したもの（小数点以下は切捨）がX_2の評点となります。

イ）設例では、次のようになります。

自己資本額及び利益額の合計点数＝842＋761＝1603

これを２で除した801（1603÷２＝801.5）が自己資本額及び利益額の評点となります。

ウ）それでは、総合評定値（P）の算定式〔249頁〕のX_2の欄に「801」を記入しましょう。

3　経営状況の評点（Y）

経営状況分析の計算は、財務諸表に記載された各勘定科目の金額から、次の手順にしたがって、計算されます。277頁の表を使って算出してみましょう。

⑴　負債抵抗力

まず、負債抵抗力についての点数を計算してみましょう。負債抵抗力の指標は、純支払利息比率、負債回転期間の２指標です。

① 純支払利息比率（X_1）

ア）純支払利息比率実数値＝（支払利息－受取利息及び配当金）／売上高×100を計算します。

イ）「支払利息」については損益計算書の営業外費用の欄に、「受取利息及び配当金」については営業外収益の欄に記載された金額を使って計算します。設例では、それぞれ「支払利息」9,272千円、「受取利息及び配当金」5,280千円がこれにあたります。

ウ）また、「売上高」は、「完成工事高」と「兼業事業売上高」の合計額で、損益計算書の経常損益の部の最初に記載されています。設例では、1,225,397千円がこれにあたります。「完成工事高」については、原則として消費税抜き金額が計上され、工事経歴書に記載された「完成工事高」の合計額と一致することが一般的ですが、消費税免税事業者については、消費税について仮払・借受処理を行わないため、請負契約金額がそのまま記載されることがあります（この場合、工事経歴書に記載された完成工事高の合計額と一致しない場合があります）。なお、ここで用いる「完成工事高」は、X_1の審査と異なり、平均の「完成工事高」を用いるのではなく、審査対象事業年度の「完成工事高」を用いることに留意しましょう。

エ）それでは、純支払利息比率を計算してみましょう。計算にあたっては、小数点以下第5位未満の端数を四捨五入してから100をかけてください。

　純支払利息比率実数値＝（9,272－5,280）／1,225,397×100＝0.326

オ）純支払利息比率実数値の計算結果を「経営状況の評点」〔277頁〕の実数値の欄に記入します。この実数値が右の下限値以下又は上限値以上である場合、ポイントの欄には下限値又は上限値を記入します。設例では、実数値0.326が下限値超、上限値未満ですので、ポイントの欄に実数値「0.326」をそのまま記入しましょう。

② 負債回転期間（X_2）

ア）負債回転期間実数値＝流動負債合計＋固定負債合計／（売上高÷12）を計算します。

イ）「流動負債合計」及び「固定負債合計」については貸借対照表の負債の計に記載された金額を使って計算します。設例ではそれぞれ「流動負債合計」940,612千円、「固定負債合計」331,512千円がこれにあたります。

ウ）それでは、有利子負債月商倍率を計算してみましょう。計算にあたっては、小数点以下第３位未満の端数を四捨五入して下さい。

有利子負債月商倍率実数値＝（940,612＋331,512）／（1,225,397÷12）＝12.458

エ）有利子負債月商倍率実数値の計算結果を「経営状況の評点」〔277頁〕の実数値の欄に記入します。この実数値が右の下限値以下又は上限値以上である場合、ポイントの欄には下限値又は上限値を記入します。設例では、実数値12.458が下限値超、上限値未満ですので、ポイントの欄に実数値「12.458」をそのまま記入しましょう。

⑵ 収益性・効率性

次に、収益性・効率性についての点数を計算してみましょう。収益性・効率性の指標は、総資本売上総利益率、売上高経常利益率の２指標です。

① 総資本売上総利益率（X_3）

ア）総資本売上総利益率実数値＝売上総利益／総資本（２期平均）×100を計算します。

イ）「売上総利益」は「売上高」から「売上原価」を控除した利益で、設例では、245,927千円がこれにあたります〔204頁〕。

ウ)「総資本」は貸借対照表の負債と純資産の合計額で、貸借対照表の最後〔200頁〕に記載されています。設例では、1,741,104千円がこれにあたります。

エ）また、総資本経常利益率の分子である「経常利益」が1事業年度の期間損益である一方で、分母である「総資本」は事業年度終了時点の残高を示しているので、両数値を比較するため「総資本」は、審査対象事業年度末とその前事業年度末の金額の平均を用いて算出されます。設例では、前事業年度の財務諸表が掲載されていませんが、前事業年度末の「総資本」を2,586,684千円として計算しましょう。

オ）それでは、総資本経常利益率を計算してみましょう。計算にあたっては、小数点以下第5位未満の端数を四捨五入してから100をかけて下さい。

総資本経常利益率実数値＝245,927／｛(1,741,104＋2,586,684)÷2｝×100＝11.365

カ）総資本経常利益率実数値の計算結果を「経営状況の評点」〔277頁〕の実数値の欄に記入します。この実数値が右の下限値以下又は上限値以上である場合、ポイントの欄には下限値又は上限値を記入します。設例では、実数値11.365が下限値超、上限値未満ですので、ポイントの欄に実数値「11.365」をそのまま記入しましょう。

なお、2期平均の総資本の額が3,000万円未満の場合は、3,000万円とみなして計算します。

② 売上高経常利益率（X_4）

ア）売上高経常利益率実数値＝経常利益／売上高×100を計算します。

イ)「経常利益」は、「営業利益」に営業外損益を加減した利益で、設例では、106,925千円がこれにあたります〔205頁〕。

ウ）それでは、売上高経常利益率を計算してみましょう。計算にあたっては、小数点以下第5位未満の端数を四捨五入してから100をかけて下さい。

売上高経常利益率実数値＝106,925／1,225,397×100＝8.726

エ）売上高経常利益率実数値の計算結果を「経営状況の評点」〔277頁〕の実数値の欄に記入します。この実数値が右の下限値以下又は上限値以上である場合、ポイントの欄には下限値又は上限値を記入します。設例では、実数値8.726が上限値5.1以上となっていますので、ポイントの欄に実数値「5.1」と記入しましょう。

⑶　財務健全性

次に、財務健全性についての点数を計算してみましょう。財務健全性の指標は、自己資本対固定資産比率、自己資本比率の2指標です。

①　自己資本対固定資産（X_5）

ア）自己資本対固定資産比率実数値＝自己資本／固定資産×100を計算します。

イ）「自己資本」については2⑴と同様に貸借対照表の純資産合計額であり、「固定資産」については貸借対照表に資産の部に記載された金額を使います。設例では、それぞれ「自己資本」468,980千円、「固定資産」381,276千円がこれにあたります。

ウ）それでは、自己資本対固定資産比率を計算してみましょう。計算にあたっては、小数点以下第5位未満の端数を四捨五入してから100をかけて下さい。

自己資産対固定資産比率実数値＝468,980／381,276×100

エ）自己資本対固定資産比率実数値の計算結果を「経営状況の評点」〔277頁〕の実数値の欄に記入します。この実数値が右の下限値以下又は上限値以上である場合、ポイントの欄には下限値又は上限値を記入します。設例では、実数値123.003が下限値超、上限値未満ですので、ポイントの欄に実数値「123.003」

とそのまま記入しましょう。

② 自己資本比率（X_6）

ア）自己資本比率実数値＝自己資本／総資本×100を計算します。

イ）「自己資本」は、2(1)の方法により算出される審査基準日時点の自己資本額であり、貸借対照表上の純資産合計額をいい、基準決算における自己資本額については、経営規模等評価申請書に記載されます。また、「総資本」は、3(2)③ウの審査基準日時点の金額を使います。設例では、それぞれ「自己資本」468,980千円、「総資本」1,741,104千円がこれにあたります。

ウ）それでは、自己資本比率を計算してみましょう。計算にあたっては、小数点以下第5位未満の端数を四捨五入してから100をかけて下さい。

自己資本比率実数値＝468,980／1,741,104×100＝26.936

エ）自己資本比率実数値の計算結果を「経営状況の評点」〔277頁〕の実数値の欄に記入します。この実数値が右の下限値以下又は上限値以上である場合、ポイントの欄には下限値又は上限値を記入します。設例では、実数値26.936が下限値超、上限値未満ですので、ポイントの欄に実数値「26.936」とそのまま記入しましょう。

(4) 絶対的力量

最後に、絶対的力量についての点数を計算してみましょう。絶対的力量の指標は、営業キャッシュフロー、利益剰余金の2指標です。

① 営業キャッシュフロー（X_7）

ア）営業キャッシュフロー＝営業キャッシュフロー÷100,000
（当期と前期の2年平均）

イ）上式の分子の営業キャッシュフローは経常利益＋減価償却実施額－法人税、住民税及び事業税±引当金（貸倒引当金）増減額　売掛債権（受取手形＋完成工事未収入金）増減額±仕入債

務（支払手形＋工事未払金）増減額　棚卸資産（未成工事支出金＋材料貯蔵品）増減額±受入金（未成工事受入金）増減額

増減額については当期の数値と前期の数値の差を求めることとなります。

ウ）それでは、営業キャッシュフローを計算してみましょう。計算にあたっては小数点以下第２位未満の端数を四捨五入します。

（当期における増減額）

貸倒引当金増減額（当期）

＝1,470（⑤）－3,130（㉖）＝－1,660……㊸

※貸倒引当金のマイナス符号を除外して計算する。

売掛債権増減額（当期）

＝受取手形(当期)＋完成工事未収入金(当期)－(受取手形(前期)＋完成工事未収入金(前期))

＝26,258（①）＋20,659（②）－(32,576（㉒）＋29,984（㉓）)＝－15,643……㊹

仕入債務増減額（当期）

＝支払手形(当期)＋工事未払金(当期)－(支払手形(前期)＋工事未払金(前期))

＝100,119（⑧）＋115,722（⑨）－(135,318（㉘）＋95,607（㉙）)＝－15,084……㊺

棚卸資産増減額（当期）

＝未成工事支出金(当期)＋材料貯蔵品(当期)－(未成工事支出金(前期)＋材料貯蔵品(前期))

＝437,816（③）＋22,179（④）－(393,665（㉔）＋19,239（㉕）)＝47,091……㊻

未成工事受入金増減額（当期）

＝470,992（⑩）－238,436（㉚）＝232,556……㊼

（前期における増減額）

貸倒引当金増減額（前期）

㉖　㉗
＝3,130－2,300＝830……㊽

売掛債権増減額（前期）

＝受取手形(前期)＋完成工事未収入金(前期)－(受取手形(前々期)
　＋完成工事未収入金(前々期))

㉒　㉓　㉝　㉞
＝32,576＋29,984－(17,435＋28,539)＝16,586……㊾

仕入債務増減額（前期）

＝支払手形(前期)＋工事未払金(前期)－(支払手形(前々期)＋工事未払金(前々期))

㉘　㉙　㊳　㊴
＝135,318＋95,607－(105,275＋63,860)＝61,790……㊿

棚卸資産増減額（前期）

＝未成工事支出金(前期)＋材料貯蔵品(前期)－(未成工事支出金(前々期)＋材料貯蔵品(前々期))

㉔　㉕　㉟　㊱
＝393,665＋19,239－(409,483＋19,936)＝－16,515……51

未成工事受入金増減額（前期）

㉚　㊵
＝238,436－234,583＝3,853……52

○営業キャッシュ・フロー（当期）

＝経常利益(当期)＋当期減価償却実施額－法人税住民税及び事業税(当期)±貸倒引当金増減額(当期)±売掛債権増減額(当期)±仕入債務増減額(当期)±棚卸資産増減額(当期)±未成工事受入金増減額(当期)

⑳　㊶　㉑　㊸　㊹
＝ 106,925 ＋ 10,000 － 45,000 ＋(－1,660)－(－15,643)＋

㊺　㊻　㊼
(－15,084)－(47,091)＋(232,556)＝256,289……53

※それぞれの増減額の営業キャッシュ・フローにおける加減算は次のとおり。

(＋) キャッシュ・フローにプラス	引当金・仕入債務・未成工事受入金
(－) キャッシュ・フローにマイナス	売掛債権・棚卸資産

○営業キャッシュ・フロー（前期）

＝経常利益(前期)＋前期減価償却実施額－法人税住民税及び事業税(前期)±貸倒引当金増減額(前期)±売掛債権増減額(前期)±仕入債務増減額(前期)±棚卸資産増減額(前期)±未成工事受入金増減額(前期)

＝ 100,539㉛ ＋ 10,000㊷ － 42,000㉜ ＋(830)㊽ －(16,586)㊾ ＋(61,790)㊿ －(－16,515)(51)＋(3,853)(52)＝134,941……(54)

●営業キャッシュ・フロー

＝((営業キャッシュ・フロー(当期)÷100,000)＋(営業キャッシュ・フロー(前期)÷100,000))÷2

＝((256,289(53)÷100,000)＋(134,941(54)÷100,000))÷2＝1.956

エ）営業キャッシュ・フローの集計結果を「経営状況の評点」〔277頁〕の実数値の欄に記入します。この実数値が右の下限値以下又は上限値以上である場合、ポイント欄には下限値又は上限値を記入します。設例では、実数値1.956が下限値超、上限値未満ですので、ポイントの欄に実数値「1.956」とそのまま記入しましょう。

② 利益剰余金（X_8）

ア）利益剰余金＝利益剰余金÷100,000

イ）「利益剰余金」は、貸借対照表の純資産の部の項目であり、設例では318,980千円がこれにあたります。

ウ）それでは利益剰余金を計算してみましょう。計算にあたっては、小数点以下第２位未満の端数を四捨五入します。

利益剰余金実数値＝318,980÷100,000＝3.190

エ）利益剰余金実数値の計算結果を「経営状況の評点」〔277頁〕の実数値の欄に記入します。この実数値が右の下限値以下又は上限値以上である場合、ポイントの欄には下限値又は上限値を記入します。設例では実数値3.190が下限値超、上限値未満ですので、ポイントの欄に実数値「3.190」をそのまま記入しましょう。

⑸　経営状況の評点

これまでに計算してきた負債抵抗力、収益性効率性、財務健全性、絶対的力量の8指標を用いて、経営状況分析全体の評点を求めます。

① 最初に、次の算式により経営状況点数（A）を求めます。計算にあたっては、小数点以下第2位未満の端数を四捨五入して下さい。

経営状況点数（A）$=-0.4650\times X_1-0.0508\times X_2+0.0264\times X_3+0.0277\times X_4+0.0011\times X_5+0.0089\times X_6+0.0818\times X_7+0.0172\times X_8+0.1906=0.44$

② 次に、次の算式により経営状況の評点（Y）を求めます。計算にあたっては、小数点未満の端数を四捨五入して下さい。

経営状況の評点（Y）$=167.3\times A+583$

設例の数値を利用して計算しますと、

経営状況の評点（Y）$=167.3\times 0.44+583$

$=657$

それでは、総合評定値（P）の算定式〔249頁〕のYの欄に「657」と記入しましょう。

4　技術力の評点（Z）

技術力の評点は建設工事の種類別に技術職員数の点数（Z_1）と年間平均元請完成工事高の点数（Z_2）を４：１の比率で合算したものとなります。

⑴　技術職員数の点数（Z_1）

建設工事の種類別に「技術職員名簿」〔175頁〕の有資格区分コードをもとにして「業種別技術職員コード表」〔279～282頁〕の配点から技術職員数値を計算します。そして、この技術職員数値から別表４〔278頁〕を用いて、技術職員数の点数（Z_1）を求めます。このように、技術職員数の審査については、経営事項審査を申請した建設工事の種類別に行うこととなります。従って、例えば、土木一式工事で経営事項審査を申請した場合には、大工の技術者は審査対象とはなりません。

それでは、設例を用いて、土木一式工事について、技術職員数の評点（Z_1）を求めてみましょう。技術職員名簿に記載されている各技術者は、「業種別技術職員コード表」〔279～282頁〕に従って、６点、５点、３点、２点又は１点の配点を有しています。設例では、１級監理技術者（４人）×６点＋１級技術者（３人）×５＋基幹技能者（０人）×３点＋２級技術者（６人）×２点＋その他（２人）×１点＝53点となります。これは別表４の50以上65未満に該当することから、該当するテーブルの数式に当てはめて計算すると62×53÷15＋742＝961（小数点以下切捨て）となります。

⑵　元請完成工事高の点数（Z_2）

許可を受けた建設業に係る建設工事の種類（許可28業種）ごとに、直前２年又は直前３年の平均元請完成工事高を算出し、この数値を別表５〔283頁〕に当てはめて元請完成工事高の点数（Z_2）を求めます。なお、「工事種類別完成工事高（X_1）」において直前２

年を選択した場合は「元請完成工事高」も2年、直前3年を選択した場合は元請完成工事高も3年といったように、「工事種類別完成工事高」と「工事種類別元請完成工事高」の平均値の取り方は統一する必要があります。

それでは、設例を用いて、土木一式工事について、元請完成工事高（Z_2）を求めてみましょう。設例では、「元請完成工事高計上基準の区分」が3年平均で、土木一式工事の審査対象事業年度の元請完成工事高が534,193千円、審査対象事業年度の前審査対象事業年度及び前々審査対象事業年度の平均の元請完成工事高が589,818千円ですから、土木一式工事の年間平均元請完成工事高は（589,818千円×2＋534,193千円）÷3＝571,276千円（小数点以下四捨五入）となり、この数値は別表5〔283頁〕の5億円以上6億円未満に該当することから、該当するテーブルの算式に当てはめて計算すると、36×571,276÷100,000＋911＝1,116（小数点以下切捨）となります。

⑶　技術力の評点

これまでに計算してきた技術職員の点数と元請完成工事高の点数を用いて技術力の評点を求めます。

次の算式により技術力の評点を求めます。計算にあたっては、小数点以下は切捨て下さい。

技術力の評点＝技術職員の点数×4/5＋工種別元請完成工事高の点数×1/5＝961×4/5＋1,116×1/5＝992

それでは、総合評定値（P）の算定式〔249頁〕のZの欄に「992」と記入しましょう。

5　その他の審査項目（社会性等）の評点（W）

その他の審査項目（社会性等）は、労働福祉の状況（W_1）、建設業の営業継続の状況（W_2）、防災活動への貢献の状況（W_3）、法令遵守の状況（W_4）、建設業の経理に関する状況（W_5）、研究開発の状況（W_6）、建設機械の保有状況（W_7）、国際標準化機構が定めた規格による登録の状況（W_8）、若年の技術者及び技能労働者の育成及び確保の状況（W_9）からなり、それぞれについて審査が行われ、点数が付けられた後、これらを合わせたその他の審査項目としての評点が下記式に基づいて与えられます。

評点W＝A（W_1〜W_9の点数の合計）×10×190／200

⑴　労働福祉の状況

ア）労働福祉の状況の点数＝Y_1×15－Y_2×40を計算します。

Y_1＝(d)〜(f)の各項目のうち加入又は導入をしているとされたものの数

Y_2＝(a)〜(c)の各項目のうち加入をしていないとされたものの数

（労働福祉の状況の審査項目）

(a)　雇用保険加入の有無

(b)　健康保険加入の有無

(c)　厚生年金保険加入の有無

(d)　建設業退職金共済組合加入の有無

(e)　退職一時金制度又は企業年金制度導入の有無

(f)　法定外労働災害補償制度加入の有無

イ）具体的には、「経営規模等評価申請書・総合評定値請求書」の別紙三「その他の審査項目（社会性等）」〔182、183頁〕の「労働福祉の状況」の記載に基づいて計算します。

ウ）設例では、建設業退職金共済組合に加入し、退職一時金制度・企業年金制度を導入しており、法定外労働災害補償制度加入もしているので、Y_1は3となります。また、雇用保険にも、健康保険及び厚生年金保険にも加入していますので、Y_2は0となります。

労働福祉の状況の評点$=Y_1\times15-Y_2\times40$

$=3\times15-0\times40$

$=45$点

設例の労働福祉の状況の評点は、「45」となります。

⑵　建設業の営業継続の状況

①　営業年数

ア）営業年数の点数については、別表6〔284頁〕を用いて点数が与えられます。

イ）「営業年数」は、「その他の審査項目（社会性等）」〔182、183頁〕の「営業年数」のカラムに記入した数値を用います。

ウ）設例では、「営業年数」は、60年ですので、「営業年数点数表」別表6〔284頁〕を用いて点数を求めると、営業年数の点数は、60点であることがわかります。

②　民事再生法又は会社更生法の適用の有無

ア）民事再生法又は会社更生法の適用の有無については、平成23年4月1日以降の申立てに係る再生手続開始の決定又は更生手続開始の決定を受け、かつ、審査基準日以前に当該手続終結の決定を受けていない場合に、「−60点」の減点〔別表7：285頁〕となります。

イ）設例では、民事再生法又は会社更生法の適用を受けていませんので、減点はありません。

⑶　防災活動への貢献の状況

ア）国、特殊法人等（公共工事の入札及び契約の適正化の促進に関する法律（平成12年法律第127号）第2条第1項に規定する特殊法人等をいう。別表参照）又は地方公共団体と、災害時における建設業者の防災活動について定めた防災協定を締結している建設業者は、評点20点となります〔別表8：285頁〕。その他の業者の評点は0点となります。

イ）防災協定締結の有無は、「経営規模等評価申請書・総合評定値請求書」の別紙三「その他の審査項目（社会性等）」〔182、183頁〕の記載に基づいて判定します。

ウ）設例では、防災協定を締結していますので、防災活動への貢献の状況の評点は20点となります。

⑷　法令遵守の状況

ア）審査対象年に建設業法第28条の規定により指示処分を受けた場合には15点の減点となり、営業の一部又は全部の停止処分を受けた場合には30点の減点となります〔別表９：286頁〕。

イ）設例では、処分を受けていませんので、減点はありません。

⑸　建設業の経理の状況

①　監査の受審状況

ア）会計監査人設置で20点、会計参与設置で10点、社内実務責任者による経理処理の適正を確認した旨の書類の提出で２点の加算となります〔別表10：286頁〕。

イ）設例では、会計監査人の設置、会計参与の設置、経理処理の適正を確認した旨の書類の提出いずれにも該当しないので、加点はありません。

②　公認会計士等数

ア）公認会計士等数値を次の算式により求めます。

公認会計士等数値＝公認会計士等の数×１＋
２級登録経理試験合格者の数×0.4

なお、「公認会計士等」には、審査基準日における公認会計士、会計士補、税理士及びこれらとなる資格を有する者並びに１級登録経理試験の１級試験に合格した者が該当します。また、平成17年度までに実施された建設業経理事務士検定試験の１級または２級の合格者については、それぞれ「登録経理試験」の１級または２級に合格した者とみなされ、引き続き加点対象となります。

イ）「公認会計士等の数」、「２級登録経理試験合格者の数」は、

「経営規模等評価申請書・総合評定値請求書」の別紙三「その他の審査項目（社会性等)」に記載されている数値を用います。

ウ）次に、「公認会計士等数点数表」〔別表11：287頁〕を用いて、申請者の年間平均完成工事高と公認会計士等数値に対応する建設業経理事務士等の点数を求めます。

エ）設例では、「公認会計士等の数」が０、「２級登録経理試験合格者の数」が１ですので、公認会計士等数値は、次のようになります。

公認会計士等数値＝０×１＋１×0.4

＝0.4

オ）次に、設例では、年間平均完成工事高が1,225,397千円であるので、「公認会計士等数点数表」〔別表11：287頁〕の「年間平均完成工事高」欄の「10億円以上40億円未満」の欄を横に見て、「公認会計士等数値＝0.4」が該当するコマを探します。「0.4以上0.8未満」と記載されているコマがこれに該当するので、そのまま、上の欄を見ると、「２点」となり、これが公認会計士等数の点数となります。

⑹　研究開発の状況

ア）審査対象年と前審査対象年における研究開発費の平均額を研究開発費評点表〔別表12：287頁〕に当てはめて評価されます。但し、評価対象となる会社は会計監査人設置会社のみとなります。

イ）設例では、研究開発費が０円であるとともに、会計監査人設置会社ではありませんので、審査対象外となります。

⑺　建設機械の保有状況

ア）建設機械とは、建設機械抵当法施行令（昭和29年政令第294号）別表に規定するショベル系掘削機、ブルドーザー、トラクターショベル及びモーターグレーダー、土砂等を運搬する大型自動車による交通事故の防止等に関する特別措置法（昭和42年法律第131号）第２条第２項に規定する大型自動車（以下「大型自動車」という。）のうち、同法第３条第１項第２号に規定する経営する事業の種類として建設業を届け出、かつ、同項又は同条第３項の規定による表示番号の指定を受けているもの、大型自動車のうち、土砂等を運搬する大型自動車による交通事故の防止等に関する特別措置法施行規則（昭和42年運輸省令第86号）第５条第１項に規定する表示番号指定申請書（記載事項に変更があった場合においては、同条第２項に規定する申請事項変更届出書）に主として経営する事業の種類が建設業である旨を記載し、かつ、同法第３条第２項の規定による表示番号の指定を受けているもの（以下「大型ダンプ車」という。）並びに労働安全衛生法施行令（昭和47年政令第318号）第12条第１項第４号に規定するつり上げ荷重が３トン以上の移動式クレーンを対象とします。

イ）建設機械の保有状況は、審査基準日において、建設機械を自ら所有している場合又は審査基準日から１年７か月以上の使用期間が定められている賃貸借契約（リース契約等）を締結している場合に、その合計台数に応じて別表13〔289頁〕を用いて点数が与えられます。

ウ）設例では、建設機械を10台保有していますので、13点の加点となります。

⑻　国際標準化機構が定めた規格による登録の状況

ア）審査基準日において、財団法人日本適合性認定協会又は同協会と相互認証している認定機関に認定されている審査登録機関によって国際標準化機構第9001号（ISO9001）又は第14001号（ISO14001）の規格による登録を受けている場合に、加点します〔別表14：290頁〕。ただし、認証範囲に建設業が含まれていない場合及び認証範囲が一部の支店等に限られている場合には、加点対象とはなりません。

イ）設例では、ISO9001及びISO14001の認証登録を受けていますので、10点の加点となります。

⑼ 若年の技術者及び技能労働者の育成及び確保の状況

ア）審査基準日における若年技術職員（満35歳未満の技術職員）が技術職員の人数の合計の15％以上の場合、１点を加点評価します。〔別表15：291頁〕

イ）加えて、審査基準日から遡って１年以内に新たに技術職員となった若年技術職員の人数が審査基準日における技術職員の人数の合計の１％以上の場合、１点を加点評価します。〔別表16：291頁〕

ウ）設例では、技術職員数19人、若年技術職員数４人ですので、

4 ÷19×100＝21.05………〔％〕

となり、15％以上に該当し、１点の加点となります。

エ）また、技術職員数19人、新規若年技術職員数１人ですので、

1 ÷19×100＝5.26………〔％〕

となり、１％以上に該当し、１点の加点になります。

オ）以上を合計し、若年の技術者及び技能労働者の育成及び確保の状況については２点の加点となります。

⑽ その他の審査項目（社会性等）の評価

これまでに計算してきた労働福祉の状況、営業年数、防災活動への貢献、法令遵守の状況、建設業の経理の状況、研究開発の状況を用いて、その他の審査項目（社会性等）の評点を求めます。

$A = W_1 + W_2 + W_3 + W_4 + W_5 + W_6 + W_7 + W_8 + W_9 = 45 + 60 + 20 + 0 + 2 + 0 + 13 + 10 + 2 = 152$

$W = A \times 10 \times 190 / 200 = 152 \times 10 \times 190 / 200 = 1,444$

それでは、総合評定値の算定式（P）〔249頁〕のWの欄に「1,444」を記入しましょう。

6　総合評定値

それでは、総合評定値を計算してみましょう。本章の最初に説明した算式にこれまで計算してきた結果を入れてみましょう。

$P = 0.25X_1\boxed{935} + 0.15X_2\boxed{801} + 0.20Y\boxed{657} + 0.25Z\boxed{992}$
$\quad + 0.15W\boxed{1,444}$
$= 950$

また、これまでの計算結果を「経営規模等評価通知書・総合評定値通知書」に記入してみましょう。

別表1　X_1（完成工事高）

X_1の評点は、許可を受けた建設業の種類毎の直前2年又は直前3年の年間平均完成工事高を以下のテーブル表に当てはめて求める。

ただし、建設業の種類毎に直前2年又は直前3年の年間平均完成工事高を選択することはできず、すべて同一の方法によらなければならない。

区分	許可を受けた建設業に係る建設工事の種類別年間平均完成工事高		評　点
(1)	1,000億円以上		2,309
(2)	800億円以上	1,000億円未満	114×（年間平均完成工事高）÷20,000,000＋1,739
(3)	600億円以上	800億円未満	101×（年間平均完成工事高）÷20,000,000＋1,791
(4)	500億円以上	600億円未満	88×（年間平均完成工事高）÷10,000,000＋1,566
(5)	400億円以上	500億円未満	89×（年間平均完成工事高）÷10,000,000＋1,561
(6)	300億円以上	400億円未満	89×（年間平均完成工事高）÷10,000,000＋1,561
(7)	250億円以上	300億円未満	75×（年間平均完成工事高）÷5,000,000＋1,378
(8)	200億円以上	250億円未満	76×（年間平均完成工事高）÷5,000,000＋1,373
(9)	150億円以上	200億円未満	76×（年間平均完成工事高）÷5,000,000＋1,373
(10)	120億円以上	150億円未満	64×（年間平均完成工事高）÷3,000,000＋1,281
(11)	100億円以上	120億円未満	62×（年間平均完成工事高）÷2,000,000＋1,165
(12)	80億円以上	100億円未満	64×（年間平均完成工事高）÷2,000,000＋1,155
(13)	60億円以上	80億円未満	50×（年間平均完成工事高）÷2,000,000＋1,211
(14)	50億円以上	60億円未満	51×（年間平均完成工事高）÷1,000,000＋1,055
(15)	40億円以上	50億円未満	51×（年間平均完成工事高）÷1,000,000＋1,055
(16)	30億円以上	40億円未満	50×（年間平均完成工事高）÷1,000,000＋1,059
(17)	25億円以上	30億円未満	51×（年間平均完成工事高）÷500,000＋903
(18)	20億円以上	25億円未満	39×（年間平均完成工事高）÷500,000＋963
(19)	15億円以上	20億円未満	36×（年間平均完成工事高）÷500,000＋975
(20)	12億円以上	15億円未満	38×（年間平均完成工事高）÷300,000＋893
(21)	10億円以上	12億円未満	39×（年間平均完成工事高）÷200,000＋811
(22)	8億円以上	10億円未満	38×（年間平均完成工事高）÷200,000＋816
(23)	6億円以上	8億円未満	25×（年間平均完成工事高）÷200,000＋868
(24)	5億円以上	6億円未満	25×（年間平均完成工事高）÷100,000＋793
(25)	4億円以上	5億円未満	34×（年間平均完成工事高）÷100,000＋748
(26)	3億円以上	4億円未満	42×（年間平均完成工事高）÷100,000＋716
(27)	2億5,000万円以上	3億円未満	24×（年間平均完成工事高）÷50,000＋698
(28)	2億円以上	2億5,000万円未満	28×（年間平均完成工事高）÷50,000＋678
(29)	1億5,000万円以上	2億円未満	34×（年間平均完成工事高）÷50,000＋654
(30)	1億2,000万円以上	1億5,000万円未満	26×（年間平均完成工事高）÷30,000＋626
(31)	1億円以上	1億2,000万円未満	19×（年間平均完成工事高）÷20,000＋616
(32)	8,000万円以上	1億円未満	22×（年間平均完成工事高）÷20,000＋601
(33)	6,000万円以上	8,000万円未満	28×（年間平均完成工事高）÷20,000＋577
(34)	5,000万円以上	6,000万円未満	16×（年間平均完成工事高）÷10,000＋565
(35)	4,000万円以上	5,000万円未満	19×（年間平均完成工事高）÷10,000＋550
(36)	3,000万円以上	4,000万円未満	24×（年間平均完成工事高）÷10,000＋530
(37)	2,500万円以上	3,000万円未満	13×（年間平均完成工事高）÷5,000＋524
(38)	2,000万円以上	2,500万円未満	16×（年間平均完成工事高）÷5,000＋509
(39)	1,500万円以上	2,000万円未満	20×（年間平均完成工事高）÷5,000＋493
(40)	1,200万円以上	1,500万円未満	14×（年間平均完成工事高）÷3,000＋483
(41)	1,000万円以上	1,200万円未満	11×（年間平均完成工事高）÷2,000＋473
(42)		1,000万円未満	131×（年間平均完成工事高）÷10,000＋397

注）評点に小数点以下の端数がある場合は、これを切り捨てる。

別表２　X_{21}（自己資本額）

自己資本額の点数（X_{21}）は、自己資本の額（＝純資産合計の額）又は平均自己資本額（２期平均）を以下のテーブル表に当てはめて求める。

ただし、自己資本の額が０円に満たない場合は０円とみなす。

区分	自己資本の額又は平均自己資本額		点　数
(1)	3,000億円以上		2114
(2)	2,500億円以上	3,000億円未満	63×（自己資本額）÷50,000,000＋1,736
(3)	2,000億円以上	2,500億円未満	73×（自己資本額）÷50,000,000＋1,686
(4)	1,500億円以上	2,000億円未満	91×（自己資本額）÷50,000,000＋1,614
(5)	1,200億円以上	1,500億円未満	66×（自己資本額）÷30,000,000＋1,557
(6)	1,000億円以上	1,200億円未満	53×（自己資本額）÷20,000,000＋1,503
(7)	800億円以上	1,000億円未満	61×（自己資本額）÷20,000,000＋1,463
(8)	600億円以上	800億円未満	75×（自己資本額）÷20,000,000＋1,407
(9)	500億円以上	600億円未満	46×（自己資本額）÷10,000,000＋1,356
(10)	400億円以上	500億円未満	53×（自己資本額）÷10,000,000＋1,321
(11)	300億円以上	400億円未満	66×（自己資本額）÷10,000,000＋1,269
(12)	250億円以上	300億円未満	39×（自己資本額）÷5,000,000＋1,233
(13)	200億円以上	250億円未満	47×（自己資本額）÷5,000,000＋1,193
(14)	150億円以上	200億円未満	57×（自己資本額）÷5,000,000＋1,153
(15)	120億円以上	150億円未満	42×（自己資本額）÷3,000,000＋1,114
(16)	100億円以上	120億円未満	33×（自己資本額）÷2,000,000＋1,084
(17)	80億円以上	100億円未満	39×（自己資本額）÷2,000,000＋1,054
(18)	60億円以上	80億円未満	47×（自己資本額）÷2,000,000＋1,022
(19)	50億円以上	60億円未満	29×（自己資本額）÷1,000,000＋989
(20)	40億円以上	50億円未満	34×（自己資本額）÷1,000,000＋964
(21)	30億円以上	40億円未満	41×（自己資本額）÷1,000,000＋936
(22)	25億円以上	30億円未満	25×（自己資本額）÷500,000＋909
(23)	20億円以上	25億円未満	29×（自己資本額）÷500,000＋889
(24)	15億円以上	20億円未満	36×（自己資本額）÷500,000＋861
(25)	12億円以上	15億円未満	27×（自己資本額）÷300,000＋834
(26)	10億円以上	12億円未満	21×（自己資本額）÷200,000＋816
(27)	8億円以上	10億円未満	24×（自己資本額）÷200,000＋801
(28)	6億円以上	8億円未満	30×（自己資本額）÷200,000＋777
(29)	5億円以上	6億円未満	18×（自己資本額）÷100,000＋759
(30)	4億円以上	5億円未満	21×（自己資本額）÷100,000＋744
(31)	3億円以上	4億円未満	27×（自己資本額）÷100,000＋720
(32)	2億5,000万円以上	3億円未満	15×（自己資本額）÷50,000＋711
(33)	2億円以上	2億5,000万円未満	19×（自己資本額）÷50,000＋691
(34)	1億5,000万円以上	2億円未満	23×（自己資本額）÷50,000＋675
(35)	1億2,000万円以上	1億5,000万円未満	16×（自己資本額）÷30,000＋664
(36)	1億円以上	1億2,000万円未満	13×（自己資本額）÷20,000＋650
(37)	8,000万円以上	1億円未満	16×（自己資本額）÷20,000＋635
(38)	6,000万円以上	8,000万円未満	19×（自己資本額）÷20,000＋623
(39)	5,000万円以上	6,000万円未満	11×（自己資本額）÷10,000＋614
(40)	4,000万円以上	5,000万円未満	14×（自己資本額）÷10,000＋599
(41)	3,000万円以上	4,000万円未満	16×（自己資本額）÷10,000＋591
(42)	2,500万円以上	3,000万円未満	10×（自己資本額）÷5,000＋579
(43)	2,000万円以上	2,500万円未満	12×（自己資本額）÷5,000＋569
(44)	1,500万円以上	2,000万円未満	14×（自己資本額）÷5,000＋561
(45)	1,200万円以上	1,500万円未満	11×（自己資本額）÷3,000＋548
(46)	1,000万円以上	1,200万円未満	8×（自己資本額）÷2,000＋544
(47)		1,000万円未満	223×（自己資本額）÷10,000＋361

注）点数に小数点以下の端数がある場合は、これを切り捨てる。

別表3　X_{22}（利益額）

平均利益額の点数（X_{22}）は、利払前税引前償却前利益（営業利益＋減価償却実施額）の2年平均の額を以下のテーブル表に当てはめて求める。

ただし、利払前税引前償却前利益の平均の額が0円に満たない場合は、0円とみなす。

区分	平均利益額		点　数
(1)	300億円以上		2447
(2)	250億円以上	300億円未満	134×（平均利益額）÷5,000,000＋1,643
(3)	200億円以上	250億円未満	151×（平均利益額）÷5,000,000＋1,558
(4)	150億円以上	200億円未満	175×（平均利益額）÷5,000,000＋1,462
(5)	120億円以上	150億円未満	123×（平均利益額）÷3,000,000＋1,372
(6)	100億円以上	120億円未満	93×（平均利益額）÷2,000,000＋1,306
(7)	80億円以上	100億円未満	104×（平均利益額）÷2,000,000＋1,251
(8)	60億円以上	80億円未満	122×（平均利益額）÷2,000,000＋1,179
(9)	50億円以上	60億円未満	70×（平均利益額）÷1,000,000＋1,125
(10)	40億円以上	50億円未満	79×（平均利益額）÷1,000,000＋1,080
(11)	30億円以上	40億円未満	92×（平均利益額）÷1,000,000＋1,028
(12)	25億円以上	30億円未満	54×（平均利益額）÷500,000＋980
(13)	20億円以上	25億円未満	60×（平均利益額）÷500,000＋950
(14)	15億円以上	20億円未満	70×（平均利益額）÷500,000＋910
(15)	12億円以上	15億円未満	48×（平均利益額）÷300,000＋880
(16)	10億円以上	12億円未満	37×（平均利益額）÷200,000＋850
(17)	8億円以上	10億円未満	42×（平均利益額）÷200,000＋825
(18)	6億円以上	8億円未満	48×（平均利益額）÷200,000＋801
(19)	5億円以上	6億円未満	28×（平均利益額）÷100,000＋777
(20)	4億円以上	5億円未満	32×（平均利益額）÷100,000＋757
(21)	3億円以上	4億円未満	37×（平均利益額）÷100,000＋737
(22)	2億5,000万円以上	3億円未満	21×（平均利益額）÷50,000＋722
(23)	2億円以上	2億5,000万円未満	24×（平均利益額）÷50,000＋707
(24)	1億5,000万円以上	2億円未満	27×（平均利益額）÷50,000＋695
(25)	1億2,000万円以上	1億5,000万円未満	20×（平均利益額）÷30,000＋676
(26)	1億円以上	1億2,000万円未満	15×（平均利益額）÷20,000＋666
(27)	8,000万円以上	1億円未満	16×（平均利益額）÷20,000＋661
(28)	6,000万円以上	8,000万円未満	19×（平均利益額）÷20,000＋649
(29)	5,000万円以上	6,000万円未満	12×（平均利益額）÷10,000＋634
(30)	4,000万円以上	5,000万円未満	12×（平均利益額）÷10,000＋634
(31)	3,000万円以上	4,000万円未満	15×（平均利益額）÷10,000＋622
(32)	2,500万円以上	3,000万円未満	8×（平均利益額）÷5,000＋619
(33)	2,000万円以上	2,500万円未満	10×（平均利益額）÷5,000＋609
(34)	1,500万円以上	2,000万円未満	11×（平均利益額）÷5,000＋605
(35)	1,200万円以上	1,500万円未満	7×（平均利益額）÷3,000＋603
(36)	1,000万円以上	1,200万円未満	6×（平均利益額）÷2,000＋595
(37)		1,000万円未満	78×（平均利益額）÷10,000＋547

注）点数に小数点以下の端数がある場合は、これを切り捨てる。

Y（経営状況分析）

Yの評点は、以下の経営状況分析の8指標の数値をもとに『経営状況点数(A)』の算式によって算出した点数を『経営状況の評点(Y)』の算式に当てはめて求める。

経営状況分析の8指標

属性	記号	経営状況分析の指標 {( )内はY評点への寄与度}	算出式	上限値	下限値	実数値	ポイント
負債抵抗力	X_1	純支払利息比率 (29.9%)	(支払利息－受取利息配当金)／売上高×100	5.1 %	−0.3 %		
	X_2	負債回転期間 (11.4%)	(流動負債＋固定負債)／(売上高÷12)	18.0 ヵ月	0.9 ヵ月		
収益性・効率性	X_3	総資本売上総利益率 (21.4%)	売上総利益／※総資本(2期平均)×100	63.6 %	6.5 %		
	X_4	売上高経常利益率 (5.7%)	経常利益／売上高×100	5.1 %	−8.5 %		
財務健全性	X_5	自己資本対固定資産比率 (6.8%)	自己資本／固定資産×100	350.0 %	−76.5 %		
	X_6	自己資本比率 (14.6%)	自己資本／総資本×100	68.5 %	−68.6 %		
絶対的力量	X_7	営業キャッシュ・フロー (5.7%)	営業キャッシュ・フロー／1億※(2年平均)	15.0 億円	−10.0 億円		
	X_8	利益剰余金 (4.4%)	利益剰余金／1億	100.0 億円	−3.0 億円		

注）・X_1及びX_2については、数値が小さいほど評点に対してプラスの影響を及ぼす指標。
・X_3については、総資本を2期平均とし、さらにその平均の額が3,000万円未満の場合は3,000万円とみなして計算する。また、個人の場合は、売上総利益を完成工事総利益と読み替える。
・X_4について、個人の場合は、経常利益を事業主利益と読み替える。
・X_7については、営業キャッシュ・フローの額を1億で除した数値の2年平均とする。
【営業キャッシュ・フローの計算】
営業キャッシュ・フロー＝経常利益＋減価償却実施額－法人税、住民税及び事業税±引当金（貸倒引当金）増減額∓売掛債権（受取手形＋完成工事未収入金）増減額±仕入債務（支払手形＋工事未払金）増減額∓棚卸資産（未成工事支出金＋材料貯蔵品）増減額±受入金（未成工事受入金）増減額
・X_8について、個人の場合は、利益剰余金を純資産合計と読み替える。
・X_1～X_8の数値について、小数点以下3位未満の端数があるときは、これを四捨五入する。

経営状況点数(A)＝$-0.4650\times X_1-0.0508\times X_2+0.0264\times X_3+0.0277\times X_4+0.0011\times X_5+0.0089\times X_6+0.0818\times X_7+0.0172\times X_8+0.1906$

※小数点以下2位未満の端数があるときは、これを四捨五入する。

経営状況の評点(Y)＝$167.3\times A+583$（最高点1595点、最低点0点）

※小数点以下の端数があるときは、これを四捨五入する。

別表4　Z_1（技術職員数）

(1)　技術職員の数（Z_1）

技術職員の数の点数（Z_1）は、許可を受けた建設業の種類毎に次の算式により「技術職員数値」を算出し、当該数値を以下のテーブル表に当てはめて求める。

技術職員数値＝１級監理受講者数×６＋１級技術者数×５＋基幹技能者数×３＋２級技術者数×２＋その他技術者数×１

区分	技術職員数値		点　数
(1)	15,500以上		2335
(2)	11,930以上	15,500未満	62×（技術職員数値）÷3,570＋2,065
(3)	9,180以上	11,930未満	63×（技術職員数値）÷2,750＋1,998
(4)	7,060以上	9,180未満	62×（技術職員数値）÷2,120＋1,939
(5)	5,430以上	7,060未満	62×（技術職員数値）÷1,630＋1,876
(6)	4,180以上	5,430未満	63×（技術職員数値）÷1,250＋1,808
(7)	3,210以上	4,180未満	63×（技術職員数値）÷970＋1,747
(8)	2,470以上	3,210未満	62×（技術職員数値）÷740＋1,686
(9)	1,900以上	2,470未満	62×（技術職員数値）÷570＋1,624
(10)	1,460以上	1,900未満	63×（技術職員数値）÷440＋1,558
(11)	1,130以上	1,460未満	63×（技術職員数値）÷330＋1,488
(12)	870以上	1,130未満	62×（技術職員数値）÷260＋1,434
(13)	670以上	870未満	63×（技術職員数値）÷200＋1,367
(14)	510以上	670未満	62×（技術職員数値）÷160＋1,318
(15)	390以上	510未満	63×（技術職員数値）÷120＋1,247
(16)	300以上	390未満	62×（技術職員数値）÷90＋1,183
(17)	230以上	300未満	63×（技術職員数値）÷70＋1,119
(18)	180以上	230未満	62×（技術職員数値）÷50＋1,040
(19)	140以上	180未満	62×（技術職員数値）÷40＋984
(20)	110以上	140未満	63×（技術職員数値）÷30＋907
(21)	85以上	110未満	63×（技術職員数値）÷25＋860
(22)	65以上	85未満	62×（技術職員数値）÷20＋810
(23)	50以上	65未満	62×（技術職員数値）÷15＋742
(24)	40以上	50未満	63×（技術職員数値）÷10＋633
(25)	30以上	40未満	63×（技術職員数値）÷10＋633
(26)	20以上	30未満	62×（技術職員数値）÷10＋636
(27)	15以上	20未満	63×（技術職員数値）÷5＋508
(28)	10以上	15未満	62×（技術職員数値）÷5＋511
(29)	5以上	10未満	63×（技術職員数値）÷5＋509
(30)		5未満	62×（技術職員数値）÷5＋510

注）点数に小数点以下の端数がある場合は、これを切り捨てる。

業種別技術職員コード表

（◎は5点　○は2点　△は1点）

区分	コード	技術職員区分 1級	基幹技能者	2級	その他	資格区分〔資格の取得後に必要な実務経験年数〕	土	PC	建	大	左	と	法	石	屋	電	管	タ	鋼	橋	筋	舗	し	板	ガ	塗	防	内	機	絶	通	園	井	具	水	消	清	解
	001				○	法第7条第2号イ該当（指定学科卒業後3又は5年の実務経験）	※2業種以内に限り1点ずつ配点します。																															
	002				○	法第7条第2号ロ該当（10年の実務経験）	同　上																															
	003				○	法第15条第2号ハ該当（同号イと同等以上）〔大臣認定者〕	同　上（ただし指定建設業（土・建・電・管・鋼・舗・園）に限る。）																															
	004				○	法第15条第2号ハ該当（同号ロと同等以上）〔大臣認定者〕	同　上（ただし指定建設業（土・建・電・管・鋼・舗・園）に限る。）																															
建設業法	111	○				1級建設機械施工技士	◎	◎				◎	◎									◎																
建設業法	11A	○				1級建設機械施工技士（附則第4条該当）	◎	◎				◎	◎									◎																◎
建設業法	212			○		2級建設機械施工技士（第1種～第6種）	○	○				○	○									○																
建設業法	21B			○		2級建設機械施工技士（第1種～第6種）（附則第4条該当）	○	○				○	○									○																○
建設業法	113	○				1級土木施工管理技士	◎	◎				◎	◎	◎					◎	◎		◎	◎			◎									◎			◎
建設業法	11C	○				1級土木施工管理技士（附則第4条該当）	◎	◎				◎	◎	◎					◎	◎		◎	◎			◎									◎			◎
建設業法	214			○		2級土木施工管理技士　種別　土木	○	○				○	○	○					○	○		○	○												○			○
建設業法	21D			○		2級土木施工管理技士　種別　土木（附則第4条該当）	○	○				○	○	○					○	○		○	○												○			○
建設業法	215			○		2級土木施工管理技士　種別　鋼構造物塗装																				○												
建設業法	216			○		2級土木施工管理技士　種別　薬液注入						○	○																									
建設業法	21E			○		2級土木施工管理技士　種別　薬液注入（附則第4条該当）						○	○																									○
建設業法	120	○				1級建築施工管理技士			◎	◎	◎	◎	◎	◎	◎			◎	◎	◎	◎			◎	◎	◎	◎	◎		◎				◎				◎
建設業法	12A	○				1級建築施工管理技士（附則第4条該当）			◎	◎	◎	◎	◎	◎	◎			◎	◎	◎	◎			◎	◎	◎	◎	◎		◎				◎				◎
建設業法	221			○		2級建築施工管理技士　種別　建築			○																													○
建設業法	222			○		2級建築施工管理技士　種別　躯体				○		○	○					○	○	○	○																	○
建設業法	22B			○		2級建築施工管理技士　種別　躯体（附則第4条該当）				○		○	○					○	○	○	○																	○
建設業法	223			○		2級建築施工管理技士　種別　仕上げ				○	○			○	○			○						○	○	○	○	○		○				○				
建設業法	127	○				1級電気工事施工管理技士										◎																						
建設業法	228			○		2級電気工事施工管理技士										○																						
建設業法	129	○				1級管工事施工管理技士											◎																					
建設業法	230			○		2級管工事施工管理技士											○																					
建設業法	131	○				1級電気通信工事施工管理技士																									◎							
建設業法	232			○		2級電気通信工事施工管理技士																									○							
建設業法	133	○				1級造園施工管理技士																										◎						
建設業法	234			○		2級造園施工管理技士																										○						
建築士法	137	○				1級建築士			◎	◎					◎			◎	◎	◎								◎										
建築士法	238			○		2級建築士			○	○					○			○										○										
建築士法	239			○		木造建築士			○																													
技術士法	141	○				建設・総合技術監理（建設）	◎	◎				◎	◎			◎						◎	◎									◎						◎
技術士法	14A	○				建設・総合技術監理（建設）（附則第4条該当）	◎	◎				◎	◎			◎						◎	◎									◎						◎
技術士法	142	○				建設「鋼構造及びコンクリート」・総合技術監理（建設「鋼構造物及びコンクリート」）	◎	◎				◎	◎			◎			◎	◎		◎	◎									◎						◎
技術士法	14B	○				建設「鋼構造及びコンクリート」・総合技術監理（建設「鋼構造物及びコンクリート」）（附則第4条該当）	◎	◎				◎	◎			◎			◎	◎		◎	◎									◎						◎
技術士法	143	○				農業「農業土木」・総合技術監理（農業「農業土木」）	◎	◎				◎	◎																									
技術士法	14C	○				農業「農業土木」・総合技術監理（農業「農業土木」）（附則第4条該当）	◎	◎				◎	◎																									◎
技術士法	144	○				電気電子・総合技術監理（電気電子）										◎															◎							
技術士法	145	○				機械・総合技術監理（機械）																							◎									

	コード	技術職員区分 1級	基幹技能者	2級	その他	資格区分	〔資格の取得後に必要な実務経験年数〕	土	PC	建	大	左	と	法	石	屋	電	管	タ	鋼	橋	筋	ほ	し	板	ガ	塗	防	内	機	絶	通	園	井	具	水	消	清	解
技術士法	146	○				機械「流体工学」又は「熱工学」・総合技術監理（機械「流体工学」又は「熱工学」）												◎												◎									
	147	○				上下水道・総合技術監理（上下水道）												◎																			◎			
	148	○				上下水道「上水道及び工業用水道」・総合技術監理（上下水道「上水道及び工業用水道」）												◎																◎		◎			
	149	○				水産「水産土木」・総合技術監理（水産「水産土木」）		◎	◎				◎	◎											◎															
	14D	○				（附則第4条該当）		◎	◎				◎	◎											◎															◎
	150	○				森林「林業」・総合技術監理（森林「林業」）																											◎						
	151	○				森林「森林土木」・総合技術監理（森林「森林土木」）		◎	◎				◎	◎																				◎						
	15A	○				（附則第4条該当）		◎	◎				◎	◎																				◎						◎
	152	○				衛生工学・総合技術監理（衛生工学）												◎																					
	153	○				衛生工学「水質管理」・総合技術監理（衛生工学「水質管理」）												◎																			◎			
	154	○				衛生工学「廃棄物管理」・総合技術監理（衛生工学「廃棄物管理」）												◎																			◎		◎	
電気工事士法 電気事業法	155			○		第1種電気工事士											○																						
	256				○	第2種電気工事士	〔3年〕										△																						
	258				○	電気主任技術者（第1種～第3種）	〔5年〕										△																						
電気通信事業法	259				○	電気通信主任技術者	〔5年〕																									△							
水道法	265				○	給水装置工事主任技術者	〔1年〕											△																					
消防法	168			○		甲種消防設備士																															○		
	169			○		乙種消防設備士																															○		
職業能力開発促進法	171			○		建築大工（1級）					○																												
	271				○	〃　（2級）	〔3年〕				△																												
	164			○		型枠施工（1級）					○		○	○																									
	264				○	〃　（2級）	〔3年〕				△		△	△																									
	16B			○		型枠施工（1級）（附則第4条該当）					○		○	○																									○
	26B				○	〃　（2級）（附則第4条該当）	〔3年〕				△		△	△																									△
	172			○		左官（1級）					○																												
	272				○	〃　（2級）	〔3年〕				△																												
	157			○		とび・とび工（1級）							○	○																									○
	257				○	〃　〃　（2級）	〔3年〕						△	△																									△
	15B			○		とび・とび工（1級）（附則第4条該当）							○	○																									○
	25B				○	〃　〃　（2級）（附則第4条該当）	〔3年〕						△	△																									△
	173			○		コンクリート圧送施工（1級）							○	○																									
	273				○	〃　（2級）	〔3年〕						△	△																									
	17A			○		コンクリート圧送施工（1級）（附則第4条該当）							○	○																									○
	27A				○	〃　（2級）（附則第4条該当）	〔3年〕						△	△																									△
	166			○		ウェルポイント施工（1級）							○	○																									
	266				○	〃　（2級）	〔3年〕						△	△																									
	16C			○		ウェルポイント施工（1級）（附則第4条該当）							○	○																									○
	26C				○	〃　（2級）（附則第4条該当）	〔3年〕						△	△																									△
	174			○		冷凍空気調和機器施工・空気調和設備配管（1級）												○																					

	コード	技術職員区分				資格区分	〔必要な実務経験年数〕	建設業の種類																															
		1級	基幹技能者	2級	その他			土	PC	建	大	左	と	法	石	屋	電	管	タ	鋼	橋	筋	ほ	し	板	ガ	塗	防	内	機	絶	通	園	井	具	水	消	清	解
職業能力開発促進法	274				○	冷凍空気調和機器施工・空気調和設備配管（2級）	〔3年〕											△																					
	175			○		給排水衛生設備配管（1級）												○																					
	275				○	〃（2級）	〔3年〕											△																					
	176			○		配管・配管工（1級）												○																					
	276				○	〃 〃（2級）	〔3年〕											△																					
	170			○		建築板金「ダクト板金作業」（1級）										○		○							○														
	270				○	〃（2級）	〔3年〕									△		△							△														
	177			○		タイル張り・タイル張り工（1級）													○																				
	277				○	〃 〃（2級）	〔3年〕												△																				
	178			○		築炉・築炉工（1級）・れんが積み													○																				
	278				○	〃 〃（2級）	〔3年〕												△																				
	179			○		ブロック建築・ブロック建築工（1級）・コンクリート積みブロック施工									○				○																				
	279				○	〃 〃（2級）	〔3年〕								△				△																				
	180			○		石工・石材施工・石積み（1級）									○																								
	280				○	〃 〃 〃（2級）	〔3年〕								△																								
	181			○		鉄工・製罐（1級）														○	○																		
	281				○	〃 〃（2級）	〔3年〕													△	△																		
	182			○		鉄筋組立て・鉄筋施工（1級）																○																	
	282				○	〃 〃（2級）	〔3年〕															△																	
	183			○		工場板金（1級）																			○														
	283				○	〃（2級）	〔3年〕																		△														
	184			○		板金「建築板金作業」・建築板金「内外装板金作業」・板金工「建築板金作業」（1級）											○								○														
	284				○	板金「建築板金作業」・建築板金「内外装板金作業」・板金工「建築板金作業」（2級）	〔3年〕										△								△														
	185			○		板金・板金工・打出し板金（1級）																			○														
	285				○	〃 〃 〃（2級）	〔3年〕																		△														
	186			○		かわらぶき・スレート施工（1級）											○																						
	286				○	〃 〃（2級）	〔3年〕										△																						
	187			○		ガラス施工（1級）																				○													
	287				○	〃（2級）	〔3年〕																			△													
	188			○		塗装・木工塗装・木工塗装工（1級）																					○												
	288				○	〃 〃 〃（2級）	〔3年〕																				△												
	189			○		建築塗装・建築塗装工（1級）																					○												
	289				○	〃 〃（2級）	〔3年〕																				△												
	190			○		金属塗装・金属塗装工（1級）																					○												
	290				○	〃 〃（2級）	〔3年〕																				△												
	191			○		噴霧塗装（1級）																					○												
	291				○	〃（2級）	〔3年〕																				△												
	167			○		路面標示施工																					○												
	192			○		畳製作・畳工（1級）																							○										
	292				○	〃 〃（2級）	〔3年〕																						△										
	193			○		内装仕上げ施工・カーテン施工・天井仕上げ施工・床仕上げ施工・表装・表具・表具工(1級)																							○										
	293				○	〃 〃 〃 〃 〃 〃 〃 (2級)	〔3年〕																						△										

コード	技術職員区分				資格区分	〔必要な実務経験年数〕	建設業の種類																													
	1級	基幹技能者	2級	その他			土	PC	建	大	左	と	法	石	屋	電	管	タ	鋼	橋	筋	ほ	し	板	ガ	塗	防	内	機	絶	通	園	井	具	水	消	清	解
194			○		熱絶縁施工（1級）																									○								
294				○	〃　（2級）	〔3年〕																								△								
195			○		建具製作・建具工・木工・カーテンウォール施工・サッシ施工（1級）																													○				
295				○	〃　〃　〃　〃　〃　（2級）	〔3年〕																												△				
196			○		造園（1級）																											○						
296				○	〃（2級）	〔3年〕																										△						
197			○		防水施工（1級）																						○										
297				○	〃　（2級）	〔3年〕																					△											
198			○		さく井　（1級）																												○					
298				○	〃　（2級）	〔3年〕																											△					
061				○	地すべり防止工事	〔1年〕						△	△																				△					
06A				○	〃　（附則第4条該当）	〔1年〕						△	△																				△					△
040				○	基礎ぐい工事							○	○																									
062				○	建築設備士	〔1年〕										△	△																					
063				○	計装	〔1年〕										△	△																					
060				○	解体工事																																	○
064		○			基幹技能者		※講習の種数に応じて2業種以内に限り3点ずつ評価します。																															
099				○	その他		※2業種以内に限り1点ずつ評価します。																															

別表5　Z_2（元請完成工事高）

⑵　元請完成工事高（Z_2）

元請完成工事高の点数（Z_2）は、許可を受けた建設業の種類毎の直前2年又は直前3年の年間平均元請完成工事高を以下のテーブル表に当てはめて求める。

ただし、直前2年平均又は直前3年平均の選択については、X_1（完成工事高）の方法と同一でなければならない。

区分	許可を受けた建設業に係る建設工事の種類別年間平均元請完成工事高		点　数
⑴	1,000億円以上		2,865
⑵	800億円以上	1,000億円未満	119×（年間平均元請完成工事高）÷20,000,000＋2,270
⑶	600億円以上	800億円未満	145×（年間平均元請完成工事高）÷20,000,000＋2,166
⑷	500億円以上	600億円未満	87×（年間平均元請完成工事高）÷10,000,000＋2,079
⑸	400億円以上	500億円未満	104×（年間平均元請完成工事高）÷10,000,000＋1,994
⑹	300億円以上	400億円未満	126×（年間平均元請完成工事高）÷10,000,000＋1,906
⑺	250億円以上	300億円未満	76×（年間平均元請完成工事高）÷5,000,000＋1,828
⑻	200億円以上	250億円未満	90×（年間平均元請完成工事高）÷5,000,000＋1,758
⑼	150億円以上	200億円未満	110×（年間平均元請完成工事高）÷5,000,000＋1,678
⑽	120億円以上	150億円未満	81×（年間平均元請完成工事高）÷3,000,000＋1,603
⑾	100億円以上	120億円未満	63×（年間平均元請完成工事高）÷2,000,000＋1,549
⑿	80億円以上	100億円未満	75×（年間平均元請完成工事高）÷2,000,000＋1,489
⒀	60億円以上	80億円未満	92×（年間平均元請完成工事高）÷2,000,000＋1,421
⒁	50億円以上	60億円未満	55×（年間平均元請完成工事高）÷1,000,000＋1,367
⒂	40億円以上	50億円未満	66×（年間平均元請完成工事高）÷1,000,000＋1,312
⒃	30億円以上	40億円未満	79×（年間平均元請完成工事高）÷1,000,000＋1,260
⒄	25億円以上	30億円未満	48×（年間平均元請完成工事高）÷500,000＋1,209
⒅	20億円以上	25億円未満	57×（年間平均元請完成工事高）÷500,000＋1,164
⒆	15億円以上	20億円未満	70×（年間平均元請完成工事高）÷500,000＋1,112
⒇	12億円以上	15億円未満	50×（年間平均元請完成工事高）÷300,000＋1,072
(21)	10億円以上	12億円未満	41×（年間平均元請完成工事高）÷200,000＋1,026
(22)	8億円以上	10億円未満	47×（年間平均元請完成工事高）÷200,000＋996
(23)	6億円以上	8億円未満	57×（年間平均元請完成工事高）÷200,000＋956
(24)	5億円以上	6億円未満	36×（年間平均元請完成工事高）÷100,000＋911
(25)	4億円以上	5億円未満	40×（年間平均元請完成工事高）÷100,000＋891
(26)	3億円以上	4億円未満	51×（年間平均元請完成工事高）÷100,000＋847
(27)	2億5,000万円以上	3億円未満	30×（年間平均元請完成工事高）÷50,000＋820
(28)	2億円以上	2億5,000万円未満	35×（年間平均元請完成工事高）÷50,000＋795
(29)	1億5,000万円以上	2億円未満	45×（年間平均元請完成工事高）÷50,000＋755
(30)	1億2,000万円以上	1億5,000万円未満	32×（年間平均元請完成工事高）÷30,000＋730
(31)	1億円以上	1億2,000万円未満	26×（年間平均元請完成工事高）÷20,000＋702
(32)	8,000万円以上	1億円未満	29×（年間平均元請完成工事高）÷20,000＋687
(33)	6,000万円以上	8,000万円未満	36×（年間平均元請完成工事高）÷20,000＋659
(34)	5,000万円以上	6,000万円未満	22×（年間平均元請完成工事高）÷10,000＋635
(35)	4,000万円以上	5,000万円未満	27×（年間平均元請完成工事高）÷10,000＋610
(36)	3,000万円以上	4,000万円未満	31×（年間平均元請完成工事高）÷10,000＋594
(37)	2,500万円以上	3,000万円未満	19×（年間平均元請完成工事高）÷5,000＋573
(38)	2,000万円以上	2,500万円未満	23×（年間平均元請完成工事高）÷5,000＋553
(39)	1,500万円以上	2,000万円未満	28×（年間平均元請完成工事高）÷5,000＋533
(40)	1,200万円以上	1,500万円未満	19×（年間平均元請完成工事高）÷3,000＋522
(41)	1,000万円以上	1,200万円未満	16×（年間平均元請完成工事高）÷2,000＋502
(42)		1,000万円未満	341×（年間平均元請完成工事高）÷10,000＋241

注）評点に小数点以下の端数がある場合は、これを切り捨てる。

W（その他社会性等）

別表6　建設業の営業年数（W_{21}）

建設業の営業年数の点数（W_{21}）は、建設業の許可又は登録を受けて営業を行っていた年数を以下のテーブル表に当てはめて求める。

平成23年4月1日以降の申立てに係る再生手続開始の決定又は更生手続開始の決定を受け、かつ、再生手続終結の決定又は更生手続終結の決定を受けた建設業者は、当該再生手続終結の決定又は再生手続終結の決定を受けた時より起算するものとする。

ただし、営業休止期間は営業年数から控除しなければならない。

区分	営業年数	点　数
(1)	35年以上	60
(2)	34年	58
(3)	33年	56
(4)	32年	54
(5)	31年	52
(6)	30年	50
(7)	29年	48
(8)	28年	46
(9)	27年	44
(10)	26年	42
(11)	25年	40
(12)	24年	38
(13)	23年	36
(14)	22年	34
(15)	21年	32
(16)	20年	30
(17)	19年	28
(18)	18年	26

⒆	17年	24
⒇	16年	22
(21)	15年	20
(22)	14年	18
(23)	13年	16
(24)	12年	14
(25)	11年	12
(26)	10年	10
(27)	9年	8
(28)	8年	6
(29)	7年	4
(30)	6年	2
(31)	5年以下	0

別表７　民事再生法又は会社更生法の適用の有無（W_{22}）

平成23年４月１日以降の申立てに係る再生手続開始の決定又は更生手続開始の決定を受け、かつ審査基準日以前に再生手続終結の決定又は再生手続終結の決定を受けていない場合に、民事再生法又は会社更生法の適用有りとして減点して審査するものとする。

区分	民事再生法又は会社更生法の適用の有無	点　数
(1)	無	0
(2)	有	−60

別表８　防災協定締結の有無（W_3）

防災協定締結の有無の点数（W_3）は、国、特殊法人等又は地方公共団体との間で災害時の防災活動等について定めた防災協定を締結している場合に15点として求める。

区分	防災協定締結の有無	点　数
(1)	有	20
(2)	無	0

別表9　法令遵守の状況（W_4）

法令遵守の状況の点数（W_4）は、審査対象年に建設業法第28条の規定により指示され、又は営業の全部若しくは一部の停止を命ぜられたことがある場合に、以下のテーブル表に基づき求める。

区分	法令遵守の状況	点　数
(1)	無	0
(2)	指示をされた場合	−15
(3)	営業の全部若しくは一部の停止を命ぜられた場合	−30

建設業の経理に関する状況（W_5）

建設業の経理に関する状況の点数（W_5）は、監査の受審状況（W_{51}）及び公認会計士等数（W_{52}）の点数の合計として求める。

計算式：

建設業経理状況（W_5）＝監査受審状況の点数（W_{51}）＋公認会計士等数の点数（W_{52}）

別表10　監査受審状況の点数（W_{51}）

区分	監査の受審状況	点　数
(1)	会計監査人の設置	20
(2)	会計参与の設置	10
(3)	経理処理の適正を確認した旨の書類の提出	2
(4)	無	0

注）区分(3)の場合に確認・署名する経理実務責任者は、告示第一の四の5の(二)のイに規定する公認会計士等（登録経理試験1級合格者含む）である。

公認会計士等数の点数（W_{52}）は、次の算式により「公認会計士等数値」を算出し、以下のテーブル表に当てはめて求める。

公認会計士等数値＝公認会計士等の数（登録経理試験１級合格者を含む）×１＋登録経理試験２級合格者の数×0.4

別表11

項目／区分／点数 年間平均完成工事高	公認会計士等数値					
	(1)	(2)	(3)	(4)	(5)	(6)
	10点	8点	6点	4点	2点	0点
600億円以上	13.6以上	10.8以上 13.6未満	7.2以上 10.8未満	5.2以上 7.2未満	2.8以上 5.2未満	2.8未満
150億円以上　600億円未満	8.8以上	6.8以上 8.8未満	4.8以上 6.8未満	2.8以上 4.8未満	1.6以上 2.8未満	1.6未満
40億円以上　150億円未満	4.4以上	3.2以上 4.4未満	2.4以上 3.2未満	1.2以上 2.4未満	0.8以上 1.2未満	0.8未満
10億円以上　40億円未満	2.4以上	1.6以上 2.4未満	1.2以上 1.6未満	0.8以上 1.2未満	0.4以上 0.8未満	0.4未満
1億円以上　10億円未満	1.2以上	0.8以上 1.2未満	0.4以上 0.8未満	—	—	0
1億円未満	0.4以上	—	—	—	—	0

別表12　研究開発の状況（W_6）

研究開発の状況の点数（W_6）は、研究開発費の額の平均の額を以下のテーブル表に当てはめて求める。

ただし、会計監査人設置会社において、会計監査人が当該会社の財務諸表に対して、無限定適正意見又は限定付き適正意見を表明している場合に限る。

区分	平均研究開発費の額		点　数
(1)	100億円以上		25
(2)	75億円以上	100億円未満	24
(3)	50億円以上	75億円未満	23
(4)	30億円以上	50億円未満	22
(5)	20億円以上	30億円未満	21
(6)	19億円以上	20億円未満	20
(7)	18億円以上	19億円未満	19
(8)	17億円以上	18億円未満	18
(9)	16億円以上	17億円未満	17
(10)	15億円以上	16億円未満	16
(11)	14億円以上	15億円未満	15
(12)	13億円以上	14億円未満	14
(13)	12億円以上	13億円未満	13
(14)	11億円以上	12億円未満	12
(15)	10億円以上	11億円未満	11
(16)	9億円以上	10億円未満	10
(17)	8億円以上	9億円未満	9
(18)	7億円以上	8億円未満	8
(19)	6億円以上	7億円未満	7
(20)	5億円以上	6億円未満	6
(21)	4億円以上	5億円未満	5
(22)	3億円以上	4億円未満	4
(23)	2億円以上	3億円未満	3
(24)	1億円以上	2億円未満	2
(25)	5,000万円以上	1億円未満	1
(26)		5,000万円未満	0

別表13　建設機械の保有状況（W_7）

建設機械の保有状況（W_7）は、審査基準日において自ら所有している建設機械の合計台数を以下のテーブル表に当てはめて求める。

建設機械とは、建設機械抵当法施行令（昭和29年政令第294号）別表に規定するショベル系掘削機、ブルドーザー、トラクターショベル及びモーターグレーダー、土砂等を運搬する大型自動車による交通事故の防止等に関する特別措置法（昭和42年法律第131号）第２条第２項に規定する大型自動車（以下「大型自動車」という。）のうち、同法第３条第１項第２号に規定する経営する事業の種類として建設業を届け出、かつ、同項又は同条第３項の規定による表示番号の指定を受けているもの、大型自動車のうち、土砂等を運搬する大型自動車による交通事故の防止等に関する特別措置法施行規則（昭和42年運輸省令第86号）第５条第１項に規定する表示番号指定申請書（記載事項に変更があった場合においては、同条第２項に規定する申請事項変更届出書）に主として経営する事業の種類が建設業である旨を記載し、かつ、同法第３条第２項の規定による表示番号の指定を受けているもの（以下「大型ダンプ車」という。）並びに労働安全衛生法施行令（昭和47年政令第318号）第12条第１項第４号に規定するつり上げ荷重が３トン以上の移動式クレーンである。

審査基準日から１年７か月以上の使用期間が定められているリース契約を締結しており、ショベル系掘削機、ブルドーザー、トラクターショベル及びモーターグレーダーについては労働安全衛生法（昭和47年法律第57号）第45条第２項に規定する特定自主検査、大型ダンプ車については道路運送車両法（昭和26年法律第185号）第58条第１項に規定する国土交通大臣の行う検査、移動式クレーンについては労働安全衛生法第38条第１項に規定する製造時等検査又は同法第41条第２項に規定する性能検査が行われている場合は、当該建設機械を合計台数に加算することができる。

区分	建設機械の所有及びリース台数	点　数
(1)	15台以上	15
(2)	14台	15
(3)	13台	14
(4)	12台	14
(5)	11台	13
(6)	10台	13
(7)	9台	12
(8)	8台	12
(9)	7台	11
(10)	6台	10
(11)	5台	9
(12)	4台	8
(13)	3台	7
(14)	2台	6
(15)	1台	5
(16)	0台	0

別表14　国際標準化機構が定めた規格による登録の状況（W_8）

審査基準日において、財団法人日本適合性認定協会又は同協会と相互認証している認定機関に認定されている審査登録機関によって国際標準化機構第9001号（ISO9001）又は第14001号（ISO14001）の規格による登録を受けている場合に、以下のテーブル表に基づき求める。

認証範囲に建設業が含まれていない場合及び認証範囲が一部の支店等に限られている場合には、登録の状況は無とする。

区分	国際標準化機構が定めた規格による登録の状況	点数
(1)	第9001号及び第14001号の登録	10
(2)	第9001号の登録	5
(3)	第14001号の登録	5
(4)	無	0

別表15　若年技術職員の継続的な育成及び確保の点数

若年技術職員の継続的な育成及び確保の状況（W_{91}）については、技術職員名簿に記載される技術職員のうち、審査基準日において満35歳未満の技術職員の割合を計算し、以下のテーブル表に当てはめて求める。

審査基準日において満35歳未満の者とは、35年目の誕生日が審査基準日の２日後以降の者をいう。

区分	若年技術職員の継続的な育成及び確保	点数
(1)	15%以上	1
(2)	15%未満	0

別表16　新規若年技術職員の育成及び確保の点数

新規若年技術職員の育成及び確保の状況（W_{92}）については、技術職員名簿に記載される技術職員のうち、審査基準日において満35歳未満で、審査対象年内（当事業年度開始日の直前１年以内）に新たに技術職員となった者の割合を計算し、以下のテーブル表に当てはめて求める。

新たに技術職員になった者とは、次のいずれかの者をいう。

・審査基準日以前に、特に雇用期間を限定することのない６か月を超える恒常的な雇用関係があり、審査対象年内に新たに資格を有するに至った者

・審査対象年より前から資格を有しており、審査対象年内に特に雇用期間を限定することのない６か月を超える恒常的な雇用関係を有するに至った者

区分	新規若年技術職員の育成及び確保	点数
(1)	１％以上	1
(2)	１％未満	0

※技術職員名簿に記載できる技術職員は、審査基準日以前に６か月を超える恒常的な雇用関係があり、かつ、雇用期間を特に限定することなく常時雇用されているとみなされる者に限られる。

様式第二十五号の十二（第十九条の九、第二十一条の四関係）

許可業種の全部が特定、一般の別で表示されます。

総合評定値を請求した場合において、表中のX_1、X_2、Y、Z、の各評点を総合評定値Pの算定式（上段）に代入して計算した結果が表示されます。

工事別に評価テーブル（別表－1）に当てはめて求めた数値が表示されます。

経営規模等評
総　合　評　定

〒 100-8904
東京都千代田区
霞が関２－１－13

㈱ 黒瀬組

黒瀬　太郎　　　　殿

国土交通大臣　許可
審査基準日　　平成

電　　話　　番
資　　本　　金
完成工事高／売上高
行　政　庁　記　入

総合評定値　$P=0.25X_1+0.15X_2+0.2Y+0.25Z+0.15W$

許可区分	建設工事の種類	総合評定値（P）	完成工事高 年平均	完成工事高 評点（X_1）	元請完成工事高 年平均	技術 一級	技術 （講習受講）
特	土木一式	950	571,276	935	571,276	7	4
	プレストレストコンクリート構造物	922	503,398	918	503,398		
特	建築一式	847	505,454	919	505,454	0	0
	大工						
	左官						
特	とび・土工・コンクリート	879	187,437	781	137,437	7	4
	法面処理	872	157,611	761	107,611		
	石						
	屋根						
	電気						
	管						
	タイル・れんが・ブロック						
	鋼構造物						
	鋼橋上部						
般	鉄筋						
特	舗装	772	79,832	688	79,832	0	0
	しゅんせつ						
	板金						
	ガラス						
	塗装						
	防水						
	内装仕上						
	機械器具設置						
	熱絶縁						
	電気通信						
特	造園						
	さく井						
	建具						
般	水道施設						
	消防施設						
	清掃施設						
	解体						
	とび・土工・コンクリート・解体（経過措置）	879	187,437	781	137,437	7	4
	その他		33,966		20,539		
	合計		1,377,965		1,314,538	7	4

経営状況分析結果が表示されます。

（参　考）

科目	単独決算	科目	単独決算	経営状況	単独決算
固定資産	381,276	売上高	1,225,397	純支払利息比率	0.326
流動負債	940,612	売上総利益	245,927	負債回転期間	12.458
固定負債	331,512	受取利息配当金	5,280	総資本売上総利益率	11.365
利益剰余金	318,980	支払利息	9,272	売上高経常利益率	5.100
自己資本	468,980	経常利益	106,925	評点	
総資本（当期）	1,741,104	営業ｷｬｯｼｭﾌﾛｰ（当期）	256,289		
総資本（前期）	2,586,684	営業ｷｬｯｼｭﾌﾛｰ（前期）	134,941		

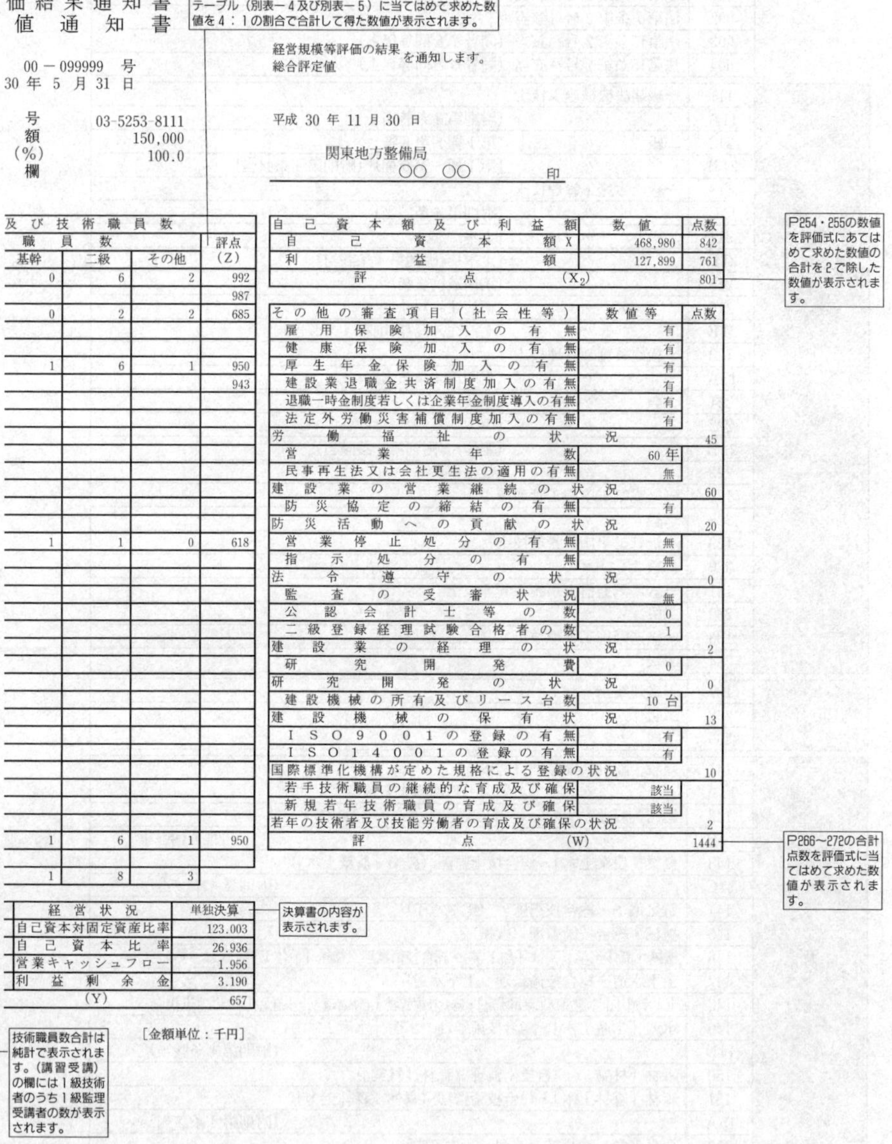

価結果通知書
値通知書

00 － 099999 号
30 年 5 月 31 日

号	03-5253-8111
額	150,000
(%)	100.0
欄	

経営規模等評価の結果
総合評定値
を通知します。

平成 30 年 11 月 30 日

関東地方整備局
〇〇 〇〇 印

及び技術職員数			
職員数			評点
基幹	二級	その他	(Z)
0	6	2	992
			987
0	2	2	685
1	6	1	950
			943
1	1	0	618
1	6	1	950
1	8	3	

経営状況	単独決算
自己資本対固定資産比率	123.003
自己資本比率	26.936
営業キャッシュフロー	1.956
利益剰余金	3.190
(Y)	657

[金額単位：千円]

自己資本額及び利益額	数値	点数
自己資本額 X	468,980	842
利益額	127,899	761
評点 (X_2)		801

その他の審査項目（社会性等）	数値等	点数
雇用保険加入の有無	有	
健康保険加入の有無	有	
厚生年金保険加入の有無	有	
建設業退職金共済制度加入の有無	有	
退職一時金制度若しくは企業年金制度導入の有無	有	
法定外労働災害補償制度加入の有無	有	
労働福祉の状況		45
営業年数	60 年	
民事再生法又は会社更生法の適用の有無	無	
建設業の営業継続の状況		60
防災協定の締結の有無	有	
防災活動への貢献の状況		20
営業停止処分の有無	無	
指示処分の有無	無	
法令遵守の状況		0
監査の受審状況	無	
公認会計士等の数	0	
二級登録経理試験合格者の数	1	
建設業の経理の状況		2
研究開発費	0	
研究開発の状況		0
建設機械の所有及びリース台数	10 台	
建設機械の保有状況		13
ＩＳＯ９００１の登録の有無	有	
ＩＳＯ１４００１の登録の有無	有	
国際標準化機構が定めた規格による登録の状況		10
若手技術職員の継続的な育成及び確保	該当	
新規若年技術職員の育成及び確保	該当	
若年の技術者及び技能労働者の育成及び確保の状況		2
評点 (W)		1444

業種別に算定された技術職員数及び元請完成工事高を評価テーブル（別表－4及び別表－5）に当てはめて求めた数値を4：1の割合で合計して得た数値が表示されます。
P254・255の数値を評価式にあてはめて求めた数値の合計を2で除した数値が表示されます。
P266～272の合計点数を評価式に当てはめて求めた数値が表示されます。
決算書の内容が表示されます。
技術職員数合計は純計で表示されます。（講習受講）の欄には1級技術者のうち1級監理受講者の数が表示されます。

別表(2)　技術職員資格区分コード表

	コード	資格区分
	001	法第7条第2号イ該当
	002	法第7条第2号ロ該当
	003	法第15条第2号ハ該当（同号イと同等以上）
	004	法第15条第2号ハ該当（同号ロと同等以上）
建設業法	111	一級建設機械施工技士
	11A	〃　（附則第4条該当）
	212	二級　〃　（第1種～第6種）
	21B	〃　（第1種～第6種）（附則第4条該当）
	113	一級土木施工管理技士
	11C	〃　（附則第4条該当）
	214	二級　〃　（土木）
	21D	〃　（土木）（附則第4条該当）
	215	〃　（鋼構造物塗装）
	216	〃　（薬液注入）
	21E	〃　（薬液注入）（附則第4条該当）
	120	一級建築施工管理技士
	12A	〃　（附則第4条該当）
	221	二級　〃　（建築）
	222	〃　（躯体）
	22B	〃　（躯体）（附則第4条該当）
	223	〃　（仕上げ）
	127	一級電気工事施工管理技士
	228	二級　〃
	129	一級管工事施工管理技士
	230	二級　〃
	131	一級電気通信工事施工管理技士
	232	二級　〃
	133	一級造園施工管理技士
	234	二級　〃
建築士法	137	一級建築士
	238	二級　〃
	239	木造　〃
技術士法	141	建設・総合技術監理（建設）
	14A	〃　（附則第4条該当）
	142	建設「鋼構造及びコンクリート」・総合技術監理（建設「鋼構造物及びコンクリート」）
	14B	〃　（附則第4条該当）
	143	農業「農業土木」・総合技術監理（農業「農業土木」）
	14C	〃　（附則第4条該当）
	144	電気電子・総合技術監理（電気電子）
	145	機械・総合技術監理（機械）
	146	機械「流体工学」又は「熱工学」・総合技術監理（機械「流体工学」又は「熱工学」）
	147	上下水道・総合技術監理（上下水道）
	148	上下水道「上水道及び工業用水道」・総合技術監理（上下水道「上水道及び工業用水道」）
	149	水産「水産土木」・総合技術監理（水産「水産土木」）
	14D	〃　（附則第4条該当）
	150	森林「林業」・総合技術監理（森林「林業」）
	151	森林「森林土木」・総合技術監理（森林「森林土木」）
	15A	〃　（附則第4条該当）
	152	衛生工学・総合技術監理（衛生工学）
	153	衛生工学「水質管理」・総合技術監理（衛生工学「水質監理」）
	154	衛生工学「廃棄物管理」・総合技術監理（衛生工学「廃棄物管理」）

法令	コード	資格	年数
電気工事士法 電気事業法	155	第一種電気工事士	
	256	第二種　〃	3年
	258	電気主任技術者（第1種〜第3種）	5年
電気通信事業法	259	電気通信主任技術者	5年
水道法	265	給水装置工事主任技術者	1年
消防法	168	甲種消防設備士	
	169	乙種　〃	
職業能力開発促進法	171	建築大工（1級）	
	271	〃　（2級）	3年
	164	型枠施工（1級）	
	264	〃　（2級）	3年
	16B	型枠施工（1級）（附則第4条該当）	
	26B	〃　（2級）（附則第4条該当）	3年
	172	左官（1級）	
	272	〃（2級）	3年
	157	とび・とび工（1級）	
	257	〃　（2級）	3年
	15B	とび・とび工（1級）（附則第4条該当）	
	25B	〃　〃　（2級）（附則第4条該当）	3年
	173	コンクリート圧送施工（1級）	
	273	〃　（2級）	3年
	17A	コンクリート圧送施工（1級）（附則第4条該当）	
	27A	〃　（2級）（附則第4条該当）	3年
	166	ウェルポイント施工（1級）	
	266	〃　（2級）	3年
	16C	ウェルポイント施工（1級）（附則第4条該当）	
	26C	〃　（2級）（附則第4条該当）	3年
	174	冷凍空気調和機器施工・空気調和設備配管（1級）	
	274	〃　〃　（2級）	3年
	175	給排水衛生設備配管（1級）	
	275	〃　（2級）	3年
	176	配管・配管工（1級）	
	276	〃　〃　（2級）	3年
	170	建築板金「ダクト板金作業」（1級）	
	270	〃　（2級）	3年
	177	タイル張り・タイル張り工（1級）	
	277	〃　〃　（2級）	3年
	178	築炉・築炉工（1級）・れんが積み	
	278	〃　〃　（2級）	3年
	179	ブロック建築・ブロック建築工（1級）・コンクリート積みブロック施工	
	279	〃　〃　（2級）	3年
	180	石工・石材施工・石積み（1級）	
	280	〃　〃　〃　（2級）	3年
	181	鉄工・製罐（1級）	
	281	〃　〃　（2級）	3年
	182	鉄筋組立て・鉄筋施工（1級）	
	282	〃　〃　（2級）	3年
	183	工場板金（1級）	
	283	〃　（2級）	3年
	184	板金「建築板金作業」・建築板金「内外装板金作業」・板金工「建築板金作業」（1級）	
	284	〃　〃　〃　（2級）	3年
	185	板金・板金工・打出し板金（1級）	
	285	〃　〃　〃　（2級）	3年

職業能力開発促進法	186	かわらぶき・スレート施工（1級）	
	286	〃　〃　（2級）	3年
	187	ガラス施工（1級）	
	287	〃　（2級）	3年
	188	塗装・木工塗装・木工塗装工（1級）	
	288	〃　〃　〃　（2級）	3年
	189	建築塗装・建築塗装工（1級）	
	289	〃　〃　（2級）	3年
	190	金属塗装・金属塗装工（1級）	
	290	〃　〃　（2級）	3年
	191	噴霧塗装（1級）	
	291	〃　（2級）	3年
	167	路面標示施工	
	192	畳製作・畳工（1級）	
	292	〃　〃　（2級）	3年
	193	内装仕上げ施工・カーテン施工・天井仕上げ施工・床仕上げ施工・表装・表具・表具工（1級）	
	293	〃　〃　〃　〃　〃　〃　〃（2級）	3年
	194	熱絶縁施工（1級）	
	294	〃　（2級）	3年
	195	建具製作・建具工・木工・カーテンウォール施工・サッシ施工（1級）	
	295	〃　〃　〃　〃　〃　（2級）	3年
	196	造園（1級）	
	296	〃（2級）	3年
	197	防水施工（1級）	
	297	〃　（2級）	3年
	198	さく井（1級）	
	298	〃　（2級）	3年
	061	地すべり防止工事	1年
	06A	〃　（附則第4条該当）	1年
	040	基礎ぐい工事	
	062	建築設備士	1年
	063	計装	1年
	060	解体工事	
	064	基幹技能者	
	099	その他	

備考

資格区分の欄の右端に記載されている年数は、当該欄に記載されている資格を取得するための試験に合格した後法第7条第2号ハに該当する者となるために必要な実務経験の年数である。

別表(3)　外国建設業者における技術職員資格区分コード表

コード	資　格　区　分
301	土木工事業について１級技術者と同等以上の潜在的能力があると国土交通大臣が認定した者に該当
302	建築工事業　〃
303	大工工事業　〃
304	左官工事業　〃
305	とび・土工工事業　〃
306	石工事業　〃
307	屋根工事業　〃
308	電気工事業　〃
309	管工事業　〃
310	タイル・れんが・ブロック工事業　〃
311	鋼構造物工事業　〃
312	鉄筋工事業　〃
313	舗装工事業　〃
314	しゅんせつ工事業　〃
315	板金工事業　〃
316	ガラス工事業　〃
317	塗装工事業　〃
318	防水工事業　〃
319	内装仕上工事業　〃
320	機械器具設置工事業　〃
321	熱絶縁工事業　〃
322	電気通信工事業　〃
323	造園工事業　〃
324	さく井工事業　〃
325	建具工事業　〃
326	水道施設工事業　〃
327	消防施設工事業　〃
328	清掃施設工事業　〃
329	解体工事業　〃
401	土木工事業について２級技術者と同等以上の潜在的能力があると国土交通大臣が認定した者に該当
402	建築工事業　〃
403	大工工事業　〃
404	左官工事業　〃
405	とび・土工工事業　〃
406	石工事業　〃
407	屋根工事業　〃
408	電気工事業　〃
409	管工事業　〃
410	タイル・れんが・ブロック工事業　〃
411	鋼構造物工事業　〃
412	鉄筋工事業　〃
413	舗装工事業　〃
414	しゅんせつ工事業　〃
415	板金工事業　〃
416	ガラス工事業　〃
417	塗装工事業　〃
418	防水工事業　〃
419	内装仕上工事業　〃
420	機械器具設置工事業　〃

421	熱絶縁工事業	〃
422	電気通信工事業	〃
423	造園工事業	〃
424	さく井工事業	〃
425	建具工事業	〃
426	水道施設工事業	〃
427	消防施設工事業	〃
428	清掃施設工事業	〃
429	解体工事業	〃
501	土木工事業についてその他の技術者と同等以上の潜在的能力があると国土交通大臣が認定した者に該当	
502	建築工事業	〃
503	大工工事業	〃
504	左官工事業	〃
505	とび・土工工事業	〃
506	石工事業	〃
507	屋根工事業	〃
508	電気工事業	〃
509	管工事業	〃
510	タイル・れんが・ブロック工事業	〃
511	鋼構造物工事業	〃
512	鉄筋工事業	〃
513	舗装工事業	〃
514	しゆんせつ工事業	〃
515	板金工事業	〃
516	ガラス工事業	〃
517	塗装工事業	〃
518	防水工事業	〃
519	内装仕上工事業	〃
520	機械器具設置工事業	〃
521	熱絶縁工事業	〃
522	電気通信工事業	〃
523	造園工事業	〃
524	さく井工事業	〃
525	建具工事業	〃
526	水道施設工事業	〃
527	消防施設工事業	〃
528	清掃施設工事業	〃
529	解体工事業	〃
601	登録基幹技能者講習を修了した者と同等以上の潜在的能力があると国土交通大臣が認定した者に該当	

備考

１級技術者…法第15条第２号イに該当する者

２級技術者…法第27条第１項の技術検定その他の法令の規定による試験で当該試験に合格することによつて直ちに法第７条第２号ハに該当することとなるものに合格した者又は他の法令の規定による免許若しくは免状の交付（以下「免許等」という。）で当該免許等を受けることによつて直ちに同号ハに該当することとなるものを受けた者であつて１級技術者及び登録基幹技能者講習を修了した者以外の者

その他の技術者…法第７条第２号イ、ロ若しくはハ又は法第15条第２号ハに該当する者で１級技術者、登録基幹技能者講習を修了した者及び２級技術者以外の者

登録基幹技能者講習を修了した者…第18条の３第２項第２号の登録を受けた講習を終了した者で１級技術者以外の者

［参　考］

○建設業者のリストラ推進による評点の激変緩和措置

建設業者のリストラ推進の妨げとならないよう、平均完成工事高及び平均元請完成工事高、自己資本額の点数の算出方法に激変緩和措置が導入されています。

①　平均完成工事高及び平均元請完成工事高については、直前2年の平均完成工事高及び平均元請完成工事高か直前3年の平均完成工事高及び平均元請完成工事高かを選択できます。

②　自己資本額についても、審査基準日現在又は直前2年の各営業年度末の平均値かを選択できます。

従って、平均完成工事高及び平均元請完成工事高の2通りと自己資本額の2通りの計4通りの組み合わせが選択できることとなります。

なお、この激変緩和措置については、29許可業種区分ごとに異なる基準を選択することはできません。

【平均完成工事高及び平均元請完成工事高】　　　　【自己資本額】

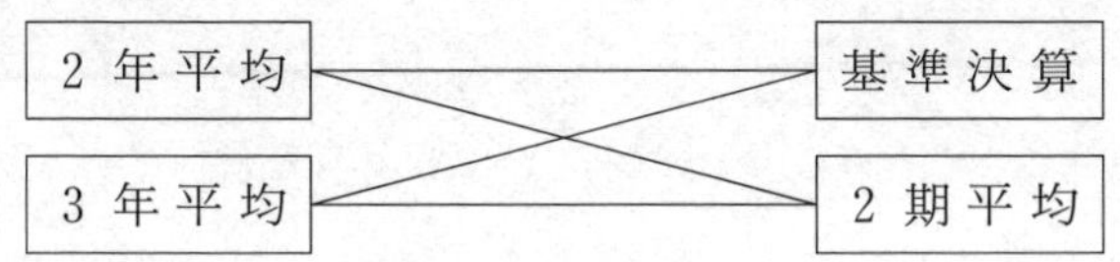

○解体工事業追加に係る経過措置について

（平成28年6月1日から3年間に限る。）

解体工事業の新設にともない、とび・土工・コンクリート・解体（経過措置）を使用し、これまでの「とび・土工・コンクリート」と変わらない経審結果を算出可能とする評点の激変緩和措置が導入されています。

○　改正法施行後の許可区分における「とび・土工工事業」・「解体工事業」の総合評定値に加え、「改正法施行以前の許可区分によるとび・土工工事業」（「とび・土工・コンクリート・解体（経過措置）」）の総合評定値も算出し、通知を行う。

○　「とび・土工工事業」及び「解体工事業」の技術職員については、双方を申請しても１の業種とみなす（通常、技術職員１人につき申請できる建設業の種類は２であるところ、当該ケースに限り３となることを認める。）。

第７章
虚偽申請の防止対策について

既に述べてきた通り、経営事項審査は公共工事の入札において重要な役割を果たしており、仮にその申請内容に虚偽があった場合、公共工事の適正な発注を行ううえで重大な支障をきたすことになります。国土交通省では、従来から様々な経営事項審査の虚偽申請防止対策を講じてきており、今次も平成23年１月から経営事項審査の公正性を確保するため、虚偽申請防止対策の強化について次のとおり運用面の改善を行っています。審査行政庁（国及び都道府県）及び登録経営状況分析機関の確認事務がそれぞれ強化されるとともに、経営状況分析に係る異常値情報が審査行政庁に情報提供されるなど、双方の連携強化が図られています。

⑴　疑義項目チェックの再構築

各経営状況分析機関では、全ての経営状況分析の申請について、統計的異常値等が見られる申請をシステムで抽出し、内容確認と補正指導を行っています（疑義項目チェック）。しかし、システム設計上の抽出数が膨大であること、経営状況分析機関には立入権限等がなく審査に限界があることから、結果として真偽の確認が十分に行えていないものがあるおそれがありました。

今般、疑義項目チェックに使用中の基準について、最新の「経営状況分析の評点が高くて倒産した企業」、「経営事項審査の虚偽申請で処分を受けた企業」の財務諸表を用いて有効性の再検証を行い、基準値の修正と一部指標の入替えを行った新たな基準（確認基準）を策定しました。

さらに、確認基準の中から虚偽申請の抽出に特に有効と考えられる指標を選定し、より基準値を厳しく設定した基準（報告基準）を新設することで、重点審査が可能な件数まで抽出数の絞込みを実施します。絞り込んだ申請については、審査行政庁に直接情報提供を行い、許可行政庁での重点審査企業（対面審査、原本確認、立入検査等の実施）の選定に活用することで虚偽申請防止の取組を強化していきます。

⑵ 完成工事高と技術職員数値の相関分析の見直し

審査行政庁では、「１技術職員数値当たりの標準完成工事高」を用いて、技術職員数値に比べて極端に完成工事高の高い申請をシステムで抽出しています（完成工事高と技術職員数値の相関分析）。しかし、建設投資の大幅な減少と平成20年の技術職員数の評価の改正（従来は無制限であった一人の技術者の複数業種での重複カウントを２業種までに制限）の影響により、相関分析が適正に機能しなくなっていました。

そこで、最新の経営事項審査の結果を用いて、「１技術職員数値当たりの標準完工高」の再計算を行うとともに、審査行政庁の重点審査企業の選定に役立つように、標準完成工事高からの乖離度合いを追加で情報提供できるよう、システム改修を実施しました。

さらに、完成工事高の極端に大きい申請だけでなく、新たに完成工事高に比べて技術職員数値が極端に高い（技術職員数の水増しの可能性がある）申請についても抽出できるようにシステム改修を実施しました。

⑶ 審査行政庁と経営状況分析機関との連携強化

審査行政庁では、新たに経営状況分析機関から提供される情報等も活用して適切に重点審査対象企業を選定し、証拠書類の追加徴収や原本確認、対面審査、立入等を効果的に行います。また、疑義項目チェックの再構築や相関分析の見直しに対応し、財務諸表の粉飾を発見する際の着眼点や確認方法について記載した調査手順書を審査行政庁に参考配布し、審査行政庁で虚偽申請防止の取組を強化する体制を構築しています。

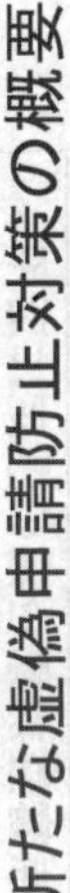

1. 経営状況分析機関が行う異常値確認のための基準を見直すとともに、一定の基準に該当する申請については直接審査行政庁に情報提供する仕組みを創設
2. 審査行政庁が行う完工高と技術者数値の異常値検出の相関分析を見直し・強化
3. 審査行政庁と経営状況分析機関の連携を強化し、虚偽申請の疑いのある業者に対しては重点審査（証拠書類の追加徴収・原本確認、対面審査、立入等）を実施

【虚偽申請防止対策の強化の概要】

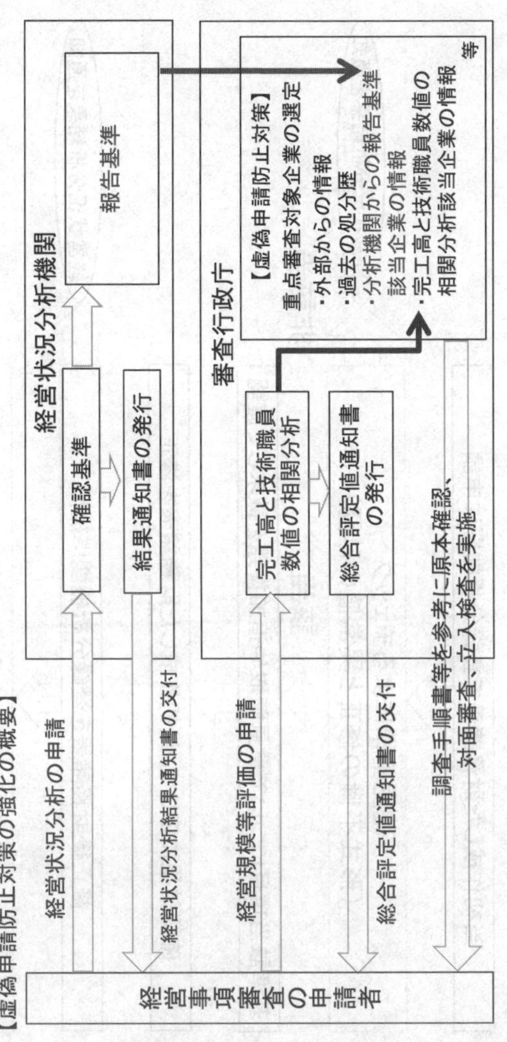

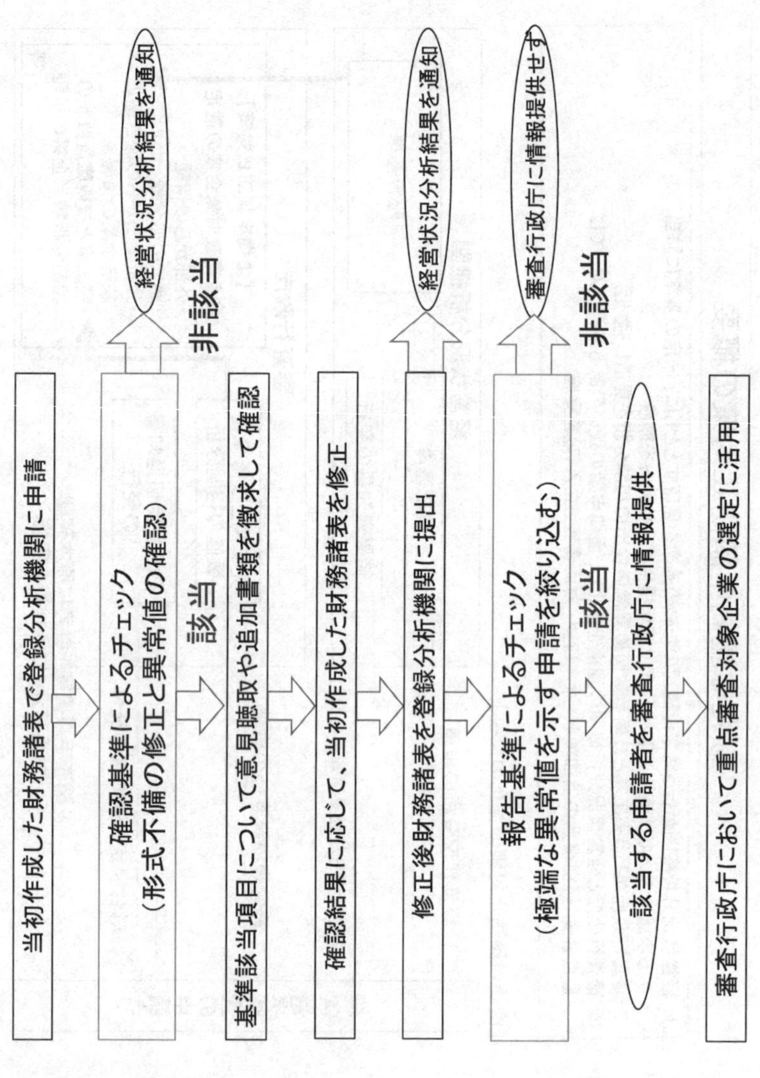
当初作成した財務諸表で登録分析機関に申請
確認基準によるチェック
（形式不備の修正と異常値の確認）
非該当
経営状況分析結果を通知
該当
基準該当項目について意見聴取や追加書類を徴求して確認
確認結果に応じて、当初作成した財務諸表を修正
修正後財務諸表を登録分析機関に提出
経営状況分析結果を通知
報告基準によるチェック
（極端な異常値を示す申請を絞り込む）
非該当
審査行政庁に情報提供せず
該当
該当する申請者を審査行政庁に情報提供
審査行政庁において重点審査対象企業の選定に活用

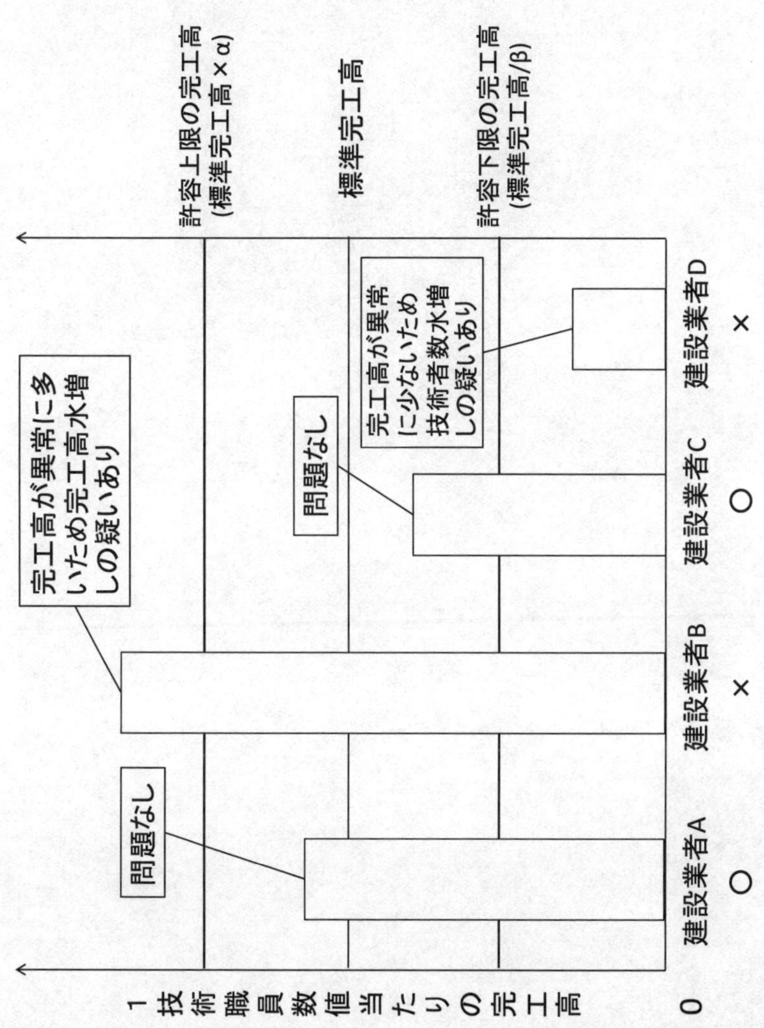
1技術職員数値当たりの完工高
0
許容上限の完工高
(標準完工高×α)
標準完工高
許容下限の完工高
(標準完工高/β)
問題なし
完工高が異常に多いため完工高水増しの疑いあり
問題なし
完工高が異常に少ないため技術者数水増しの疑いあり
建設業者A
○
建設業者B
×
建設業者C
○
建設業者D
×

第 8 章
法令編

○建設業法（抄）

〔昭和24年５月24日 法律第100号〕

最終改正　平成29年６月２日法律第45号

凡例

本節では、以下のように一部法令名を省略して表記しています。主なものは以下の通りです。

令…建設業法施行令（抄）〔昭和31年8月29日　政令第273号、最終改正　平成29年11月10日　政令第276号〕

規則…建設業法施行規則（抄）〔昭和24年７月28日建設省令第14号、最終改正　平成30年５月16日　国土交通省令第44号〕

第４章の２　建設業者の経営に関する事項の審査等

経営事項審査

第27条の23　公共性のある施設又は工作物に関する建設工事で政令で定めるものを発注者から直接請け負おうとする建設業者は、国土交通省令で定めるところにより、その経営に関する客観的事項について審査を受けなければならない。

2　前項の審査（以下「経営事項審査」という。）は、次に掲げる事項について、数値による評価をすることにより行うものとする。

一　経営状況

二　経営規模、技術的能力その他の前号に掲げる事項以外の客観的事項

3　前項に定めるもののほか、経営事項審査の項目及び基準は、中央建設業審議会の意見を聴いて国土交通大臣が定める。

公共性のある施設又は工作物に関する建設工事で政令で定めるもの

令　（公共性のある施設又は工作物に関する建設工事）

第27条の13　法第27条の23第１項の政令で定める建設工事は、国、地方公共団体、法人税法（昭和40年法律第34号）別表第１に掲げる公共法人（地方公共団体を除く。）又はこれらに準ずるものとして国土交通省令で定める法人が発注者であり、かつ、工事１件の請負代金の額が500万円（当該建設工事が建築一式工事である場合にあつては、1,500万円）以上のものであつて、次に掲げる建設工事以外のものとする。

一　堤防の欠壊、道路の埋没、電気設備の故障その他施設又は工作物の破壊、埋没等で、これを放置するときは、著しい被害を生ずるおそれのあるものによつて必要を生じた応急の建設工事

二　前号に掲げるもののほか、経営事項審査を受けていない建設業者が発注者から直接請け負うことについて緊急の必要その他やむを得ない事情があるものとして国土交通大臣が指定する建設工事

法人税法別表第１に掲げる法人

法人税法　**別表第１**　公共法人の表（第２条関係）

一　次の表に掲げる法人

名　　　称	根　拠　法
沖縄振興開発金融公庫	沖縄振興開発金融公庫法（昭和47年法律第31号）
株式会社国際協力銀行	会社法及び株式会社国際協力銀行法（平成23年法律第39号）
株式会社日本政策金融公庫	会社法及び株式会社日本政策金融公庫法（平成19年法律第57号）
港務局	港湾法

国立大学法人	国立大学法人（平成15年法律第112号）
社会保険診療報酬支払基金	社会保険診療報酬支払基金法（昭和23年法律第129号）
水害予防組合	水害予防組合法（明治41年法律第50号）
水害予防組合連合	
大学共同利用機関法人	国立大学法人法
地方公共団体	地方自治法（昭和22年法律第67号）
地方公共団体金融機構	地方公共団体金融機構法（平成19年法律第64号）
地方公共団体情報システム機構	地方公共団体情報システム機構法（平成25年法律第29号）
地方住宅供給公社	地方住宅供給公社法（昭和40年法律第124号）
地方道路公社	地方道路公社法（昭和45年法律第82号）
地方独立行政法人	地方独立行政法人法（平成15年法律第118号）
独立行政法人（その資本金の額若しくは出資の金額の全部が国若しくは地方公共団体の所有に属しているもの又はこれに類するものとして、財務大臣が指定をしたものに限る。）	独立行政法人通則法（平成11年法律第103号）及び同法第1条第1項（目的等）に規定する個別法
土地開発公社	公有地の拡大の推進に関する法律（昭和47年法律第66号）
土地改良区	土地改良法（昭和24年法律第195号）
土地改良区連合	
土地区画整理組合	土地区画整理法（昭和29年法律第119号）
日本下水道事業団	日本下水道事業団法（昭和47年法律第41号）
日本司法支援センター	総合法律支援法（平成16年法律第74号）

日本中央競馬会	日本中央競馬会法（昭和29年法律第205号）
日本年金機構	日本年金機構法（平成19年法律第109号）
日本放送協会	放送法（昭和25年法律第132号）

特別の法律により特別の設立行為をもって設立された法人その他の法人で国土交通省令で定めるもの

規　則　（令第27条の13の法人）

第18条　令第27条の13の国土交通省令で定める法人は、公益財団法人 JKA、国立研究開発法人科学技術振興機構、国立研究開発法人新エネルギー・産業技術総合開発機構、国立研究開発法人日本原子力研究開発機構、国立研究開発法人理化学研究所、公害健康被害補償予防協会、首都高速道路株式会社、消防団員等公務災害補償等共済基金、新関西国際空港株式会社、地方競馬全国協会、中間貯蔵・環境安全事業株式会社、東京地下鉄株式会社、東京湾横断道路の建設に関する特別措置法（昭和61年法律第45号）第２条第１項に規定する東京湾横断道路建設事業者、独立行政法人環境再生保全機構、独立行政法人勤労者退職金共済機構、独立行政法人中小企業基盤整備機構、独立行政法人農業者年金基金、中日本高速道路株式会社、成田国際空港株式会社、西日本高速道路株式会社、日本私立学校振興・共済事業団、日本たばこ産業株式会社、日本電信電話株式会社等に関する法律（昭和59年法律第85号）第１条第１項に規定する会社及び同条第２項に規定する地域会社、農林漁業団体職員共済組合、阪神高速道路株式会社、東日本高速道路株式会社、本州四国連絡高速道路株式会社並びに、旅客鉄道株式会社及び日本

貨物鉄道株式会社に関する法律（昭和61年法律第88号）第１条第３項に規定する会社とする。

国土交通省令で定めるところ

規　則　（経営事項審査の受審）

第18条の２　法第27条の23第１項の建設業者は、同項の建設工事について発注者と請負契約を締結する日の１年７月前の日の直後の事業年度終了の日以降に経営事項審査を受けていなければならない。

規　則　（経営事項審査の客観的事項）

第18条の３　法第27条の23第２項第２号に規定する客観的事項は、経営規模、技術的能力及び次の各号に掲げる事項とする。

一　労働福祉の状況

二　建設業の営業継続の状況

三　法令遵守の状況

四　建設業の経理に関する状況

五　研究開発の状況

六　防災活動への貢献の状況

七　建設機械の保有状況

八　国際標準化機構が定めた規格による登録の状況

九　若年の技術者及び技能労働者の育成及び確保の状況

2　前項に規定する技術的能力は、次の各号に掲げる事項により評価することにより審査するものとする。

一　法第７条第２号イ、ロ若しくはハ又は法第15条第２号イ、ロ若しくはハに該当する者の数

二　工事現場において基幹的な役割を担うために

必要な技能に関する講習であつて、次条から第18条の3の4までの規定により国土交通大臣の登録を受けたもの（以下「登録基幹技能者講習」という。）を修了した者の数

三　元請完成工事高

3　第1項第4号に規定する事項は、次の各号に掲げる事項により評価することにより審査するものとする。

一　会計監査人又は会計参与の設置の有無

二　建設業の経理に関する業務の責任者のうち次に掲げる者による建設業の経理が適正に行われたことの確認の有無

イ　公認会計士、会計士補、税理士及びこれらとなる資格を有する者

ロ　建設業の経理に必要な知識を確認するための試験であつて、第18条の4、第18条の5及び第18条の7において準用する第7条の5の規定により国土交通大臣の登録を受けたもの（以下「登録経理試験」という。）に合格した者

三　建設業に従事する職員のうち前号イ又はロに掲げる者で建設業の経理に関する業務を遂行する能力を有するものと認められるものの数

審査の項目及び基準　平成20年告示第85号　〔339頁〕

経営状況分析　**第27条の24**　前条第2項第1号に掲げる事項の分析（以下「経営状況分析」という。）については、第27条の31及び第27条の32において準用する第26条の5の規定により国土交通大臣の登録を受けた者（以下「登録経営状況分析機

関」という。）が行うものとする。

2　経営状況分析の申請は、国土交通省令で定める事項を記載した申請書を登録経営状況分析機関に提出してしなければならない。

3　前項の申請書には、経営状況分析に必要な事実を証する書類として国土交通省令で定める書類を添付しなければならない。

4　登録経営状況分析機関は、経営状況分析のため必要があると認めるときは、経営状況分析の申請をした建設業者に報告又は資料の提出を求めることができる。

国土交通省令で定める事項を記載した申請書

規　則　（経営状況分析の申請）

第19条の2　登録経営状況分析機関は、経営状況分析の申請の時期及び方法等を定め、その内容を公示するものとする。

2　法第27条の24第2項及び第3項の規定により提出すべき経営状況分析申請書及びその添付書類は、前項の規定に基づき公示されたところにより、提出しなければならない。

規　則　（経営状況分析申請書の記載事項及び様式）

第19条の3　法第27条の24第2項の国土交通省令で定める事項は、次のとおりとする。

一　商号又は名称

二　主たる営業所の所在地

三　許可番号

2　経営状況分析申請書の様式は、別記様式第25号の8によるものとする。

経営状況分析に必要な事実を証する書類として国土交通省令で定める書類

規　則　（経営状況分析申請書の添付書類）

第19条の4　法第27条の24第3項の国土交通省令で定める書類は、次のとおりとする。

一　会社法第2条第6号に規定する大会社であつて有価証券報告書提出会社（金融商品取引法（昭和23年法律第25号）第24条第1項の規定による有価証券報告書を内閣総理大臣に提出しなければならない株式会社をいう。）である場合においては、一般に公正妥当と認められる企業会計の基準に準拠して作成された連結会社の直前3年の各事業年度の連結貸借対照表、連結損益計算書、連結株主資本等変動計算書及び連結キャッシュ・フロー計算書

二　前号の会社以外の法人である場合においては、別記様式第15号から第17号の2までによる直前3年の各事業年度の貸借対照表、損益計算書、株主資本等変動計算書及び注記表

三　個人である場合においては、別記様式第18号及び第19号による直前3年の各事業年度の貸借対照表及び損益計算書

四　建設業以外の事業を併せて営む者にあつては、別記様式第25号の9による直前3年の各事業年度の当該建設業以外の事業に係る売上原価報告書

五　その他経営状況分析に必要な書類

2　前項第1号から第4号までに掲げる書類のうち、既に提出され、かつ、その内容に変更がないものについては、同項の規定にかかわらず、その添付を省略することができる。

経営状況分析の結果の通知

第27条の25　登録経営状況分析機関は、経営状況分析を行つたときは、遅滞なく、国土交通省令で定めるところにより、当該経営状況分析の申請をした建設業者に対して、当

該経営状況分析の結果に係る数値を通知しなければならない。

国土交通省令で定めるところ

規　則　（経営状況分析の結果の通知）

第19条の５　法第27条の25の通知は、別記様式第25号の10による通知書により行うものとする。

経営規模等評価

第27条の26　第27条の23第２項第２号に掲げる事項の評価（以下「経営規模等評価」という。）については、国土交通大臣又は都道府県知事が行うものとする。

2　経営規模等評価の申請は、国土交通省令で定める事項を記載した申請書を建設業の許可をした国土交通大臣又は都道府県知事に提出してしなければならない。

3　前項の申請書には、経営規模等評価に必要な事実を証する書類として国土交通省令で定める書類を添付しなければならない。

4　国土交通大臣又は都道府県知事は、経営規模等評価のため必要があると認めるときは、経営規模等評価の申請をした建設業者に報告又は資料の提出を求めることができる。

国土交通省令で定める事項を記載した申請書

規　則　（経営規模等評価の申請）

第19条の６　国土交通大臣又は都道府県知事は、経営規模等評価の申請の時期及び方法等を定め、その内容を公示するものとする。

2　法第27条の26第２項及び第３項の規定により提出すべき経営規模等評価申請書及びその添付書類は、前項の規定に基づき公示されたところにより、国土交通大臣の許可を受けた者にあつてはその主たる営業所の所在地を管轄する都道府県知事を経由して国土交通大臣に、都道府県知事の許可を受けた者にあつては当該都道府県知事に提出しなければならない。

規 則　（経営規模等評価申請書の記載事項及び様式）

第19条の7　法第27条の26第2項の国土交通省令で定める事項は、第19条の3第1項各号に掲げる事項及び審査の対象とする建設業の種類とする。

2　経営規模等評価申請書の様式は、別記様式第25号の11によるものとする。

公示　平成16年告示第482号　〔365頁〕

経営規模等評価に必要な事実を証する書類として国土交通省令で定める書類

規 則　（経営規模等評価申請書の添付書類）

第19条の8　法第27条の26第3項の国土交通省令で定める書類は、別記様式第2号の2による工事経歴書とする。

2　法第6条第1項又は第11条第2項（法第17条において準用する場合を含む。）の規定により、経営規模等評価の申請をする日の属する事業年度の開始の日の直前1年間についての別記様式第2号による工事経歴書を国土交通大臣又は都道府県知事に既に提出している者は、前項の規定にかかわらず、その添付を省略することができる。

経営規模等評価の結果の通知

第27条の27　国土交通大臣又は都道府県知事は、経営規模等評価を行つたときは、遅滞なく、国土交通省令で定めるところにより、当該経営規模等評価の申請をした建設業者に対して、当該経営規模等評価の結果に係る数値を通知しなければならない。

国土交通省令で定めるところ

規 則　（経営規模等評価の結果の通知）

第19条の9　法第27条の27の通知は、別記様式第25号の12による通知書により行うものとする。

再審査の申立

第27条の28　経営規模等評価の結果について異議のある建設業者は、当該経営規模等評価を行つた国土交通大臣又は都道府県知事に対して、再審査を申し立てることができる。

再審査の申立て

規　則　（再審査の申立て）

第20条　法第27条の28に規定する再審査（以下「再審査」という。）の申立ては、法第27条の27の規定による審査の結果の通知を受けた日から30日以内にしなければならない。

2　法第27条の23第3項の経営事項審査の基準その他の評価方法（経営規模等評価に係るものに限る。）が改正された場合において、当該改正前の評価方法に基づく法第27条の27の規定による審査の結果の通知を受けた者は、前項の規定にかかわらず、当該改正の日から120日以内に限り、再審査（当該改正に係る事項についての再審査に限る。）を申し立てることができる。

3　再審査の申立ては、別記様式第25号の11による申立書を経営規模等評価を行つた国土交通大臣又は都道府県知事に提出してしなければならない。

4　第2項の規定による再審査の申立てにおいては、前項の申立書に、再審査のために必要な書類を添付するものとする。

5　第2項の規定により再審査の申立てをする場合において提出する第3項の申立書及びその添付書類は、同項の規定にかかわらず、国土交通大臣の許可を受けた者にあつてはその主たる営業所の所在地を管轄する都道府県知事を経由して国土交通大臣に、都道府県知事の許可を受けた者にあつては当該都道府県知事に提出しなければならない。

再審査の結果の通知

規　則　（再審査の結果の通知）

第21条　国土交通大臣又は都道府県知事は、法第27条の28の規定による再審査を行つたときは、再審査の申立てをした者に、再審査の結果を通知するものとし、再審査の結果が法第27条の26第1項の規定による評価の結果と異なることとなつた場合において、法第27条の29第3項の規定による通知を受けた発注者があるときは、当該発注者に、再審査の結果を通知するものとする。

総合評定値の通知

第27条の29　国土交通大臣又は都道府県知事は、経営規模等評価の申請をした建設業者から請求があつたときは、遅滞なく、国土交通省令で定めるところにより、当該建設業者に対して、総合評定値（経営状況分析の結果に係る数値及び経営規模等評価の結果に係る数値を用いて国土交通省令で定めるところにより算出した客観的事項の全体についての総合的な評定の結果に係る数値をいう。以下同じ。）を通知しなければならない。

2　前項の請求は、第27条の25の規定により登録経営状況分析機関から通知を受けた経営状況分析の結果に係る数値を当該建設業者の建設業の許可をした国土交通大臣又は都道府県知事に提出してしなければならない。

3　国土交通大臣又は都道府県知事は、第27条の23第1項の建設工事の発注者から請求があつたときは、遅滞なく、国土交通省令で定めるところにより、当該発注者に対して、同項の建設業者に係る総合評定値（当該発注者から同項の建設業者に係る経営状況分析の結果に係る数値及び経営規模等評価の結果に係る数値の請求があつた場合にあつては、これらの数値を含む。）を通知しなければならない。ただし、第1項の規定による請求をしていない建設業者に係る当該発注者からの請求にあつては、当該建設業者に係る経営規模等評価の結果に係る数値のみを通知すれば足りる。

総合評定値の請求

規　則　（総合評定値の請求）

第21条の2　国土交通大臣又は都道府県知事は、総合評定値の請求（建設業者からの請求に限る。次項において同じ。）の時期及び方法等を定め、その内容を公示するものとする。

2　総合評定値の請求は、別記様式第25号の11による請求書により行うものとし、当該請求書には、第19条の5に規定する通知書を添付するものとする。

3　前項の規定により提出すべき請求書及び通知書は、第1項の規定に基づき公示されたところにより、国土交通大臣の許可を受けた者にあつてはその主たる営業所の所在地を管轄する都道府県知事を経由して国土交通大臣に、都道府県知事の許可を受けた者にあつては当該都道府県知事に提出しなければならない。

公示

平成16年告示第482号　〔365頁〕

国土交通省令で定めるところ

規　則　（総合評定値の通知）

第21条の4　法第27条の29第1項及び第3項の規定による通知は、別記様式第25号の12による通知書により行うものとする。

国土交通省令で定めるところにより算出した客観的事項の全体についての総合的な評定の結果に係る数値

規　則　（総合評定値の算出）

第21条の3　法第27条の29第1項の総合評定値は、次の式によつて算出するものとする。

$$P = 0.25X_1 + 0.15X_2 + 0.2Y + 0.25Z + 0.15W$$

この式において、P、X_1、X_2、Y及びWは、それぞれ次の数値を表すものとする。

P　総合評定値

X_1　経営規模等評価の結果に係る数値のう

ち、完成工事高に係るもの
X_2　経営規模等評価の結果に係る数値のうち、自己資本額及び利益額に係るもの
Y　経営状況分析の結果に係る数値
Z　経営規模等評価の結果に係る数値のうち、技術職員数及び元請完成工事高に係るもの
W　経営規模等評価の結果に係る数値のうち、X_1、X_2、Y及びZ以外に係るもの

手数料

第27条の30　国土交通大臣に対して第27条の26第2項の申請又は前条第1項の請求をしようとする者は、政令で定めるところにより、実費を勘案して政令で定める額の手数料を国に納めなければならない。

政令で定める手数料の額

令　（国土交通大臣が行う経営規模等評価等手数料）

第27条の14　法第27条の30の政令で定める手数料の額のうち経営規模等評価の申請に係るものは、8,100円に法第27条の23第1項に規定する建設業者が審査を受けようとする建設業（次項において「審査対象建設業」という。）一種類につき2,300円として計算した額を加算した額とする。

2　法第27条の30の政令で定める手数料の額のうち総合評定値の請求に係るものは、400円に審査対象建設業一種類につき200円として計算した額を加算した額とする。

地方公共団体の手数料

地方公共団体の手数料の標準に関する政令

地方自治法第228条第1項の手数料について全国的に統一して定めることが特に必要と認められるものとして政令で定める事務（以下「標準事務」という。）は、次の表の上欄に掲げる事務と

し、同項の当該標準事務に係る事務のうち政令で定めるもの（以下「手数料を徴収する事務」という。）は、同表の上欄に掲げる標準事務についてそれぞれ同表の中欄に掲げる事務とし、同項の政令で定める金額は、同表の中欄に掲げる手数料を徴収する事務についてそれぞれ同表の下欄に掲げる金額とする。

標準事務	手数料を徴収する事務	金　額
二十七　建設業法第27条の26第１項の規定に基づく経営規模等評価に関する事務	建設業法第27条の26第１項の規定に基づく経営規模等評価	8,100円と2,300円に評価に係る建設業の種類数を乗じて得た額との合計額
二十七の二　建設業法第27条の29第１項の規定に基づく総合評定値の通知に関する事務	建設業法第27条の29第１項の規定に基づく総合評定値の通知	400円と200円に通知に係る建設業の種類数を乗じて得た額との合計額

経営状況分析の義務

第27条の33　登録経営状況分析機関は、経営状況分析を行うことを求められたときは、正当な理由がある場合を除き、遅滞なく、経営状況分析を行わなければならない。

秘密保持義務

第27条の34　登録経営状況分析機関の役員若しくは職員又はこれらの職にあつた者は、経営状況分析の業務に関して知り得た秘密を漏らしてはならない。

国土交通大臣又は都道府県知事による経営状況分析の実施

第27条の35　国土交通大臣又は都道府県知事は、第27条の24第１項の登録を受けた者がいないとき、第27条の32において準用する第26条の11の規定による経営状況分析の業務の全部又は一部の休止又は廃止の届出があつたとき、第27条の32において準用する第26条の15の規定により第27条の24

第1項の登録を取り消し、又は登録経営状況分析機関に対し経営状況分析の業務の全部若しくは一部の停止を命じたとき、登録経営状況分析機関が天災その他の事由により経営状況分析の業務の全部又は一部を実施することが困難となつたとき、その他国土交通大臣が必要があると認めるときは、経営状況分析の業務の全部又は一部を自ら行うことができる。

2　国土交通大臣は、都道府県知事が前項の規定により経営状況分析を行うこととなる場合又は都道府県知事が同項の規定により経営状況分析を行うこととなる事由がなくなつた場合には、速やかにその旨を当該都道府県知事に通知しなければならない。

3　国土交通大臣又は都道府県知事が第1項の規定により経営状況分析の業務の全部又は一部を自ら行う場合における経営状況分析の業務の引継ぎその他の必要な事項については、国土交通省令で定める。

4　第27条の30の規定は、第1項の規定により国土交通大臣が行う経営状況分析を受けようとする者について準用する。

5　都道府県知事は、第1項の規定により経営状況分析の業務の全部若しくは一部を自ら行うこととするとき、又は自ら行つていた経営状況分析の業務の全部若しくは一部を行わないこととするときは、その旨を当該都道府県の公報に公示しなければならない。

国土交通省令への委任

第27条の36　この章に規定するもののほか、経営事項審査及び第27条の28の再審査に関し必要な事項は、国土交通省令で定める。

○建設業法施行規則別記様式第15号及び第16号の国土交通大臣の定める勘定科目の分類を定める件

（昭和57年10月12日 建設省告示第1660号）

最終改正　平成22年２月３日国土交通省告示第55号

建設業法施行規則（昭和24年建設省令第14号）別記様式第15号及び第16号の国土交通大臣の定める勘定科目の分類を次のとおり定める。

なお、昭和50年建設省告示第788号は、廃止する。

貸 借 対 照 表

科　　目	摘　　要
〔資産の部〕	
Ⅰ　流動資産	
現 金 預 金	現　金 現金、小切手、送金小切手、送金為替手形、郵便為替証書、振替貯金払出証書等 預　金 金融機関に対する預金、郵便貯金、郵便振替貯金、金銭信託等で決算期後１年以内に現金化できると認められるもの。ただし、当初の履行期が１年を超え、又は超えると認められたものは、投資その他の資産に記載することができる。
受 取 手 形	営業取引に基づいて発生した手形債権（割引に付した受取手形及び裏書譲渡した受取手形の金額は、控除して別に注記する。）。ただし、このうち破産債権、再生債権、更生債権その他これらに準ずる債権で決算期後１年以内に弁済を受けられないことが明らかなものは、投資その他の資産に記載する。
完成工事未収入金	完成工事高に計上した工事に係る請負代金（税抜方式を採用する場合も取引に係る消費税額及び地方消費税額を含む。以下同じ。）の未収額。ただし、このうち

	破産債権、再生債権、更生債権その他これらに準ずる債権で決算期後1年以内に弁済を受けられないことが明らかなものは、投資その他の資産に記載する。
有価証券	時価の変動により利益を得ることを目的として保有する有価証券及び決算期後1年以内に満期の到来する有価証券
未成工事支出金	完成工事原価に計上していない工事費並びに材料の購入及び外注のための前渡金及び手付金等
材料貯蔵品	手持ちの工事用材料及び消耗工具器具等並びに事務用消耗品等のうち未成工事支出金、完成工事原価又は販売費及び一般管理費として処理されなかつたもの
短期貸付金	決算期後1年以内に返済されると認められるもの。ただし、当初の返済期が1年を超え、又は超えると認められたものは、投資その他の資産（長期貸付金）に記載することができる。
前払費用	未経過保険料、未経過支払利息、前払賃借料等の費用の前払で決算期後1年以内に費用となるもの。ただし、当初1年を超えた後に費用となるものとして支出されたものは、投資その他の資産（長期前払費用）に記載することができる。
繰延税金資産	税効果会計の適用により資産として計上される金額のうち、次の各号に掲げるものをいう。 1　流動資産に属する資産又は流動負債に属する負債に関連するもの 2　特定の資産又は負債に関連しないもので決算期後1年以内に取り崩されると認められるもの
その他	完成工事未収入金以外の未収入金及び営業取引以外の取引によつて生じた未収入金、営業外受取手形その他決算期後1年以内に現金化できると認められるもので他の流動資産科目に属さないもの。ただし、営業取引以外の取引によつて生じたものについては、当初の履行期が1年を超え、又は超えると認められたものは、投資その他の資産に記載することができる。
貸倒引当金	受取手形、完成工事未収入金等流動資産に属する債権に対する貸倒見込額を一括して記載する。

II 固定資産	
(1) 有形固定資産	
建物・構築物	次の建物及び構築物をいう。
建物	社屋、倉庫、車庫、工場、住宅その他の建物及びこれらの付属設備
構築物	土地に定着する土木設備又は工作物
機械・運搬具	次の機械装置、船舶、航空機及び車両運搬具をいう。
機械装置	建設機械その他の各種機械及び装置
船舶	船舶及び水上運搬具
航空機	飛行機及びヘリコプター
車両運搬具	鉄道車両、自動車その他の陸上運搬具
工具器具・備品	次の工具器具及び備品をいう。
工具器具	各種の工具又は器具で耐用年数が１年以上かつ取得価額が相当額以上であるもの（移動性仮設建物を含む。）
備品	各種の備品で耐用年数が１年以上かつ取得価額が相当額以上であるもの
土地	自家用の土地
リース資産	ファイナンス・リース取引におけるリース物件の借主である資産。ただし、有形固定資産に属するものに限る。
建設仮勘定	建設中の自家用固定資産の新設又は増設のために要した支出
その他	他の有形固定資産科目に属さないもの
(2) 無形固定資産	
特許権	有償取得又は有償創設したもの
借地権	有償取得したもの（地上権を含む。）
のれん	合併、事業譲渡等により取得した事業の取得原価が、取得した資産及び引き受けた負債に配分された純額を上回る場合の超過額
リース資産	ファイナンス・リース取引におけるリース物件の借主である資産。ただし、無形固定資産に属するものに限る。
その他	有償取得又は有償創設したもので他の無形固定資産科目に属さないもの
(3) 投資その他の	

	資産	
	投資有価証券	流動資産に記載された有価証券以外の有価証券。ただし、関係会社株式に属するものを除く。
	関係会社株式・関係会社出資金	次の関係会社株式及び関係会社出資金をいう。
	関係会社株式	会社計算規則（平成18年法務省令第13号）第2条第3項第23号に定める関係会社の株式
	関係会社出資金	会社計算規則第2条第3項第23号に定める関係会社に対する出資金
	長期貸付金	流動資産に記載された短期貸付金以外の貸付金
	破産更生債権等	完成工事未収入金、受取手形等の営業債権及び貸付金、立替金等のその他の債権のうち破産債権、再生債権、更生債権その他これらに準ずる債権で決算期後1年以内に弁済を受けられないことが明らかなもの
	長期前払費用	未経過保険料、未経過支払利息、前払賃借料等の費用の前払で流動資産に記載された前払費用以外のもの
	繰延税金資産	税効果会計の適用により資産として計上される金額のうち、流動資産の繰延税金資産として記載されたもの以外のもの
	その他	長期保証金等1年を超える債権、出資金（関係会社に対するものを除く。）等他の投資その他の資産科目に属さないもの
	貸倒引当金	長期貸付金等投資等に属する債権に対する貸倒見込額を一括して記載する。
Ⅲ	繰延資産	
	創立費	定款等の作成費、株式募集のための広告費等の会社設立費用
	開業費	土地、建物等の賃借料等の会社成立後営業開始までに支出した開業準備のための費用
	株式交付費	株式募集のための広告費、金融機関の取扱手数料等の新株発行又は自己株式の処分のために直接支出した費用
	社債発行費	社債募集のための広告費、金融機関の取扱手数料等の社債発行のために直接支出した費用（新株予約権の発行等に係る費用を含む。）

開　　発　　費	新技術の採用、市場の開拓等のために支出した費用（ただし、経常費の性格をもつものは含まれない。）
〔負債の部〕	
Ⅰ 流動負債	
支 払 手 形	営業取引に基づいて発生した手形債務
工 事 未 払 金	工事費の未払額（工事原価に算入されるべき材料貯蔵品購入代金等を含む。）。ただし、税抜方式を採用する場合も取引に係る消費税額及び地方消費税額を含む。
短 期 借 入 金	決算期後１年以内に返済されると認められる借入金（金融手形を含む。）
リ ー ス 債 務	ファイナンス・リース取引におけるもので決算期後１年以内に支払われると認められるもの
未　　払　　金	固定資産購入代金未払金、未払配当金及びその他の未払金で決算期後１年以内に支払われると認められるもの
未 払 費 用	未払給料手当、未払利息等継続的な役務の給付を内容とする契約に基づいて決算期までに提供された役務に対する未払額
未払法人税等	法人税、住民税及び事業税の未払額
繰延税金負債	税効果会計の適用により負債として計上される金額のうち、次の各号に掲げるものをいう。 １　流動資産に属する資産又は流動負債に属する負債に関連するもの ２　特定の資産又は負債に関連しないもので決算期後１年以内に取り崩されると認められるもの
未成工事受入金	請負代金の受入高のうち完成工事高に計上していないもの
預　　り　　金	営業取引に基づいて発生した預り金及び営業外取引に基づいて発生した預り金で決算期後１年以内に返済されるもの又は返済されると認められるもの
前 受 収 益	前受利息、前受賃貸料等
・・・引当金	修繕引当金、完成工事補償引当金、工事損失引当金等の引当金（その設定目的を示す名称を付した科目をもつて記載すること。）
｛修繕引当金	完成工事高として計上した工事に係る機械等の修繕｝

	に対する引当金
完成工事補償引当金	引渡しを完了した工事に係るかし担保に対する引当金
工事損失引当金	工事原価総額等が工事収益総額を上回る場合の超過額から、他の科目に計上された損益の額を控除した額に対する引当金
役員賞与引当金	決算日後の株主総会において支給が決定される役員賞与に対する引当金（実質的に確定債務である場合を除く。）
その他	営業外支払手形等決算期後１年以内に支払又は返済されると認められるもので他の流動負債科目に属さないもの
II 固定負債	
社債	会社法（平成18年法律第86号）第２条第23号の規定によるもの（償還期限が１年以内に到来するものは、流動負債に記載すること。）
長期借入金	流動負債に記載された短期借入金以外の借入金
リース債務	ファイナンス・リース取引におけるもののうち、流動負債に属するもの以外のもの
繰延税金負債	税効果会計の適用により負債として計上される金額のうち、流動負債の繰延税金負債として記載されたもの以外のもの
・・・引当金	退職給付引当金等の引当金（その設定目的を示す名称を付した科目をもつて記載すること。）
退職給付引当金	役員及び従業員の退職給付に対する引当金
負ののれん	合併、事業譲渡等により取得した事業の取得原価が、取得した資産及び引き受けた負債に配分された純額を下回る場合の不足額
その他	長期未払金等１年を超える負債で他の固定負債科目に属さないもの
〔純資産の部〕	
I 株主資本	
資本金	会社法第445条第１項及び第２項、第448条並びに第450条の規定によるもの

	新株式申込証拠金	申込期日経過後における新株式の申込証拠金
	資本剰余金	
	資本準備金	会社法第445条第３項及び第４項、第447条並びに第451条の規定によるもの
	その他資本剰余金	資本剰余金のうち、資本金及び資本準備金の取崩しによつて生ずる剰余金や自己株式の処分差益など資本準備金以外のもの
	利益剰余金	
	利益準備金	会社法第445条第４項及び第451条の規定によるもの
	その他利益剰余金	
	・・・積立金（準備金）	株主総会又は取締役会の決議により設定されるもの
	繰越利益剰余金	利益剰余金のうち、利益準備金及び・・・積立金（準備金）以外のもの
	自己株式	会社が所有する自社の発行済株式
	自己株式申込証拠金	申込期日経過後における自己株式の申込証拠金
II	評価・換算差額	
	その他有価証券評価差額金	時価のあるその他有価証券を期日末時価により評価替えすることにより生じた差額から税効果相当額を控除した残額
	繰延ヘッジ損益	繰延ヘッジ処理が適用されるデリバティブ等を評価替えすることにより生じた差額から税効果相当額を控除した残額
	土地再評価差額金	土地の再評価に関する法律（平成10年法律第34号）に基づき事業用土地の再評価を行つたことにより生じた差額から税効果相当額を控除した残額
III	新株予約権	会社法第２条第21号の規定によるものから同法第255条第１項に定める自己新株予約権の額を控除した残額

損　益　計　算　書

科　　　　目	摘　　　　　　　　要
I　売上高	
完成工事高	工事進行基準により収益に計上する場合における期中出来高相当額及び工事完成基準により収益に計上する場合における最終総請負高（請負高の全部又は一部が確定しないものについては、見積計上による請負高。）。ただし、税抜方式を採用する場合は取引に係る消費税額及び地方消費税額を除く。 なお、共同企業体により施工した工事については、共同企業体全体の完成工事高に出資の割合を乗じた額又は分担した工事額を計上する。
兼業事業売上高	建設業以外の事業（以下「兼業事業」という。）を併せて営む場合における当該事業の売上高
II　売上原価	
完成工事原価	完成工事高として計上したものに対応する工事原価
兼業事業売上原価	兼業事業売上高として計上したものに対応する兼業事業の売上原価
売上総利益（売上総損失）	売上高から売上原価を控除した額
完成工事総利益（完成工事総損失）	完成工事高から完成工事原価を控除した額
兼業事業総利益（兼業事業総損失）	兼業事業売上高から兼業事業売上原価を控除した額
III　販売費及び一般管理費	
役員報酬	取締役、執行役、会計参与又は監査役に対する報酬（役員賞与引当金繰入額を含む。）
従業員給料手当	本店及び支店の従業員等に対する給料、諸手当及び賞与（賞与引当金繰入額を含む。）
退職金	役員及び従業員に対する退職金（退職年金掛金を含む。）。ただし、退職給付に係る会計基準を適用する場合には、退職金以外の退職給付費用等の適当な科目により記載すること。なお、いずれの場合においても異

	常なものを除く。
法定福利費	健康保険、厚生年金保険、労働保険等の保険料の事業主負担額及び児童手当拠出金
福利厚生費	慰安娯楽、貸与被服、医療、慶弔見舞等福利厚生等に要する費用
修繕維持費	建物、機械、装置等の修繕維持費及び倉庫物品の管理費等
事務用品費	事務用消耗品費、固定資産に計上しない事務用備品費、新聞、参考図書等の購入費
通信交通費	通信費、交通費及び旅費
動力用水光熱費	電力、水道、ガス等の費用
調査研究費	技術研究、開発等の費用
広告宣伝費	広告、公告又は宣伝に要する費用
貸倒引当金繰入額	営業取引に基づいて発生した受取手形、完成工事未収入金等の債権に対する貸倒引当金繰入額。ただし、異常なものを除く。
貸倒損失	営業取引に基づいて発生した受取手形、完成工事未収入金等の債権に対する貸倒損失。ただし、異常なものを除く。
交際費	得意先、来客等の接待費、慶弔見舞及び中元歳暮品代等
寄付金	社会福祉団体等に対する寄付
地代家賃	事務所、寮、社宅等の借地借家料
減価償却費	減価償却資産に対する償却額
開発費償却	繰延資産に計上した開発費の償却額
租税公課	事業税（利益に関連する金額を課税標準として課されるものを除く。）、事業所税、不動産取得税、固定資産税等の租税及び道路占用料、身体障害者雇用納付金等の公課
保険料	火災保険その他の損害保険料
雑費	社内打合せ等の費用、諸団体会費並びに他の販売費及び一般管理費の科目に属さない費用
営業利益（営業損失）	売上総利益（売上総損失）から販売費及び一般管理費を控除した額
Ⅳ　営業外収益	
受取利息及び配	次の受取利息、有価証券利息及び受取配当金をいう。

当金	
受取利息	預金利息及び未収入金、貸付金等に対する利息。ただし、有価証券利息に属するものを除く。
有価証券利息	公社債等の利息及びこれに準ずるもの
受取配当金	株式利益配当金（投資信託収益分配金、みなし配当を含む。）
その他	受取利息及び配当金以外の営業外収益で次のものをいう。
有価証券売却益	売買目的の株式、公社債等の売却による利益
雑収入	他の営業外収益科目に属さないもの
V　営業外費用	
支払利息	次の支払利息及び社債利息をいう。
支払利息	借入金利息等
社債利息	社債及び新株予約権付社債の支払利息
貸倒引当金繰入額	営業取引以外の取引に基づいて発生した貸付金等の債権に対する貸倒引当金繰入額。ただし、異常なものを除く。
貸倒損失	営業取引以外の取引に基づいて発生した貸付金等の債権に対する貸倒損失。ただし、異常なものを除く。
その他	支払利息、貸倒引当金繰入額及び貸倒損失以外の営業外費用で次のものをいう。
創立費償却	繰延資産に計上した創立費の償却額
開業費償却	繰延資産に計上した開業費の償却額
株式交付費償却	繰延資産に計上した株式交付費の償却額
社債発行費償却	繰延資産に計上した社債発行費の償却額
有価証券売却損	売買目的の株式、公社債等の売却による損失
有価証券評価損	会社計算規則第５条第３項第１号及び同条第６項の規定により時価を付した場合に生ずる有価証券の評価損
雑支出	他の営業外費用科目に属さないもの
経常利益	営業利益（営業損失）に営業外収益の合計額と営業外

（経常損失）	費用の合計額を加減した額
Ⅵ 特別利益	
前期損益修正益	前期以前に計上された損益の修正による利益。ただし、金額が重要でないもの又は毎期経常的に発生するものは、経常利益（経常損失）に含めることができる。
そ　の　他	固定資産売却益、投資有価証券売却益、財産受贈益等異常な利益。ただし、金額が重要でないもの又は毎期経常的に発生するものは、経常利益（経常損失）に含めることができる。
Ⅶ 特別損失	
前期損益修正損	前期以前に計上された損益の修正による損失。ただし、金額が重要でないもの又は毎期経常的に発生するものは、経常利益（経常損失）に含めることができる。
そ　の　他	固定資産売却損、減損損失、災害による損失、投資有価証券売却損、固定資産圧縮記帳損、損害賠償金等異常な損失。ただし、金額が重要でないもの又は毎期経常的に発生するものは、経常利益（経常損失）に含めることができる。
税引前当期純利益 （税引前当期純損失）	経常利益（経常損失）に特別利益の合計額と特別損失の合計額を加減した額
法人税、住民税及び事業税	当該事業年度の税引前当期純利益に対する法人税等（法人税、住民税及び利益に関する金額を課税標準として課される事業税をいう。以下同じ。）の額並びに法人税等の更正、決定等による納付税額及び還付税額
法人税等調整額	税効果会計の適用により計上される法人税、住民税及び事業税の調整額
当期純利益 （当期純損失）	税引前当期純利益（税引前当期純損失）から法人税、住民税及び事業税を控除し、法人税等調整額を加減した額とする。

完成工事原価報告書

科　　目	摘　　　　要
材料費	工事のために直接購入した素材、半製品、製品、材料貯蔵品勘定等から振り替えられた材料費（仮設材料の損耗額等を含む。）
労務費	工事に従事した直接雇用の作業員に対する賃金、給料及び手当等。工種・工程別等の工事の完成を約する契約でその大部分が労務費であるものは、労務費に含めて記載することができる。
（うち労務外注費）	労務費のうち、工種・工程別等の工事の完成を約する契約でその大部分が労務費であるものに基づく支払額
外注費	工種・工程別等の工事について素材、半製品、製品等を作業とともに提供し、これを完成することを約する契約に基づく支払額。ただし、労務費に含めたものを除く。
経費	完成工事について発生し、又は負担すべき材料費、労務費及び外注費以外の費用で、動力用水光熱費、機械等経費、設計費、労務管理費、租税公課、地代家賃、保険料、従業員給料手当、退職金、法定福利費、福利厚生費、事務用品費、通信交通費、交際費、補償費、雑費、出張所等経費配賦額等
（うち人件費）	経費のうち従業員給料手当、退職金、法定福利費及び福利厚生費

○建設業法第27条の23第３項の経営事項審査の項目及び基準を定める件

（平成20年１月31日
国土交通省告示第85号）

最終改正　平成29年12月26日国土交通省告示第1196号

建設業法（昭和24年法律第100号）第27条の23第３項の規定により、経営事項審査の項目及び基準を次のとおり定め、平成20年４月１日から適用する。

なお、平成６年建設省告示第1461号は、平成20年３月31日限り廃止する。

第一　審査の項目は、次の各号に定めるものとする。

一　経営規模

１　建設業法第27条の23第１項の規定により経営事項審査の申請をする日の属する事業年度の開始の日（以下「当期事業年度開始日」という。）の直前２年又は直前３年の各事業年度における完成工事高について算定した許可を受けた建設業に係る建設工事（「土木一式工事」についてはその内訳として「プレストレストコンクリート構造物工事」、「とび・土工・コンクリート工事」についてはその内訳として「法面処理工事」、「鋼構造物工事」についてはその内訳として「鋼橋上部工事」を含む。以下同じ。）の種類別年間平均完成工事高

２　審査基準日（経営事項審査の申請をする日の直前の事業年度の終了の日。以下同じ。）の決算（以下「基準決算」という。）における自己資本の額（貸借対照表における純資産合計の額をいう。以下同じ。）又は基準決算及び基準決算の前期決算における自己資本の額の平均の額（以下「平均自己資本額」という。）

３　当期事業年度開始日の直前１年（以下「審査対象年」という。）における利払前税引前償却前利益（審査対象年の各事業年度（以下「審査対象事業年度」という。）における営業利益の額に審査対象事業年度における減価償却実施額（審査対象事業年度における未成工事支出金に係る減価償却費、販売費及び一般管理費に係る減価償却費、完成工事原価に係る減価償却費、兼業事業売上原価に係る減価償却費その他減価償却費として費用を計上した額をいう。以下同じ。）を加えた額）及び審査対

象年開始日の直前１年（以下「前審査対象年」という。）の利払前税引前償却前利益の平均の額（以下「平均利益額」という。）

二　経営状況

1　審査対象年における純支払利息比率（審査対象事業年度における支払利息から受取利息配当金を控除した額を審査対象事業年度における売上高（完成工事高及び兼業事業売上高の合計の額をいう。以下同じ。）で除して得た数値を百分比で表したものをいう。）

2　審査対象年における負債回転期間（基準決算における流動負債と固定負債の合計の額を審査対象事業年度における１月当たり売上高（売上高の額を12で除した額をいう。）で除して得た数値をいう。）

3　審査対象年における総資本売上総利益率（審査対象事業年度における売上総利益の額を基準決算及び基準決算の前期決算における総資本の額（貸借対照表における負債純資産合計の額をいう。以下同じ。）の平均の額で除して得た数値を百分比で表したものをいう。）

4　審査対象年における売上高経常利益率（審査対象事業年度における経常利益（個人である場合においては事業主利益の額とする。）の額を審査対象事業年度における売上高で除して得た数値を百分比で表したものをいう。）

5　基準決算における自己資本対固定資産比率（基準決算における自己資本の額を固定資産の額で除して得た数値を百分比で表したものをいう。）

6　基準決算における自己資本比率（基準決算における自己資本の額を総資本の額で除して得た数値を百分比で表したものをいう。）

7　審査対象年における営業キャッシュ・フローの額（審査対象事業年度における経常利益の額に減価償却実施額を加え、法人税、住民税及び事業税を控除し、基準決算の前期決算から基準決算にかけての引当金増減額、売掛債権増減額、仕入債務増減額、棚卸資産増減額及び受入金増減額を加減したものを１億で除して得た数値をいう。）及び前審査対象年における営業キャッシュ・フローの額の平均の額

8　基準決算における利益剰余金の額（基準決算における利益剰余金の額を１億で除して得た数値をいう。）

三　技術力

1　審査基準日における許可を受けた建設業に従事する職員のうち建設業の種類別の次に掲げる者（以下「技術職員」という。）の数（ただし、１人の職員につき技術職員として申請できる建設業の種類の数は２まで（平成28年６月１日から平成31年５月31日までの間にとび・土工工事業又は解体工事業に関する経営事項審査を受けようとするときは、とび・土工工事業、解体工事業及びその他の１種類をあわせた３まで）とする。）

㈠　建設業法第15条第２号イに該当する者（同法第27条の18第１項の規定による監理技術者資格者証の交付を受けている者であって、同法第26条の４から第26条の６までの規定により国土交通大臣の登録を受けた講習を当期事業年度開始日の直前５年以内に受講したものに限る。）

㈡　建設業法第15条第２号イに該当する者であって、㈠に掲げる者以外の者

㈢　登録基幹技能者講習（建設業法施行規則（昭和24年建設省令第14号）第18条の３第２項第２号の登録を受けた講習をいう。）を修了した者であって㈠及び㈡に掲げる者以外の者

㈣　建設業法第27条第１項の規定による技術検定その他の法令の規定による試験で、当該試験に合格することによって直ちに同法第７条第２号ハに該当することとなるものに合格した者、他の法令の規定による免許若しくは免状の交付（以下「免許等」という。）で当該免許等を受けることによって直ちに同号ハに該当することとなるものを受けた者又は登録基礎ぐい工事試験（建設業法施行規則第７条の３第２号の表とび・土工工事業の項第５号の登録を受けた試験をいう。）若しくは登録解体工事試験（同条第２号の表解体工事業の項第４号の登録を受けた試験をいう。）に合格した者であって㈠、㈡及び㈢に掲げる者以外の者

㈤　建設業法第７条第２号イ、ロ若しくはハ又は同法第15条第２号ハに該当する者で㈠、㈡、㈢及び㈣に掲げる者以外の者

2　当期事業年度開始日の直前２年又は直前３年の各事業年度における発注者から直接請け負った建設工事に係る完成工事高（以下「元請完成工事高」という。）について算定した許可を受けた建設業に係る建設工事

の種類別年間平均元請完成工事高

四　その他の審査項目（社会性等）

1　次に掲げる労働福祉の状況

㈠　審査基準日における雇用保険加入の有無（雇用保険法（昭和49年法律第116号）第７条の規定による届出を行っているか否かをいう。）

㈡　審査基準日における健康保険加入の有無（健康保険法施行規則（大正15年内務省令第36号）第24条の規定による届出を行っているか否かをいう。）

㈢　審査基準日における厚生年金保険加入の有無（厚生年金保険法（昭和29年法律第115号）第27条に規定する届出を行っているか否かをいう。）

㈣　審査基準日における建設業退職金共済制度加入の有無（中小企業退職金共済法（昭和34年法律第160号）第６章の独立行政法人勤労者退職金共済機構との間で同法第２条第５項に規定する特定業種退職金共済契約又はこれに準ずる契約の締結を行っているか否かをいう。）

㈤　審査基準日における退職一時金制度導入の有無（労働協約において退職手当に関する定めがあるか否か、労働基準法第89条第１項第３号の２の定めるところにより就業規則に退職手当の定めがあるか否か、同条第２項の退職手当に関する事項についての規則が定められているか否か、中小企業退職金共済法第２条第３項に規定する退職金共済契約を締結しているか否か、又は所得税法施行令（昭和40年政令第96号）第73条第１項に規定する特定退職金共済団体との間でその行う退職金共済に関する事業について共済契約を締結しているか否かをいう。）又は審査基準日における企業年金制度導入の有無（厚生年金保険法第９章第１節の規定に基づき厚生年金基金を設立しているか否か、法人税法（昭和40年法律第34号）附則第20条に規定する適格退職年金契約を締結しているか否か、確定給付企業年金法（平成13年法律第50号）第２条第１項に規定する確定給付企業年金の導入を行っているか否か、又は確定拠出年金法（平成13年法律第88号）第２条第２項に規定する企業型年金の導入を行っているか否かをいう。）

㈥　審査基準日における法定外労働災害補償制度加入の有無（公益財団

法人建設業福祉共済団、一般社団法人全国建設業労災互助会、全日本火災共済協同組合連合会、一般社団法人全国労働保険事務組合連合会又は保険会社との間で、労働者災害補償保険法（昭和22年法律第50号）第３章の規定に基づく保険給付の基因となった業務災害及び通勤災害（下請負人に係るものを含む。）に関する給付についての契約を締結しているか否かをいう。）

2　次に掲げる建設業の営業継続の状況

(一)　審査基準日までの建設業の営業年数（建設業の許可又は登録を受けて営業を行っていた年数をいう。ただし、平成23年４月１日以降の申立てに係る再生手続開始の決定又は更生手続開始の決定を受け、かつ、再生手続終結の決定又は更生手続終結の決定を受けた建設業者は、当該再生手続終結の決定又は更生手続終結の決定を受けてから営業を行つていた年数をいう。）

(二)　審査基準日における民事再生法又は会社更生法の適用の有無（平成23年４月１日以降の申立てに係る再生手続開始の決定又は更生手続開始の決定を受け、かつ、再生手続終結の決定又は更生手続終結の決定を受けていない建設業者であるか否かをいう。）

3　審査基準日における防災協定締結の有無（国、特殊法人等（公共工事の入札及び契約の適正化の促進に関する法律（平成12年法律第127号）第２条第１項に規定する特殊法人等をいう。）又は地方公共団体との間における防災活動に関する協定を締結しているか否かをいう。）

4　審査対象年における法令遵守の状況（建設業法第28条の規定により指示をされ、又は営業の全部若しくは一部の停止を命ぜられたことがあるか否かをいう。）

5　次に掲げる審査基準日における建設業の経理に関する状況

(一)　監査の受審状況（会計監査人若しくは会計参与の設置の有無又は建設業の経理実務の責任者のうち(二)のイに該当する者が経理処理の適正を確認した旨の書類に自らの署名を付したものの提出の有無をいう。）

(二)　審査基準日における建設業に従事する職員のうち次に掲げるものの数

イ　公認会計士、会計士補、税理士及びこれらとなる資格を有する者並びに建設業法施行規則第18条の3第3項第2号ロに規定する建設業の経理に必要な知識を確認するための試験であって国土交通大臣の登録を受けたもの（以下「登録経理試験」という。）の1級試験に合格した者

ロ　登録経理試験の2級試験に合格した者であってイに掲げる者以外の者

6　審査対象年及び前審査対象年における研究開発費の額の平均の額（以下「平均研究開発費の額」という。ただし、会計監査人設置会社において、一般に公正妥当と認められる企業会計の基準に従って処理されたものに限る。）

7　審査基準日における建設機械の保有状況（自ら所有し、又はリース契約（審査基準日から1年7か月以上の使用期間が定められているものに限る。）により使用する建設機械抵当法施行令（昭和29年政令第294号）別表に規定するショベル系掘削機、ブルドーザー、トラクターショベル及びモーターグレーダー、土砂等を運搬する大型自動車による交通事故の防止等に関する特別措置法（昭和42年法律第131号）第2条第2項に規定する大型自動車（以下この7において単に「大型自動車」という。）のうち、同法第3条第1項第2号に規定する経営する事業の種類として建設業を届け出、かつ、同項又は同条第3項の規定による表示番号の指定を受けているもの、大型自動車のうち、土砂等を運搬する大型自動車による交通事故の防止等に関する特別措置法施行規則（昭和42年運輸省令第86号）第5条第1項に規定する表示番号指定申請書（記載事項に変更があった場合においては、同条第2項に規定する申請事項変更届出書）に主として経営する事業の種類が建設業である旨を記載し、かつ、同法第3条第2項の規定による表示番号の指定を受けているもの並びに労働安全衛生法施行令（昭和47年政令第318号）第12条第1項第4号に規定するつり上げ荷重が3トン以上の移動式クレーンの合計台数（以下「建設機械の所有及びリース台数」という。）をいう。）

8　審査基準日における国際標準化機構が定めた規格による登録の状況（国際標準化機構第9001号又は第14001号の規格により登録されているか否かをいう（認証範囲に建設業が含まれていないもの及び認証範囲が

一部の支店等に限られているものは除く。)。)

9　次に掲げる審査基準日又は審査対象年における若年の技術者及び技能労働者の育成及び確保の状況

(一)　若年技術職員（満35歳未満の技術職員をいう。以下同じ。）の継続的な育成及び確保の状況（審査基準日において、若年技術職員の人数が技術職員の人数の合計の15パーセント以上であるか否かをいう。）

(二)　新規若年技術職員の育成及び確保の状況（審査基準日において、若年技術職員のうち、審査対象年において新規に技術職員となった人数が技術職員の人数の合計の１パーセント以上であるか否かをいう。）

第二　審査の基準は、次の各号に定めるとおりとする。

一　経営規模に係る審査の基準

1　第一の一の１に掲げる当期事業年度開始日の直前２年又は直前３年の各事業年度における完成工事高について算定した許可を受けた建設業に係る建設工事の種類別年間平均完成工事高については、そのいずれかの額が、別表第一の区分の欄のいずれに該当するかを、許可を受けた建設業に係る建設工事の種類ごとに審査すること。

2　第一の一の２に掲げる基準決算における自己資本の額又は平均自己資本額については、そのいずれかの額が別表第二の区分の欄のいずれに該当するかを審査すること。

3　第一の一の３に掲げる平均利益額については、その額が別表第三の区分の欄のいずれに該当するかを審査すること。

二　経営状況に係る審査の基準

第一の二に掲げる比率等については、付録第１に定める算式によって算出した点数を求めること。ただし、国土交通大臣が次に掲げる要件のいずれにも適合するものとして認定した企業集団に属する会社のうち子会社（財務諸表等の用語、様式及び作成方法に関する規則（昭和38年大蔵省令第59号。以下この号において「財務諸表等規則」という。）第８条第３項に規定する子会社をいう。以下この号において同じ。）については、親会社（財務諸表等規則第８条第３項に規定する親会社をいう。以下この号において同じ。）の提出する連結財務諸表（一般に公正妥当と認められる企業会計の基準に準拠して作成された連結貸借対照表、連結損益計算書、連結株主資本等変動計算書及び連結キャッシュ・フロー計算書をいう。以下この号において同じ。）に基づき審査するものとする。

㈠　親会社が会計監査人設置会社であり、かつ、次に掲げる要件のいずれかに該当するものであること。

イ　有価証券報告書提出会社である場合においては、子会社との関係において、財務諸表等規則第８条第４項各号に掲げる要件のいずれかを満たすものであること。

ロ　有価証券報告書提出会社以外の場合においては、子会社の議決権の過半数を自己の計算において所有しているものであること。

㈡　子会社が次に掲げる要件のいずれにも該当する建設業者であること。

イ　売上高が企業集団の売上高の100分の５以上を占めているものであること。

ロ　単独で審査した場合の経営状況の評点が、親会社の提出する連結財務諸表を用いて審査した場合の経営状況の評点の３分の２以上であるものであること。

三　技術力に係る審査の基準

１　第一の三の１に掲げる審査基準日における技術職員の数については、審査基準日における許可を受けた建設業の種類別の同号の１の㈠から㈤に掲げる者の数に、同号の１の㈠に掲げる者の数にあっては６を、同号の１の㈡に掲げる者の数にあっては５を、同号の１の㈢に掲げる者の数にあっては３を、同号の１の㈣に掲げる者の数にあっては２を、同号の１の㈤に掲げる者の数にあっては１をそれぞれ乗じて得た数値の合計数値（別表第四において「技術職員数値」という。）を許可を受けた建設業の種類ごとにそれぞれ求め、これらが、別表第四の区分の欄のいずれに該当するかを審査すること。

２　第一の三の２に掲げる当期事業年度開始日の直前２年又は直前３年の各事業年度における元請完成工事高について算定した許可を受けた建設業に係る建設工事の種類別年間平均元請完成工事高については、そのいずれかの額が、別表第五の区分の欄のいずれに該当するかを、許可を受けた建設業に係る建設工事の種類ごとに審査すること。ただし、第一の一の１において当期事業年度開始日の直前２年又は直前３年の各事業年度における完成工事高について選択した基準と同一の基準とすること。

四　その他の審査項目（社会性等）に係る審査の基準

1　第一の四の１に掲げる労働福祉の状況については、付録第２に定める算式によって算出した点数を求めること。

2　次に掲げる建設業の営業継続の状況

㈠　第一の四の２の㈠に掲げる営業年数については、当該年数が、別表第六の区分の欄のいずれに該当するかを審査すること。

㈡　第一の四の２の㈡に掲げる民事再生法又は会社更生法の適用の有無については、民事再生法又は会社更生法の適用の有無が、別表第七の区分の欄のいずれかに該当するかを審査すること。

3　第一の四の３に掲げる防災協定締結の有無については、防災協定締結の有無が、別表第八の区分の欄のいずれに該当するかを審査すること。

4　第一の四の４に掲げる法令遵守の状況については、建設業法第28条の規定により指示をされ、又は営業の全部若しくは一部の停止を命ぜられたことの有無が、別表第九の区分の欄のいずれに該当するかを審査すること。

5　次に掲げる建設業の経理に関する状況

㈠　第一の四の５の㈠に掲げる監査の受審状況については、会計監査人若しくは会計参与の設置の有無又は建設業の経理実務の責任者のうち第一の四の５の㈡のイに該当する者が経理処理の適正を確認した旨の書類に自らの署名を付したものの提出の有無が、別表第十の区分の欄のいずれに該当するかを審査すること。

㈡　第一の四の５の㈡に掲げる職員の数については、同号の５の㈡のイに掲げる者の数に、同号の５の㈡のロに掲げる者の数に10分の４を乗じて得た数を加えた合計数値（別表第十において「公認会計士等数値」という。）が、年間平均完成工事高に応じて、別表第十一の区分の欄のいずれに該当するかを審査すること。

6　第一の四の６に掲げる平均研究開発費の額については、当該金額が、別表第十二の区分のいずれに該当するかを審査すること。

7　第一の四の７に掲げる建設機械の保有状況については、建設機械の所有及びリース台数が、別表第十三の区分の欄のいずれに該当するかを審査すること。

8　第一の四の8に掲げる国際標準化機構が定めた規格による登録の状況については、国際標準化機構第9001号又は第14001号の規格による登録の有無が、別表第十四の区分の欄のいずれに該当するかを審査すること。

9　次に掲げる若年の技術者及び技能労働者の育成及び確保の状況

㈠　第一の四の9の㈠に掲げる若年技術職員の継続的な育成及び確保の状況については、別表第十五の区分の欄のいずれに該当するかを審査すること。

㈡　第一の四の9の㈡に掲げる新規若年技術職員の育成及び確保の状況については、別表第十六の区分の欄のいずれに該当するかを審査すること。

附　則

一　建設業法第15条第2号イに該当する者のうち、当期事業年度開始日の直前5年以内であって平成16年2月29日以前に交付された資格者証を所持しているもの、及び当期事業年度開始日の直前5年以内かつ平成16年2月29日以前に指定講習（平成15年6月18日改正前の建設業法第27条の18第4項の規定により国土交通大臣が指定する講習をいう。）を受講した者であって平成16年3月1日以降に交付された資格者証を所持しているものについては、第一の三の1の㈠に掲げる者に該当するものとみなす。

二　審査の対象とする建設業者が、効力を有する政府調達に関する協定を適用している国又は地域その他我が国に対して建設市場が開放的であると認められる国又は地域（以下「協定適用国等」という。）に主たる営業所を有する建設業者又は我が国に主たる営業所を有する建設業者のうち協定適用国等に主たる営業所を有する者が当該建設業者の資本金の額の2分の1以上を出資しているもの（以下「外国建設業者」という。）である場合における第二の三の1並びに第二の四の1、2、5及び6の規定の適用については、当分の間、当該各規定にかかわらず、それぞれ次に定めるところによる。

1　第二の三の1の規定の適用については、同号中「1の㈠に掲げる者の数」とあるのは「1の㈠に掲げる者の数及び当該者と同等以上の潜在的能力があると国土交通大臣が認定した者の数の合計数」と、「1の㈡に掲げる者の数」とあるのは「１の㈡に掲げる者の数及び当該者と同等以上の潜在的能力があると国土交通大臣が認定した者の数の合計数」と、「１の㈢に掲げる者の数」とあるのは「１の㈢に掲げる者の数及び当該者と同等以上の潜在的能力があると国土交通大臣が認定した者の数の合計数」と、「１の㈣に掲げる者の数」とあるのは「１の㈣に掲げる者の数及び当該者と同等以上の潜在的能力があると国土交通大臣が認定した者の数の合計数」と、「１の㈤に掲げる者の数」とあるのは「１の㈤に掲げる者の数及び当該者と同等以上の潜在的能力があると国土交通大臣が認定した者の数の合計数」とする。

2　第二の四の１の規定の適用については、付録第２中「しているとされたものの数」とあるのは「しているとされたもの（これらの各項目について加入又は導入をしている場合と同等の場合であると国土交通大臣が認定した場合における当該認定した項目を含む。）の数」とする。

3　第二の四の２の規定の適用については、同号の２中「当該年数」とあるのは「当該年数及び協定適用国等において建設業を営んでいた年数で国土交通大臣が認定したものの合計年数」とする。

4　第二の四の５の㈠の適用については、第二の四の５の㈠中「会計参与の設置の有無又は」とあるのは「会計参与の設置の有無若しくは」とし、「提出の有無」とあるのは「提出の有無又はこれと同等以上の措置として国土交通大臣が認定した措置の有無」とする。

5　第二の四の５の㈡の適用については、第二の四の５の㈡中「同号の５の㈡のイに掲げる者の数」とあるのは「同号の５の㈡のイに掲げる者の数及び当該者と同等以上の潜在的能力があると国土交通大臣が認定した者の数の合計数」と、「同号の５の㈡のロに掲げる者の数」とあるのは「、同号の５の㈡のロに掲げる者の数及び当該者と同等以上の潜在的能力があると国土交通大臣が認定した者の数の合計数」とする。

6　第二の四の６の適用については、同号中「当該金額」とあるのは「当該金額及びこれと同等のものとして国土交通大臣が認定した額の合計額」とする。

三　国土交通大臣が外国建設業者の属する企業集団について、次に掲げる要件に適合するものとして一体として建設業を営んでいると認定した場合においては、当分の間、第一に掲げる各項目（第一の四の1の㈠から㈢まで、3及び4に掲げる項目を除く。）については、国土交通大臣が当該企業集団について認定した数値をもって当該各項目の数値として審査するものとする。

㈠　当該外国建設業者の属する企業集団が一体として建設業を営んでいることについて、当該企業集団の中心となる者であって協定適用国等に主たる営業所を有するものによる証明があること。

㈡　当該外国建設業者の属する企業集団に財務諸表の連結その他の密接な関係があること。

四　企業結合により経営基盤の強化を行おうとする建設業者であって、国土交通大臣が次に掲げる要件のいずれにも適合するものとして認定した企業集団に属するものについては、国土交通大臣が当該企業集団について認定した数値等をもって、第一に掲げる各項目の数値等として審査するものとする。

㈠　財務諸表等の用語、様式及び作成方法に関する規則第8条第3項に規定する親会社（以下単に「親会社」という。）とその子会社（同項に規定する子会社をいう。以下同じ。）からなる企業集団であること。

㈡　親会社が金融商品取引法（昭和23年法律第25号）第24条第1項の規定により有価証券報告書を内閣総理大臣に提出しなければならない者であること。

㈢　企業集団を構成する建設業者が主として営む建設業の種類がそれぞれ異なる等相互の機能分化が相当程度なされていると認められること。

五　一の建設業者の経営事項審査において四の規定により認定した数値等をもって審査が行われた場合にあっては、当該建設業者の属する企業集団に属する他の建設業者は、当該数値等をもって経営事項審査の申請を行うことはできないものとする。

六　企業結合により経営基盤の強化を行おうとする建設業者であって、国土交通大臣が次に掲げる要件のいずれにも適合するものとして認定した企業集団に属するものについては、国土交通大臣が当該企業集団に属する建設業者について認定した数値をもって、第一の三の1に掲げる技術職員数及び第一の四の5の㈡に掲げる職員の数として審査するものとする。

㈠　親会社とその子会社からなる企業集団であること。

㈡　親会社が次のいずれにも該当するものであること。

イ　親会社が子会社の発行済株式の総数を有する者であること。

ロ　金融商品取引法第24条の規定により有価証券報告書を内閣総理大臣に提出しなければならない者であること。

ハ　経営事項審査を受けていない者であること。

ニ　主として企業集団全体の経営管理を行うものであること。

㈢　子会社が建設業者であること。

七　我が国に主たる営業所を有する建設業者であって、国土交通大臣が次に掲げる要件のいずれにも適合するものとして認定した子会社を外国に有するものについては、国土交通大臣が当該子会社について認定した数値を当該建設業者の種類別年間平均完成工事高に加えた数値をもって第一の一の１に掲げる項目の数値として審査し、かつ、国土交通大臣が当該建設業者及び当該子会社について認定した数値をもって同号の２及び同号の３に掲げる項目の数値として審査するものとする。

㈠　経営事項審査を受けていない者であること。

㈡　主たる事業として建設業を営む者であること。

附　則〔平成22年10月15日国土交通省告示第1175号〕

この告示は、平成23年４月１日から施行する。

附　則〔平成24年５月１日国土交通省告示第523号〕

この告示は、平成24年７月１日から施行する。

附　則〔平成26年10月31日国土交通省告示第1055号〕

この告示は、平成27年４月１日から施行する。

附　則〔平成28年２月１日国土交通省告示第271号〕

1　この告示は、建設業法等の一部を改正する法律（平成26年法律第55号）附則第１条第２号に掲げる規定の施行の日（平成28年６日１日）から施行する。

2　この告示による改正後の建設業法第27条の23第３項の経営事項審査の項目及び基準を定める件は、平成28年６月１日から平成31年５月31日までの間、建設業法施行規則の一部を改正する省令（平成27年国土交通省令第83号）により改正された建設業法施行規則（昭和24年建設省令第14号）様式第25号の11別紙二記載要領６のとび・土工工事業・解体工事業（経過措置）に関する経営事項審査について準用する。この場合において、とび・土工工事業又は解体工事業に従事する技術職員は、とび・土工工事業・解体工事業（経過措置）に従事する技術職員とみなすほか、次の表の上欄に掲げる規定中同表の中欄に掲げる字句は、それぞれ同表の下欄に掲げる字句に読み替えるものとする。

第一の一の１	許可を受けた建設業に係る建設工事（「土木一式工事」についてはその内訳として「プレストレスト・コンクリート構造物工事」、「とび・土工・コンクリート工事」についてはその内訳として「法面処理工事」、「鋼構造物工事」についてはその内訳として「鋼橋上部工事」を含む。以下同じ。）の種類別	とび・土工・コンクリート工事及び解体工事の
第一の三の１	審査基準日における許可を受けた建設業に従事する職員のうち建設業の種類別の次に掲げる者（以下「技術職員」という。）の数（ただし、１人の職員につき技術職員として申請できる建設業の種類の数は２まで（平成28年６月１日から平成31年５月31日までの間にとび・土工工事業又は解体工事業に関する経営事項審査を受けようとするときは、とび・土工工事業、解体工事業及びその他の１種類をあわせた３まで）とする。）	審査基準日におけるとび・土工工事業及び解体工事業に従事する職員のうち次に掲げる者（以下「技術職員」という。）の数
第一の三の２、別表第一、別表第五	許可を受けた建設業に係る建設工事の種類別	とび・土工・コンクリート工事及び解体工事の
第二の一の１	許可を受けた建設業に係る建設工事の種類別年間平均完成工事高	とび・土工・コンクリート工事及び解体工事の年間平均完成工事高
第二の一の１、第二の三の２	いずれに該当するかを、許可を受けた建設業に係る建設工事の種類ごとに審査すること。	いずれに該当することを審査すること。

第二の三の１	許可を受けた建設業の種類別の	とび・土工工事業及び解体工事業の
	許可を受けた建設業の種類ごとにそれぞれ求め、これらが、	求め、
第二の三の２	許可を受けた建設業に係る建設工事の種類別年間平均元請完成工事高	とび・土工・コンクリート工事及び解体工事の年間平均元請完成工事高

附　則〔平成28年８月１日国土交通省告示第911号〕

この告示は、公布の日から施行する。

附　則〔平成29年12月26日国土交通省告示第1196号〕

この告示は、平成30年４月１日から施行する。

別表第一（第二の一の１関係）

許可を受けた建設業に係る建設工事の種類別年間平均完成工事高		区　分	許可を受けた建設業に係る建設工事の種類別年間平均完成工事高		区　分
1,000億円以上		(1)	８億円以上	10億円未満	(22)
800億円以上	1,000億円未満	(2)	６億円以上	８億円未満	(23)
600億円以上	800億円未満	(3)	５億円以上	６億円未満	(24)
500億円以上	600億円未満	(4)	４億円以上	５億円未満	(25)
400億円以上	500億円未満	(5)	３億円以上	４億円未満	(26)
300億円以上	400億円未満	(6)	２億5,000万円以上	３億円未満	(27)
250億円以上	300億円未満	(7)	２億円以上	２億5,000万円未満	(28)
200億円以上	250億円未満	(8)	１億5,000万円以上	２億円未満	(29)
150億円以上	200億円未満	(9)	１億2,000万円以上	１億5,000万円未満	(30)
120億円以上	150億円未満	(10)	１億円以上	１億2,000万円未満	(31)
100億円以上	120億円未満	(11)	8,000万円以上	１億円未満	(32)
80億円以上	100億円未満	(12)	6,000万円以上	8,000万円未満	(33)
60億円以上	80億円未満	(13)	5,000万円以上	6,000万円未満	(34)
50億円以上	60億円未満	(14)	4,000万円以上	5,000万円未満	(35)
40億円以上	50億円未満	(15)	3,000万円以上	4,000万円未満	(36)
30億円以上	40億円未満	(16)	2,500万円以上	3,000万円未満	(37)
25億円以上	30億円未満	(17)	2,000万円以上	2,500万円未満	(38)
20億円以上	25億円未満	(18)	1,500万円以上	2,000万円未満	(39)
15億円以上	20億円未満	(19)	1,200万円以上	1,500万円未満	(40)
12億円以上	15億円未満	(20)	1,000万円以上	1,200万円未満	(41)
10億円以上	12億円未満	(21)		1,000万円未満	(42)

備考　各区分の評点については、別途通知により定めるところによる。

別表第二（第二の一の２関係）

自己資本の額又は平均自己資本額		区分	自己資本の額又は平均自己資本額		区分
3,000億円以上		(1)	12億円以上	15億円未満	(25)
2,500億円以上	3,000億円未満	(2)	10億円以上	12億円未満	(26)
2,000億円以上	2,500億円未満	(3)	８億円以上	10億円未満	(27)
1,500億円以上	2,000億円未満	(4)	６億円以上	８億円未満	(28)
1,200億円以上	1,500億円未満	(5)	５億円以上	６億円未満	(29)
1,000億円以上	1,200億円未満	(6)	４億円以上	５億円未満	(30)
800億円以上	1,000億円未満	(7)	３億円以上	４億円未満	(31)
600億円以上	800億円未満	(8)	２億5,000万円以上	３億円未満	(32)
500億円以上	600億円未満	(9)	２億円以上	２億5,000万円未満	(33)
400億円以上	500億円未満	(10)	１億5,000万円以上	２億円未満	(34)
300億円以上	400億円未満	(11)	１億2,000万円以上	１億5,000万円未満	(35)
250億円以上	300億円未満	(12)	１億円以上	１億2,000万円未満	(36)
200億円以上	250億円未満	(13)	8,000万円以上	１億円未満	(37)
150億円以上	200億円未満	(14)	6,000万円以上	8,000万円未満	(38)
120億円以上	150億円未満	(15)	5,000万円以上	6,000万円未満	(39)
100億円以上	120億円未満	(16)	4,000万円以上	5,000万円未満	(40)
80億円以上	100億円未満	(17)	3,000万円以上	4,000万円未満	(41)
60億円以上	80億円未満	(18)	2,500万円以上	3,000万円未満	(42)
50億円以上	60億円未満	(19)	2,000万円以上	2,500万円未満	(43)
40億円以上	50億円未満	(20)	1,500万円以上	2,000万円未満	(44)
30億円以上	40億円未満	(21)	1,200万円以上	1,500万円未満	(45)
25億円以上	30億円未満	(22)	1,000万円以上	1,200万円未満	(46)
20億円以上	25億円未満	(23)		1,000万円未満	(47)
15億円以上	20億円未満	(24)			

備考　各区分の評点については、別途通知により定めるところによる。

別表第三（第二の一の３関係）

平均利益額		区分	平均利益額		区分
300億円以上		(1)	４億円以上	５億円未満	(20)
250億円以上	300億円未満	(2)	３億円以上	４億円未満	(21)
200億円以上	250億円未満	(3)	２億5,000万円以上	３億円未満	(22)
150億円以上	200億円未満	(4)	２億円以上	２億5,000万円未満	(23)
120億円以上	150億円未満	(5)	１億5,000万円以上	２億円未満	(24)
100億円以上	120億円未満	(6)	１億2,000万円以上	１億5,000万円未満	(25)
80億円以上	100億円未満	(7)	１億円以上	１億2,000万円未満	(26)
60億円以上	80億円未満	(8)	8,000万円以上	１億円未満	(27)
50億円以上	60億円未満	(9)	6,000万円以上	8,000万円未満	(28)
40億円以上	50億円未満	(10)	5,000万円以上	6,000万円未満	(29)
30億円以上	40億円未満	(11)	4,000万円以上	5,000万円未満	(30)
25億円以上	30億円未満	(12)	3,000万円以上	4,000万円未満	(31)
20億円以上	25億円未満	(13)	2,500万円以上	3,000万円未満	(32)
15億円以上	20億円未満	(14)	2,000万円以上	2,500万円未満	(33)
12億円以上	15億円未満	(15)	1,500万円以上	2,000万円未満	(34)
10億円以上	12億円未満	(16)	1,200万円以上	1,500万円未満	(35)
８億円以上	10億円未満	(17)	1,000万円以上	1,200万円未満	(36)
６億円以上	８億円未満	(18)		1,000万円未満	(37)
５億円以上	６億円未満	(19)			

備考　各区分の評点については、別途通知により定めるところによる。

別表第四（第二の三の１関係）

技術職員数値		区分	技術職員数値		区分
15,500以上		(1)	300以上	390未満	(16)
11,930以上	15,500未満	(2)	230以上	300未満	(17)
9,180以上	11,930未満	(3)	180以上	230未満	(18)
7,060以上	9,180未満	(4)	140以上	180未満	(19)
5,430以上	7,060未満	(5)	110以上	140未満	(20)
4,180以上	5,430未満	(6)	85以上	110未満	(21)
3,210以上	4,180未満	(7)	65以上	85未満	(22)
2,470以上	3,210未満	(8)	50以上	65未満	(23)
1,900以上	2,470未満	(9)	40以上	50未満	(24)
1,460以上	1,900未満	(10)	30以上	40未満	(25)
1,130以上	1,460未満	(11)	20以上	30未満	(26)
870以上	1,130未満	(12)	15以上	20未満	(27)
670以上	870未満	(13)	10以上	15未満	(28)
510以上	670未満	(14)	５以上	10未満	(29)
390以上	510未満	(15)		５未満	(30)

備考　各区分の評点については、別途通知により定めるところによる。

別表第五（第二の三の２関係）

許可を受けた建設業に係る建設工事の種類別年間平均元請完成工事高		区分	許可を受けた建設業に係る建設工事の種類別年間平均元請完成工事高		区分
1,000億円以上		⑴	８億円以上	10億円未満	㉒
800億円以上	1,000億円未満	⑵	６億円以上	８億円未満	㉓
600億円以上	800億円未満	⑶	５億円以上	６億円未満	㉔
500億円以上	600億円未満	⑷	４億円以上	５億円未満	㉕
400億円以上	500億円未満	⑸	３億円以上	４億円未満	㉖
300億円以上	400億円未満	⑹	２億5,000万円以上	３億円未満	㉗
250億円以上	300億円未満	⑺	２億円以上	２億5,000万円未満	㉘
200億円以上	250億円未満	⑻	１億5,000万円以上	２億円未満	㉙
150億円以上	200億円未満	⑼	１億2,000万円以上	１億5,000万円未満	㉚
120億円以上	150億円未満	⑽	１億円以上	１億2,000万円未満	㉛
100億円以上	120億円未満	⑾	8,000万円以上	１億円未満	㉜
80億円以上	100億円未満	⑿	6,000万円以上	8,000万円未満	㉝
60億円以上	80億円未満	⒀	5,000万円以上	6,000万円未満	㉞
50億円以上	60億円未満	⒁	4,000万円以上	5,000万円未満	㉟
40億円以上	50億円未満	⒂	3,000万円以上	4,000万円未満	㊱
30億円以上	40億円未満	⒃	2,500万円以上	3,000万円未満	㊲
25億円以上	30億円未満	⒄	2,000万円以上	2,500万円未満	㊳
20億円以上	25億円未満	⒅	1,500万円以上	2,000万円未満	㊴
15億円以上	20億円未満	⒆	1,200万円以上	1,500万円未満	㊵
12億円以上	15億円未満	⒇	1,000万円以上	1,200万円未満	㊶
10億円以上	12億円未満	㉑		1,000万円未満	㊷

備考　各区分の評点については、別途通知により定めるところによる。

別表第六（第二の四の２関係）

営業年数	区　分	営業年数	区　分	営業年数	区　分	営業年数	区　分
35年以上	(1)	27年	(9)	19年	(17)	11年	(25)
34年	(2)	26年	(10)	18年	(18)	10年	(26)
33年	(3)	25年	(11)	17年	(19)	９年	(27)
32年	(4)	24年	(12)	16年	(20)	８年	(28)
31年	(5)	23年	(13)	15年	(21)	７年	(29)
30年	(6)	22年	(14)	14年	(22)	６年	(30)
29年	(7)	21年	(15)	13年	(23)	５年以下	(31)
28年	(8)	20年	(16)	12年	(24)		

備考　各区分の評点については、別途通知により定めるところによる。

別表第七（第二の四の２関係）

民事再生法又は会社更生法の適用の有無	区分
無	(1)
有	(2)

備考　各区分の評点については、別途通知により定めるところによる。

別表第八（第二の四の３関係）

防災協定締結の有無	区分
有	(1)
無	(2)

備考　各区分の評点については、別途通知により定めるところによる。

別表第九（第二の四の４関係）

法令遵守の状況	区分
無	(1)
指示をされた場合	(2)
営業の全部若しくは一部の停止を命ぜられた場合	(3)

備考　各区分の評点については、別途通知により定めるところによる。

別表第十（第二の四の５の(1)関係）

監査の受審状況	区分
会計監査人の設置	(1)
会計参与の設置	(2)
経理処理の適正を確認した旨の書類の提出	(3)
無	(4)

備考　各区分の評点については、別途通知により定めるところによる。

別表第十一（第二の四の５の(二)関係）

項目／区分／年間平均完成工事高	公認会計士等数値 (1)	(2)	(3)	(4)	(5)	(6)
600億円以上	13.6以上	10.8以上 13.6未満	7.2以上 10.8未満	5.2以上 7.2未満	2.8以上 5.2未満	2.8未満
150億円以上 600億円未満	8.8以上	6.8以上 8.8未満	4.8以上 6.8未満	2.8以上 4.8未満	1.6以上 2.8未満	1.6未満
40億円以上 150億円未満	4.4以上	3.2以上 4.4未満	2.4以上 3.2未満	1.2以上 2.4未満	0.8以上 1.2未満	0.8未満
10億円以上 40億円未満	2.4以上	1.6以上 2.4未満	1.2以上 1.6未満	0.8以上 1.2未満	0.4以上 0.8未満	0.4未満
１億円以上 10億円未満	1.2以上	0.8以上 1.2未満	0.4以上 0.8未満	―	―	0
１億円未満	0.4以上	―	―	―	―	0

別表第十二（第二の四の６関係）

平均研究開発費の額		区分	平均研究開発費の額		区分
100億円以上		(1)	11億円以上	12億円未満	(14)
75億円以上	100億円未満	(2)	10億円以上	11億円未満	(15)
50億円以上	75億円未満	(3)	９億円以上	10億円未満	(16)
30億円以上	50億円未満	(4)	８億円以上	９億円未満	(17)
20億円以上	30億円未満	(5)	７億円以上	８億円未満	(18)
19億円以上	20億円未満	(6)	６億円以上	７億円未満	(19)
18億円以上	19億円未満	(7)	５億円以上	６億円未満	(20)
17億円以上	18億円未満	(8)	４億円以上	５億円未満	(21)
16億円以上	17億円未満	(9)	３億円以上	４億円未満	(22)
15億円以上	16億円未満	(10)	２億円以上	３億円未満	(23)
14億円以上	15億円未満	(11)	１億円以上	２億円未満	(24)
13億円以上	14億円未満	(12)	5,000万円以上	１億円未満	(25)
12億円以上	13億円未満	(13)		5,000万円未満	(26)

備考　各区分の評点については、別途通知により定めるところによる。

別表第十三（第二の四の７関係）

建設機械の所有及びリース台数	区分
15台以上	(1)
14台	(2)
13台	(3)
12台	(4)
11台	(5)
10台	(6)
９台	(7)
８台	(8)
７台	(9)
６台	(10)
５台	(11)
４台	(12)
３台	(13)
２台	(14)
１台	(15)
０台	(16)

備考　各区分の評点については、別途通知により定めるところによる。

別表第十四（第二の四の８関係）

国際標準化機構が定めた規格による登録状況	区分
第9001号及び第14001号の登録	(1)
第9001号の登録	(2)
第14001号の登録	(3)
無	(4)

備考　各区分の評点については、別途通知により定めるところによる。

別表第十五（第二の四の９の㈠関係）

若年技術職員の継続的な育成及び確保の状況	区分
15%以上	(1)
15%未満	(2)

備考　各区分の評点については、別途通知により定めるところによる。

別表第十六（第二の四の９の(二)関係）

新規若年技術職員の育成及び確保の状況	区分
１％以上	(1)
１％未満	(2)

備考　各区分の評点については、別途通知により定めるところによる。

付録第一

算式

経営状況点数（A）＝

$$-0.4650\times X_1-0.0508\times X_2+0.0264\times X_3+0.0277\times X_4+0.0011\times X_5+0.0089\times X_6+0.0818\times X_7+0.0172\times X_8+0.1906$$

X_1は、純支払利息比率

X_2は、負債回転期間

X_3は、総資本売上総利益率

X_4は、売上高経常利益率

X_5は、自己資本対固定資産比率

X_6は、自己資本比率

X_7は、営業キャッシュ・フロー

X_8は、利益剰余金

備考

経営状況の評点の算出については、別途通知に定めるところによる。

付録第二

算式

$$Y_1\times 15-Y_2\times 40$$

Y_1は、第一の四の１の㈣から㈥までの各項目のうち加入又は導入をしているとされたものの数

Y_2は、第一の四の１の㈠から㈢までの各項目のうち加入をしていないとされたものの数

○経営規模等評価の申請及び総合評定値の請求の時期及び方法等を定めた件

（平成16年4月19日
国土交通省告示第482号）

最終改正　平成26年10月31日　国土交通省告示第1054号

建設業法施行規則（昭和24年建設省令第14号。以下「規則」という。）第19条の6第1項及び第21条の2第1項の規定により、国土交通大臣に対してする経営規模等評価の申請及び総合評定値の請求の時期及び方法等を定めたので公示する。

第一　申請の時期

日曜日及び土曜日、国民の祝日に関する法律（昭和23年法律第178号）に規定する休日並びに12月29日から翌年の1月3日までの日（国民の祝日に関する法律に規定する休日を除く。）を除き、申請者の主たる営業所の所在地を管轄する都道府県知事（以下「経由都道府県知事」という。）により公示された日において、経営規模等評価の申請及び総合評定値の請求を受け付けるものとする。

第二　申請の方法

一に掲げる書類を二に規定する方法により提出して申請するものとする。

一　提出書類

イ　申請書及び添付書類

次に掲げる書面とする。但し、規則の規定により提出を要しないものとされた場合にあっては、この限りではない。

1　規則別記様式第25号の11による経営規模等評価申請書及び総合評定値請求書

2　規則別記様式第2号の2による工事経歴書

3　規則別記様式第25号の10による経営状況分析結果通知書

ロ　確認書類

申請者が次に掲げる書類を有する場合にあっては、次に掲げる書類、これを有しない場合にあっては、これに準ずる書類とする。

1　審査対象営業年度の消費税確定申告書の控え及び添付書類の写し

並びに消費税納税証明書の写し

2　工事経歴書に記載されている工事に係る工事請負契約書の写し又は注文書及び請書の写し

3　法人税申告書別表（別表16㈠及び㈡）の写し並びに規則別記様式第15号及び第16号による貸借対照表及び損益計算書の写し

4　健康保険及び厚生年金保険に係る標準報酬の決定を通知する書面又は住民税特別徴収税額を通知する書面の写し

5　規則別記様式第25号の11別紙二による技術職員名簿に記載されている職員に係る次に掲げる書類

⑴　検定若しくは試験の合格証その他の当該職員が有する資格を証明する書面等の写し

⑵　事業所の名称が記載された健康保険被保険者証の写し又は雇用保険被保険者資格取得確認通知書の写し

⑶　継続雇用制度の適用を受けている職員についてはそれを証明する書面及び同制度について定めた労働基準監督署長の印のある就業規則又は労働協約の写し

6　労働保険概算・確定保険料申告書の控え及びこれにより申告した保険料の納入に係る領収済通知書の写し

7　健康保険及び厚生年金保険の保険料の納入に係る領収証書の写し又は納入証明書の写し

8　建設業退職金共済事業加入・履行証明書（経営事項審査用）の写し

9　中小企業退職金共済制度若しくは特定退職金共済団体制度への加入を証明する書面、労働基準監督署長の印のある就業規則又は労働協約の写し

10　企業年金制度又は退職一時金制度に係る書類であって、次に掲げるいずれかの書類

⑴　厚生年金基金への加入を証明する書面、適格退職金年金契約書、確定拠出年金運営管理機関の発行する確定拠出年金への加入を証明する書面、確定給付企業年金の企業年金基金の発行する企業年金基金への加入を証明する書面又は資産管理運用機関との間

の契約書の写し

(2) 公益財団法人建設業福祉共済団、一般社団法人全国建設業労災互助会、全日本火災共済協同組合連合会又は一般社団法人全国労働保険事務組合連合会の労働災害補償制度への加入を証明する書面又は労働災害総合保険若しくは準記名式の普通傷害保険の保険証券の写し

11 審査対象営業年度に再生手続開始又は更生手続開始の決定を受けた場合にあってはその決定日を証明する書面の写し

12 審査対象営業年度に再生手続終結又は更生手続終結の決定を受けた場合にあってはその決定日を証明する書面の写し

13 防災協定書の写し（申請者の所属する団体が防災協定を締結している場合にあっては、当該団体への加入を証明する書類及び防災活動に対し一定の役割を果たすことを証明する書類）

14 有価証券報告書若しくは監査証明書の写し、会計参与報告書の写し又は建設業の経理実務の責任者のうち公認会計士、会計士補、税理士及びこれらとなる資格を有する者並びに登録経理試験（規則第18条の３第３項第２号ロに規定する登録経理試験をいう。以下同じ。）に合格した者のいずれかに該当する者が経理処理の適正を確認した旨の書類に自らの署名を付したもの

15 規則別記様式第25号の７の２による登録経理試験の合格証の写し又は平成17年度までに実施された建設業経理事務士検定試験の１級試験若しくは２級試験の合格証の写し

16 規則別記様式第17号の２による注記表の写し

17 建設機械の売買契約書の写し又はリース契約書の写し

18 建設機械に係る特定自主検査記録表、自動車検査証又は移動式クレーン検査証の写し

19 国際標準化機構第9001号又は第14001号の規格により登録されていることを証明する書面の写し

二 提出の方法

経由都道府県知事に提出するものとする。

第三 経営規模等評価の申請及び総合評定値の請求に係る手数料の納付方法

経営規模等評価の申請に係る手数料については、8,100円に審査対象建設業一種類につき2,300円として計算した額を加算した額を、総合評定値の請求に係る手数料については、400円に審査対象建設業一種類につき200円として計算した額を加算した額を収入印紙により納付するものとする。

第四　経営規模等評価の結果及び総合評定値の通知

経営規模等評価の結果又は総合評定値の通知は、規則別記様式第25号の12により簡易書留郵便により通知するものとする。

第五　再審査の方法

一　経営規模等評価の結果について異議があるときは、当該経営規模等評価の結果の通知を受けた日から30日以内に限り、次に掲げる書類を国土交通大臣に提出して再審査を申し立てることができる。

経営規模等評価の結果及び総合評定値を通知したときは、再審査の申立てについても経営規模等評価の結果及び総合評定値を通知することとし、総合評定値の通知に係る手数料については納付を要しない。

イ　規則別記様式第25号の11による経営規模等評価再審査申立書

ロ　再審査の申立てに係る経営規模等評価結果通知書及び総合評定値通知書の写し

ハ　異議のある審査項目についてその事実の確認に必要な書類

二　経営事項審査の基準その他の評価方法（経営規模等評価に係るものに限る。）が改正された場合であって、当該改正前の評価方法に基づく経営規模等評価の通知を受けているときは、当該改正の日から120日以内に限り、次に掲げる書類を申請者の経由都道府県知事を経由して国土交通大臣に提出して再審査を申し立てることができる。

経営規模等評価の結果及び総合評定値を通知したときは、再審査の申立てについても経営規模等評価の結果及び総合評定値を通知することとし、総合評定値の通知に係る手数料については納付を要しない。

イ　規則別記様式第25号の11による経営規模等評価再審査申立書

ロ　再審査の申立てに係る経営規模等評価結果通知書及び総合評定値通知書の写し

第六　この公示に関する問合せ先

申請者の主たる営業所の所在地を管轄する地方整備局及び北海道開発局建

設業担当課

附　則〔平成20年１月31日国土交通省告示第86号〕

この告示は、平成20年４月１日から施行する。

附　則〔平成21年２月12日国土交通省告示第157号〕

この告示は、平成21年３月１日から施行する。

附　則〔平成22年12月28日国土交通省告示第1546号〕

この告示は、平成23年４月１日から施行する。

附　則〔平成26年10月31日国土交通省告示第1054号〕

この告示は、平成27年４月１日から施行する。

○経営事項審査の事務取扱いについて（通知）

（平成20年1月31日
国総建第269号）

改正　平成29年12月26日国総建第300号

国土交通省総合政策局建設業課長から各地方整備局等建設業担当部長
各都道府県建設業主管部局長　あて

公共工事の発注における企業評価の物差しである経営事項審査の評価項目や基準については、社会経済情勢が変化する中でも評価の適正を欠かないよう、また、企業行動を歪めることのないよう、適時の見直しが必要である。

このため、今般、建設業法施行規則の一部を改正する省令（平成20年1月31日国土交通省令第3号）が制定されるとともに、平成20年1月31日付け国土交通省告示第85号（以下「告示」という。）をもって建設業法（昭和24年法律第100号）第27条の23第3項の経営事項審査の項目及び基準の改正がなされ、同日付け国土交通省国総建第267号をもって、建設流通政策審議官から今般の改正の主要な内容について通知されたところである。

これらを踏まえ、従来の経営事項審査の事務取扱を見直すこととした。その内容は上掲の省令、告示の施行に伴うもののほか、各項目の評点幅、評点算出方法を見直したこと等である。

今後標記の件については、建設業法、同法に基づく命令及び関連通知によるほか、下記により取扱われたい。ただし、本通知による事務取扱いは、平成20年4月1日より適用する。

なお、平成18年7月7日付け国土交通省国総建第129号をもって通知した「経営事項審査の事務取扱いについて（通知）」は平成20年3月31日限り廃止する。

記

Ⅰ　次の各号に掲げる事務の取扱いは、それぞれ当該各号に定めるところによるものとする。この場合において、特に定めのある場合を除き、審査に用いる額については、建設業法施行規則（昭和24年建設省令第14号。以下「規則」という。）別記様式第15号から別記様式第19号までに記載された千円単位をもって表示した額（ただし、会社法第2条第1項に規定する大会社が百万円単位をもって表示した場合は、百万円未満の単位については0として計算する。）とし、審査に用いる期間については、月単位の期間（1月未満の期間については、これを切り上げる。）とする。

1　経営規模について（告示第一の一関係）

(1)　許可を受けた建設業に係る建設工事の種類別年間平均完成工事高について

イ　種類別年間平均完成工事高は、許可を受けた建設業のうち経営事項審査の対象とする旨申出のあった建設業（以下「審査対象建設業」という。）に係る建設工事について、経営事項審査の申請をする日の属する事業年度の開始の日（以下「当期事業年度開始日」という。）の直前2年又は直前3年の年間平均完成工事高とする。ただし、審査対象建設業ごとに直前2年又は直前3年の年間平均完成工事高を選択できることとはせず、すべての審査対象建設業において同一の方法によることとする。また、1つの請負契約に係る建設工事の完成工事高を2以上の種類に分割又は重複計上することはできないものとする。

ロ　審査対象建設業に係る建設工事が「土木一式工事」である場合においてはその内訳として「プレストレストコンクリート構造物工事」を、「とび・土工・コンクリート工事」である場合においてはその内訳として「法面処理工事」を、「鋼構造物工事」である場合においてはその内訳として「鋼橋上部工事」をそれぞれ審査することとする。

ハ　契約後VE（主として施工段階における現場に即したコスト縮減が可能となる技術提案が期待できる工事を対象として、契約後、受注者が施工方法等について技術提案を行い、採用された場合、当該提案に従って設計図書を変更するとともに、提案のインセンティブを与えるため、契約額の縮減額の一部に相当する金額を受注者に支払うことを前提として、契約額の減額変更を行う方式。以下同じ。）による公共工事の完成工事高については、契約後VEによる減額変更前の契約額で評価できることとする。この場合において、経営事項審査の申請者は、申請の際に契約後VEによる契約額の減額の金額が証明できる書類を提出することとする。

ニ　審査対象建設業が土木工事業又は建築工事業（以下「一式工事業」

という。）である場合においては、許可を受けている建設業のうち一式工事業以外の建設業（審査対象建設業として申出をしている建設業を除く。）に係る建設工事の年間平均完成工事高を、その内容に応じて当該一式工事業のいずれかの年間平均完成工事高に含めることができるものとする。

ホ　審査対象建設業が一式工事業以外の建設業である場合においては、許可を受けた建設業のうち一式工事業以外の建設業（審査対象建設業として申出をしている建設業を除く。）に係る建設工事の完成工事高を、その建設工事の性質に応じて当該一式工事業以外の建設業に係る建設工事の完成工事高に含めることができるものとする。

ヘ　上記のほか、申請者のうち次の申出をしようとする者については、その申出の額をそのまま、別記様式第１号に記載するものとする。

①　一式工事業に係る建設工事の完成工事高を一式工事業以外の建設業に係る建設工事の完成工事高として分割分類し、許可を受けた建設業に係る建設工事の完成工事高に加えて申し出ようとする者

②　一式工事業以外の建設業に係る完成工事高についても①と同様の方法により計算して申し出ようとする者

ト　事業年度を変更したため、当期事業年度開始日の直前２年（又は直前３年）の間に開始する各事業年度に含まれる月数の合計が24か月（又は36か月）に満たない者は、次の式により算定した完成工事高を基準として年間平均完成工事高を算定するものとする。

直前２年の場合

$$(\text{Aにおける完成工事高の合計額})+(\text{Bにおける完成工事高})\times\frac{24\text{か月}-\text{Aに含まれる月数}}{\text{Bに含まれる月数}}$$

A……当期事業年度開始日の直前２年の間に開始する各事業年度

B……Aにおける最初の事業年度の直前の事業年度

直前３年の場合

$$(\text{Aにおける完成工事高の合計額})+(\text{Bにおける完成工事高})\times\frac{36\text{か月}-\text{Aに含まれる月数}}{\text{Bに含まれる月数}}$$

A……当期事業年度開始日の直前３年の間に開始する各事業年度

B……Aにおける最初の事業年度の直前の事業年度

チ　次のいずれかに該当する者にあっては、当期事業年度開始日の直前２年（又は直前３年）の各事業年度における完成工事高の合計額を年間平均完成工事高の算定基礎とすることができるものとする。

①　当期事業年度開始日からさかのぼって２年以内（又は３年以内）に商業登記法（昭和38年法律第125号）の規定に基づく組織変更の登記を行った者

②　当期事業年度開始日からさかのぼって２年以内（又は３年以内）に建設業者（個人に限る。以下「被承継人」という。）から建設業の主たる部分を承継した者（以下「承継人」という。）がその配偶者又は２親等以内の者であって、次のいずれにも該当するもの

ｉ）　被承継人が建設業を廃業すること

ii）　被承継人の事業年度と承継人の事業年度が連続すること（やむをえない事情により連続していない場合を除く。）

iii）　承継人が被承継人の業務を補佐した経験を有すること

③　当期事業年度開始日からさかのぼって２年以内（又は３年以内）に被承継人から営業の主たる部分を承継した者（法人に限る。以下「承継法人」という。）であって、次のいずれにも該当するもの

ｉ）　被承継人が建設業を廃業すること

ii）　被承継人が50％以上を出資して設立した法人であること

iii）　被承継人の事業年度と承継法人の事業年度が連続すること

iv）　承継法人の代表権を有する役員が被承継人であること

リ　当期事業年度開始日からさかのぼって２年以内（又は３年以内）に合併の沿革を有する者（吸収合併においては合併後存続している会社、新設合併においては合併に伴い設立された会社をいう。）又は建設業を譲り受けた沿革を有する者は、当期事業年度開始日の直前２年（又は直前３年）の各事業年度における完成工事高の合計額に当該吸収合併により消滅した建設業者又は当該建設業の譲渡人に係る営業期間のうちそれぞれ次の算式により調整した期間における同一種類の建設工事の完成工事高の合計額を加えたものを年間平均完成工事高の算

定基礎とすることができるものとする。

合併の場合（直前2年）

（A、B及びA'の完成工事高）＋（B'における完成工事高）×

$$\frac{\text{Bの始期からB'の終期にいたる月数}}{\text{B'に含まれる月数（12月）}}$$

＝直前2年の完成工事高

（乙社の年間平均完成工事高の算定基礎）

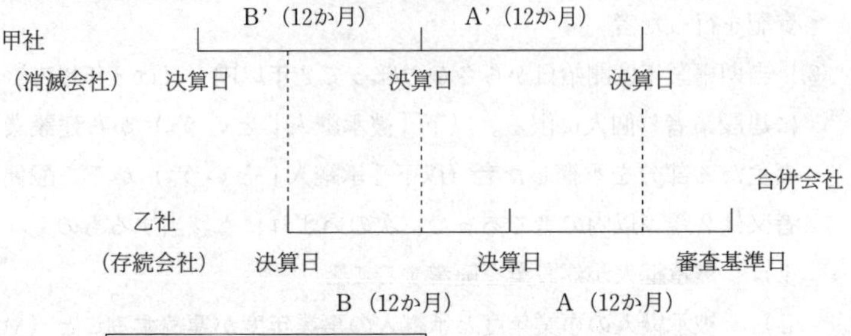

合併の場合（直前3年）

（A、B及びA'の完成工事高）＋（B'における完成工事高）×

$$\frac{\text{Bの始期からB'の終期にいたる月数}}{\text{B'に含まれる月数（12月）}}$$

＝直前3年の完成工事高

（乙社の年間平均完成工事高の算定基礎）

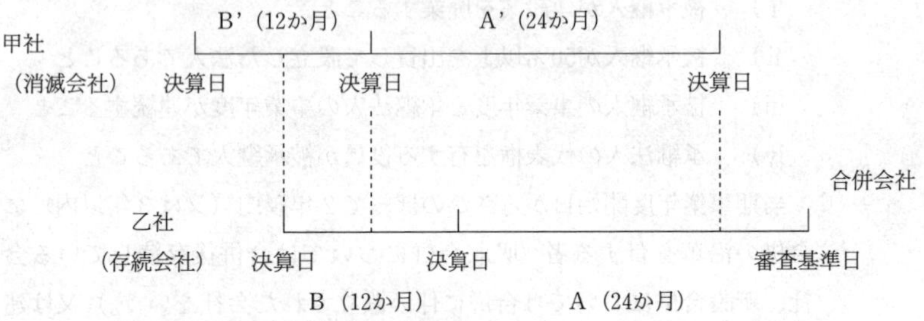

譲り受ける場合（直前2年）

譲り受ける場合には既に許可を有する建設業者が他の建設業者からその建設業を譲り受ける場合と譲り受けることにより建設業を開始する場合がある。

前者については、合併の場合と同様の算式により算定するものとする。

後者については、建設業を譲り受けることにより建設業を開始する場合についての算式は次のとおりである。

（Aの完成工事高）＋（Xの完成工事高）＋（Yの完成工事高）＋（Zの完成工事高）$\times \frac{\text{24か月－A、X及びYに含まれる月数}}{\text{Zに含まれる月数（12月）}}$

＝直前2年の完成工事高

（乙社の年間平均完成工事高の算定基礎）

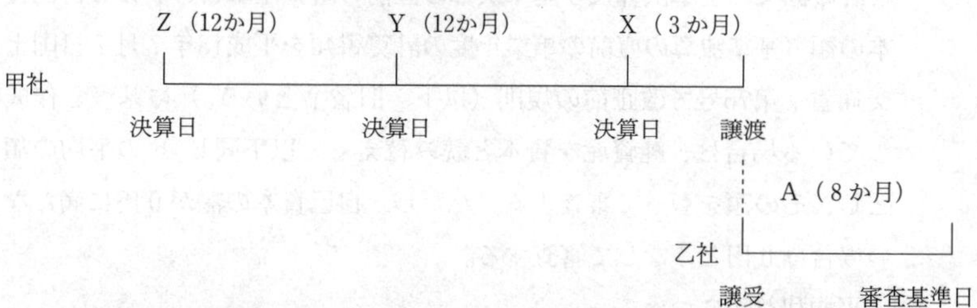

譲り受ける場合（直前3年）

直前2年の場合と同様、前者については、合併の場合と同様の算式により算定するものとする。

後者については、建設業を譲り受けることにより建設業を開始する場合についての算式は次のとおりである。

（Aの完成工事高）＋（Xの完成工事高）＋（Yの完成工事高）＋（Zの完成工事高）$\times \frac{\text{36か月－A、X及びYに含まれる月数}}{\text{Zに含まれる月数（12月）}}$

＝直前3年の完成工事高

（乙社の年間平均完成工事高の算定基礎）

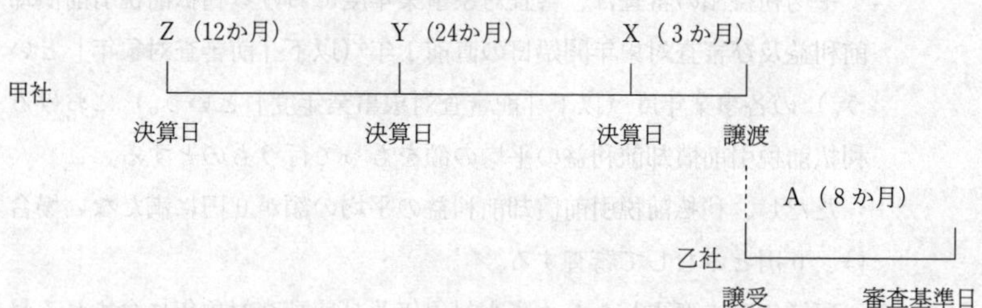

ヌ　トに掲げる者を除き、当期事業年度開始日の直前2年（又は直前3

年）の間に開始する各事業年度に含まれる月数の合計が24か月（又は36か月）に満たない者は、当該直前2年（又は直前3年）の間に開始する各事業年度の審査対象建設業に係る建設工事の完成工事高の額の合計額を2（又は3）で除して得た額を年間平均完成工事高とする。

⑵　自己資本額について

自己資本の額は、審査基準日（申請をする日の直前の事業年度の終了の日。以下同じ。）の決算（以下「基準決算」という。）における純資産合計の額又は基準決算及び基準決算の直前の審査基準日における自己資本の額（基準決算の直前の事業年度の計算書類を平成18年7月7日国土交通省令第76号で改正前の規則（以下、旧省令という。）に基づき作成している場合は、純資産を資本と読み替える。以下同じ。）の平均の額とし、その額をもって審査する。ただし、自己資本の額が0円に満たない場合は0円とみなして審査する。

⑶　平均利益額について

イ　営業利益の額は、当期事業年度開始日の直前1年（以下「審査対象年」という。）の各事業年度（以下「審査対象事業年度」という。）における営業利益の額とする。

ロ　減価償却実施額は、審査対象事業年度における未成工事支出金に係る減価償却費、販売費及び一般管理費に係る減価償却費、完成工事原価に係る減価償却費、兼業事業売上原価に係る減価償却費その他減価償却費として費用を計上した額とする。

ハ　利払前税引前償却前利益は、営業利益の額に減価償却実施額を加えた額とする。

ニ　平均利益額の審査は、審査対象事業年度における利払前税引前償却前利益及び審査対象年開始日の直前1年（以下「前審査対象年」という。）の各事業年度（以下「前審査対象事業年度」という。）における利払前税引前償却前利益の平均の額をもって行うものとする。

ただし、利払前税引前償却前利益の平均の額が0円に満たない場合は、0円とみなして審査する。

ホ　事業年度を変更したため審査対象年及び前審査対象年に含まれる月数が24か月に満たない場合、商業登記法の規定に基づく組織変更の登記を行った場合、１の⑴のチの②若しくは③に掲げる場合又は他の建設業者を吸収合併した場合における平均利益額は、１の⑴のト、チ又はリの年間平均完成工事高の要領で算定するものとする。

２　許可を受けた建設業の種類別の技術職員の数及び許可を受けた建設業に係る建設工事の種類別年間平均元請完成工事高について（告示第一の三関係）

⑴　許可を受けた建設業の種類別の技術職員の数について

イ　許可を受けた建設業に従事する技術職員は、建設業法第７条第２号イ、ロ若しくはハ又は同法第15条第２号イ若しくはハに該当する者又は規則第18条の３第２項第２号に規定する登録基幹技能者講習を修了した者（以下「基幹技能者」という。）であって、審査基準日以前に６か月を超える恒常的な雇用関係があり、かつ、雇用期間を特に限定することなく常時雇用されている者（法人である場合においては常勤の役員を、個人である場合においてはこの事業主を含む。）をいい、労務者（常用労務者を含む。）又はこれに準ずる者を除き、建設業に従事する者に限るものとする。

また、雇用期間が限定されている者のうち、審査基準日において高年齢者等の雇用の安定等に関する法律（昭和46年法律第68号）第９条第１項第２号に規定する継続雇用制度の適用を受けているもの（65歳以下の者に限る。）については、雇用期間を特に限定することなく常時雇用されている者とみなす。

なお、継続雇用制度の適用を受けていることの証明は、別記様式第３号の提出によるものとする。

ロ　許可を受けた建設業の種類別の技術職員の数については、イに掲げる技術職員を、建設業の種類別に、次に掲げる区分に分けることとする。

①　建設業法第15条第２号イに該当する者（以下「一級技術者」という。）であって、かつ、同法第27条の18に定める監理技術者資格者証の交付を受けているもの（同法第26条の４から第26条の６までの規定により国土交通大臣の登録を受けた講習を当期事業年度開始日の直前５年以内に受講したものに限る。以下「一級監理受講者」という。）

なお、同法第15条第２号イに該当する者のうち、当期事業年度開始日以前５年以内であって平成16年２月29日以前に交付された資格者証を所持しているもの、及び当期事業年度開始日の直前の５年以内かつ平成16年２月29日以前に指定講習（平成15年６月18日改正前の建設業法第27条の18第４項の規定により国土交通大臣が指定する講習をいう。）を受講した者であって平成16年３月１日以降に交付された資格者証を所持しているものについては、一級監理受講者とみなす。

② 一級技術者であって一級監理受講者以外の者

③ 基幹技能者であって一級技術者以外の者

④ 建設業法第27条第１項に規定する技術検定その他の法令の規定による試験で、当該試験に合格することによって直ちに同法第７条第２号ハに該当することとなるものに合格した者、他の法令の規定による免許若しくは免状の交付（以下「免許等」という。）で当該免許等を受けることによって直ちに同号ハに該当することとなるものを受けた者又は登録基礎ぐい工事試験（建設業法施行規則第７条の３第２号の表とび・土工工事業の項第５号の登録を受けた試験をいう。）若しくは登録解体工事試験（同条第２号の表解体工事業の項第４号の登録を受けた試験をいう。）に合格した者であって一級技術者及び基幹技能者以外の者（以下「二級技術者」という。）

⑤ 建設業法第７条第２号イ、ロ若しくはハ又は同法第15条第２号ハに該当する者で一級技術者、基幹技能者及び二級技術者以外の者（以下「その他の技術者」という。）

ハ　技術職員の数については、一級監理受講者の数に６を乗じ、一級技術者であって一級監理受講者以外の者の数に５を乗じ、基幹技能者であって一級技術者以外の者の数に３を乗じ、二級技術者の数に２を乗じ及びその他の技術者の数に１をそれぞれ乗じて得た数値の合計数値（以下「技術職員数値」という。）を、許可を受けた建設業の種類ごとにそれぞれ求め、審査基準日における技術職員数値をもって審査するものとする。

ただし、１人の職員につき技術職員として申請できる建設業の種類の数は２まで（平成28年６月１日から平成31年５月31日までの間にとび・土工工事業又は解体工事業に関する経営事項審査を受けようとするときは、とび・土工工事業、解体工事業及びその他の１種類をあわせた３まで）とする。

(2)　許可を受けた建設業に係る建設工事の種類別年間平均元請完成工事高について

イ　種類別年間平均元請完成工事高は、当期事業年度開始日の直前２年又は直前３年の各事業年度における発注者から直接請け負った完成工事高の種類別年間平均元請完成工事高とする。

ただし、告示第一の一により当期事業年度開始日の直前２年の各事業年度における種類別年間平均完成工事高を選択した場合においては、当期事業年度開始日の直前２年の各事業年度における元請完成工事高について算定した年間平均元請完成工事高とし、告示第一の一により当期事業年度開始日の直前３年の各事業年度における種類別年間平均完成工事高を選択した場合においては、当期事業年度開始日の直前３年の各事業年度における元請完成工事高について算定した年間平均元請完成工事高を審査するものとする。

ロ　許可を受けた建設業に係る建設工事の種類別年間平均元請完成工事高は、１の(1)の許可を受けた建設業に係る建設工事の種類別年間平均完成工事高と同様の取扱いとする。

3　その他の審査項目（社会性等）について（告示第一の四関係）

(1)　労働福祉の状況について

イ　雇用保険は、雇用保険法（昭和49年法律第106号）に基づき労働者が１人でも雇用される事業の事業主が被保険者に関する届出その他の事務を処理しなければならないものであることから、雇用する労働者が被保険者となったことについて、厚生労働大臣に届出を行っていない場合（雇用保険被保険者資格取得届を公共職業安定所の長に提出していない場合をいう。）に、減点して審査するものとする。

なお、労働者が１人も雇用されていない場合等、上記の義務がない場合には、審査の対象から除くものとする。

ロ　健康保険は、健康保険法（大正11年法律第70号）に基づき被保険者

（常時5人以上の従業員を使用する個人の事業所又は常時従業員を使用する法人の事業所に使用される者をいう。）を使用する事業主がその使用する者の異動、報酬等に関し報告等を行わなければならないものであることから、当該事業所に使用される者が健康保険の被保険者になったことについて、日本年金機構又は各健康保険組合に届出を行っていない場合（被保険者資格取得届を提出していない場合をいう。）に、減点して審査するものとする。

なお、常時使用する従業員が4人以下である個人事業所である場合等、上記の義務がない場合には、審査の対象から除くものとする。

ハ　厚生年金保険は、厚生年金保険法（昭和29年法律第105号）に基づき被保険者（常時5人以上の従業員を使用する個人の事務所又は常時従業員を使用する法人の事業所に使用される者をいう。）を使用する事業主がその使用する者の異動、報酬等に関し報告等を行わなければならないものであることから、当該事業所に使用される者が厚生年金保険の被保険者になったことについて、日本年金機構に届出を行っていない場合（被保険者資格取得届を提出していない場合をいう。）に、減点して審査するものとする。

なお、常時使用する従業員が4人以下である個人事業主である場合等、上記の義務がない場合には、審査の対象から除くものとする。

ニ　建設業退職金共済制度は、審査基準日において、独立行政法人勤労者退職金共済機構との間で、特定業種退職金共済契約の締結（下請負人の委託等に基づきこの事務を行うことを含む。）をしている場合（正当な理由なく共済証紙の購入実績が無い等適切に契約が履行されていないと認められる場合を除く。）に、加点して審査するものとする。

ホ　退職一時金制度又は企業年金制度は、次に掲げるいずれかに該当する場合に加点して審査するものとする。

①　独立行政法人勤労者退職金共済機構若しくは所得税法施行令（昭和40年政令第96号）第73条第1項に規定する特定退職金共済団体との間で退職金共済契約（独立行政法人勤労者退職金共済機構との間の契約の場合は特定業種退職金共済契約以外のものをいう。）が締

結されている場合又は退職金の制度について、労働協約の定め若しくは労働基準法第89条第１項第３号の２の定めるところによる就業規則（同条第２項の退職手当に関する事項についての規則を含む。）の定めがある場合

② 厚生年金基金（厚生年金保険法第９章第１節の規定に基づき企業ごと又は職域ごとに設立して老齢厚生年金の上乗せ給付を行うことを目的とするものをいう。）が設立されている場合、法人税法（昭和40年法律第34号）附則第20条第３項に規定する適格退職年金契約（事業主がその使用人を受益者等として掛金等を信託銀行又は生命保険会社等に払い込み、これらが退職年金を支給することを約するものをいう。）が締結されている場合、確定給付企業年金法（平成13年法律第50号）第２条第１項に規定する確定給付企業年金（事業主が従業員との年金の内容を約し、高齢期において従業員がその内容に基づいた年金の給付を受けることを目的とする基金型企業年金及び規約型企業年金をいう。）が導入されている場合又は確定拠出年金法（平成13年法律第88号）第２条第２項に規定する企業型年金（厚生年金保険の被保険者を使用する事業主が、単独又は共同して、その使用人に対して安定した年金給付を行うことを目的とするものをいう。）が導入されている場合

ヘ 法定外労働災害補償制度は、（公財）建設業福祉共済団、（一社）全国建設業労災互助会、全日本火災共済協同組合連合会、（一社）全国労働保険事務組合連合会又は保険会社との間で労働者災害補償保険法（昭和22年法律第50号）に基づく保険給付の基因となった業務災害及び通勤災害（下請負人に係るものを含む。）に関する給付についての契約であって①及び②に該当するものを締結している場合に、加点して審査するものとする。

① 申請者の直接の使用関係にある職員だけでなく、申請者が請け負った建設工事を施工する下請負人の直接の使用関係にある職員をも対象とする給付であること。

② 原則として、労働者災害補償保険の障害等級第１級から第７級までに係る障害補償給付及び障害給付並びに遺族補償給付及び遺族給

付の基因となった災害のすべてを対象とするものであること。

(2)　建設業の営業継続の状況について

イ　建設業の営業年数について

①　建設業の営業年数は、法による建設業の許可又は登録を受けた時より起算し、審査基準日までの期間とする。なお、その年数に年未満の端数があるときは、これを切り捨てるものとする。ただし、平成23年4月1日以降の申立てに係る再生手続開始の決定又は更生手続開始の決定を受け、かつ、再生手続終結の決定又は更生手続終結の決定を受けた建設業者は、当該再生手続終結の決定又は更生手続終結の決定を受けた時より起算するものとする。

②　営業休止（建設業の許可又は登録を受けずに営業を行っていた場合を含む。）の沿革を有するものは、当該休止期間を営業年数から控除するものとする。

③　商業登記法の規定に基づく組織変更の登記を行った沿革、1の(1)のチの②若しくは③に掲げる場合又は建設業を譲り受けた沿革を有する者であって、当該変更又は譲受けの前に既に建設業の許可又は登録を有していたことがある者は、当該許可又は登録を受けた時を営業年数の起算点とする。

ロ　民事再生法又は会社更生法の適用の有無については、平成23年4月1日以降の申立てに係る再生手続開始の決定又は更生手続開始の決定を受け、かつ、審査基準日以前に再生手続終結の決定又は更生手続終結の決定を受けていない場合に、減点して審査するものとする。

(3)　防災協定締結の有無について

イ　防災協定とは、災害時の建設業者の防災活動等について定めた建設業者と国、特殊法人等（公共工事の入札及び契約の適正化の促進に関する法律（平成12年法律第127号）第2条第1項に規定する特殊法人等をいう。）又は地方公共団体との間の協定をいう。

ロ　社団法人等の団体が国、特殊法人等又は地方公共団体との間に防災協定を締結している場合は、当該団体に加入する建設業者のうち、当該団体の活動計画書や証明書等により、防災活動に一定の役割を果たすことが確認できる企業について加点対象とする。

⑷　法令遵守の状況について

法令遵守の状況は、審査対象年に建設業法第28条の規定により指示をされ、又は営業の全部若しくは一部の停止を命ぜられたことがある場合に、減点して審査するものとする。

⑸　建設業の経理の状況

イ　監査の受審状況については、次に掲げるいずれかの場合に加点して審査するものとする。

①　会計監査人設置会社において、会計監査人が当該会社の財務諸表に対して、無限定適正意見又は限定付適正意見を表明している場合

②　会計参与設置会社において、会計参与が会計参与報告書を作成している場合

③　建設業に従事する職員（雇用期間を特に限定することなく常時雇用されているもの（法人である場合においては常勤の役員を、個人である場合においてはこの事業主を含む。）をいい、労務者（常用労務者を含む。）又はこれに準ずる者を除く。）のうち、経理実務の責任者であって、告示第一の四の５の㈡のイに掲げられた者が別添の建設業の経理が適正に行われたことに係る確認項目を用いて経理処理の適正を確認した旨を別記様式２の書類に自らの署名を付して提出している場合

ロ　公認会計士等の数について

①　公認会計士、会計士補、税理士及びこれらとなる資格を有する者は、公認会計士法（昭和23年法律第103号）第３条に規定する公認会計士となる資格を有する者（同法第17条の規定に基づき公認会計士となるための登録を受けていることを要しない。）、公認会計士法の一部を改正する法律（平成15年法律第67号）附則第２条の規定によりなおその効力を有することとされる同法による改正前の公認会計士法第５条第２項に規定する会計士補（同法第17条の規定に基づき会計士補となるための登録を受けていることを要しない。）及び税理士法（昭和26年法律第237号）第３条に規定する税理士となる資格を有する者（同法第18条の規定に基づき税理士となるための登録を受けていることを要しない。）をいう。

②　国土交通大臣の登録を受けた建設業の経理に必要な知識を確認するための試験の一級試験に合格した者は、①に掲げる者と同等以上の能力を有する者として、その数を①に掲げる者の数と併せて審査するものとする。

⑹　研究開発の状況

研究開発の状況については、審査対象年及び前審査対象年における研究開発費の額の平均の額（会計監査人設置会社において、会計監査人が当該会社の財務諸表に対して、無限定適正意見又は限定付き適正意見を表明している場合に限る。）をもって審査するものとする。

なお、事業年度を変更したため審査対象年及び前審査対象年に含まれる月数が24か月に満たない場合、商業登記法の規定に基づく組織変更の登記を行った場合、１の⑴のチの②若しくは③に掲げる場合又は他の建設業者を吸収合併した場合における研究開発費の平均の額は、１の⑴のト、チ又はリの年間平均完成工事高の要領で算定するものとする。

⑺　建設機械の保有状況について

イ　建設機械とは、建設機械抵当法施行令（昭和29年政令第294号）別表に規定するショベル系掘削機、ブルドーザー、トラクターショベル及びモーターグレーダー、土砂等を運搬する大型自動車による交通事故の防止等に関する特別措置法（昭和42年法律第131号）第２条第２項に規定する大型自動車（以下この⑺において単に「大型自動車」という。）のうち、同法第３条第１項第２号に規定する経営する事業の種類として建設業を届け出、かつ、同項又は同条第３項の規定による表示番号の指定を受けているもの、大型自動車のうち、土砂等を運搬する大型自動車による交通事故の防止等に関する特別措置法施行規則（昭和42年運輸省令第86号）第５条第１項に規定する表示番号指定申請書（記載事項に変更があった場合においては、同条第２項に規定する申請事項変更届出書）に主として経営する事業の種類が建設業である旨を記載し、かつ、同法第３条第２項の規定による表示番号の指定を受けているもの（以下「大型ダンプ車」という。）並びに労働安全衛生法施行令（昭和47年政令第318号）第12条第１項第４号に規定するつり上げ荷重が３トン以上の移動式クレーンをいうものとする。

ロ　建設機械の保有状況は、審査基準日において、建設機械を自ら所有している場合又は審査基準日から１年７か月以上の使用期間が定められているリース契約を締結しており、ショベル系掘削機、ブルドーザー、トラクターショベル及びモーターグレーダーについては労働安全衛生法（昭和47年法律第57号）第45条第２項に規定する特定自主検査、大型ダンプ車については道路運送車両法（昭和26年法律第185号）第58条第１項に規定する国土交通大臣の行う検査、移動式クレーンについては労働安全衛生法第38条第１項に規定する製造時等検査又は同法第41条第２項に規定する性能検査が行われている場合に、その合計台数に応じて加点して審査するものとする。

(8)　国際標準化機構が定めた規格による登録の状況については、審査基準日において、財団法人日本適合性認定協会又は同協会と相互認証している認定機関に認定されている審査登録機関によって国際標準化機構第9001号（ISO9001）又は第14001号（ISO14001）の規格による登録を受けている場合に、加点して審査するものとする。

ただし、認証範囲に建設業が含まれていない場合及び認証範囲が一部の支店等に限られている場合には、加点対象としないものとする。

(9)　若年の技術者及び技能労働者の育成及び確保の状況について

イ　若年技術職員の継続的な育成及び確保の状況については、審査基準日時点における技術職員名簿に記載された若年技術職員の人数を技術職員名簿に記載された技術職員の人数の合計で除した値が0.15以上である場合に加点して審査する。

ロ　新規若年技術職員の育成及び確保の状況については、審査基準日において、若年技術職員のうち審査対象年において新規に技術職員となった人数を技術職員名簿に記載された技術職員の人数の合計で除した値が0.01以上である場合に加点して審査する。

なお、新規に技術職員となった人数については、技術職員名簿に記載された技術職員のうち、前回の経営規模等評価を受けた際の審査基準日（以下「前審査基準日」という。）における技術職員名簿に記載されておらず、新規に技術職員名簿に記載された35歳未満の者の数を確認することをもって審査することとする。ただし、前年の経営規模等評価を受けていない場合、事業年度の変更を行った場合、商業登記法の規定に基づく組織変更の登記を行った場合又は建設業を譲り受けた場合等、前審査基準日が審査基準日の前年同日でない場合、その他審査対象年における新規の技術職員を判断するに当たって比較可能な技術職員名簿が存在しない場合には、審査対象年内に新規に技術職員となったことが明らかである者について評価することとする。

4　外国建設業者の外国における実績等の審査について

外国建設業者の外国における実績等に係る経営事項審査は、当分の間、次に定めるところにより行うものとする。

(1)　定義

イ　外国とは、効力を有する政府調達に関する協定を適用している国又は地域その他我が国に対して建設市場が開放的であると認められる国又は地域をいうものとする。

ロ　外国建設業者とは、外国に主たる営業所を有する建設業者又は我が国に主たる営業所を有する建設業者のうち外国に主たる営業所を有する者が当該建設業者の資本金の額の２分の１以上を出資しているものをいうものとする。

(2)　国土交通大臣の認定について

イ　国土交通大臣が、外国建設業者の申請に基づき、２の(1)に掲げる技術職員と同等以上の潜在的能力を有する者の数、３の(1)のハからホまでの各項目について加入又は導入している場合と同等の場合に該当する項目、３の(2)のイの①に掲げる営業年数のほかに外国において建設業を営んでいた年数、３の(5)のイに掲げる措置と同等以上の措置、３の(5)のロに掲げる者と同等以上の潜在的能力を有する者の数並びに３の(6)に掲げる金額と同等の額を認定した場合には、次のロに掲げる場合を除き、これらの認定を受けた数及び額を加えて、又は認定を受けた項目及び措置を含めて審査を行うものとする。なお、これら国土交通大臣が認定を行う項目以外の項目については、３のうち(1)のイ若しくはロ、(3)又は(4)に掲げる項目を除き、許可行政庁（経営状況にあっては登録経営状況分析機関）が外国建設業者の外国における実績等を含めて審査することに留意する。

ロ　国土交通大臣が外国建設業者の属する企業集団を、一体として建設業を営んでいるものとして認定した場合には、3のうち(1)のイ若しくはロ、(3)又は(4)に掲げる項目を除き、国土交通大臣が外国建設業者の申請に基づき当該建設業者の属する企業集団について認定した数値をもって審査するものとする。

5　経営状況について（告示第一の二関係）

(1)　純支払利息比率について

イ　売上高の額は、審査対象事業年度における完成工事高及び兼業事業売上高の合計の額とする。

ロ　純支払利息の額は、審査対象事業年度における支払利息から受取利息配当金を控除した額とする。

ハ　純支払利息比率は、ロに掲げる純支払利息の額を、イに掲げる売上高の額で除して得た数値（その数値に小数点以下5位未満の端数があるときは、これを四捨五入する。）を百分比で表したものとする。

ただし、当該数値が5.1％を超える場合は5.1％と、マイナス0.3％に満たない場合はマイナス0.3％とみなす。

(2)　負債回転期間について

イ　1月当たり売上高は、(1)のイに掲げる売上高の額を12で除して得た数値とする。

ロ　負債回転期間は、基準決算における流動負債及び固定負債の合計の額をイに掲げる1月当たり売上高で除して得た数値（その数値に小数点以下3位未満の端数があるときは、これを四捨五入する。）とする。

ただし、当該数値が18.0を超える場合は18.0と、0.9に満たない場合は0.9とみなす。

(3)　総資本売上総利益率について

イ　総資本の額は、貸借対照表における負債純資産合計の額とする。

ロ　売上総利益の額は、審査対象事業年度における売上総利益の額（個人の場合は完成工事総利益（当該個人が建設業以外の事業（以下「兼業事業」という。）を併せて営む場合においては、兼業事業総利益を含む）の額）とする。

ハ　総資本売上総利益率は、ロに掲げる売上総利益の額を基準決算及び基準決算の直前の審査基準日におけるイに掲げる総資本の額の平均の額（その平均の額が3,000万円に満たない場合は、3,000万円とみなす。）で除して得た数値（その数値に小数点以下５位未満の端数があるときは、これを四捨五入する。）を百分比で表したものとする。

ただし、当該数値が63.6％を超える場合は63.6％と、6.5％に満たない場合は6.5％とみなす。

⑷　売上高経常利益率について

イ　経常利益の額は、審査対象事業年度における経常利益の額（個人である場合においては事業主利益の額）とする。

ロ　売上高経常利益率は、イに掲げる経常利益の額を⑴のイに掲げる売上高の額で除して得た数値（その数値に小数点以下５位未満の端数があるときは、これを四捨五入する。）を百分比で表したものとする。

ただし、当該数値が5.1％を超える場合は5.1％と、マイナス8.5％に満たない場合はマイナス8.5％とみなす。

⑸　自己資本対固定資産比率について

自己資本対固定資産比率は、基準決算における１の⑵に掲げる自己資本の額を固定資産の額で除して得た数値（その数値に小数点以下５位未満の端数があるときは、これを四捨五入する。）を百分比で表したものとする。

ただし、当該数値が350.0％を超える場合は350.0％と、マイナス76.5％に満たない場合はマイナス76.5％とみなす。

⑹　自己資本比率について

自己資本比率は、基準決算における１の⑵に掲げる自己資本の額を基準決算における⑶のイに掲げる総資本の額で除して得た数値（その数に小数点以下５位未満の端数があるときは、これを四捨五入する。）を百分比で表したものとする。

ただし、当該数値が68.5％を超える場合は68.5％と、マイナス68.6％に満たない場合はマイナス68.6％とみなす。

⑺　営業キャッシュ・フローの額について

イ　法人税、住民税及び事業税の額は、審査対象事業年度における法人税、住民税及び事業税の額とする。

ロ　引当金の額は、基準決算における貸倒引当金の額とする。

ハ　売掛債権の額は、基準決算における受取手形及び完成工事未収入金の合計の額とする。なお、電子記録債権は受取手形に含むこととする。

ニ　仕入債務の額は、基準決算における支払手形、工事未払金の合計の額とする。なお、電子記録債権は支払手形に含むこととする。

ホ　棚卸資産の額は、基準決算における未成工事支出金及び材料貯蔵品の合計の額とする。

ヘ　受入金の額は、基準決算における未成工事受入金の額とする。

ト　営業キャッシュ・フローの額は、(4)のイに掲げる経常利益の額に1の(3)のロに掲げる減価償却実施額を加え、イに掲げる法人税、住民税及び事業税の額を控除し、ロに掲げる引当金の増減額（基準決算における額と基準決算の直前の審査基準日における額の差額をいう。以下同じ。）、ハに掲げる売掛債権の増減額、ニに掲げる仕入債務の増減額、ホに掲げる棚卸資産の増減額及びヘに掲げる受入金の増減額を加減したものを1億で除して得た数値とする。

チ　前審査対象年における営業キャッシュ・フローの額の算定については、イからトの規定を準用する。この場合において、「基準決算」とあるのは「基準決算の直前の審査基準日」と、「審査対象年」とあるのは「前審査対象年」と、「審査対象事業年度」とあるのは「前審査対象事業年度」と読み替えるものとする。

リ　告示第一の二の7に規定する審査対象年における営業キャッシュ・フローの額及び前審査対象年における営業キャッシュ・フローの額の平均の額については、トに規定する審査対象年における営業キャッシュ・フローの額及びチに規定する前審査対象年における営業キャッシュ・フローの額の平均の数値（その数に小数点以下3位未満の端数があるときは、これを四捨五入する。）とする。

ただし、当該数値が15.0を超える場合は15.0と、マイナス10.0に満たない場合はマイナス10.0とみなす。

(8)　利益剰余金の額について

利益剰余金の額は、基準決算における利益剰余金合計の額(個人である場合においては純資産合計の額)を1億で除して得た数値(その数に小数点以下3位未満の端数があるときは、これを四捨五入する。)とする。

ただし、当該数値が100.0を超える場合は100.0と、マイナス3.0に満たない場合はマイナス3.0とみなす。

なお、事業年度を変更したため審査対象年の間に開始する事業年度に含まれる月数が12か月に満たない場合、商業登記法の規定に基づく組織変更の登記を行った場合、1の⑴のチの②若しくは③に掲げる場合又は他の建設業者を吸収合併した場合における⑴のイの売上高の額、⑴のロの純支払利息の額、⑶のロの売上総利益の額、⑷のイの経常利益の額及び⑺のイの法人税、住民税及び事業税の額は、1の⑴のト、チ又はリの年間平均完成工事高の要領で算定するものとする。

上記の場合を除くほか、審査対象年の間に開始する事業年度に含まれる月数が12か月に満たない場合は、⑴及び⑵に掲げる項目については最大値を、その他の項目については最小値をとるものとして算定するものとする。

5－2　連結決算の取扱いについて

会社法第2条第6号に規定する大会社であって有価証券報告書提出会社（金融商品取引法第24条第1項の規定による有価証券報告書を内閣総理大臣に提出しなければならない株式会社をいう。）である場合は、規則第19条の4第1号及び第5号の規定に基づき提出された書類に基づき、5の⑴から⑻までに掲げる指標についての数値を算定する。

この場合において、⑸、⑹及び⑺については、それぞれ次のように読替えるものとする。

⑸　自己資本対固定資産比率について

自己資本対固定資産比率は、基準決算における純資産合計の額から少数株主持分を控除した額を固定資産の額で除して得た数値（その数値に小数点以下5位未満の端数があるときは、これを四捨五入する。）を百分比で表したものとする。

ただし、当該数値が350.0％を超える場合は350.0％と、マイナス76.5％に満たない場合はマイナス76.5％とみなす。

⑹　自己資本比率について

自己資本比率は、基準決算における純資産合計の額から少数株主持分を控除した額を基準決算における(3)のイに掲げる総資本の額で除して得た数値（その数に小数点以下５位未満の端数があるときは、これを四捨五入する。）を百分比で表したものとする。

ただし、当該数値が68.5％を超える場合は68.5％と、マイナス68.6％に満たない場合はマイナス68.6％とみなす。

(7)　営業キャッシュ・フローの額について

営業キャッシュ・フローの額は、審査対象年に係る連結キャッシュ・フロー計算書における営業活動によるキャッシュ・フローの額を１億で除して得た数値及び前審査対象年に係る連結キャッシュ・フロー計算書における営業活動によるキャッシュ・フローの額を１億で除して得た数値の平均の数値（その数に小数点以下３位未満の端数があるときは、これを四捨五入する。）とする。

ただし、当該数値が15.0を超える場合は15.0と、マイナス10.0に満たない場合はマイナス10.0とみなす。

II　経営規模等評価の結果は、別紙「経営規模等評価の結果を評点で表す方法」によって算出した評点で表示するものとする。

III　経営規模等評価の申請者及び総合評定値の請求者に対する経営規模等評価の結果及び総合評定値の通知は、規則別記様式第25号の12により行うものとし、建設工事の発注者に対する経営規模等評価の結果及び総合評定値の通知は、同様式又は同様式の記載内容を記録した磁気ディスクにより行うものとする。

IV　規則別記様式第25号の12の行政庁記入欄については、当該建設業者の営業に関する事項、経営状況に関する事項等で特記すべきことがあれば適宜記載するものとする。

V　申請者から規則別記様式第25号の12の通知書の写しの請求があったときは、当該写しが適正に交付されたものであることを証明する旨を当該写しに記載するものとする。

VI　経営規模等評価の結果を閲覧に供する場合には、各項目の計算の方法等が明らかとなるように、告示等を備え置くこととする。

附　則〔平成22年10月15日国総建第162号〕

この通知は、平成23年4月1日から適用する。

附　則〔平成24年5月1日国土建第53号〕

この通知は、平成24年7月1日から適用する。

附　則〔平成26年10月31日国土建第160号〕

この通知は、平成27年4月1日から適用する。

附　則〔平成28年5月17日国土建第105号〕

この通知は、平成28年6月1日から適用する。

附　則〔平成28年8月1日国土建第203号〕

この通知は、発出日から適用する。

附　則〔平成29年12月26日国土建第300号〕

この通知は、平成30年4月1日から適用する。

別　紙

経営規模等評価の結果を評点で表す方法

1　許可を受けた建設業に係る建設工事の種類別年間平均完成工事高の評点

告示第一の一の１に掲げる許可を受けた建設業に係る建設工事の種類別年間平均完成工事高については、告示の別表第一の区分の欄に掲げられた審査の結果に応じて次の表に掲げる評点を与える。

（告示の別表第一関係）

区分	評点
(1)	2,309
(2)	114×（年間平均完成工事高）÷20,000,000+1,739
(3)	101×（年間平均完成工事高）÷20,000,000+1,791
(4)	88×（年間平均完成工事高）÷10,000,000+1,566
(5)	89×（年間平均完成工事高）÷10,000,000+1,561
(6)	89×（年間平均完成工事高）÷10,000,000+1,561
(7)	75×（年間平均完成工事高）÷ 5,000,000+1,378
(8)	76×（年間平均完成工事高）÷ 5,000,000+1,373
(9)	76×（年間平均完成工事高）÷ 5,000,000+1,373
(10)	64×（年間平均完成工事高）÷ 3,000,000+1,281
(11)	62×（年間平均完成工事高）÷ 2,000,000+1,165
(12)	64×（年間平均完成工事高）÷ 2,000,000+1,155
(13)	50×（年間平均完成工事高）÷ 2,000,000+1,211
(14)	51×（年間平均完成工事高）÷ 1,000,000+1,055
(15)	51×（年間平均完成工事高）÷ 1,000,000+1,055
(16)	50×（年間平均完成工事高）÷ 1,000,000+1,059
(17)	51×（年間平均完成工事高）÷　500,000+　903
(18)	39×（年間平均完成工事高）÷　500,000+　963
(19)	36×（年間平均完成工事高）÷　500,000+　975
(20)	38×（年間平均完成工事高）÷　300,000+　893

㉑	39×（年間平均完成工事高）÷　200,000＋　811
㉒	38×（年間平均完成工事高）÷　200,000＋　816
㉓	25×（年間平均完成工事高）÷　200,000＋　868
㉔	25×（年間平均完成工事高）÷　100,000＋　793
㉕	34×（年間平均完成工事高）÷　100,000＋　748
㉖	42×（年間平均完成工事高）÷　100,000＋　716
㉗	24×（年間平均完成工事高）÷　50,000＋　698
㉘	28×（年間平均完成工事高）÷　50,000＋　678
㉙	34×（年間平均完成工事高）÷　50,000＋　654
㉚	26×（年間平均完成工事高）÷　30,000＋　626
㉛	19×（年間平均完成工事高）÷　20,000＋　616
㉜	22×（年間平均完成工事高）÷　20,000＋　601
㉝	28×（年間平均完成工事高）÷　20,000＋　577
㉞	16×（年間平均完成工事高）÷　10,000＋　565
㉟	19×（年間平均完成工事高）÷　10,000＋　550
㊱	24×（年間平均完成工事高）÷　10,000＋　530
㊲	13×（年間平均完成工事高）÷　5,000＋　524
㊳	16×（年間平均完成工事高）÷　5,000＋　509
㊴	20×（年間平均完成工事高）÷　5,000＋　493
㊵	14×（年間平均完成工事高）÷　3,000＋　483
㊶	11×（年間平均完成工事高）÷　2,000＋　473
㊷	131×（年間平均完成工事高）÷　10,000＋　397

注：評点に小数点以下の端数がある場合は、これを切り捨てる。

2　自己資本額及び平均利益額に係る評点

告示第一の一の2に掲げる自己資本の額及び同号の3に掲げる平均利益額については、告示の別表第二又は別表第三の区分の欄に掲げられた審査の結果に応じて、それぞれ次のイ又はロの表に掲げる点数を与え、これらの点数の合計点数を2で除した数値（小数点以下切り捨て）の点数を与える。

イ　自己資本額の点数

（告示の別表第二関係）

区分	点数
(1)	2114
(2)	63×（自己資本額）÷50,000,000＋1,736
(3)	73×（自己資本額）÷50,000,000＋1,686
(4)	91×（自己資本額）÷50,000,000＋1,614
(5)	66×（自己資本額）÷30,000,000＋1,557
(6)	53×（自己資本額）÷20,000,000＋1,503
(7)	61×（自己資本額）÷20,000,000＋1,463
(8)	75×（自己資本額）÷20,000,000＋1,407
(9)	46×（自己資本額）÷10,000,000＋1,356
(10)	53×（自己資本額）÷10,000,000＋1,321
(11)	66×（自己資本額）÷10,000,000＋1,269
(12)	39×（自己資本額）÷ 5,000,000＋1,233
(13)	47×（自己資本額）÷ 5,000,000＋1,193
(14)	57×（自己資本額）÷ 5,000,000＋1,153
(15)	42×（自己資本額）÷ 3,000,000＋1,114
(16)	33×（自己資本額）÷ 2,000,000＋1,084
(17)	39×（自己資本額）÷ 2,000,000＋1,054
(18)	47×（自己資本額）÷ 2,000,000＋1,022
(19)	29×（自己資本額）÷ 1,000,000＋ 989
(20)	34×（自己資本額）÷ 1,000,000＋ 964
(21)	41×（自己資本額）÷ 1,000,000＋ 936
(22)	25×（自己資本額）÷ 500,000＋ 909
(23)	29×（自己資本額）÷ 500,000＋ 889
(24)	36×（自己資本額）÷ 500,000＋ 861
(25)	27×（自己資本額）÷ 300,000＋ 834

(26)	21×（自己資本額）÷　200,000＋　816
(27)	24×（自己資本額）÷　200,000＋　801
(28)	30×（自己資本額）÷　200,000＋　777
(29)	18×（自己資本額）÷　100,000＋　759
(30)	21×（自己資本額）÷　100,000＋　744
(31)	27×（自己資本額）÷　100,000＋　720
(32)	15×（自己資本額）÷　50,000＋　711
(33)	19×（自己資本額）÷　50,000＋　691
(34)	23×（自己資本額）÷　50,000＋　675
(35)	16×（自己資本額）÷　30,000＋　664
(36)	13×（自己資本額）÷　20,000＋　650
(37)	16×（自己資本額）÷　20,000＋　635
(38)	19×（自己資本額）÷　20,000＋　623
(39)	11×（自己資本額）÷　10,000＋　614
(40)	14×（自己資本額）÷　10,000＋　599
(41)	16×（自己資本額）÷　10,000＋　591
(42)	10×（自己資本額）÷　5,000＋　579
(43)	12×（自己資本額）÷　5,000＋　569
(44)	14×（自己資本額）÷　5,000＋　561
(45)	11×（自己資本額）÷　3,000＋　548
(46)	8×（自己資本額）÷　2,000＋　544
(47)	223×（自己資本額）÷　10,000＋　361

注：評点に小数点以下の端数がある場合は、これを切り捨てる。

ロ　平均利益額の点数

（告示の別表第三関係）

区分	点数
(1)	2447
(2)	134×（平均利益額）÷5,000,000＋1,643

(3)	151×（平均利益額）÷5,000,000＋1,558
(4)	175×（平均利益額）÷5,000,000＋1,462
(5)	123×（平均利益額）÷3,000,000＋1,372
(6)	93×（平均利益額）÷2,000,000＋1,306
(7)	104×（平均利益額）÷2,000,000＋1,251
(8)	122×（平均利益額）÷2,000,000＋1,179
(9)	70×（平均利益額）÷1,000,000＋1,125
(10)	79×（平均利益額）÷1,000,000＋1,080
(11)	92×（平均利益額）÷1,000,000＋1,028
(12)	54×（平均利益額）÷　500,000＋　980
(13)	60×（平均利益額）÷　500,000＋　950
(14)	70×（平均利益額）÷　500,000＋　910
(15)	48×（平均利益額）÷　300,000＋　880
(16)	37×（平均利益額）÷　200,000＋　850
(17)	42×（平均利益額）÷　200,000＋　825
(18)	48×（平均利益額）÷　200,000＋　801
(19)	28×（平均利益額）÷　100,000＋　777
(20)	32×（平均利益額）÷　100,000＋　757
(21)	37×（平均利益額）÷　100,000＋　737
(22)	21×（平均利益額）÷　50,000＋　722
(23)	24×（平均利益額）÷　50,000＋　707
(24)	27×（平均利益額）÷　50,000＋　695
(25)	20×（平均利益額）÷　30,000＋　676
(26)	15×（平均利益額）÷　20,000＋　666
(27)	16×（平均利益額）÷　20,000＋　661
(28)	19×（平均利益額）÷　20,000＋　649
(29)	12×（平均利益額）÷　10,000＋　634
(30)	12×（平均利益額）÷　10,000＋　634

⑶	15×（平均利益額）÷　10,000＋　622
⑶	8×（平均利益額）÷　5,000＋　619
⑶	10×（平均利益額）÷　5,000＋　609
⑶	11×（平均利益額）÷　5,000＋　605
⑶	7×（平均利益額）÷　3,000＋　603
⑶	6×（平均利益額）÷　2,000＋　595
⑶	78×（平均利益額）÷　10,000＋　547

注：評点に小数点以下の端数がある場合は、これを切り捨てる。

3　許可を受けた建設業の種類別の技術職員の数及び許可を受けた建設業に係る建設工事の種類別年間平均元請完成工事高の評点

告示第一の三の1に掲げる技術職員の数及び同項の2に掲げる許可を受けた建設業に係る建設工事の種類別年間平均元請完成工事高については、告示の別表第四又は第五の区分の欄に掲げられた審査の結果に応じて、それぞれ次のイ又はロの表に掲げる点数を与え、イの評点に5分の4を乗じたものとロの評点に5分の1を乗じたものの足し合わせた数値（小数点以下切り捨て）の点数を与える。

イ　許可を受けた建設業の種類別の技術職員の数の点数

（告示の別表第四関係）

区分	点数
⑴	2335
⑵	62×（技術職員数値）÷3,570＋2,065
⑶	63×（技術職員数値）÷2,750＋1,998
⑷	62×（技術職員数値）÷2,120＋1,939
⑸	62×（技術職員数値）÷1,630＋1,876
⑹	63×（技術職員数値）÷1,250＋1,808
⑺	63×（技術職員数値）÷　970＋1,747
⑻	62×（技術職員数値）÷　740＋1,686
⑼	62×（技術職員数値）÷　570＋1,624

⑽	63×（技術職員数値）÷ 440＋1,558
⑾	63×（技術職員数値）÷ 330＋1,488
⑿	62×（技術職員数値）÷ 260＋1,434
⒀	63×（技術職員数値）÷ 200＋1,367
⒁	62×（技術職員数値）÷ 160＋1,318
⒂	63×（技術職員数値）÷ 120＋1,247
⒃	62×（技術職員数値）÷ 90＋1,183
⒄	63×（技術職員数値）÷ 70＋1,119
⒅	62×（技術職員数値）÷ 50＋1,040
⒆	62×（技術職員数値）÷ 40＋ 984
⒇	63×（技術職員数値）÷ 30＋ 907
(21)	63×（技術職員数値）÷ 25＋ 860
(22)	62×（技術職員数値）÷ 20＋ 810
(23)	62×（技術職員数値）÷ 15＋ 742
(24)	63×（技術職員数値）÷ 10＋ 633
(25)	63×（技術職員数値）÷ 10＋ 633
(26)	62×（技術職員数値）÷ 10＋ 636
(27)	63×（技術職員数値）÷ 5＋ 508
(28)	62×（技術職員数値）÷ 5＋ 511
(29)	63×（技術職員数値）÷ 5＋ 509
(30)	62×（技術職員数値）÷ 5＋ 510

注：評点に小数点以下の端数がある場合は、これを切り捨てる。

ロ　許可を受けた建設業に係る建設工事の種類別年間平均元請完成工事高の点数

（告示の別表第五関係）

区分	点数
(1)	2,865
(2)	119×（年間平均元請完成工事高）÷20,000,000＋2,270

(3)	145×（年間平均元請完成工事高）÷20,000,000＋2,166
(4)	87×（年間平均元請完成工事高）÷10,000,000＋2,079
(5)	104×（年間平均元請完成工事高）÷10,000,000＋1,994
(6)	126×（年間平均元請完成工事高）÷10,000,000＋1,906
(7)	76×（年間平均元請完成工事高）÷ 5,000,000＋1,828
(8)	90×（年間平均元請完成工事高）÷ 5,000,000＋1,758
(9)	110×（年間平均元請完成工事高）÷ 5,000,000＋1,678
(10)	81×（年間平均元請完成工事高）÷ 3,000,000＋1,603
(11)	63×（年間平均元請完成工事高）÷ 2,000,000＋1,549
(12)	75×（年間平均元請完成工事高）÷ 2,000,000＋1,489
(13)	92×（年間平均元請完成工事高）÷ 2,000,000＋1,421
(14)	55×（年間平均元請完成工事高）÷ 1,000,000＋1,367
(15)	66×（年間平均元請完成工事高）÷ 1,000,000＋1,312
(16)	79×（年間平均元請完成工事高）÷ 1,000,000＋1,260
(17)	48×（年間平均元請完成工事高）÷ 500,000＋1,209
(18)	57×（年間平均元請完成工事高）÷ 500,000＋1,164
(19)	70×（年間平均元請完成工事高）÷ 500,000＋1,112
(20)	50×（年間平均元請完成工事高）÷ 300,000＋1,072
(21)	41×（年間平均元請完成工事高）÷ 200,000＋1,026
(22)	47×（年間平均元請完成工事高）÷ 200,000＋ 996
(23)	57×（年間平均元請完成工事高）÷ 200,000＋ 956
(24)	36×（年間平均元請完成工事高）÷ 100,000＋ 911
(25)	40×（年間平均元請完成工事高）÷ 100,000＋ 891
(26)	51×（年間平均元請完成工事高）÷ 100,000＋ 847
(27)	30×（年間平均元請完成工事高）÷ 50,000＋ 820
(28)	35×（年間平均元請完成工事高）÷ 50,000＋ 795
(29)	45×（年間平均元請完成工事高）÷ 50,000＋ 755
(30)	32×（年間平均元請完成工事高）÷ 30,000＋ 730

(31)	26×（年間平均元請完成工事高）÷　20,000＋　702
(32)	29×（年間平均元請完成工事高）÷　20,000＋　687
(33)	36×（年間平均元請完成工事高）÷　20,000＋　659
(34)	22×（年間平均元請完成工事高）÷　10,000＋　635
(35)	27×（年間平均元請完成工事高）÷　10,000＋　610
(36)	31×（年間平均元請完成工事高）÷　10,000＋　594
(37)	19×（年間平均元請完成工事高）÷　5,000＋　573
(38)	23×（年間平均元請完成工事高）÷　5,000＋　553
(39)	28×（年間平均元請完成工事高）÷　5,000＋　533
(40)	19×（年間平均元請完成工事高）÷　3,000＋　522
(41)	16×（年間平均元請完成工事高）÷　2,000＋　502
(42)	341×（年間平均元請完成工事高）÷　10,000＋　241

注：評点に小数点以下の端数がある場合は、これを切り捨てる。

4　その他の審査項目（社会性等）の評点

告示第一の四の１に掲げる労働福祉の状況については、告示の付録第二に定める算式によって点数を算出し、また、告示第一の四の２から９までに掲げる建設業の営業継続の状況（営業年数及び民事再生法又は会社更生法の適用の有無）、防災協定締結の有無、法令遵守の状況、建設業の経理の状況（監査の受審状況及び公認会計士等数値）、研究開発の状況、建設機械の保有状況、国際標準化機構が定めた規格による登録の状況又は若年の技術職員の育成及び確保の状況（若年技術職員の継続的な育成及び確保の状況並びに新規若年技術職員の育成及び確保の状況）については、告示の別表第六から別表第十六までの各区分の欄に掲げられた審査の結果に応じて、それぞれ次のイ～ルの表に掲げる点数を与え、さらに、これらの点数の合計点数（ヲの算式において「告示の付録第二による点数並びにイ～ルの点数の合計点数」という。）に応じて、ヲの算式によって算出されるその他の審査項目（社会性等）の評点を与える。

イ　営業年数の点数

（告示の別表第六関係）

区　分	(1)	(2)	(3)	(4)	(5)	(6)	(7)	(8)	(9)	(10)	(11)	(12)	(13)	(14)	(15)	(16)	(17)	(18)	(19)	(20)	(21)	(22)	(23)	(24)	(25)	(26)	(27)	(28)	(29)	(30)	(31)
点　数	60	58	56	54	52	50	48	46	44	42	40	38	36	34	32	30	28	26	24	22	20	18	16	14	12	10	8	6	4	2	0

ロ　民事再生法又は会社更生法の適用の有無の点数

（告示の別表第七関係）

区　分	(1)	(2)
点　数	0	−60

ハ　防災協定締結の有無の点数

（告示の別表第八関係）

区　分	(1)	(2)
点　数	20	0

ニ　法令遵守の状況の点数

（告示の別表第九関係）

区　分	(1)	(2)	(3)
点　数	0	−15	−30

ホ　監査の受審状況の点数

（告示の別表第十関係）

区　分	(1)	(2)	(3)	(4)
点　数	20	10	2	0

ヘ　公認会計士数等の数の点数

（告示の別表第十一関係）

区　分	(1)	(2)	(3)	(4)	(5)	(6)
点　数	10	8	6	4	2	0

ト　研究開発の状況の点数

（告示の別表第十二関係）

区　分	(1)	(2)	(3)	(4)	(5)	(6)	(7)
点　数	25	24	23	22	21	20	19

(8)	(9)	(10)	(11)	(12)	(13)	(14)	(15)
18	17	16	15	14	13	12	11

(16)	(17)	(18)	(19)	(20)	(21)	(22)	(23)
10	9	8	7	6	5	4	3

(24)	(25)	(26)
2	1	0

チ　建設機械の保有状況の点数

（告示の別表第十三関係）

区　分	(1)	(2)	(3)	(4)	(5)	(6)	(7)
点　数	15	15	14	14	13	13	12

(8)	(9)	(10)	(11)	(12)	(13)	(14)	(15)
12	11	10	9	8	7	6	5

(16)
0

リ　国際標準化機構が定めた規格による登録の状況の点数

（告示の別表第十四関係）

区　分	(1)	(2)	(3)	(4)
点　数	10	5	5	0

ヌ　若年技術職員の継続的な育成及び確保の状況の点数

（告示の別表第十五関係）

区　分	(1)	(2)
点　数	1	0

ル　新規若年技術職員の育成及び確保の状況の点数

（告示の別表第十六関係）

区　分	(1)	(2)
点　数	1	0

ヲ　その他の審査項目（社会性等）の評点

その他の審査項目（社会性等）の評点＝告示の付録第二による点数並びにイ～ルの点数の合計点数×10×190／200

注　評点に小数点以下の端数がある場合は、これを切り捨てる。

5　経営状況の評点

告示第一の二に掲げる項目については、告示の付録第一に定める算式によって算出した点数（小数点以下2位未満の端数があるときは、これを四捨五入する。以下「経営状況点数」という。）に基づき、次に掲げる算式によって経営状況の評点（小数点以下の端数があるときは、これを四捨五入する。）を求める。ただし、経営状況の評点が0に満たない場合は0とみなす。

（告示の付録第一関係）

①　経営状況の評点=167.3×Ａ＋583

Ａは、経営状況点数

別記

様式第１号

（用紙Ａ４）

工事種類別完成工事高付表

申請者＿＿＿＿＿＿＿＿＿＿

審査対象建設業	完成工事高

注）申請者のうち次の申出をしようとする者については、その申出の額をそのまま審査対象建設業ごとに記載すること。

⑴　一式工事業に係る建設工事の完成工事高を一式工事業以外の建設業に係る建設工事の完成工事高に加えて申し出ようとする者。

⑵　一式工事業以外の建設業に係る完成工事高についても⑴と同様の方法により計算して申し出ようとする者。

様式第２号

（用紙Ａ４）

経理処理の適正を確認した旨の書類

私は、建設業法施行規則第18条の３第３項第２号の規定に基づく確認を行うため、○○○の平成×年×月×日から平成×年×月×日までの第×期事業年度における計算書類、すなわち、貸借対照表、損益計算書、株主資本等変動計算書及び注記表について、我が国において一般に公正妥当と認められる企業会計の基準その他の企業会計の慣行をしん酌され作成されたものであること及び別添の会計処理に関する確認項目の対象に係る内容について適正に処理されていることを確認しました。

地方整備局長
北海道開発局長
　　　知事　　殿

年　　月　　日

商号又は名称
所属・役職
氏　名　　　　　　　　　印

以上

記載要領
「　地方整備局長
　北海道開発局長　については、不要のものを消すこと。
　　　　知事」

別添

建設業の経理が適正に行われたことに係る確認項目

項　目	内　容
全　体	前期と比較し概ね20％以上増減している科目についての内容を検証する。特に次の科目については、詳細に検証し不適切なものが含まれていないことを確認した。 受取手形、完成工事未収入金等の営業債権 未成工事支出金等の棚卸資産 貸付金等の金銭債権 借入金等の金銭債務 完成工事高、兼業事業売上高 完成工事原価、兼業事業売上原価 支払利息等の金融費用
預　貯　金	残高証明書又は預金通帳等により残高を確認している。
金　銭　債　権	営業上の債権のうち正常営業循環から外れたものがある場合、これを投資その他の資産の部に表示している。
	営業上の債権以外の債権でその履行時期が１年以内に到来しないものがある場合、これを投資その他の資産の部に表示している。
	受取手形割引額及び受取手形裏書譲渡額がある場合、これを注記している。
貸　倒　損　失 貸　倒　引　当　金	法的に消滅した債権又は回収不能な債権がある場合、これらについて貸倒損失を計上し債権金額から控除している。
	取立不能のおそれがある金銭債権がある場合、その取立不能見込額を貸倒引当金として計上している。
	貸倒損失・貸倒引当金繰入額等がある場合、その発生の態様に応じて損益計算上区分して表示している。
有　価　証　券	有価証券がある場合、売買目的有価証券、満期保有目的の債券、子会社株式及び関連会社株式、その他有価証券に区分して評価している。
	売買目的有価証券がある場合、時価を貸借対照表価額

	とし、評価差額は営業外損益としている。
	市場価格のあるその他有価証券を多額に保有している場合、時価を貸借対照表価額とし、評価差額は洗替方式に基づき、全部純資産直入法又は部分純資産直入法により処理している。
	時価が取得価額より著しく下落し、かつ、回復の見込みがない市場価格のある有価証券（売買目的有価証券を除く。）を保有する場合、これを時価で評価し、評価差額は特別損失に計上している。
	その発行会社の財政状態が著しく悪化した市場価格のない株式を保有する場合、これについて相当の減額をし、評価差額は当期の損失として処理している。
棚　卸　資　産	原価法を採用している棚卸資産で、時価が取得原価より著しく低く、かつ、将来回復の見込みがないものがある場合、これを時価で評価している。
未成工事支出金	発注者に生じた特別の事由により施工を中断している工事で代金回収が見込めないものがある場合、この工事に係る原価を損失として計上し、未成工事支出金から控除している。
	施工に着手したものの、契約上の重要な問題等が発生したため代金回収が見込めない工事がある場合、この工事に係る原価を損失として計上し、未成工事支出金から控除している。
経　過　勘　定　等	前払費用と前払金、前受収益と前受金、未払費用と未払金、未収収益と未収金は、それぞれ区別し、適正に処理している。
	立替金、仮払金、仮受金等の項目のうち、金額の重要なもの又は当期の費用又は収益とすべきものがある場合、適正に処理している。
固　定　資　産	減価償却は経営状況により任意に行うことなく、継続して規則的な償却を行っている。
	適用した耐用年数等が著しく不合理となった固定資産がある場合、耐用年数又は残存価額を修正し、これに基づいて過年度の減価償却累計額を修正し、修正額を特別

	損失に計上している。
	予測することができない減損が生じた固定資産がある場合、相当の減額をしている。
	使用状況に大幅な変更があった固定資産がある場合、相当の減額の可能性について検討している。
	研究開発に該当するソフトウェア制作費がある場合、研究開発費として費用処理している。
	研究開発に該当しない社内利用のソフトウェア制作費がある場合、無形固定資産に計上している。
	遊休中の固定資産及び投資目的で保有している固定資産で、時価が50％以上下落しているものがある場合、これを時価で評価している。
	時価のあるゴルフ会員権につき、時価が50％以上下落しているものがある場合、これを時価で評価している。
	投資目的で保有している固定資産がある場合、これを有形固定資産から控除し、投資その他の資産に計上している。
繰延資産	資産として計上した繰延資産がある場合、当期の償却を適正に行っている。
	税法固有の繰延資産がある場合、投資その他の資産の部に長期前払費用等として計上し、支出の効果の及ぶ期間で償却を行っている。
金銭債務	金銭債務は網羅的に計上し、債務額を付している。
	営業上の債務のうち正常営業循環から外れたものがある場合、これを適正な科目で表示している。
	借入金その他営業上の債務以外の債務でその支払期限が１年以内に到来しないものがある場合、これを固定負債の部に表示している。
未成工事受入金	引渡前の工事に係る前受金を受領している場合、未成工事受入金として処理し、完成工事高を計上していない。ただし、工事進行基準による完成工事高の計上により減額処理されたものを除く。
引当金	将来発生する可能性の高い費用又は損失が特定され、

	発生原因が当期以前にあり、かつ、設定金額を合理的に見積ることができるものがある場合、これを引当金として計上している。
	役員賞与を支給する場合、発生した事業年度の費用として処理している。
	損失が見込まれる工事がある場合、その損失見込額につき工事損失引当金を計上している。
	引渡を完了した工事につき瑕疵補償契約を締結している場合、完成工事補償引当金を計上している。
退職給付債務 退職給付引当金	確定給付型退職給付制度（退職一時金制度、厚生年金基金、適格退職年金及び確定給付企業年金）を採用している場合、退職給付引当金を計上している。
	中小企業退職金共済制度、特定退職金共済制度及び確定拠出型年金制度を採用している場合、毎期の掛金を費用処理している。
その他の引当金	将来発生する可能性の高い費用又は損失が特定され、発生原因が当期以前にあり、かつ、設定金額を合理的に見積ることができるものがある場合、これを引当金として計上している。
	役員賞与を支給する場合、発生した事業年度の費用として処理している。
	損失が見込まれる工事がある場合、その損失見込額につき工事損失引当金を計上している。
	引渡を完了した工事につき瑕疵補償契約を締結している場合、完成工事補償引当金を計上している。
法　人　税　等	法人税、住民税及び事業税は、発生基準により損益計算書に計上している。
	法人税等の未払額がある場合、これを流動負債に計上している。
	期中において中間納付した法人税等がある場合、これを資産から控除し、損益計算書に表示している。
消　　費　　税	決算日における未払消費税等（未収消費税等）がある場合、未払金（未収入金）又は未払消費税等（未収消費

	税等）として表示している。
税効果会計	繰延税金資産を計上している場合、厳格かつ慎重に回収可能性を検討している。
	繰延税金資産及び繰延税金負債を計上している場合は、その主な内訳等を注記している。
	過去3年以上連続して欠損金が計上されている場合、繰延税金資産を計上していない。
純資産	純資産の部は株主資本と株主資本以外に区分し、株主資本は、資本金、資本剰余金、利益剰余金に区分し、また、株主資本以外の各項目は、評価・換算差額等及び新株予約権に区分している。
収益･費用の計上（全般）	収益及び費用については、一会計期間に属するすべての収益とこれに対応するすべての費用を計上している。
	原則として、収益については実現主義により、費用については発生主義により認識している。
工事収益 工事原価	適正な工事収益計上基準（工事完成基準、工事進行基準、部分完成基準等）に従っており、工事収益を恣意的に計上していない。
	引渡の日として合理的であると認められる日（作業を結了した日、相手方の受入場所へ搬入した日、相手方が検収を完了した日、相手方において使用収益ができることとなった日等）を設定し、その時点において継続的に工事収益を計上している。
	建設業に係る収益・費用と建設業以外の兼業事業の収益・費用を区分して計上している。ただし、兼業事業売上高が軽微な場合を除く。
	工事原価の範囲・内容を明確に規定し、一般管理費や営業外費用と峻別のうえ適正に処理している。
工事進行基準	工事進行基準を適用する工事の範囲（工期、請負金額等）を定め、これに該当する工事については、工事進行基準により継続的に工事収益を計上している。
	工事進行基準を適用する工事の範囲（工期、請負金額等）を注記している。

	実行予算等に基づく、適正な見積り工事原価を算定している。
	工事原価計算の手続きを経た発生工事原価を把握し、これに基づき合理的な工事進捗率を算定している。
	工事収益に見合う金銭債務「未成工事受入金」を減額し、これと計上した工事収益との減額がある場合、「完成工事未収入金」を計上している。
受取利息配当金	協同組合から支払いを受ける事業分量配当金がある場合、これを受取利息配当金として計上していない。
支　払　利　息	有利子負債が計上されている場合、支払利息を計上している。
Ｊ　　　　Ｖ	共同施工方式のＪＶに係る資産・負債・収益・費用につき、自社の出資割合に応じた金額のみを計上し、ＪＶ全体の資産・負債・収益・費用等、他の割合による金額を計上していない。
	分担施工方式のＪＶに係る収益につき、契約金額等の自社の施工割合に応じた金額を計上し、ＪＶ全体の施工金額等、他の金額を計上していない。
	ＪＶを代表して自社が実際に支払った金額と協定原価とが異なることに起因する利益は、当期の収益または未成工事支出金のマイナスとして処理している。
個 別 注 記 表	重要な会計方針に係る事項について注記している。 資産の評価基準及び評価方法 固定資産の減価償却の方法 引当金の計上基準 収益及び費用の計上基準
	会社の財産又は損益の状態を正確に判断するために必要な事項を注記している。
	当期において会計方針の変更等があった場合、その内容及び影響額を注記している。

様式第３号

（用紙Ａ４）

継続雇用制度の適用を受けている技術職員名簿

建設業法施行規則別記様式第25号の11・別紙２の技術職員名簿に記載した者のうち、下表に掲げる者については、審査基準日において継続雇用制度の適用を受けていることを証明します。

地方整備局長　　年　月　日
北海道開発局長
知事　殿　　住所
商号又は名称
代表者氏名　　印

通番	氏　名	生年月日

記載要領

1　「　地方整備局長
　　北海道開発局長　については、不要のものを消すこと。
　　　　　　知事」

2　規則別記様式第25号の11・別紙2の技術職員名簿に記載した者のうち、審査基準日において継続雇用制度の適用を受けている者（65歳以下の者に限る。）について記載すること。

3　通番、氏名及び生年月日は、規則別記様式第25号の11・別紙2の記載と統一すること。

○建設業者の合併に係る建設業法上の事務取扱いの円滑化等について

（平成20年3月10日
国総建第309号）

改正　平成23年3月31日国総建第331号

国土交通省総合政策局建設業課長から　各地方整備局等建設業担当部長
各都道府県建設業主管部局長あて

建設業法施行規則の一部を改正する省令（平成20年1月31日国土交通省令第3号）が制定されるとともに、平成20年1月31日付け国土交通省告示第85号（以下「告示」という。）をもって建設業法（昭和24年法律第100号）第27条の23第3項の経営事項審査の項目及び基準の改正がなされたところである。

今後標記の件については別紙により取り扱うこととしたので、貴職におかれては、事務処理に当たって遺漏なきようお願いする。ただし、本通知による事務取扱いは平成20年4月1日より適用する。

なお、平成7年12月4日付け建設省経建発第297号をもって通知した「建設業者の合併に係る建設業法上の事務取扱いの円滑化等について」は平成20年3月31日限り廃止する。

別紙

建設業者の合併に係る建設業法上の事務取扱い

第一　許可関係事務の取扱い

一　合併に伴う諸届出

(1)　吸収合併の場合

①　合併により消滅することとなる会社（以下「消滅会社」という。）に係る届出

会社法（平成17年法律第86号）上、合併契約において定めた効力発生日（以下「合併期日」という。）に合併の効力が発生するため、合併期日以降、消滅会社は建設業法（昭和24年法律第100号。以下「法」という。）第12条第2号に該当するものとして、同条の規定による届出をしなければならない。

②　吸収合併後存続している会社（合併期日後合併登記前の状態を含む。

以下「存続会社」という。）に係る届出

存続会社においても、吸収合併に伴い、既に受けている許可に関し営業所の専任技術者を変更する等、法第11条の届出をなすべき実態が生じた場合は、当該届出をしなければならない。

(2)　新設合併の場合における消滅会社に係る届出

会社法上、会社の新設合併の効果が生じるのは合併登記後であるが、通常は、合併期日を定め、合併登記をまたず合併期日以後は実態上新設会社（新設合併に伴い設立される会社をいい、合併期日後合併登記前の状態を含むものとする。以下同じ。）として活動することとなると考えられる。したがって、このような新設会社への移行の実態的内容に着目し、次のとおり取り扱うものとする。

①　合併期日において、消滅会社の従業員が新設会社に実態上所属することとなる等消滅会社が許可の要件を明らかに満たさなくなる場合

消滅会社は、法第11条第５項に該当し、合併期日から２週間以内に同項の届出をしなければならない。

ただし、法第12条第５号に該当するものとして同条の届出（いわゆる廃業届）をした場合にはこの限りでない。

②　①以外の場合で合併期日以後残務整理等を行い合併登記前に段階的に新設会社に移行する場合

消滅会社が許可の要件を明らかに満たさなくなり、又は廃業した段階で法第11条第５項又は第12条第５号に該当するものとして、これらの規定による届出をしなければならない。

③　①及び②以外の場合（合併登記の段階で消滅会社の実態が消滅する場合）

法第12条第２号に該当するものとして、同条の規定による届出をしなければならない。

二　合併に伴う建設業の許可申請の取扱い

(1)　合併に際し建設業許可申請が必要となる場合

消滅会社が合併以前に受けていた建設業の許可については、合併により当然承継されるものではなく、

①　吸収合併においては、存続会社が許可を受けておらず消滅会社のみが

許可を受けていた業種について、

② 新設合併においては、新設会社が許可を受けようとするすべての業種について、

それぞれ新たに許可を受けることが必要となるものである。

また、吸収合併の場合、存続会社が一般建設業の許可を受けている業種について、特定建設業の許可を受けなければならない場合もあり得る。

(2) 合併に際し許可申請を行う時期

① 吸収合併の場合

会社法上、吸収合併の効力が生じるのは合併期日であることから、存続会社による許可申請が必要となる場合の当該許可申請は合併期日後に行われることとなること。

なお、当該申請に当たっては、「建設業許可事務ガイドラインについて」（平成13年4月3日付け国総建第97号）【第3条関係】四に従い、存続会社の既に受けている許可の更新と併せて一件として許可（いわゆる一本化）することができることに留意すること。

② 新設合併の場合

新設合併の場合においては、会社法上、合併の効果が生じ新設会社が設立されるのは合併登記時であるので、新設会社による許可申請は合併登記後に行われることとなること。

(3) 手続における配慮

事業の空白期間をなるべく生じさせないという観点から、新会社（存続会社及び新設会社をいう。以下同じ。）による許可申請に当たっては次の事項に留意し、可及的速やかに処理すること。

① 事前打合わせの実施

審査の円滑な実施のため、合併により許可申請が必要となると見込まれる場合には、なるべく早く申し出、事前打合わせを行うよう、建設業者（許可申請をすることとなる者を含む。）を指導すること。

② 消滅会社の許可の取消し時期との関係

新会社に対する許可は、消滅会社に係る同種の許可の取消し前においても行うことができるものであること。

③ その他の留意事項

消滅会社から新会社への移行に当たり事業の内容に変更事項が多数ある場合には審査に相応の期間が必要であり、(3)に掲げる取扱いは合併に伴う許可申請についての行政手続法（平成5年法律第88号）第6条の標準処理期間をその他の許可申請に比べて短縮する趣旨ではないこと。

三　関連する手続相互の整合性の確保

一及び二に掲げる手続きについては、建設業者の間相互に直接の関係を有するものではなく、例えば消滅会社の廃業届等が提出される前に新会社の許可申請も可能である等前後関係に特段の制約はないが、これらの手続は一連のものであり、関係建設業者（許可申請をすることとなる者を含む。）が相互に協調しつつ、許可行政庁と十分に打ち合わせて、整然と手続が進められるよう、これらの関係建設業者を指導すること。

四　消滅会社に係る施工中の建設工事の取扱い

消滅会社が施工中の建設工事で合併期日までに完成しないものの取扱いについては、一般的には注文者と消滅会社の請負契約の中で処理されることとなる（公共工事については公共工事標準請負契約約款第5条参照）ので、当該工事の取扱いについては、合併前から注文者と十分協議するよう関係建設業者を指導すること。

なお、建設業の許可に関しては、消滅会社に係る許可が取り消された場合において、新会社は合併登記前においても許可を取り消された者の法第29条の3第1項に規定する一般承継人に該当するものと解して差し支えなく、この場合、新会社は、二(1)に掲げる許可を受けるまでの間は、同項の規定により工事を施工することとなる。

第二　経営事項審査関係事務の取扱い

一　合併後の経営事項審査を受けることができる時期及び審査基準日

(1)　建設会社の合併という組織形態の変更に応じて、新会社の経営事項審査は、可及的速やかに新会社の実態に即した客観的事項の評価とすることを可能とするため、合併後最初の事業年度終了の日をまたず、新会社の経営事項審査を行うことができるものとする。

(2)　この場合、審査基準日は、次によるものとする。

①　吸収合併については、合併期日

②　新設合併については、新設会社の設立の日である合併登記の日

(3)　その他以下の事項に留意すること。

①　吸収合併の場合に、存続会社の事業年度終了の日で合併直前のものを審査基準日とする経営事項審査（以下「合併直前経審」という。）を既に受けている場合に、(2)の審査基準日に係る経営事項審査（以下「合併時経審」という。）を受けることを当該存続会社に義務付けるものではないこと。

したがって、この場合、存続会社が合併直前経審を受けているときは、合併時経審を受けない場合でも法第27条の23第1項違反にはならず、合併後その次の事業年度終了の日以降の経営事項審査において合併後の状態を評価されるまでの間は、合併直前経審が有効であること。

②　存続会社となる会社は、合併前に法第27条の23第1項違反とならない限り、合併直前経審を受けずに、合併時経審のみを受ければ足りるものであること。また、存続会社が合併後に経営事項審査を受けようとする場合には、合併直前経審ではなく、合併時経審を受けるよう指導すること。

③　業種毎に時点の異なる評価が並存するのは望ましくないことから、合併後に存続会社から合併時経審の申請がある場合には、公共事業を請け負う可能性のあるすべての業種につき審査を受けるものとし、特定の業種を選択して審査を受けることのないよう指導すること。

④　存続会社が合併直前経審及び合併時経審の両方を受けた場合においては、合併時経審の通知に併せて合併直前経審に係る通知を撤回するには及ばないものであるが、再審査の場合（建設業法施行規則第21条）にならい、既に法第27条の29第3項の規定により合併直前経審の結果を通知した発注者に対しては合併時経審の結果を通知するとともに、以後同項の規定により発注者の請求があった場合には合併時経審の結果を通知すること。

二　審査方法の細目

(1)　吸収合併の場合における合併時経審の各審査項目の審査方法の取扱いは、次に定めるところによるものとする。

①　年間平均完成工事高及び年間平均元請完成工事高

年間平均完成工事高及び年間平均元請完成工事高については、一(2)による審査基準日の翌日の直前2年又は直前3年の存続会社及び消滅会社の完成工事高の合計額をもって審査するものとする。

ただし、額の確定までに相当の時間を要する場合において、やむを得ないと認められるときは、次のいずれかの額をもって申請させ、これを審査して差し支えないものとし、この場合に、改めて合併時経審を申請することはできないものとする。

イ　存続会社が経営事項審査を申請しようとする日の属する事業年度の開始の日の直前2年又は直前3年の各事業年度における存続会社の完成工事高及び同一期間における消滅会社の完成工事高の合計額

ロ　存続会社が経営事項審査を申請しようとする日の属する事業年度の直前の事業年度の開始の日の直前2年又は直前3年の各事業年度における存続会社の完成工事高及び同一期間における消滅会社の完成工事高の合計額（一(2)による審査基準日が経営事項審査を申請しようとする日の属する事業年度の直前の事業年度終了の日から3月以内である場合に限る。）

②　技術職員数

技術職員数については、一(2)による審査基準日における状況に基づき申請させ、これにより審査する。ただし、恒常的な雇用関係の有無については、消滅会社における雇用関係も含めて審査する。

③　自己資本額、利払前税引前償却前利益の額、経営状況及び研究開発費の額

自己資本額、利払前税引前償却前利益の額、経営状況及び研究開発費の額の各項目については、次に掲げる方法により審査することとする。

（当期の数値）

一(2)による審査基準日における財務諸表を作成させ、これにより審査する。

（前期の数値）

存続会社の直前の事業年度終了の日における存続会社及び消滅会社の財務諸表の科目等を合算したものを作成させ、これにより審査する。

ただし、額の確定までに相当の時間を要する場合において、やむを得ないと認められるときは、次に掲げる方法によるものを当期の数値及び

前期の数値として審査して差し支えないものとし、この場合に、改めて合併時経審を申請することはできないものとする。

（当期の数値）

存続会社の直前の事業年度終了の日における存続会社及び消滅会社の財務諸表の科目等を合算したものを作成させ、これにより審査する。ただし、一(2)による審査基準日が経営事項審査を申請しようとする日の属する事業年度の直前の事業年度終了の日から３月以内である場合にあっては、存続会社の基準決算（直前の事業年度終了の日における決算をいう。以下同じ。）の前期の決算日における存続会社及び消滅会社の財務諸表の科目等を合算したものを作成させ、これにより審査することができる。

（前期の数値）

存続会社の基準決算の前期の決算日における存続会社及び消滅会社の財務諸表の科目等を合算したものを作成させ、これにより審査する。ただし、一(2)による審査基準日が経営事項審査を申請しようとする日の属する事業年度の直前の事業年度終了の日から３月以内である場合にあっては、存続会社の基準決算の前々期の決算日における存続会社及び消滅会社の財務諸表の科目等を合算したものを作成させ、これにより審査することができる。

また、これらの取扱いに当たっては、次の事項に留意すること。

イ　信頼性を担保するため、審査基準日における財務諸表、存続会社の直前の事業年度終了の日における存続会社及び消滅会社の財務諸表の科目等の合算又は存続会社の基準決算の前期の決算日における存続会社及び消滅会社の財務諸表の科目等の合算は、原則として公認会計士又は税理士による内容が適正である旨の証明があるものに限ること。

ロ　財務諸表の科目等を合算する際には、連結財務諸表の用語、様式及び作成方法に関する規則（昭和51年大蔵省令第28号）に定める方法に準じて、各会社に係る投資勘定とこれに対応する資本勘定がある場合には相殺消去を行い、その他必要とされる項目についても同様に相殺消去を行うこと。

また、存続会社と消滅会社とで決算期が異なる場合においては、存続会社の直前の事業年度の終了の日における消滅会社の財務諸表の科目等については消滅会社の直前の事業年度終了の日における財務諸表の科目等（その日が存続会社の直前の事業年度終了の日の3月以上前の日であるときは、存続会社の直前の事業年度終了の日現在で作成した消滅会社の財務諸表の科目等）の数値を、存続会社の基準決算の前期の決算日における消滅会社の財務諸表の科目等については消滅会社の基準決算の前期の決算日における財務諸表の科目等（その日が存続会社の基準決算の前期の決算日の3月以上前の日であるときは、存続会社の基準決算の前期の決算日現在で作成した消滅会社の財務諸表の科目等）の数値をそれぞれ用いること。

④　建設業の営業継続の状況

建設業の営業年数については、存続会社の建設業の営業年数とする。

⑤　法令遵守の状況

法令遵守の状況について、審査基準日の翌日の直前1年における存続会社の法令遵守の状況を審査するものとする。

⑥　監査の受審状況

監査の受審状況については、存続会社の直前の事業年度の終了の日の状況を審査するものとする。

⑦　上記項目以外の項目については、一(2)による審査基準日における状況に基づき申請させ、これを審査するものとする。

(2)　新設合併の場合における合併時経審の各審査項目の審査方法の取扱いは、「協業組合等の取扱いについて」（平成6年9月29日付け建設省経建発第304号都道府県建設業主管部長あて建設省建設経済局建設業課長通知）に示されているところであり、次の項目以外の項目については吸収合併における取扱いと同様である。

①　年間平均完成工事高及び年間平均元請完成工事高

新設合併を営業の譲渡とみなして、経審課長通知記Ⅰ1(1)リの建設業を譲り受けることにより建設業を開始する場合の取扱いに準拠して算定する。なお、額の確定までに相当の時間を要する場合においてやむを得ないと認められるときの取扱いについては、吸収合併の場合と同様とし、この場合消滅会社の任意の一社を存続会社とみなすものとする。

② 技術職員数

技術職員数については、設立時における状況に基づき申請させ、これにより審査する。ただし、恒常的な雇用関係の有無については、消滅会社における雇用関係も含めて審査する。

③ 自己資本額、利払前税引前償却前利益の額、経営状況及び研究開発費の額

自己資本額、利払前税引前償却前利益の額、経営状況及び研究開発費の額の各項目については、次に掲げる方法により審査することとする。

（当期の数値）

自己資本額については設立時の開始貸借対照表の自己資本額をもって、利払前税引前償却前利益、経営状況及び研究開発費の額については消滅会社の最終の事業年度に係る決算に基づき各社の数値を合算したものをもって審査する。

（前期の数値）

消滅会社の任意の一社（②において（前期の人数）を算出する際に存続会社とみなした消滅会社がある場合には、同一の消滅会社とする。）を存続会社とみなした上で、当該存続会社の最終の事業年度に係る決算の前期の決算日における各社の財務諸表の科目等を合算したものを作成させ、これにより審査する。

ただし、額の確定までに相当の時間を要する場合において、やむを得ないと認められるときの取扱いその他の留意事項については、吸収合併の場合と同様とし、⑴③ロを準用するに当たっては、消滅会社の任意の一社を存続会社とみなすものとする。

④ 建設業の営業継続の状況

建設業の営業年数については、消滅会社の建設業の営業年数の算術平均により得た値によるものとする。ただし、消滅会社が平成23年４月１日以降の申立てに係る再生手続開始の決定又は更生手続開始の決定を受け、かつ、一⑵による審査基準日以前に再生手続終結の決定又は更生手続終結の決定を受けていない場合には、当該消滅会社の建設業の営業年数は０年として取り扱う。

⑤ 法令遵守の状況

法令遵守の状況については、消滅会社が法第28条の規定により指示をされ、又は営業の全部若しくは一部の停止を命ぜられていた場合でも新設会社においては減点して審査しないものとする。

⑥　監査の受審状況

監査の受審状況については、直前の事業年度終了の日における消滅会社の状況を審査し、全ての消滅会社が監査を受審している場合に加点する。

(3)　合併後最初の事業年度終了の日以降に受ける経営事項審査の取扱いは、次に定めるもののほか、一般の経営事項審査の取扱いと同様とする。

①　年間平均完成工事高及び年間平均元請完成工事高

審査基準日から起算して２年以内（年間平均完成工事高の算定に当たって３年平均を用いる場合は、審査基準日から起算して３年以内）に吸収合併した場合は、経審課長通知記Ⅰ１(1)リに定めるところにより、審査基準日から起算して２年以内（年間平均完成工事高の算定に当たって３年平均を用いる場合は、審査基準日から起算して３年以内）に新設合併の場合は、新設合併を営業の譲渡とみなして、経審課長通知記Ⅰ１(1)リの建設業を譲り受けることにより建設業を開始する場合の取扱いに準拠して、それぞれ算定する。

②　技術職員数

合併後最初の事業年度終了の日を審査基準日とする経営事項審査（以下「合併後経審」という。）を受けるに当たって、技術職員数は合併後最初の事業年度終了の日における状況に基づき申請させ、これにより審査する。ただし、恒常的な雇用関係の有無については、消滅会社における雇用関係も含めて審査する。

③　自己資本額、利払前税引前償却前利益の額、経営状況及び研究開発費の額

合併後経審を受けるに当たって、自己資本額、利払前税引前償却前利益の額、経営状況及び研究開発費の額の各項目については、次に掲げる方法により審査することとする。

（当期の数値）

合併後最初の事業年度終了の日における財務諸表をもって審査する。

（前期の数値）

吸収合併の場合は、一(2)による合併時経審の審査基準日における財務諸表を作成させ、これにより審査する。また、新設合併の場合は、自己資本額については設立時の開始貸借対照表の自己資本額をもって、利払前税引前償却前利益、経営状況及び研究開発費の額については消滅会社の最終の事業年度の決算に基づき各社の数値を合算したものをもって審査する。

④　建設業の営業継続の状況

新設会社の建設業の営業年数については、消滅会社の建設業の営業年数の算術平均により得た値に新設会社の営業年数を加えたものとする。ただし、消滅会社が平成23年４月１日以降の申立てに係る再生手続開始の決定又は更生手続開始の決定を受け、かつ、一(2)による審査基準日以前に再生手続終結の決定又は更生手続終結の決定を受けていない場合には、当該消滅会社の建設業の営業年数は０年として取り扱う。

⑤　法令遵守の状況

存続会社については、合併後最初の事業年度終了の日の翌日の直前１年における存続会社の法令遵守の状況を審査するものとする。

新設会社については、設立の日から合併後最初の事業年度終了の日までの間の新設会社の法令遵守の状況を審査するものとする。

三　総合評定値請求書の記載方法

合併時経審及び合併後最初の事業年度終了の日以降初めて受ける経営事項審査の申請については、建設業法施行規則別記様式第25号の11の総合評定値請求書様式中「備考（組織変更等）」欄に、合併登記の日（吸収合併の合併契約において合併期日が定められている場合には、合併登記の日及び合併期日）及び吸収合併又は新設合併の別を記載するよう指導すること。なお、合併登記前に存続会社が申請する合併時経審においては、合併登記の日は「未了」と記載すること。

四　総合評定値通知書の取扱い

合併時経審及び合併後最初の事業年度終了の日以降初めて受ける経営事項審査の申請については、発注者に対して合併に伴う特例的取扱いによる経営事項審査であること等を明らかにするため、規則別記様式第25号の12の「行政庁記入欄」の下に、合併登記の日（吸収合併の合併契約において合併期日が定められている場合には、合併登記の日及び合併期日）及び吸収合併又は新設合併の別を記載すること。なお、合併登記前に存続会社が申請した合併時経審においては、合併登記の日は「未了」と記載すること。

附　則〔平成23年3月31日国総建第331号〕

この通知は、平成23年4月1日から適用する。

○建設業の譲渡に係る建設業法上の事務取扱いの円滑化等について

〔平成20年3月10日
国総建発第311号〕

改正　平成23年３月31日国総建第332号

国土交通省総合政策局建設業課長から各地方整備局等建設業担当部長
各都道府県建設業主管部局長あて

建設業法施行規則の一部を改正する省令（平成20年１月31日国土交通省令第３号）が制定されるとともに、平成20年１月31日付け国土交通省告示第85号（以下「告示」という。）をもって建設業法（昭和24年法律第100号）第27条の23第３項の経営事項審査の項目及び基準の改正がなされたところである。

建設業の譲渡に係る建設業法上の事務取扱いの細目及び留意事項については別紙により取り扱うこととしたので、貴職におかれては、事務処理に当たって遺漏なきようお願いする。ただし、本通知による事務取扱いは平成20年４月１日より適用する。

なお、平成10年12月24日付け建設省経建発第350号をもって通知した「建設業の譲渡に係る建設業法上の事務取扱いの円滑化等について」は平成20年３月31日限り廃止する。

（別紙）

第一　許可関係事務の取扱い

一　建設業の許可申請の取扱い

建設業の譲渡に係る建設業の許可申請の取扱いについては、建設業の譲渡を行う者（以下「譲渡人」という。）から建設業の譲渡を受ける者（以下「譲受人」という。）への建設業の移行の円滑化を図るため、次に掲げる事項に留意するものとする。

(1)　許可申請の速やかな処理

建設業の譲渡に伴い譲受人から建設業の許可の申請があったときは、当該建設業の譲受人への移行を円滑に進め、事業の空白をなるべく生じさせないという観点から、可及的速やかに処理すること。

なお、建設業の譲渡に伴い譲渡人の建設業の許可を取り消す必要がある場合、譲受人に対する同種の建設業の許可は、譲渡人の建設業の許可の取消し前においてもできるものであることに留意すること。

(2)　事前打合わせの実施

(1)の許可申請に係る審査を円滑に実施するため、建設業の譲渡により許可申請が必要となると見込まれる場合には、なるべく早く申し出、事前打合わせを行うよう、建設業者（許可申請をすることとなる者を含む。）を指導すること。

(3)　その他の留意事項

建設業の譲渡に当たり事業の内容に変更事項が多数ある場合には審査に相応の期間が必要であり、(1)に掲げる取扱いは建設業の譲渡に伴う許可申請についての行政手続法（平成５年法律第88号）第６条の標準処理期間をその他の許可申請に比べて短縮する趣旨ではないこと。

二　譲渡人が施工中の建設工事の取扱い

(1)　注文者との事前協議

譲渡人が施工中の建設工事で譲渡がなされる日までに完成しないものの取扱いについては、一般的には注文者と譲渡人の請負契約の中で処理されることとなる（公共工事については公共工事標準請負契約約款第５条参照）ので、当該工事の取扱いについては、建設業の譲渡前から注文者と十分協議するよう関係建設業者を指導すること。

(2)　建設業法第29条の３第１項の適用に当たっての留意事項

建設業の譲渡に伴い譲渡人の建設業の許可が取り消された場合で、かつ、当該取り消された建設業の許可業種に係る譲渡人の請負契約上の債権債務が包括的に譲受人に引き継がれる場合には、当該建設業の許可業種に関する限り、譲受人を建設業法（昭和24年法律第100号。以下「法」という。）第29条の３第１項に規定する一般承継人に該当するものと解して差し支えなく、この場合、譲受人は、一(1)に掲げる許可を受けるまでの間は、同項の規定により工事を施工することとなる。

第二　経営事項審査関係事務の取扱い

一　譲渡後の経営事項審査を受けることができる時期及び審査基準日

(1)　建設業の譲渡について、譲渡人の建設業に係る営業の全てを譲渡するいわゆる全部譲渡の場合、営業所、従業員、のれん等の有形無形の財産（いわゆる積極財産のほか消極財産も含む。）が、建設業の業種別又は地域別に一括して譲渡される場合等、譲渡人に対する企業評価の全部又は一部を譲受人に承継させるべきであると考えられるときは、譲受人の経営事項審査の取扱いについて、可及的速やかに新たな経営実態に即した客観的事項の評価を行うことを可能とするため、譲渡後最初の事業年度終了の日を待たず、譲受人の経営事項審査を行うことができるものとする。

(2)　この場合、審査基準日は、次によるものとする。

①　譲受人が新たに設立される法人の場合は、譲受人の設立の日である設立登記日

②　譲受人が①以外の場合は、建設業の譲渡の契約上定められている譲渡の期日以降であって、かつ、譲渡を受けたことにより新たな経営実態が備わっていると認められる期日

(3)　その他以下の事項に留意すること。

①　(2)の審査基準日に係る経営事項審査（以下「譲渡時経審」という。）を譲受人が申請する場合、譲渡人は、建設業の譲渡を行った後の新たな経営実態に即した譲渡時経審を、譲受人と同時に申請しなければならないこと。

②　譲渡人又は譲受人（以下「譲渡人等」という。）が建設業の譲渡を行う直前の事業年度終了の日を審査基準日とする経営事項審査（以下「譲渡直前経審」という。）を既に受けている場合に、譲渡時経審を譲渡人等に義務付けるものではないこと。

したがって、譲渡人等が譲渡直前経審を受けているときは、譲渡時経審を受けない場合でも法第27条の23第１項違反にはならず、譲渡後最初の事業年度終了の日以降の経営事項審査において、譲渡後の新たな経営実態に即した評価がなされるまでの間は、譲渡直前経審が有効であること。

③　譲渡人等は、建設業の譲渡前に法第27条の23第１項違反とならない限り、譲渡直前経審を受けずに、譲渡時経審のみを受ければ足りるものであること。また、譲渡人等が譲渡後に経営事項審査を受けようとする場合には、譲渡直前経審ではなく、譲渡時経審を受けるよう指導すること。

④　業種毎に時点の異なる評価が並存することは望ましくないことから、建設業の譲渡後に譲渡人等から譲渡時経審の申請がある場合には、公共

事業を請け負う可能性のあるすべての業種につき審査を受けるものとし、特定の業種を選択して審査を受けることのないよう指導すること。

⑤　譲渡人等が譲渡直前経審及び譲渡時経審の両方を受けた場合においては、譲渡時経審の通知に併せて譲渡直前経審に係る通知を撤回するには及ばないものであるが、再審査の場合（建設業法施行規則（昭和24年建設省令第14号）第21条）にならい、既に法第27条の29第3項の規定により譲渡直前経審の結果を通知した発注者に対しては譲渡時経審の結果を通知するとともに、以降同項の規定により発注者の請求があった場合には譲渡時経審の結果を通知すること。

二　審査項目の細目

一(1)の譲渡人に対する企業評価の全部又は一部を譲受人に承継させるべきであると考えられるときには、譲渡人及び譲受人に係る年間平均完成工事高、年間平均元請完成工事高、自己資本額、利払前税引前償却前利益の額、経営状況、研究開発費の額、建設業の営業継続の状況、法令遵守の状況及び監査の受審状況の各審査項目については、譲受人が新たに設立される法人の場合は、「建設業者の合併に係る建設業法上の事務取扱いの円滑化等について」（平成20年3月10日国総建第309号）別紙第二、二(2)の新設合併の場合における合併時経審の各審査項目の審査方法の取扱いに準拠して算定し、譲受人が新たに設立させる法人以外の場合は、同別紙第二、二(1)の吸収合併の場合における合併時経審の各審査項目の審査方法の取扱いに準拠して算定する。

三　総合評定値請求書の記載方法

譲渡人及び譲受人の譲渡時経審及び建設業の譲渡後最初の事業年度終了の日以降初めて受ける経営事項審査の申請については、建設業法施行規則様式第25号の11の総合評定値請求書様式中「備考（組織変更等）」欄に、譲受人が新たに設立される法人の場合は設立登記日、それ以外の場合は譲渡人が譲渡を行ったと認められる期日を記載するとともに、譲渡の旨を明記すること。

四　総合評定値通知書の取扱い

譲渡人及び譲受人の譲渡時経審及び建設業の譲渡後最初の事業年度終了の日以降初めて受ける経営事項審査の申請については、発注者に対して譲渡に伴う特例的取扱いによる経営事項審査であること等を明らかにするため、建設業法施行規則別記様式第25号の12総合評定値通知書の「行政庁記入欄」の下に、譲受人が新たに設立される法人の場合は設立登記日、それ以外の場合は譲渡人が譲渡を行ったと認められる期日を記載するとともに、譲渡の旨を明記すること。

附　則〔平成23年３月31日国総建第332号〕

この通知は、平成23年４月１日から適用する。

○建設業者の会社分割に係る建設業法上の事務取扱いの円滑化等について

（平成20年３月10日
国総建第313号）

改正　平成23年３月31日国総建第333号

国土交通省総合政策局建設業課長から各地方整備局等建設業担当部長
各都道府県建設業主管部局長あて

建設業法施行規則の一部を改正する省令（平成20年１月31日国土交通省令第３号）が制定されるとともに、平成20年１月31日付け国土交通省告示第85号（以下「告示」という。）をもって建設業法（昭和24年法律第100号）第27条の23第３項の経営事項審査の項目及び基準の改正がなされたところである。

今後標記の件については別紙により取り扱うこととしたので、貴職におかれては、事務処理に当たって遺漏なきようお願いする。ただし、本通知による事務取扱いは平成20年４月１日より適用する。

なお、平成14年３月29日付け国総建第79号をもって通知した「建設業者の会社分割に係る建設業法上の事務取扱いの円滑化等について」は平成20年３月31日限り廃止する。

（別　紙）

建設業者の会社分割に係る建設業法上の事務取扱い

第一　許可関係事務の取扱い

一　会社分割に伴う建設業の許可申請の取扱い

⑴　会社分割に際し建設業許可申請が必要となる場合

分割会社（会社分割（以下「分割」という。）をする会社をいう。以下同じ。）が分割以前に受けていた建設業の許可については、その分割により当然承継されるものではなく、

①　吸収分割においては、承継会社（吸収分割によって建設業を承継する会社をいう。以下同じ。）が許可を受けておらず分割会社のみが許可を受けていた業種について、

②　新設分割においては、新設会社（新設分割よって設立される会社をいう。以下同じ。）は、許可を受けようとする全ての業種について、

それぞれ新たに許可を受けることが必要となるものである。

また、吸収分割の場合、承継会社が一般建設業の許可を受けている業種について、特定建設業の許可を受けなければならない場合もあり得る。

(2) 分割に際し許可申請を行う時期

分割後の新会社（分割後の分割会社、承継会社及び新設会社をいう。以下同じ。）が建設業の許可申請を行う時期については、次に掲げる事項に留意するものとする。

① 吸収分割の場合

吸収分割の場合においては、法律上、分割契約において定めた効力発生日（以下「分割期日」という。）に分割の効力が発生するため、

ア 承継会社による許可申請が必要となる場合の当該許可申請は分割期日後に行われることとなること。なお、当該申請に当たっては、承継会社の既に受けている許可の更新と併せて一件として許可（いわゆる一本化）することができることに留意すること。

イ 分割により、分割会社が許可の要件を満たさなくなり、又は廃業した場合においては、分割会社は法第11条第５項又は第12条による届出をしなければならないこと。

② 新設分割の場合

新設分割の場合においては、法律上、分割の効果が生じ新設会社が設立されるのは分割登記時であるので、

ア 新設会社による許可申請は分割登記後行われることとなること。

イ 分割により、分割会社が許可の要件を満たさなくなり、又は廃業した場合においては、分割会社は法第11条第５項又は第12条による届出をしなければならないこと。

(3) 手続における配慮

事業の空白をなるべく生じさせないという観点から、承継会社及び新設会社による許可申請に当たっては次の事項に留意し、可及的速やかに処理すること。

① 事前打合わせの実施

審査の円滑な実施のため、分割により許可申請が必要となると見込まれる場合には、なるべく早く申し出、関係書類を整え、事前打合せを行

うよう、建設業者（許可申請をすることとなる者を含む。）を指導すること。

② 分割会社の許可の取消し時期との関係

承継会社及び新設会社に対する許可は、分割会社に係る同種の許可の取消し前においても行うことができるものであること。

③ その他の留意事項

分割に当たって事業の内容に変更事項が多数ある場合には審査に相応の期間が必要であり、(3)に掲げる取扱いは分割に伴う許可申請についての行政手続法（平成5年法律第88号）第6条の標準処理期間をその他の許可申請に比べて短縮する趣旨ではないこと。

二 分割会社に係る施工中の建設工事の取扱い

分割会社が施工中の建設工事で分割期日までに完成しないものの取扱いについては、一般的には注文者と分割会社の請負契約の中で処理されることとなる（公共工事については公共工事標準請負契約約款第5条参照）ので、当該工事の取扱いについては、分割前から注文者と十分協議するよう関係建設業者を指導すること。

なお、建設業の許可に関しては、分割会社に係る許可が取り消された場合において、承継会社又は新設会社は分割登記前においても許可を取り消された者の法第29条の3第1項に規定する一般承継人に該当するものと解して差し支えなく、この場合、承継会社又は新設会社は、一(1)に掲げる許可を受けるまでの間は、同項の規定により工事を施工することとなる。

第二 経営事項審査関係事務の取扱い

一 分割後の経営事項審査を受けることができる時期及び審査基準日

(1) 建設会社の分割という組織形態の変更に応じて、新会社の経営事項審査は、可及的速やかに新会社の実態に即した客観的事項の評価とすることを可能とするため、分割後最初の事業年度終了の日を待たず、新会社の経営事項審査を行うことができるものとする。

(2) この場合、審査基準日は、次によるものとする。

① 吸収分割については、分割契約書上分割期日の定めがあり、かつ、分割期日において新会社としての実態を備えると認められる場合には分割期日、その他の場合には分割登記の日

② 新設分割については、新設会社は設立の日である分割登記の日、分割会社は分割計画書上分割期日の定めがあり、かつ、分割期日において新会社としての実態を備えると認められる場合には分割期日、その他の場合には分割登記の日

(3) その他以下の事項に留意すること

① (2)の審査基準日に係る経営事項審査（以下「分割時経審」という。）を承継会社又は新設会社が申請する場合、分割会社は、分割を行った後の新たな経営実態に即した分割時経審を、承継会社又は新設会社と同時に申請しなければならないこと。

② 分割会社又は承継会社（以下「分割会社等」という。）が事業年度終了の日で分割直前のものを審査基準日とする経営事項審査（以下「分割直前経審」という。）を既に受けている場合に、分割時経審を分割会社等に義務付けるものではないこと。したがって、分割会社等が分割直前経審を受けているときは、分割時経審を受けていない場合でも法第27条の23第１項違反にはならず、分割後最初の事業年度終了日以降の経営事項審査において、分割後の新たな経営実態に即した評価がなされるまでの間は、分割直前経審が有効であること。

③ 分割会社等は、分割前に法第27条の23第１項違反とならない限り、分割直前経審を受けずに、分割時経審のみを受ければ足りるものであること。また、分割会社等が分割後に経営事項審査を受けようとする場合には、分割直前経審ではなく、分割時経審を受けるよう指導すること。

④ 建設業の種類毎に時点の異なる評価が並存することは望ましくないことから、分割後に分割会社等から分割時経審の申請がある場合には、公共事業を請け負う可能性のあるすべての業種につき審査を受けるものとし、特定の業種を選択して審査を受けることのないよう指導すること。

⑤ 分割会社等が分割直前経審及び分割時経審の両方を受けた場合においては、分割時経審の通知に併せて分割直前経審に係る通知を撤回するには及ばないものであるが、再審査の場合（建設業法施行規則（昭和24年建設省令第14号）第21条）にならい、既に法第27条の29第３項の規定により分割直前経審の結果を通知した発注者に対しては分割時経審の結果を通知するとともに、以後同項の規定により発注者の請求があった場合

には分割時経審の結果を通知すること。

⑥　分割会社の主たる営業所が設けられた都道府県の区域以外の区域内に承継会社又は新設会社の主たる営業所が設けられる場合の当該承継会社又は新設会社に係る経営事項審査の各審査項目の審査方法については、二による算定は行わない。ただし、分割をした建設業の種類に係る建設業の全部が承継会社又は新設会社に承継される場合は、この限りでない。

二　審査方法の細目

⑴　吸収分割の場合における分割時経審の各審査項目の審査方法の取扱いは、「建設業の譲渡に係る建設業法上の事務取扱いの円滑化等について」（平成20年３月10日国総建第311号。以下「譲渡経審通知」という。）第二、二における譲渡時経審の各審査項目の審査方法の取扱いに準拠して算定する。ただし、一⑵による審査基準日からさかのぼって６月以内に新たに建設業者となった承継会社（以下「新規承継会社」という。）の分割時経審の以下の各審査項目の審査方法の取扱いは、次に定めるところによるものとする。

①　労働福祉の状況

イ　労働福祉の状況に係る項目については、次に定めるところによるものとする。

i）労働福祉の状況に関する加入又は導入の諸手続が一⑵による審査基準日までに完了している場合は、当該労働福祉の状況とする。

ii）労働福祉の状況に関する諸手続を申請前に着手している場合は、分割会社の分割前の労働福祉の状況（分割会社が複数ある場合は、その全ての分割後の労働福祉の状況が同等である場合に限る。）とする。この取扱いに当たっては、信頼性を担保するため、分割時経審を申請した日から3月以内に、労働福祉の状況に関する諸手続が完了していることを証する書類の提出を要することに留意すること。

②　建設業の営業継続の状況

建設業の営業年数については、分割会社の分割前の建設業の営業年数（分割会社が複数ある場合については、全ての分割会社の分割前の営業年数の算術平均により得た値）とする。ただし、分割会社が平成23年4月1日以降の申立てに係る再生手続開始の決定又は更生手続開始の決定を受け、かつ、一(2)による審査基準日以前に再生手続終結の決定又は更生手続終結の決定を受けていない場合には、当該分割会社の建設業の営業年数は0年として取り扱う。

(2) 新設分割の場合における分割時経審の各審査項目の審査方法の取扱いは、次に定めるところによるものとする。

① 年間平均完成工事高及び年間平均元請完成工事高

分割会社及び新設会社のそれぞれの年間平均完成工事高及び年間平均元請完成工事高については、一(2)による審査基準日の翌日の直前2年又は直前3年での分割会社の分割前の完成工事高のうち、分割会社及び新設会社のそれぞれの分割後の営業に相当するものに係るそれぞれの完成工事高をもって審査するものとする。ただし、額の確定までに相当の時間を要する場合において、やむを得ないと認められるときは、次のいずれかの額をもって申請させ、これを審査して差し支えないものとし、この場合に、改めて分割時経審を申請することはできないものとする。

イ 分割会社及び新設会社が経営事項審査を申請しようとする日の属する事業年度の開始の日の直前2年又は直前3年の各事業年度における分割会社の分割前の完成工事高のうち、分割会社及び新設会社のそれぞれの分割後の営業に相当するものに係るそれぞれの完成工事高

ロ 分割会社及び新設会社が経営事項審査を申請しようとする日の属する事業年度の直前の事業年度の開始の日の直前2年又は直前3年の各事業年度における分割会社の分割前の完成工事高のうち、分割会社及び新設会社のそれぞれの分割後の営業に相当するものに係るそれぞれの完成工事高（一(2)による審査基準日が経営事項審査を申請しようとする日の属する事業年度の直前の事業年度終了の日から3月以内である場合に限る。）

② 技術職員数

分割会社及び新設会社のそれぞれの技術職員数については、一(2)による審査基準日におけるそれぞれの状況に基づき申請させ、これにより審査する。ただし、新設会社における恒常的な雇用関係の有無について

は、分割会社における雇用関係も含めて審査する。

③　自己資本額、利払前税引前償却前利益の額、経営状況及び研究開発費の額

分割会社及び新設会社のそれぞれの自己資本額及び経営状況の各項目については、次に掲げる方法により審査することとする。

（当期の数値）

分割会社については、一(2)による審査基準日における財務諸表を作成させ、これにより審査する。

新設会社については、自己資本額は設立時の開始貸借対照表の自己資本額により、利払前税引前償却前利益、経営状況及び研究開発費の額は分割会社の一(2)による審査基準日の直前１年における分割前の財務内容のうち新設会社の分割後の営業に相当するものに係る財務諸表を作成させ、これらによりそれぞれ審査する。

（前期の数値）

分割会社の分割直前の事業年度終了の日における財務内容のうち、分割会社及び新設会社の分割後のそれぞれの営業に相当するものに係るそれぞれの財務諸表を作成させ、これらにより審査する。

ただし、額の確定までに相当の時間を要する場合において、やむを得ないと認められるときは、次に掲げる方法によるものを当期の数値及び前期の数値として審査して差し支えないものとし、この場合に、改めて分割時経審を申請することはできないものとする。

（当期の数値）

分割会社の分割直前の事業年度終了の日における財務内容のうち、分割会社及び新設会社の分割後のそれぞれの営業に相当するものに係るそれぞれの財務諸表を作成させ、これらにより審査する。ただし、一(2)による審査基準日が経営事項審査を申請しようとする日の属する事業年度の直前の事業年度終了の日から３月以内である場合にあっては、分割会社の基準決算（分割直前の事業年度終了の日における決算をいう。以下同じ。）の前期の決算日における財務内容のうち、分割会社及び新設会社にそれぞれの営業に相当するものに係るそれぞれの財務諸表を作成させ、これらにより審査することができる。

（前期の数値）

分割会社の基準決算（分割直前の事業年度終了の日における決算をいう。以下同じ。）の前期の決算日における財務内容のうち、分割会社及び新設会社にそれぞれの営業に相当するものに係るそれぞれの財務諸表を作成させ、これらにより審査する。ただし、一(2)による審査基準日が経営事項審査を申請しようとする日の属する事業年度の直前の事業年度終了の日から３月以内である場合にあっては、分割会社の基準決算の前々期の決算日における財務内容のうち、分割会社及び新設会社にそれぞれの営業に相当するものに係るそれぞれの財務諸表を作成させ、これらにより審査することができる。

また、これらの取扱いに当たっては、信頼性を担保するため、一(2)による審査基準日におけるそれぞれの財務諸表、分割会社の分割直前の事業年度終了の日における分割会社及び新設会社への財務諸表の科目等の分割又は分割会社の基準決算の前期の決算日における分割会社及び新設会社への財務諸表の科目等の分割は、原則として公認会計士又は税理士による内容が適正である旨の証明があるものに限るものとする。

④　労働福祉の状況

イ　労働福祉の状況に係る項目については、次のとおりとする。

i)　分割会社については、分割会社の分割前の労働福祉の状況とする。

ii)　新設会社については、労働福祉の状況に関する加入又は導入の諸手続を分割時経審の申請前に着手している場合に限り、分割会社の分割前の労働福祉の状況とする。この取扱いに当たっては、信頼性を担保するため、分割時経審を申請した日から３月以内に、労働福祉の状況に関する諸手続が完了していることを証する書類の提出を要することに留意すること。

⑤　建設業の営業継続の状況

分割会社の建設業の営業年数については、分割会社の分割前の営業年数とする。

新設会社の建設業の営業年数については、分割会社の分割前の営業年数（分割会社が複数ある場合については、全ての分割会社の分割前の営業年数の算術平均により得た値）とする。ただし、分割会社が平成23年4月1日以降の申立てに係る再生手続開始の決定又は更生手続開始の決定を受け、かつ、一(2)による審査基準日以前に再生手続終結の決定又は更生手続終結の決定を受けていない場合には、当該分割会社の建設業の営業年数は0年として取り扱う。

⑥　法令遵守の状況

分割会社の法令遵守の状況については、審査基準日の翌日の直前1年の分割会社の法令遵守の状況を審査する。

新設会社の法令遵守の状況については、分割会社が法第28条の規定により指示をされ、又は営業の全部若しくは一部の停止を命ぜられていた場合でも新設会社においては減点して審査しないものとする。

⑦　監査の受審状況

分割会社の監査の受審状況については、直前の事業年度終了の日の分割会社の状況を審査するものとする。

新設会社の監査の受審状況については、直前の事業年度終了の日の分割会社の状況を審査し、全ての分割会社が監査を受審している場合に加点する。

⑧　上記項目以外の項目については、一(2)による審査基準日における状況に基づき申請させ、これを審査するものとする。

(3)　分割後最初の事業年度終了の日以降に受ける経営事項審査の取扱いは、次に定めるもののほか、一般の経営事項審査の取扱いと同様とする。

①　年間平均完成工事高及び年間平均元請完成工事高

審査基準日から起算して2年以内（完成工事高の算定に当たって3年平均を用いる場合は、審査基準日から起算して3年以内）に吸収分割又は新設分割した場合は、「経営事項審査の事務取扱いについて」（平成20年1月31日国総建第269号）記Ｉ1(1)リの取扱いに準拠して、算出する。

②　技術職員数

分割後最初の事業年度終了の日を審査基準日とする経営事項審査（以下「分割後経審」という。）を受けるに当たっては、分割後最初の事業年度終了の日における状況に基づき申請させ、これにより審査する。ただし、恒常的な雇用関係の有無については、分割会社における雇用関係も含めて審査する。

③ 自己資本額、利払前税引前償却前利益、経営状況及び研究開発費の額

分割後経審を受けるに当たって、自己資本を２期平均により算出する場合及び経営状況の項目のうち２期平均の数値を算出する場合は、次に掲げる方法とする。

（当期の数値）

分割後最初の事業年度終了の日における財務諸表をもって審査する。

（前期の数値）

一(2)による審査基準日における財務諸表を作成させ、これにより審査する。

④ 建設業の営業継続の状況

承継会社の建設業の営業年数については、譲渡時経審通知第二、二における譲渡時経審の審査方法の取扱に準拠して算定する。ただし、新規承継会社の建設業の営業年数については、分割会社の分割前の営業年数（分割会社が複数ある場合については、全ての分割会社の分割前の営業年数の算術平均により得た値）に新規承継会社の営業年数を加えたものとする。また、分割会社が平成23年４月１日以降の申立てに係る再生手続開始の決定又は更生手続開始の決定を受け、かつ、一(2)による審査基準日以前に再生手続終結の決定又は更生手続終結の決定を受けていない場合には、当該分割会社の建設業の営業年数は０年として取り扱う。

新設会社の建設業の営業年数については、分割会社の分割前の営業年数（分割会社が複数ある場合については、全ての分割会社の分割前の営業年数の算術平均により得た値）に新設会社の営業年数を加えたものとする。ただし、分割会社が平成23年４月１日以降の申立てに係る再生手続開始の決定又は更生手続開始の決定を受け、かつ、一(2)による審査基準日以前に再生手続終結の決定又は更生手続終結の決定を受けていない場合には、当該分割会社の建設業の営業年数は０年として取り扱う。

⑤ 法令遵守の状況

承継会社の法令遵守の状況については、分割後最初の事業年度終了の日の翌日の直前１年における承継会社の法令遵守の状況を審査するものとする。

新設会社の法令遵守の状況については、その設立の日から分割後最初の事業年度終了の日までの間における新設会社の法令遵守の状況を審査するものとする。

三　総合評定値請求書の記載方法

分割時経審及び分割後最初の事業年度終了の日以降初めて受ける経営事項審査の申請については、建設業法施行規則別記様式第25号の11の総合評定値請求書様式中「備考（組織変更等）」欄に、分割登記の日及び分割期日、吸収分割又は新設分割の別並びに分割会社、承継会社又は新設会社の別を記載するよう指導すること。なお、分割登記前に分割会社等が申請する分割時経審においては、分割登記の日は「未了」と記載すること。

四　総合評定値通知書の取扱い

分割時経審及び分割後最初の事業年度終了の日以降初めて受ける経営事項審査の申請については、発注者に対して分割に伴う特例的取扱いによる経営事項審査であること等を明らかにするため、建設業法施行規則別記様式第25号の12「行政庁記入欄」の下に、分割登記の日及び分割期日、吸収分割又は新設分割の別並びに分割会社、承継会社又は新設会社の別を記載するよう指導すること。なお、分割登記前に分割会社等が申請する分割時経審においては、分割登記の日は「未了」と記載すること。

附　則〔平成23年３月31日国総建第333号〕

この通知は、平成23年４月１日から適用する。

○会社更生手続開始の申立て等を行った建設業者に係る経営事項審査の取扱いについて

（平成20年３月10日
国総建第315号）

国土交通省総合政策局建設業課長から各地方整備局等建設業担当部長
各都道府県建設業主管部局長あて

建設業法施行規則の一部を改正する省令（平成20年１月31日国土交通省令第３号）が制定されるとともに、平成20年１月31日付け国土交通省告示第85号（以下「告示」という。）をもって建設業法（昭和24年法律第100号）第27条の23第３項の経営事項審査の項目及び基準の改正がなされたところである。

会社更生法（平成14年法律第154号）に基づき会社更生手続開始の申立てを行った建設業者に係る経営事項審査の取扱いについて、下記により取り扱うこととしたので、今後は関係法令及び通達に加え、これによられたい。

なお、会社更生手続は、再建の見込みのある会社が、利害関係人の利害を調整しつつ、事業の継続を図ることを目的としたものであるので、これらの経営事項審査の審査に当たっては、迅速な処理をされるよう特段の配慮をされたい。

ただし、本通知による事務取扱いは平成20年４月１日より適用する。なお、平成11年６月24日付け建設省経建発第172号をもって通知した「会社更生手続開始の申立て等を行った建設業者に係る経営事項審査の取扱いについて」は平成20年３月31日限り廃止する。

記

一　会社更生手続開始の申立ての場合

１　審査基準日の取扱いについて

会社更生手続開始の申立てを行った会社（以下「更生会社」という。）に対し、更生手続開始の決定があったときは、会社の事業年度は、その開始の時（以下「更生手続開始決定日」という。）に終了し、これに続く事業年度は、更生計画認可の時（以下「更生計画認可日」という。）又は更生手続終了の日に終了することとされている（会社更生法第232条第２項）。

経営事項審査の審査基準日は、その申請をしようとする日の直前の事業年度の終了の日とされているため、更生会社が更生手続開始決定日以降に経営事項審査を申請する場合は、更生手続開始決定日が審査基準日となり、これに続く審査基準日は、更生計画認可日（又は更生手続終了の日）となる。

ただし、更生手続開始決定日から更生計画認可日までは、１年以上の期間を要する場合が多く、その場合は、法人税法（昭和40年法律第34号）第13条第１項ただし書（事業年度の期間が１年を超える場合）及び地方税法第72条の13第４項（事業年度の期間が１年を超える場合）の規定の適用を妨げない（会社更生法第232条第２項ただし書）こととされているため、当該規定により事業年度が終了した場合は、その終了の日を審査基準日として経営事項審査を受けることとなる。

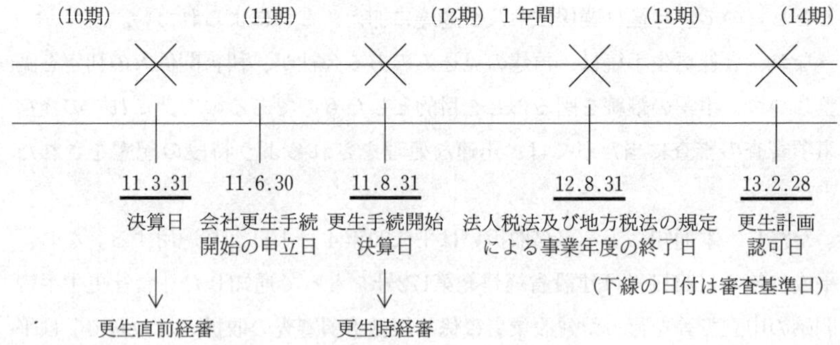

2　更生会社の経営事項審査を受け付けるに当たっての留意事項

更生会社の経営事項審査を受け付けるに当たっては、次の事項に留意すること。

①　更生会社が会社更生手続開始の申立てを行う直前の事業年度の終了の日を審査基準日とする経営事項審査（以下「更生直前経審」という。）を既に受けている場合に、更生手続開始決定日を審査基準日とする経営事項審査（以下「更生時経審」という。）を受けることを、当該更生会社に義務付けるものではないこと。したがって、更生会社が更生直前経審を受けているときは、更生手続開始決定日以降においても、更生直前経審による結果が有効であり、更生時経審を受けない場合でも建設業法第27条の23第１

項違反にはならないこと。

ただし、公共工事の発注者によっては、更生会社の資格の再認定に当たって、更生時経審の結果を求めることも想定されるので、その場合には、当該更生会社は速やかに更生時経審を申請する必要があることについて、管下の建設業者に十分に周知されたい。

② 更生会社は、会社更生手続開始の申立てを行った時（以下「会社更生手続開始の申立日」という。）から更生手続開始決定日までの間に、更生直前経審を受けることができること。

特に、更生手続開始決定日以降に経営事項審査を申請する場合は、更生時経審を申請することとなるため、会社更生手続開始の申立てを行う直前の事業年度の終了の日から会社更生手続開始の申立日までの期間によっては、会社更生手続開始の申立日時点で有効である経営事項審査の有効期間を考慮した上で、速やかに更生直前経審を受ける必要性が生じることについて、管下の建設業者に十分に周知されたい。

3　審査方法の細目

更生時経審の各審査項目の審査方法の取扱いは、次に定めるところによるものとする。

① 年間平均完成工事高及び年間平均元請完成工事高

年間平均完成工事高及び年間平均元請完成工事高については、更生時経審を申請する日の属する事業年度の開始日の直前２年又は３年の完成工事高をもって審査するものとする。この場合において、直前２年（又は直前３年）の間に開始する各事業年度に含まれる月数の合計が24ヶ月（又は36ヶ月）に満たない場合は、「経営事項審査の事務取扱いについて（通知）」（平成20年１月31日国総建第269号。以下「経審課長通知」という。）記Ⅰ１⑴トに準拠して算定するものとする。

② 自己資本額、利払前税引前償却前利益の額、経営状況及び研究開発費の額

自己資本額、利払前税引前償却前利益の額、経営状況及び研究開発費の額の各項目については、更生手続開始決定日における財務諸表により算定し、２期平均の数値を算出する場合は、当該財務諸表及び会社更生開始手続の申立てを行う直前の事業年度の終了の日における財務諸表により算定

するものとする。この場合、信頼性を担保するため、更生手続開始決定日における財務諸表については、原則として公認会計士又は税理士による内容が適正である旨の証明があるものに限ることとする。

なお、更生手続開始決定日が終了の日となる事業年度に含まれる月数が12ヶ月に満たない場合は、売上高、営業利益、経常利益等の損益計算書の科目の額については、経審課長通知記Ⅰ1⑴トの年間平均完成工事高の要領で算定するものとする。

③　上記の項目以外の項目については、更生手続開始決定日における状況に基づき申請させ、これを審査するものとする。

4　総合評定値請求書の記載方法

更生時経審及び更生手続開始決定日以降初めて受ける経営事項審査の申請については、建設業法施行規則別記様式第25号の11の総合評定値請求書中「備考（組織変更等）」欄に、更生手続開始決定日を記載するよう指導すること。

○経営再建中の建設業者に係る建設業法上の事務の取扱いについて

（平成12年6月1日
建設省経建発第111号）

建設省建設経済局建設業課長から各都道府県建設業主管部局長あて

建設投資の低迷等により建設業を取り巻く環境が極めて厳しいことから、建設業者の財務状況も悪化し、その財産的基礎、金銭的信用の要件の審査や経営事項審査関係事務の取扱いについても、その厳正化が求められているところです。

現在、建設業許可の財産的要件の審査や経営事項審査においては、その申請日の直前の営業年度終了日を基準として審査を行うこととなっていますが、決算日から申請日の間に会社の経営実態が大きく変化しているケースも多く、そのような場合には、より実態に即した審査をする必要があると考えられます。

このため、今般、法的な措置を講ずる等により経営再建中の建設業者に係る建設業法上の事務の取扱いについて、下記のとおり取りまとめましたので、今後は、関係法令、「建設大臣が建設業の許可を行う際の基準」（平成6年9月30日付け建設省経建発第289号［最終改正：平成10年7月1日］）、「会社更生手続開始の申立て等を行った建設業者に係る経営事項審査の取扱いについて」（平成11年6月24日付け建設省経建発第172号。以下「更生会社通知」という。）に加え、この取扱いによられるよう、お願いいたします。

記

第一　特定建設業の財産的基礎の要件の審査について

一　財産的基礎の要件の判断基準について

申請日の直前の決算期における財務諸表上では、財産的基礎の要件を満たさないが、許可の更新の日までに要件を満たすことになる場合又は申請日までに法的な手続等を開始しており、許可の更新の日以降近い将来に要件を満たす可能性が高いと判断できる場合には、以下の通り取り扱うこととする。

⑴　以下の事由により、許可の更新の日までに、要件を満たすこととなる場

合には、各号に掲げる書類の提出をもって、要件の確認をすることとする。

① 減資を行った場合

ア）許可の更新の日までに、登記簿謄本により、減資を行ったことが確認できること

イ）当該減資後において要件を満たすことについて、その会計処理の方法等に関して、弁護士、公認会計士又は監査法人が、格段の異議を述べていないことが文書で確認できること

② 債務免除を受けた場合

ア）許可の更新の日までに、関係債権者の同意書等により、債務免除を受けたことが確認できること

イ）当該債務免除を受けた後において要件を満たすことについて、その会計処理の方法等に関して、弁護士、公認会計士又は監査法人が、格段の異議を述べていないことが文書で確認できること

③ その他財務状況の改善により、要件を満たすことになる場合

ア）許可の更新の日までに、財務状況の改善措置により、要件を満たすことが確認できること

イ）当該財務状況の改善措置（不動産処分、増資等）の後において要件を満たすことについて、その会計処理の方法等に関して、弁護士、公認会計士又は監査法人が、格段の異議を述べていないことが文書で確認できること

(2) 以下の事由により、許可の更新の申請日までに法的な手続等を開始しており、許可の更新の日以降近い将来に要件を満たすことが確実であると判断できる場合には、各号に掲げる書類の提出をもって、要件の確認をすることとする。

① 減資を行うことが確実である場合

ア）許可の更新の日までに、株主総会議事録、特別決議に必要な株主の同意書等により、減資を行うことが確実であると確認できること

イ）当該減資の発効の日において要件を満たすことについて、その会計処理の方法等に関して、弁護士、公認会計士又は監査法人が、格段の異議を述べていないことが文書で確認できること

② 会社更生法、民事再生法による手続きが行われている場合

ア）会社更生法、民事再生法の手続の開始決定が行われたことが確認できること

イ）管財人、監督委員又は管財人、監督委員が選任されていない場合にあっては申立者が証明した資料（資料の提出について裁判所の許可を受けたものに限る）により、更生等の見込みがあることが文書で確認できること

(3) 特定調停法に基づく調停の成立等、(1)及び(2)に掲げる理由に準じる理由があると認められる場合には、当該事実を確認できる日以降、速やかに、次の各号に掲げる書類の提出をもって、要件の確認をすることとする。

① 特定調停法による調停が成立した場合

ア）特定調停の成立を示す調書の写し

イ）当該特定調停による債務免除の発効の日において要件を満たすことについて、その会計処理の方法等に関して、弁護士、公認会計士又は監査法人が、格段の異議を述べていないことが文書で確認できること

② ①以外の(1)及び(2)に掲げる理由に準じる理由があると認められる場合

ア）当該事実を確認できる書類

イ）当該事実の後に要件を満たすことについて、その会計処理の方法等に関して、弁護士、公認会計士又は監査法人が、格段の異議を述べていないことが文書で確認できること

二 許可の更新の留保について

① 許可の更新の日の直前の決算期において要件を満たす見込みの場合には、当該決算についての財務諸表の提出を受け、要件を満たすことを確認するまでの間、許可の更新を留保するものとする。

② 許可の更新の申請日までに会社更生手続開始の申立てをした場合には、裁判所の更生手続開始決定がなされるまで、許可の更新を留保する。

③ 許可の更新の申請日までに民事再生手続開始の申立てをした場合には、裁判所の再生手続開始決定がなされるまで、許可の更新を留保する。

④ 特定債務者等の調整の促進のための特定調停に関する法律に基づき、調整に係る調停の申立てをした場合には、当該法律に基づく利害関係の調整を促進する観点から、債権者の当該調停に係る判断が明らかになるまで、

許可の更新を留保する。

三　許可条件の付与について

許可を更新する場合には、一に掲げるとおり、許可要件を満たしていることを確認するとともに、近い将来に要件を満たす可能性が高かったにもかからわず、要件を満たさなくなった場合に許可を取り消すことができるよう、以下の場合には、許可の更新の際に、次の各号に掲げる条件をつけ、その旨を許可通知書に明記する。

①　減資を行った場合

ア）減資の発効の日の属する営業年度終了日以降、速やかに、当該営業年度終了日において特定建設業の財産的基礎の全ての要件を満たすことを、財務諸表を添えて許可行政庁に報告すること。

イ）報告された財務諸表から、当該減資の発効の日において要件を満たしていないことが明らかになった場合には、許可を取り消す。

ウ）速やかに報告がなされない場合には、許可を取消すことができる。

②　債務免除を受けた場合

ア）債務免除の発効の日の属する営業年度終了日以降、速やかに、当該営業年度終了日において特定建設業の財産的基礎の全ての要件を満たすことを、財務諸表を添えて許可行政庁に報告すること

イ）報告された財務諸表から、債務免除の発効の日において要件を満たしていないことが明らかになった場合には、許可を取り消す

ウ）速やかに報告がなされない場合には、許可を取消すことができる。

③　会社更生法による手続が行われている場合

ア）更生計画認可以降、速やかに、更生計画認可の日において特定建設業の財産的基礎の全ての要件を満たすことを、財務諸表を添えて行政庁に報告すること。

イ）更生手続廃止又は更生計画不認可の決定等、更生計画が策定されないことが明らかになった場合には、許可を取り消す。

ウ）速やかに報告がなされない場合には、許可を取消すことができる。

④　民事再生法による手続が行われている場合

ア）再生計画認可の日の属する営業年度終了日以降、速やかに、当該営業年度終了日において特定建設業の財産的基礎の全ての要件を満たすこと

を、財務諸表を添えて行政庁に報告すること。

イ）再生手続廃止又は再生計画不認可の決定等、再生計画が策定されないことが明らかになった場合には、許可を取消す。

ウ）速やかに報告がなされない場合には、許可を取消すことができる。

⑤　特定調停が成立した場合

ア）特定調停による債務免除の発効の日の属する営業年度終了日以降、速やかに、当該営業年度終了日において特定建設業の財産的基礎の全ての要件を満たすことを、財務諸表を添えて許可行政庁に報告すること

イ）報告された財務諸表から、特定調停による債務免除の発効の日において、要件を満たしていないことが明らかになった場合には、許可を取り消す

四　留意事項について

上記の措置は、建設投資の低迷等により建設業を取り巻く環境が極めて厳しいことに伴う取扱いであり、建設業の経営環境が改善された場合には、見直すものとする。

また、特定建設業の許可に既に条件が付されている建設業者については、上記の措置の対象とはならない。

第二　経営事項審査関係事務の取扱い

以下の取扱いは、会社更生手続開始の申立て等の法的な行為によって、建設業者の経営状況の大幅な事情変更があることを踏まえて、より実態に即した当該建設業者の経営事項審査を行うことを目的とするものであり、公共工事の発注者に対して当該建設業者への建設工事の発注を促すものではない。

一　会社更生手続開始の申立てを行った建設業者の取扱いについて

会社更生手続開始の申立てを行った会社（以下「更生会社」という。）の経営事項審査における取扱いについては、次に掲げる取扱いによること。

⑴　更生会社が、会社更生手続開始の申立ての時（以下「更生手続申立日」という。）以降、その開始決定の時（以下「更生手続開始決定日」という。）までに経営事項審査を申請する場合（例１における期間Ｂ）

①　審査基準日は、更生手続申立日の直前の営業年度の終了の日とする。

②　会社更生法第32条第２項６号の規定に基づき、会社更生手続開始の申立書に記載された財産の状況を反映した貸借対照表、損益計算書及び利

益処分に関する書類（以下「修正後財務諸表」という。）をもって審査する。

③　修正後財務諸表の損益計算書については、「当期未処分利益（当期未処理損失）」を貸借対照表と一致させるために、資産や負債の財産評定により生じた損失を、「その他特別損失」で調整することとする。

(2)　更生会社が更生手続開始決定日以降、更生計画認可の時（以下「更生計画認可日」という。）までに経営事項審査を申請する場合（例1における期間C・D）

①　審査基準日および審査方法等は、更生会社通知による。

②　更生会社通知記一3②における財務諸表は、修正後財務諸表とする。

③　修正後財務諸表の貸借対照表において、更生債権等の勘定科目で表示される更生手続開始決定日以前の債務については、固定負債として取扱うものとする。当該勘定科目に有利子負債が含まれる場合には、長期借入金として審査する。

④　なお、更生手続開始決定日前を審査基準日とする経営事項審査は、更生手続開始決定日以降も有効であり、更生手続開始決定日以降を審査基準日とする経営事項審査を受けない場合でも建設業法第27条の23第1項違反にはならない。

(3)　更生会社が更生計画認可日以降の日に経営事項審査を申請する場合（例1における期間E）

①　審査基準日は、更生計画認可日以降の営業年度終了の日とする。

②　貸借対照表において、更生債権等の勘定科目で表示される更生手続開始決定日以前の債務については、固定負債として取扱うこととする。

二　民事再生手続開始の申立てを行った建設業者の取扱いについて

民事再生手続開始の申立てを行った会社（以下「再生会社」という。）については、民事再生手続開始決定があった時（以下「再生手続開始決定日」という。）や民事再生手続認可の時に営業年度が終了するとの規定はなく、民事再生手続開始の申立て前の決算日と、民事再生手続開始決定日以降の決算日は同一であることが通例であり、更生会社とは異なる。

しかしながら、民事再生手続開始申立ては会社更生手続開始申立てと同様に「債務者が事業の継続に著しい支障を来たすことなく弁済期にある債務を弁済することができない」または「破産の原因たる事実の生じるおそれがある」(民事再生法第21条第１項、会社更生法第30条第１項）ときになされるものであるという点で共通している。加えて、再生会社は、民事再生法第124条第２項により再生手続開始決定日の貸借対照表を作成しなければならないとされている。よって、民事再生手続開始の申立ての時以降の経営事項審査の取扱いは更生会社に準じて、以下のとおりとする。

(1) 再生会社が、再生手続開始の申立ての時（以下、「再生手続申立日」という。）以降、再生手続開始決定日までに経営事項審査を申請する場合（例２における期間Ｂ）

① 審査基準日は、再生手続申立日の直前の営業年度終了の日とする。

② 民事再生規則（平成12年１月31日最高裁判所規則第３号）第13条(3)の規定に基づき、再生手続開始の申立書に記載された財産の状況を反映した修正後財務諸表をもって審査する。

③ 修正後財務諸表の損益計算書については、「当期未処分利益（当期未処理損失)」を貸借対照表と一致させるために、資産や負債の財産評定により生じた損失を、「その他特別損失」で調整することとする。

(2) 再生会社が再生手続開始決定日以降、再生計画認可の時（以下「再生計画認可日」という。）までに経営事項審査を申請する場合（例２における期間Ｃ・Ｄ）

① 審査基準日は、再生手続開始決定日又はそれ以降で再生計画認可日前の営業年度の終了の日とする。

② 審査方法は、更生会社通知記一３に準ずる。ただし、記一３②における財務諸表は、民事再生法第124条第１項による財産評定を反映したもの（以下、「財産評定後財務諸表」という。）とする。

③ 財産評定後財務諸表の貸借対照表において、再生債権等の勘定科目で表示される再生手続開始決定日前の債務については、固定負債として取扱うものとする。当該勘定科目に有利子負債が含まれる場合には、長期借入金として審査する。

④ なお、再生手続開始決定日前を審査基準日とする経営事項審査は、再生手続開始決定日以降も有効であり、再生手続開始決定日以降を審査基準日とする経営事項審査を受けない場合でも、建設業法第27条の23第１

項違反にはならない。

(3)　再生会社が再生計画認可日以降の日に経営事項審査を申請する場合（例2における期間E・F）

①　審査基準日は申請日の直前の営業年度終了の日とする。（再生計画認可日が営業年度終了の日でない場合は、再生計画認可日を審査基準日とすることは出来ない。）

②　貸借対照表において、更生債権等の勘定科目で表示される更生手続開始決定日前の債務については、固定負債として取扱うものとする。

三　特定調停手続申立てを行った建設業者の取扱いについて

特定調停手続開始の申立てを行った会社（以下「特定調停会社」という。）については、特定調停手続の申立ての時（以下「特定調停手続申立日」という。）や調停条項案の受諾の時（以下「調停条項受諾日」という。）に営業年度が終了するとの規定はなく、特定調停手続の申立て前の決算日と、それ以降の決算日は同一であることが通例であり、更生会社とは異なる。

また、特定調停手続は民事再生手続や会社更生手続における裁判所による手続の開始決定がない。

しかしながら、特定調停手続も支払不能に陥る恐れがある等の企業がその事実を裁判所に申し立てるという点で、会社更生手続や民事再生手続と同様であり、その申し立てられた事実は当該企業の客観的事項として経営事項審査において反映されるべきであると考えられる。

よって、会社更生手続や民事再生手続の場合に準じて、経営事項審査の取扱いを以下の通りとする。

(1)　特定調停会社が、特定調停手続の申立ての時（以下、「特定調停手続申立日」という。）以降、調停条項受諾日までに経営事項審査を申請する場合（例3における期間B・C）

①　審査基準日は、直前の営業年度終了の日とする。

②　特定調停手続規則第2条第1項2号（平成12年最高裁判所規則第2号）の規定に基づき、特定調停手続の申立書に記載された財産の状況を反映した修正後財務諸表をもって審査する。

③　修正後財務諸表の損益計算書については、「当期未処分利益（当期未処理損失）」を貸借対照表と一致させるために、資産や負債の財産評定

により生じた損失を、「その他特別損失」で調整することとする。

(2)　調停条項受諾日以降の日に経営事項審査を申請する場合（例3における期間D・E）

審査基準日は申請日の直前の営業年度終了の日とする。（調停条項受諾日が営業年度終了の日でない場合は、特定調停手続認可日を審査基準日とすることは出来ない。）

(例1) 会社更正手続の流れと経営事項審査の審査基準日等の関係

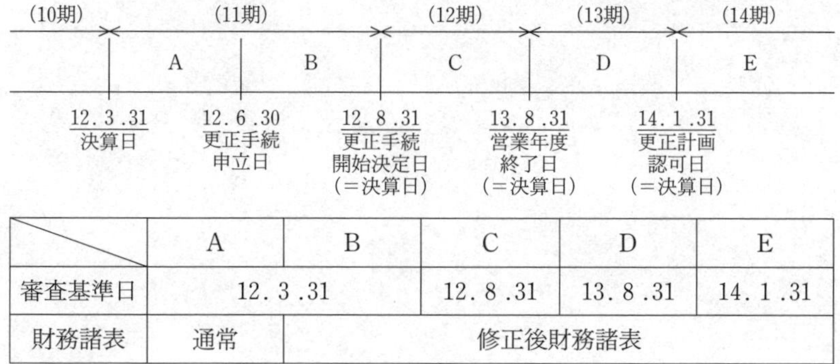

	A	B	C	D	E
審査基準日	12.3.31		12.8.31	13.8.31	14.1.31
財務諸表	通常	修正後財務諸表			

(例2) 民事再生手続の流れと経営事項審査の審査基準日等の関係

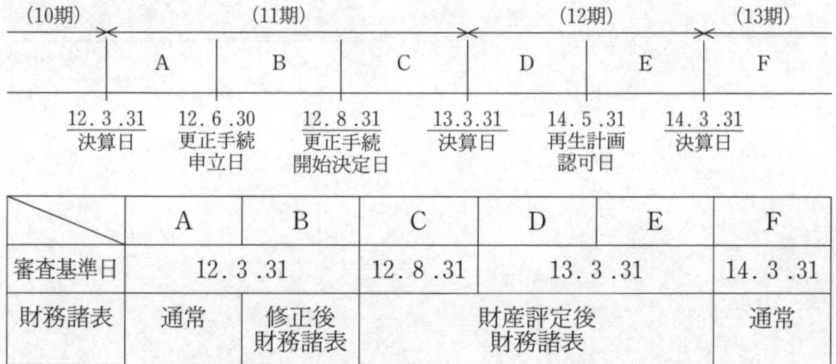

	A	B	C	D	E	F
審査基準日	12.3.31		12.8.31	13.3.31		14.3.31
財務諸表	通常	修正後財務諸表	財産評定後財務諸表			通常

(例3) 特定調停手続の流れと経営事項審査の審査基準日等の関係

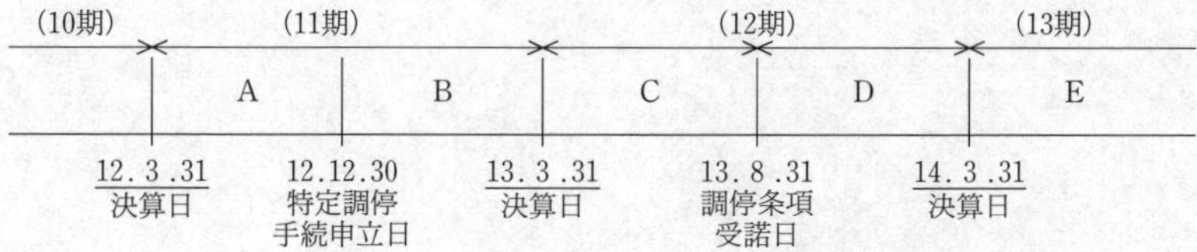

	A	B	C	D	E
審査基準日	12. 3 .31		13. 3 .31		14. 3 .31
財務諸表	通常	修正後財務諸表			通常

○国土交通大臣が認定した企業集団に属する建設業者に係る経営事項審査の取扱いについて

（平成20年３月10日
国総建第317号）

改正　平成23年３月31日国総建第334号

国土交通省総合政策局建設業課長から各地方整備局等建設業担当部長
各都道府県建設業主管部局長あて

建設業法施行規則の一部を改正する省令（平成20年１月31日国土交通省令第３号）が制定されるとともに、平成20年１月31日付け国土交通省告示第85号（以下「告示」という。）をもって建設業法（昭和24年法律第100号）第27条の23第３項の経営事項審査の項目及び基準の改正がなされたところである。

告示附則四の規定により国土交通大臣が認定した企業集団に属する建設業者に係る経営事項審査（以下「グループ経審」という。）については、「経営事項審査の事務取扱いについて（通知）（平成20年１月31日付国総建発第269号）」と併せて、下記により取り扱うこととしたので、貴職におかれては、事務処理に当たって遺漏なきようお願いする。ただし、本通知による事務取扱いは平成20年４月１日より適用する。

なお、平成13年６月13日付け国総建第170号をもって通知した「国土交通大臣が認定した企業集団に属する建設業者に係る経営事項審査の取扱いについて」は平成20年３月31日限り廃止する。

記

1．企業集団の認定について

⑴　企業集団に属する会社は、親会社（財務諸表等の用語、様式及び作成方法に関する規則（昭和38年大蔵省令第59号。以下「財務諸表等規則」という。）第８条第３項に規定する親会社をいう。以下同じ。）及びその子会社（同項に規定する子会社をいう。以下同じ。）であって、原則としてそれぞれ建設業者であるものとする。なお、関連会社（財務諸表等規則第８条第５項に規定する関連会社をいう。）はこれに含まない。

⑵　企業集団に属する会社には、親会社が含まれなければならないが、その

子会社についてはその全てを含むものとする必要はない。なお、企業集団に属する会社の変更は、株式の取得又は売却による子会社の範囲の変動によるもの等相当の理由がある場合に限る。

(3)　同一の会社が複数の企業集団に属することは認められない。

2．企業集団についての数値等の認定について

(1)　審査基準日

原則としてグループ経審を申請する日の直前の親会社の事業年度終了の日とする。

ただし、「建設業者の合併に係る建設業法上の事務取扱いの円滑化等について（平成20年３月10日付国総建第309号）」及び「建設業の譲渡に係る建設業法上の事務取扱いの円滑化等について（平成20年３月10日付国総建第311号）」に準じて、建設業者の株式を取得することにより新たに当該建設業者を連結子会社とした場合の株式取得日等も審査基準日とすることができる。この場合、(2)の数値等の認定に当たっては、前記通知に準じた取扱いを行うものとする。

(2)　認定基準

①　別表により算定された数値等を認定する。

②　一の企業集団においては、①により認定された数値等をもって経営事項審査を受ける建設業者（以下「代表建設業者」という。）は、建設業の種類毎に一建設業者のみである（告示附則五関係）。なお、一の企業集団に属する複数の建設業者がそれぞれ異なる建設業の種類の代表建設業者であることは認められる。

3．認定の申請手続き

(1)　企業集団及び企業集団についての数値等の認定（以下単に「認定」という。）の申請は、別紙１の例により「企業集団及び企業集団についての数値等認定申請書」（以下単に「申請書」という。）を提出してしなければならない。

(2)　申請書の記載内容は、申請者以外の当該企業集団に属する全ての会社が承認したものでなければならない。

(3)　認定の手続きは、国土交通省総合政策局建設業課において行う。

(4)　国土交通大臣は、認定を行ったときは、当該申請者に対して、別紙２の

例により「企業集団及び企業集団についての数値等認定書」(以下単に「認定書」という。)を交付する。

(5) 一の企業集団に属する複数の建設業者が、それぞれ認定を申請する場合は、同日に申請しなければならない。

4. 許可行政庁に対する総合評定値請求等について

(1) 認定を受けた建設業者は、経営事項審査にあっては許可を受けた国土交通大臣(地方整備局長等)又は都道府県知事に対して、当該申請書に認定書の写しを添えて、申請する(国土交通大臣又は都道府県知事が登録経営状況分析機関に経営状況分析を行わせることとしたときは、経営状況分析について準用する。)。なお、企業集団に属する建設業者の経営事項審査は、グループ経審に限られていることに留意すること。

(2) (1)において、自らが代表建設業者でない建設業の種類については、当該建設業に係る建設工事の種類別年間平均完成工事高(X_1)と技術力(Z)の項目の数値を最低値として申請するものとする。

(3) 国土交通大臣(地方整備局長)又は都道府県知事は、グループ経審の結果を通知するときは、総合評定値通知書に「グループ評価」と明記する。登録経営状況分析機関が経営状況分析の結果を通知するときも同様とする。

(4) 企業集団に属する会社の商号等は公表する。

附 則〔平成23年3月31日国総建第334号〕

この通知は、平成23年4月1日から適用する。

別 表 経営事項審査の各項目の数値等の算定方法

経営事項審査の項目		各項目の数値等の算定方法
X_1	建設工事の種類別完成工事高	企業集団に属する全ての会社の建設工事の種類別年間平均完成工事高を合算し、算定する。 ただし、企業集団に属する建設業者相互間における建設工事の完成工事高は相殺消去しなければならない。相殺消去の方法は、一般に公正妥当と認められる企業会計の基準に従うものとする。なお、金融庁組織令(平成10年政令第392号)第24条に規定する企業会計審議会により公表された企業会計の基準は、一般に公正妥当と認められる企業会計の基準に該当するものとする。
X_2	自己資本の額	企業集団に属する全ての会社の自己資本の額を合算し、算定する。 ただし、企業集団に属する親会社の子会社に対する投資と

		これに対応する子会社の資本及び企業集団に属する子会社相互間の投資とこれに対応する資本は、相殺消去しなければならない。相殺消去の方法は、完成工事高に準ずる。
	利払前税引前償却前利益の額	企業集団に属する全ての会社の利払前税引前償却前利益の額を合算し、算定する。
Y	経営状況	企業集団に属する親会社の連結財務諸表により算定するが、連結財務諸表の各勘定科目の数値を認定することによって、経営状況の項目の数値を認定したものとみなす。 なお、連結財務諸表原則に基づき連結財務諸表を作成する際の連結の範囲と、グループ経審における企業集団の範囲は必ずしも一致しないことに留意する。
Z	技術職員数	企業集団に属する全ての会社の建設業の種類別の技術職員の数を合算し、算定する。
	建設工事の種類別元請完成工事高	企業集団に属する全ての会社の建設工事の種類別年間平均元請完成工事高を合算し、算定する。 ただし、企業集団に属する建設業者相互間における建設工事の完成工事高は相殺消去しなければならない。相殺消去の方法は完成工事高に準じる。
W	労働福祉の状況	原則として、企業集団に属する全ての会社が加入又は導入している場合にのみ、加入又は導入しているものとして認める。
	建設業の営業年数	原則として、親会社の営業年数とする。
	民事再生法又は会社更生法の適用の有無	原則として、企業集団に属する全ての会社の民事再生法又は会社更生法の適用の有無を、審査する。
	防災協定締結の有無	原則として、企業集団に属する全ての会社が締結している場合にのみ、締結しているものとして認める。
	法令遵守の状況	原則として、企業集団に属する全ての会社の法令遵守の状況を、審査する。
	監査の受審状況	原則として、親会社の監査の受審状況とする。
	公認会計士等数	企業集団に属する全ての会社の公認会計士等の数を合算し、算定する。
	研究開発費	企業集団に属する全ての会社の研究開発費の額を合算し、算定する。
	建設機械の保有状況	企業集団に属する全ての会社の建設機械の保有台数を合算し、算定する。
	国際標準化機構が定めた規格による登録の状況	原則として、企業集団に属する全ての会社が登録を受けている場合にのみ、登録しているものとして認める。

別紙１

平成○○年○○月○○日

国土交通大臣　殿

企業集団及び企業集団についての数値等認定申請書

所在
商号　　　　　　　　　　印
代表者

平成20年国土交通省告示第85号附則四の規定に基づき、企業集団及び企業集団についての数値等の認定を申請します。

記

１．企業集団経営についての基本方針

２．子会社および企業集団に属する企業

商号	所　在	許可番号 建設業の種類	企業集団 構成企業	企業集団に属する／ 属さない理由	備　考
A社	東京都千代田区‥‥	0000000 土・建・管	○	企業集団における土木工事を請け負う中核企業である。	親会社
B社	東京都千代田区‥‥	0000000 土	○	主にA社の土木工事の下請を行っている。	
C社	東京都港区‥‥	0000000 建	○	企業集団における建築工事を請け負う中核企業である。	
D社	東京都港区‥‥	なし	○	設計業務を営む。	
E社	東京都千代田区‥‥	なし	×	建設工事とは無関係のため。	
F社	大阪府大阪市‥‥	0000000 土・建・管	×	A社の企業集団とは独立し、関西地区で工事を請け負う。	

注１　財務諸表等の用語、様式及び作成方法に関する規則第８条第３項に規定する子会社を全て列記すること。

注２　建設業の種類については、建設業法施行規則別記様式第25号の11記載要領18に規定する略号を使用すること。

3．グループ経審を申請する建設業者

商号	グループ経審を申請する建設業の種類
A社	土木工事業・管工事業
C社	建築工事業

注　同一の企業集団に属する他の建設業者が、同一の建設業の種類についてグループ経審を申請する場合、代表建設業者として経営事項審査を申請する予定の建設業については、その旨を明記すること。

4．企業集団についての経営事項審査の項目の数値等

①　工事種類別完成工事高及び工事種類別元請完成工事高　　別紙1

注　建設業法施行規則別記様式第25号の11別紙1によること

グループ経審を申請しない建設業の種類別完成工事高は「その他工事」として計上すること

②　自己資本額　　〇〇〇百万円

③　利払前税引前償却前利益の額　　〇〇〇百万円

④　経営状況　　別紙2

注　親会社の連結財務諸表とすること

⑤　技術職員数　　別紙3

注　建設業法施行規則別記様式第25号の11別紙二によること

⑥　上記以外の審査項目　　別紙4

注　建設業法施行規則別記様式第25号の11別紙三によること

以上

以上の申請内容を承認します。

平成〇〇年〇〇月〇〇日

所在
商号　　　　　　印
代表者

所在
商号　　　　　　印
代表者

別紙２

平成○○年○○月○○日

商号
代表者　　　　　　　　　　　　　様

企業集団及び企業集団についての数値等認定書

国土交通大臣　○○　○○

平成20年国土交通省告示第85号附則四の規定に基づき、企業集団及び企業集団としての数値等を、下記のとおり認定する。

記

１．企業集団

商号	代表者	所　在	許可番号	許可を受けている建設業の種類	備　考
A社	○○　△△	東京都千代田区	0000000	土・建・管	親会社
B社					
C社					
D社					

２．グループ経審を申請する建設業の種類

土木工事業

管工事業

注　同一の企業集団に属する他の建設業者が、同一の建設業の種類についてグループ経審を申請する場合、代表建設業者として経営事項審査が申請される予定の建設業については、その旨を明記すること。

３．企業集団についての経営事項審査の項目の数値等

①　工事種類別年間平均完成工事高

土木一式工事　○，○○○百万円

管工事　○，○○○百万円

その他工事　○，○○○百万円

合計　○○，○○○百万円

②　自己資本額　○○○百万円

③　利払前税引前償却前利益の額　○○○百万円

④　経営状況　　別紙連結財務諸表のとおり

⑤　技術職員数

土木一式工事	1級監理受講者の数	○○人
	1級技術者の数	○○人
	基幹技能者の数	○○人
	2級技術者の数	○○人
	その他技術職員の数	○○人
管工事	1級監理受講者の数	○○人
	1級技術者の数	○○人
	基幹技能者の数	○○人
	2級技術者の数	○○人
	その他技術職員の数	○○人

⑥　工事種類別年間平均元請完成工事高

土木一式工事	○，○○○百万円
管工事	○，○○○百万円
その他工事	○，○○○百万円
合計	○○，○○○百万円

⑦　労働福祉の状況

雇用保険加入の有無

健康保険及び厚生年金保険加入の有無

建設業退職金共済制度加入の有無

退職一時金制度若しくは企業年金制度導入の有無

法定外労働災害補償制度加入の有無

⑧　建設業の営業継続の状況

営業年数　　○○年

民事再生法又は会社更生法の適用の有無

⑨　防災協定締結の有無

⑩　法令遵守の状況

営業停止処分の有無

指示処分の有無

⑪　監査の受審状況

⑫ 公認会計士等の数

公認会計士等の数 ○○人

2級登録経理試験合格者の数 ○○人

⑬ 研究開発費の額 ○○○百万円

⑭ 建設機械の所有及びリース台数 ○○台

⑮ 国際標準化機構が定めた規格による登録の状況

ISO9001の登録の有無

ISO14001の登録の有無

⑯ 若年の技術者及び技能労働者の育成及び確保の状況

若年技術職員の継続的な育成及び確保の状況

新規若年技術職員の育成及び確保の状況

○持株会社の子会社に係る経営事項審査の取扱いについて

（平成20年３月10日
国総建第319号）

国土交通省総合政策局建設業課長から各地方整備局等建設業担当部長
各都道府県建設業主管部局長あて

建設業法施行規則の一部を改正する省令（平成20年１月31日国土交通省令第３号）が制定されるとともに、平成20年１月31日付け国土交通省告示第85号（以下「告示」という。）をもって建設業法（昭和24年法律第100号）第27条の23第３項の経営事項審査の項目及び基準の改正がなされたところである。

告示附則六の規定による持株会社の子会社に係る経営事項審査（以下「持株会社化経審」という。）については、「経営事項審査の事務取扱いについて（通知）（平成20年１月31日付国総建発第269号）」と併せて、下記により取り扱うこととしたので、貴職におかれては、事務処理に当たって遺漏なきようお願いする。ただし、本通知による事務取扱いは平成20年４月１日より適用する。

なお、平成14年３月29日付け国総建第78号をもって通知した「持株会社の子会社に係る経営事項審査の取扱いについて」は平成20年３月31日限り廃止する。

記

１．企業集団の認定について

⑴　企業集団に属する会社には、建設業者である子会社が全て含まれるものでなければならない。なお、企業集団に属する会社の変更は、株式の取得又は売却による子会社の範囲の変動によるもの等相当の理由がある場合に限る。

⑵　同一の会社が複数の企業集団に属することは認められない。

⑶　企業集団の認定は、新たに企業集団に属する会社がある場合など企業結合により経営基盤の強化を行おうとする建設業者がある場合でなければならない。

⑷　親会社は、主として企業集団全体の基本的な経営管理等のみを行うものであること。

⑸　企業集団に属する会社が、新たに認定を受けようとする場合にあって

は、当該認定に係る経営事項審査の審査基準日における企業集団の技術職員数及び公認会計士等数が企業結合前のそれぞれの数を超えないこと。認定の更新を受けようとする場合にあっては、当該更新に係る経営事項審査の直前の審査基準日における親会社の技術職員数及び公認会計士等数が更新前のそれぞれの数を超えないこと。

2．企業集団に属する建設業者についての数値の認定について

(1)　審査基準日

原則として、企業結合の日とする。ただし、合併、営業譲渡又は分割を伴う場合については、合併時経審（「建設業者の合併に係る建設業法上の事務取扱いの円滑化等について」（平成20年３月10日国総建第309号）における合併時経審をいう。以下同じ。）その他の経営事項審査の取扱いに併せて持株会社化経審を受けることができる。

(2)　認定基準

次表により算定された数値を認定する。

項目	算定方法
Z（技術職員数）	親会社に在籍する技術職員数を各子会社に按分し、算定する。
W（公認会計士等数）	親会社に在籍する公認会計士等数を各子会社に按分し、算定する。

3．認定の申請手続き

(1)　企業集団及び企業集団に属する建設業者についての数値の認定（以下「認定」という。）の申請は、別紙１の例により「企業集団及び企業集団に属する建設業者についての数値認定申請書」（以下「申請書」という。）を提出してしなければならない。

(2)　申請書の記載内容は、申請者以外の当該企業集団に属する全ての会社が承認したものでなければならない。

(3)　認定の手続きは、国土交通省総合政策局建設業課において行う。

(4)　国土交通大臣は、認定を行ったときは、当該申請者に対して別紙２の例により「企業集団及び企業集団に属する建設業者についての数値認定書」（以下「認定書」という。）を交付する。

(5)　一の企業集団に属する複数の者が、それぞれ認定を申請する場合は、同

日に申請しなければならない。

4．許可行政庁に対する総合評定値請求等について

⑴　認定を受けた各子会社は、経営事項審査を受けようとするときは、許可を受けた国土交通大臣（地方整備局長等）又は都道府県知事に対して、経営事項審査申請書に認定書の写しを添えて、申請する。

⑵　国土交通大臣（地方整備局長等）又は都道府県知事は、持株会社化経審の結果を通知するときは、総合評定値通知書に「持株会社化経審」と明記する。また、合併、営業譲渡又は分割を伴う持株会社化の場合は、「持株会社化経審」の前に「合併時経審」等と明記する。

⑶　企業集団に属する会社の商号等は公表する。

別紙１

平成○○年○○月○○日

国土交通大臣　殿

企業集団及び企業集団に属する建設業者についての数値認定申請書

所在
商号　　　　　　　　　　印
代表者

平成20年国土交通省告示第85号附則六の規定に基づき、企業集団及び企業集団に属する建設業者についての数値の認定を申請します。

記

１．企業集団に属する会社

商号	所在	許可番号	備考
Ａ社			親会社
Ｂ社		00-00000	
Ｃ社		00-00000	

２．企業集団に属する建設業者についての経営事項審査の項目の数値

(1)　親会社の職員の内訳

①　技術職員数

１級監理受講者の数　○○人
１級技術者の数　○○人
基幹技能者の数　○○人
２級技術者の数　○○人
その他技術職員の数　○○人

②　公認会計士等数

公認会計士等の数　○○人
２級建設業経理事務士の数　○○人

(2)　親会社の職員の子会社への按分の内訳

①　Ｂ社

・技術職員数

○○工事

１級監理受講者の数　○○人

１級技術者の数　○○人
基幹技能者の数　○○人
２級技術者の数　○○人
その他技術職員の数　○○人
○○工事
１級監理受講者の数　○○人
１級技術者の数　○○人
基幹技能者の数　○○人
２級技術者の数　○○人
その他技術職員の数　○○人
・公認会計士等数
公認会計士等の数　○○人
２級建設業経理事務士の数　○○人

②　Ｃ社
・技術職員数
○○工事
１級監理受講者の数　○○人
１級技術者の数　○○人
基幹技能者の数　○○人
２級技術者の数　○○人
その他技術職員の数　○○人
○○工事
１級監理受講者の数　○○人
１級技術者の数　○○人
基幹技能者の数　○○人
２級技術者の数　○○人
その他技術職員の数　○○人
・公認会計士等数
公認会計士等の数　○○人
２級建設業経理事務士の数　○○人

以　上

以上の申請内容を承認します。

平成○○年○○月○○日

所在
商号　印
代表者

所在
商号　印
代表者

別紙2

平成○○年○○月○○日

商号
代表者　　　　　　　　　　　　　　　　　　　　様

企業集団及び企業集団に属する建設業者についての数値認定書

国土交通大臣　○○　○○

平成20年国土交通省告示第85号附則六の規定に基づき、企業集団及び企業集団に属する建設業者についての数値の認定をする。

記

1．企業集団に属する会社

商号	所在	許可番号	備考
A社			親会社
B社		00-00000	
C社		00-00000	

2．企業集団に属する建設業者についての経営事項審査の項目の数値

①　B社

・技術職員数

○○工事

1級監理受講者の数　○○人
1級技術者の数　○○人
基幹技能者の数　○○人
2級技術者の数　○○人
その他技術職員の数　○○人

○○工事

1級監理受講者の数　○○人
1級技術者の数　○○人
基幹技能者の数　○○人
2級技術者の数　○○人
その他技術職員の数　○○人

・公認会計士等数

公認会計士等の数　○○人
２級建設業経理事務士の数　○○人

②　C社

・技術職員数

○○工事

１級監理受講者の数　○○人
１級技術者の数　○○人
基幹技能者の数　○○人
２級技術者の数　○○人
その他技術職員の数　○○人

○○工事

１級監理受講者の数　○○人
１級技術者の数　○○人
基幹技能者の数　○○人
２級技術者の数　○○人
その他技術職員の数　○○人

・公認会計士等数

公認会計士等の数　○○人
２級建設業経理事務士の数　○○人

以　上

○一定の要件を満たす親会社及び企業集団に属する建設業者に係る経営事項審査の取扱いについて

（平成20年3月10日
国総建第321号）

国土交通省総合政策局建設業課長から各地方整備局等建設業担当部長
各都道府県建設業主管部局長あて

建設業法施行規則の一部を改正する省令（平成20年1月31日国土交通省令第3号）が制定されるとともに、平成20年1月31日付け国土交通省告示第85号（以下「告示」という。）をもって建設業法（昭和24年法律第100号）第27条の23第3項の経営事項審査の項目及び基準の改正がなされ、同日付け国土交通省国総建第267号をもって建設流通政策審議官より、同269号をもって建設業課長より今般の改正の主要な内容及び取扱いについて通知したところである。今後標記の件については、建設業法、同法に基づく命令及び関連通知によるほか、下記により取扱われたい。

なお、本通知による事務取扱いは、平成20年4月1日から適用する。

記

Ⅰ　一定の要件を満たす親会社に係る経営事項審査の取扱いについて

建設業法施行規則（昭和24年建設省令第14号）第19条の4第1項の規定に基づき、会社法（平成17年法律第86号）第2条第6号に規定する大会社であって有価証券報告書提出会社（金融商品取引法（昭和23年法律第25号）第24条第1項の規定による有価証券報告書を内閣総理大臣に提出しなければならない会社をいう。以下同じ）である会社（以下「有報提出大会社」という。）については、経営状況に係る審査において、その連結財務諸表をもって評価されることとなったところである。

有報提出大会社以外の会計監査人設置会社である親会社については、監査証明書の写しを提出することによって、親会社の経営状況の審査にその連結財務諸表を用いることができることとする。この場合において、経営状況の評点は「経営事項審査の事務取扱について（通知）」（平成20年1月31日国総建第269号）記Ⅰ5－2の連結決算の取扱いについてに準拠して算定する。

Ⅱ　一定の企業集団に属する建設業者の取扱いについて

告示第二の二の規定により、国土交通大臣が認定した企業集団に属する建設業者に係る経営事項審査（以下「連結経審」という。）の取扱いについては、以下の通りとする。

1．企業集団の認定について

⑴ 企業集団に属する会社は、親会社（財務諸表等の用語、様式及び作成方法に関する規則（昭和38年大蔵省令第59号。以下「財務諸表等規則」という。）第8条第3項に規定する親会社をいう。以下同じ。）及びその子会社（同項に規定する子会社をいう。以下同じ。）であるものとする。ただし、子会社については、⑶①、②の要件を満たす子会社の全てを企業集団に含むものとする必要はなく、連結経審を申請する子会社のみが含まれていれば足りるものとする。

⑵ 親会社は会計監査人設置会社であり、かつ、次に掲げる要件のいずれかに該当するものでなければならない。

① 有価証券報告書提出会社である場合においては、子会社との関係において、財務諸表等規則第8条第4項各号に掲げる要件のいずれかを満たすものであること。

② 有価証券報告書提出会社以外の場合においては、子会社の議決権の過半数を自己の計算において所有しているものであること。

⑶ 子会社は次に掲げる要件のいずれにも該当する建設業者でなければならない。

① 売上高が親会社の提出する連結財務諸表に係る売上高の100分の5以上を占めているものであること。

② 単独で審査した場合の経営状況の評点が、親会社の提出する連結財務諸表を用いて審査した場合の経営状況の評点の3分の2以上であるものであること。

2．企業集団についての数値の認定について

⑴ 審査基準日

原則として連結経審を申請する日の直前の事業年度終了の日とする。

ただし、合併、営業譲渡又は分割を伴う場合については、合併時経審（「建設業者の合併に係る建設業法上の事務取扱いの円滑化等について」（平成20年3月10日国総建第309号）における合併時経審をいう。以下同

じ。）その他の経営事項審査の取扱いに併せて連結経審を受けることができる。

⑵　認定基準

経営状況の評点について、企業集団に属する親会社の連結財務諸表を用いて審査した場合の経営状況の評点を、親会社（親会社が経営事項審査を受審する場合に限る）及び子会社の経営状況の評点として認定する。

3．認定の申請手続き

⑴　企業集団及び企業集団に属する建設業者についての数値の認定（以下「認定」という。）の申請は、別紙1の例により「企業集団及び企業集団に属する建設業者についての数値認定申請書」（以下「申請書」という。）を提出してしなければならない。

なお、申請に当たっては、以下の書類を添付するものとする。

①　子会社単独の財務諸表による経営状況分析結果通知書及び親会社の連結財務諸表による経営状況分析結果通知書

②　次に掲げるいずれかの書類

イ　親会社が有価証券報告書提出会社である場合においては、有価証券報告書の写し

ロ　親会社が有価証券報告書提出会社以外の場合においては、連結財務諸表、親会社が子会社の議決権の過半数を自己の計算において所有しているものであることを証明する書類及び監査証明書の写し

⑵　申請書の記載内容は、親会社が承認したものでなければならない。

⑶　認定の手続きは、国土交通省総合政策局建設業課において行う。

⑷　国土交通大臣は認定を行ったときは、当該申請者に対して別紙2の例により「企業集団及び企業集団に属する建設業者についての数値認定書」（以下「認定書」という。）を交付する。

4．許可行政庁に対する経営事項審査申請等について

⑴　認定を受けた建設業者は、経営事項審査を受けようとするときは、許可を受けた国土交通大臣（地方整備局長等）又は都道府県知事に対して、総合評定値請求書に認定書の写しを添えて、申請する。

⑵　国土交通大臣（地方整備局長等）又は都道府県知事は、連結経審の結果を通知するときは、総合評定値通知書に「連結経審」と明記する。

別紙1

平成○○年○○月○○日

国土交通大臣　殿

企業集団及び企業集団に属する建設業者についての数値認定申請書

所在
商号　印
代表者

平成20年国土交通省告示第85号第二の二の規定に基づき、企業集団及び企業集団に属する建設業者についての認定を申請します。

記

1．企業集団に属する会社

	商号	所在	許可番号
親会社	A社		
連結子会社	B社		00-00000

2．企業集団に属する建設業者についての数値

	親会社	連結子会社
商号	A社	B社
売上高※		
経営状況の評点※		
持株比率※		
備考		

※親会社の売上高、経営状況の評点は連結財務諸表によるものを記入
※持株比率は親会社が有価証券報告書提出会社以外である場合に記入

以上

以上の申請内容を承認します。

平成○○年○○月○○日

所在
商号　印
代表者

別紙2

平成〇〇年〇〇月〇〇日

商号
代表者　　　　　　　　　　　　　　様

企業集団及び企業集団についての数値等認定書

国土交通大臣　〇〇　〇〇

平成20年国土交通省告示第85号第二の二の規定に基づき、企業集団及び企業集団としての数値等を、下記の通り認定する。

記

1．企業集団に属する会社

	商号	所在	許可番号
親会社	A社		
連結子会社	B社		00-00000

2．企業集団に属する建設業者についての数値
親会社及び連結子会社の経営状況の評点　　　　　〇〇〇点

以上

○経営事項審査における消費税納税証明書等の活用について（依頼）

（平成12年6月22日
建設省経建発第123号）

建設省建設経済局建設業課長から都道府県主管部局長あて

経営事項審査の結果は、建設業者の経営規模、経営状況等を客観的に評価したものとして公共発注機関において広く活用されているものであり、高い客観性・厳格性が要求されています。特に、経営規模の審査項目の一つである許可を受けた建設業に係る建設工事の種類別年間平均完成工事高（以下「完成工事高の審査項目」という。）については、総合評点に占める比重が最も高いものであることから、水増し申請等虚偽申請の防止が喫緊の課題となっているところです。

また、先般、国税庁次長より建設省建設経済局長あて、消費税（地方消費税を含む。）の滞納を未然に防止するために、経営事項審査において消費税納税証明書を活用するよう、協力依頼がありました（別紙一）。

このため、下記のとおり、経営事項審査に当たっては申請者に対して消費税確定申告書控えと消費税納税証明書の提出を求め、完成工事高の審査を厳格に行うとともに、消費税の滞納防止につなげていくことが望ましいと考えられます。貴職におかれては、このことをご留意の上で、経営事項審査事務を行われるよう、お願いいたします。

記

一　経営事項審査時における消費税確定申告書控えの確認について

①　目的

経営事項審査における経営規模の審査項目の一つである許可を受けた建設業に係る建設工事の種類別年間平均完成工事高の審査（以下「完成工事高の審査」という。）の厳格化を図るという観点から実施するものである。

②　理由

経営事項審査の審査項目のうち、完成工事高の審査項目は、総合評点に占める比重が最も高く、経営事項審査を受審する建設業者が重要視しているものであるため、当該審査項目における虚偽申請を防止する必要がある。

消費税確定申告書に記入されている課税標準額は、申請者の売上高を反映しており、経営事項審査において申請された完成工事高の数値の信憑性を確認する上で、有効な書類であると考えられる。

＊消費税の課税標準額は売上高に課税対象となる雑収入などを加えたものであるため、建設業者の売上高については、通常、消費税の課税標準額よりも少額となるべきものである。このため、売上高が課税標準額を上回る場合には、完成工事高か兼業事業売上高のどちらかが正しくない可能性がある。また、完成工事高が課税標準額を上回る場合には、完成工事高が正しくない可能性が高い。

③　審査方法

経営事項審査時に、申請者（消費税免税事業者を除く。以下同じ。）に対し、審査対象営業年度の消費税確定申告書控え（別紙二）の提示を求め、当該申告書における課税標準額（別紙二における①欄）が当該申請者の当該営業年度における売上高（完成工事高に兼業事業売上高を加算したもの）以上であることを確認する。

なお、経営事項審査を新規に申請しようとする者や審査対象営業年度の直前の営業年度の経営事項審査を受審していない者等審査対象営業年度以前の営業年度についても完成工事高の審査をする必要がある者に対しては、当該営業年度の消費税確定申告書控えの提示を求めることとする。但し、本取扱いの実施日以前の営業年度の消費税確定申告書控えについては、この限りではない。

④　対処方法

審査において、課税標準額が申請者の売上高未満である場合には、その理由の説明を求めるとともに、必要に応じ、請負契約書等を提出させ、当該申請者の完成工事高等財務諸表の数値に誤りがないことを確認する。特に、完成工事高が課税標準額を上回る場合には、厳格に確認する必要がある。

万一、申請者の完成工事高等が虚偽の記載であり、それが故意に行われたものと認められる場合には、当該申請者を建設業法第46条第４項に該当するものとして告発することも含め、厳正なる処分を実施する。

⑤　実施時期

①②に鑑み、可及的速やかに実施されることが望ましい。

二　経営事項審査時における消費税納税証明書の確認について

①　目的

一において提示を求める消費税確定申告書控えの信憑性を確認するとともに、消費税の滞納防止を促進するという観点から実施するものである。

②　理由

一における消費税確定申告書控えを活用した完成工事高の審査を行うに当たっては、確定申告した後に修正申告がなされていないかどうか、提示された消費税確定申告書が真正なものであるかどうかについても同時に確認する必要があるため、消費税納税証明書の提出を求めるものである。

＊既に消費税確定申告書の提出を求めている都道府県においては、提出書類の偽造や修正申告の有無が判別できないことが問題となっている。また、国税庁から滞納の未然防止促進への協力を要請されている。納税証明書（書式その一）は税務当局による証明書類であるため、確定申告書の真正性と納税状況を同時にチェックすることができるものと考えられる。

③　審査方法

１）消費税確定申告書控えの信憑性の確認

経営事項審査時に、申請者に対し、消費税納税証明書（国税通則法施行規則別紙第八号書式その一）（別紙三）の提示を求め、一により提示を求める同年度の消費税確定申告書控えにおける差引税額（別紙二における⑨欄）と地方消費税の納税額（別紙二における⑳欄）の合計が、当該証明書に記入された当該営業年度の納付すべき税額とが一致することを確認する。

なお、一③において複数年度の消費税確定申告書控えの提示を求める場合にあっては、当該各年度の納付すべき税額等が証された消費税納税証明書の提示を求める。

２）消費税納付状況の確認

当該証明書において未納税額がないかどうかを確認する。

④　対処方法

1）消費税納税証明書と消費税確定申告書控えの税額が一致しない場合

当該証明書の納付すべき税額と消費税確定申告書の差引税額が一致しない場合には、その理由を確認し、必要に応じ、修正申告書等の提示を求める。万一、当該企業の完成工事高等が虚偽の記載であり、それが故意に行われたものと認められる場合には、当該申請者を建設業法第46条第4項に該当するものとして告発することも含め、厳正なる処分を実施する。

2）消費税の未納がある場合

当該証明書において未納があることが判明した場合には、速やかに完納するよう指導するとともに、公共発注者においては入札資格審査申請において完納していることを条件とするケースが多いこと等を通知する。

⑤　施行時期

①②に鑑み、可及的速やかに実施されることが望ましい。

別紙一～三　〔略〕

○経営事項審査における完成工事高と技術職員数値の相関分析の見直しについて

（平成22年10月15日
国総建第163号）

建設省建設経済局建設業課長から　各都道府県主管部局長あて

経営事項審査制度については、近年の建設投資の減少とそれに伴う競争の激化等を踏まえ、公共工事における適正な企業評価を実施する観点から、従来にも増して企業実態をより適正に評価できる仕組みに改善していくことが課題となっており、その一環として、虚偽申請防止対策の強化に取り組んでいくことが不可欠となっています。

虚偽申請防止対策の強化に当たっては、膨大な数の申請の中から虚偽申請の疑いのあるものを効果的に抽出することが重要であり、そのためには統計的異常値を活用した抽出手法が有効と考えられることから、今般、従来より実施している完成工事高と技術職員数値の相関分析（以下「相関分析」という。）について、近年の建設投資の減少傾向等を踏まえて基準値となる標準完成工事高の見直しを行うとともに、新たに技術職員数値の水増し等の疑いがある申請についても抽出を開始するなど、運用の強化を行うこととしました。

今回の見直しの主要な内容は下記のとおりですので、貴職におかれては、相関分析により提供される情報を積極的に活用し、重点審査対象企業の選定、申請内容の精査等に役立てていただきますよう、お願いします。

なお、本見直しに基づいた情報提供は、建設業情報管理システムの改造期間も考慮し、平成23年1月1日から実施することとしています。

記

1．1技術職員数値当たりの標準完成工事高の再計算

相関分析の対象となっている指定7業種（土木一式、建築一式、電気、管、鋼構造物、ほ装、造園）について、最新のデータを利用して回帰式の修正及び1技術職員数値当たりの標準完成工事高の再計算を行った（標準完成工事高は非公表（別途通知））。

なお、再計算に利用したデータについての完成工事高と技術職員数値の相関係数は、以下のとおり。

	土木一式	建築一式	電気	管	鋼構造物	ほ装	造園
サンプル数	29,767	14,562	12,943	13,262	954	1,805	6,133
相関係数	0.946	0.980	0.923	0.958	0.910	0.977	0.903

2．異常値情報の提供方法の改善

⑴　完成工事高が極端に高い建設業者に関する情報の提供

従来は、経営事項審査において申請された完成工事高が技術職員数値に比べて極端に高い場合に一律にエラー表示をしていたが、各審査行政庁による重点審査対象企業の絞り込みに役立つよう、当該建設業者の完成工事高の標準的な数値からの乖離の程度（何倍か）を併せて情報提供することとする。

⑵　技術職員数値が極端に高い建設業者に関する情報の提供

従来は、完成工事高が技術職員数値に比べて極端に高い場合のみを抽出対象としていたが、新たに技術職員数値が完成工事高に比べて極端に高い建設業者（技術者の水増しの疑いがある）についても抽出を開始することとし、⑴同様、標準的な数値からの乖離の程度を情報提供することとする。

3．分析対象業種の拡大

従来は、指定７業種のうち専業としている業種（一式工事の場合は総完成工事高の50％以上、電気・管・鋼構造物・ほ装・造園の場合は総完成工事高の80％以上）のみを相関分析の対象としていたが、虚偽申請防止の取組を強化するため、指定７業種で経営事項審査を受審していればその全ての業種を分析対象とし、異常値に係る情報提供を行うこととする。

○経営事項審査の事務取扱（労働福祉の状況関係）の補足について

〔平成6年7月29日　事務連絡〕

建設省建設経済局建設業課
建設省建設経済局労働資材対策室から　都道府県建設業担当課長あて

最終改正　平成11年3月31日

平成6年6月8日付け建設省告示第1461号（以下「告示」という。）をもって全面的に改正された経営事項審査の事務取扱については、同日付け建設省経建発第136号（以下「通達」という。）をもって建設省建設経済局建設業課長から通知されたところであるが、新たに審査項目に追加された労働福祉の状況に係る項目についての補足的な留意事項は、別添のとおりであるので、執務の参考にされたい。

（別　添）

1　審査の項目及び確認方法について

1）雇用保険加入の有無

イ　加入の確認方法

被保険者となる従業員について資格取得に関する届出を行ったことは、被保険者となったことについて確認が行われたときに公共職業安定所から交付される資格取得等確認通知書又は被保険者証により確認するものとする。ただし、雇用保険について、審査基準日を含む年度の概算保険料又は確定保険料を納付したことを証する書面があれば、審査基準日において被保険者の資格取得に関する届出を行っているものとみなし、当該書面により確認して差し支えない。

2）健康保険及び厚生年金保険加入の有無

イ　加入の確認方法

被保険者となる従業員について資格取得に関する届出を行ったことは、被保険者となったことについて確認が行われたときに社会保険事務所から交付を受けた被保険者資格取得確認及び標準報酬決定通知書又は被保険者報酬月額基礎届等を提出し、社会保険事務所から交付を受けた標準報酬決定通知書により確認するものとする。ただし、健康保険及び厚生年金保険について、審査基準日を含む月の保険料を納付したことを証する書面があれば、審査基準日において被保険者の資格取得に関する届出を行っているものとみなし、当該書面により確認して差し支えない。

ロ　その他

健康保険の被保険者となるべき従業員が承認を受けて全国土木建築国民健康保険組合等の国民健康保険に加入している場合において、健康保険は適用除外であるが厚生年金保険には加入しなければならないときは、申請書には厚生年金保険の加入の有無をもって有又は無と記載することとなる。

3）賃金不払の件数

イ　賃金不払の意義

告示においては、賃金不払の件数を「労働基準法第24条の定めるところに従って賃金が支払われなかった回数」としており、したがって、次に掲げる場合は、それぞれ賃金不払に該当する。

・労働基準法第24条第1項の原則（通貨払い、直接払い及び全額払い）に違反した場合

・同条第2項の支払期日を徒過した場合（後で支払った場合を含む。）

なお、省令様式記載要領の該当部分の文言はこれを敷衍したものであり、趣旨は同じである。

ロ　件数の算定

課長通知において、賃金不払という事象が発生した単位としては、支払期日ごと、事業所ごとにカウントする（支払期日及び事業所が同一であれば人数は問わない）こととしている。この場合において、件数の算定例は以下のとおりである。

・事業所が1か所であり、毎月末に月給を支給すると定めていた場合
：支給しなかった月の数

・事業所が1か所であり、日給を日々支給すると定めていた場合
：支給しなかった日の数

・事業所が複数か所であり、それぞれ毎月末に月給を支給すると定めて

いた場合

：それぞれの事業所において支給しなかった月の数の合計

ハ　その他

建設省と労働省との間の通報体制により、少なくとも悪質な事案については捕捉されるものと考えられるが、労働省から通報のない賃金不払を認容する趣旨ではないので、申請者の申告は上記の考え方により行わせるものとする。なお、労働省に対しては、改めて協力方依頼したところであり、通報のあった事実については、逐次各都道府県経営事項審査担当に回報することとしている。

4）建設業退職金共済制度加入の有無

イ　確認方法

勤労者退職金共済機構建設業退職金共済事業本部（以下「建設業退職金共済事業本部」という。）又は建設業退職金共済事業本部の各都道府県支部の発行する加入・履行証明書（経営事項審査申請用に限る。）により確認するものとする。

ロ　その他

告示においては、建設業退職金共済制度への加入は、特定業種退職金共済契約又はこれに準ずる契約の締結により判断するものとしている。この場合において、下請負人の委託等に基づき事務を行う元請負人が建設業退職金共済事業本部に届書を提出し、事務受託者証の交付を受けていることを特定業種退職金共済契約に準ずる契約の締結とみなすものであり、通達において特定業種退職金共済契約の締結に下請負人の委託等に基づきこれらの事務を行うことを含むとしているのは、その趣旨を表したものである。

したがって、例えば、申請者が自ら期間雇用に係る労働者を雇用するとともに、申請者の下請負人においても期間雇用に係る労働者を雇用する実体があれば、申請者自らの特定業種退職金共済契約の締結と委託等に基づく下請負人の事務処理のいずれも行っている場合に加入と判断することとなる。

なお、中小企業退職金共済法上は、一部の工事についてのみ共済証紙を購入する等選択的な加入は認められていないこと、また、建設省直轄工事等においては掛金収納書の提出が求められていることに照らし、新規加入等の正当な理由なく共済証紙の購入実績がない等契約の履行状況が劣っていると認められる場合には、契約締結が名目的なものに過ぎず、加入とは判断しないこととなる。

5）退職一時金制度導入の有無

イ　退職一時金制度の対象

退職一時金制度の対象としては、中小企業退職金共済に加入している場合に準じて、期間雇用に係る労働者、試用期間中の労働者その他これらに類する者を除き、原則として建設業に従事するすべての従業員を対象とするものであることが必要である。

ロ　確認方法

労働協約若しくは就業規則を示す文書若しくはその抜粋又は勤労者退職金共済機構中小企業退職金共済事業本部若しくは特定退職金共済団体の発行する加入証明書、共済契約書その他これらに類するものにより確認するものとする。

特に、就業規則に関しては、退職手当の決定、計算及び支払の方法並びに退職手当の支払の時期に関する定めがあること並びに常時10人以上の労働者を使用する場合には労働基準監督署に届出をしていることを確認するものとする。

ハ　その他

告示においては、審査基準日における制度導入の有無を審査することとしており、継続要件を設けていないところであるが、審査基準日の前後で制度の導入と廃止を繰り返す等詐害的な事例と認められる場合には導入とは判断しないこととなる。（企業年金制度及び法定外労働災害補償制度においても同様の取扱いとなる。）

また、労働協約又は就業規則において退職手当の定めがある場合においても、著しく低額であり名目的制度に過ぎないか、あるいは全く支払いが行われていない等と認められるものについては、導入とは判断しないこととなる。

6）企業年金制度導入の有無

イ　厚生年金基金の設立の意義

告示において、厚生年金基金を設立しているとは、既存の厚生年金基金に加入することにより事後にその設立事業所となることを含むものである。

ロ　確認方法

厚生年金基金の発行する加入証明書、適格退職年金契約の契約書により確認するものとする。

7）法定外労働災害補償制度加入の有無

イ　法定外労働災害補償制度の要件

告示及び通達に示されているとおり、法定外労働災害補償制度の要件として、以下の①から③のすべてに該当することが必要である。

①　業務災害と通勤災害（出勤及び退勤中の災害）のいずれも対象とすること。

②　直接の使用関係にある職員及び下請負人（数次の請負による場合にあっては下請負人のすべて）の直接の使用関係にある職員のすべてを対象とすること。

③　少なくとも死亡及び労働災害補償保険の障害等級第１級から第７級までに係る身体障害のすべてを対象とすること。ただし、業務起因性の疾病については対象としなくても差し支えない。

なお、次の事項について留意する必要がある。

・　共同企業体及び海外工事を除く全工事現場を補償するものは対象となるが、工事現場単位で加入する制度や記名式の制度は、一般的には上記②の要件を満たしていることが確認できないものであるので、対象とならない。

・　準記名式の普通傷害保険については、

(a)　政府の労働災害補償保険に加入しており、かつ、審査基準日を含む年度の労働災害補償保険料を納付済みであること

(b)　被保険者数が上記②の要件を満たすものであること

が確認された場合のみ加点対象とする。

・　建設業者団体、互助会等（以下「建設業者団体等」という。）が取り扱ういわゆる団体保険制度について、建設業者団体等と保険会社との間で上記の要件に該当する契約が締結されている場合には、

申請者と保険会社との間で契約が締結されているものとみなして加点対象とする。

ロ　確認方法

法定外労働災害補償制度を取り扱う者に応じて、以下の書類により確認するものとする。

①　財団法人建設業福祉共済団

建設労災補償共済制度加入証明書

②　社団法人全国建設業労災互助会

全国建設業労災互助会加入証明書兼領収書

③　全国中小企業共済共同組合連合会

労働災害補償共済契約加入者証書

④　保険会社

上記イに掲げる要件が確認できる保険証券

⑤　建設業者団体等

建設業者団体等（民法第34条の公益法人であるものに限る。）が発行する団体保険制度への加入を証明する書類（上記イに掲げる要件が確認できるものに限る。）又は保険会社が発行する団体保険制度への加入を証明する書類（上記イに掲げる要件及び申請者の名称が確認できるものに限る。）

なお、準記名式の普通傷害保険については、政府の労働災害補償保険に加入しており、かつ、審査基準日を含む年度の労働災害補償保険料を納付済みであることが確認された場合に加点対象となるが、その確認方法としては、審査基準日を含む年度の概算保険料又は確定保険料を納付したことを証する書面により確認するものとする。

2 外国企業の評価について

外国企業については、日本国内で雇用されている労働者の福祉の状況を審査することとなり、例えば賃金不払は日本国内の賃金不払を審査するものである。なお、加点項目については、告示附則二の2に基づき、外国企業につき建設大臣が国内制度について加入又は導入をしている場合と同等の場合であると認定した場合には、逐次各都道府県経営事項審査担当にその旨を通知することとしており、これにより申請書内容を確認することとなる。

○「契約後VE縮減額証明書」の発行について

（平成10年6月23日
建設省厚契発第28号
建設省技調発第142号）

建設大臣官房地方厚生課長
技術調査室長から各地方建設局総務部長
企画部長あて

契約後ＶＥ方式については、「契約後ＶＥ方式の試行について」（平成10年２月18日付け建設省厚契発第11号、建設省技調発第38号、建設省営計発第17号）により試行を実施しているところであるが、先般、平成10年２月４日の中央建設業審議会建議「建設市場の構造変化に対応した今後の建設業の目指すべき方向について」において、提案により工事費が減額変更された場合の完成工事高に関する企業評価上の扱いについて適切な配慮が加えられる必要があるとされたところであり、今般、同建議を受けて、経営事項審査の審査基準が平成10年７月１日をもって改正されることとなっている。

この審査基準の改正にあわせて、建設省直轄工事における契約後ＶＥ方式試行工事については、発注者が発行する契約後ＶＥ縮減額証明書（以下「証明書」という。）によって、ＶＥ提案による工事費の縮減額を証明することとし、その事務手続を定めたので、下記事項に留意の上、遺憾なきよう取り扱われたい。

なお、本通達に基づく「契約後ＶＥ縮減額証明書」が、経営事項審査において有効であることについては、本省建設業課と協議済みであることを念のため申し添える。

記

1　証明書の発行

支出負担行為担当官（以下「甲」という。）は、請負者（以下「乙」という。）から、工事請負契約書（「工事請負契約書の制定について」（平成７年６月30日付け建設省厚契発第25号）によるものであって、「契約後ＶＥ方式の試行について」（平成10年２月18日付け建設省厚契発第11号、建設省技調発第38号、建設省営計発第17号）別紙に基づき契約後ＶＥ方式であることを明記しているものをいう。以下同じ。）第32条に基づき請負代金の支払請求がなされた場合には、請求から14日以内に証明書１部を発行すること。

2　証明書の記載事項

証明書は、様式１によるものとし、工事名、工事場所、請負業者名とその建設業許可番号、工期、最終請負代金額、ＶＥ提案による工事費の縮減額を記載すること。

3　ＶＥ提案による工事費の縮減額

証明書記載事項である「ＶＥ提案による工事費の縮減額」については、設計変更におけるＶＥ管理費に消費税相当額を加算した額（当該金額に１円未満の端数があるときは、その端数金額を切り捨てた金額）を計上し、記載すること。

4　乙が共同企業体の場合の取扱い

乙が共同企業体の場合、証明書は様式２によるものとし、共同企業体の構成員の数と同部数発行すること。

5　その他

「契約後ＶＥ方式の試行について」（平成10年２月18日付け建設省厚契発第11号、建設省技調発第38号、建設省営計発第17号）が発出される以前に契約を行ったもので、工事請負契約書に契約後ＶＥ方式であることを明記しているものについても、同様に取り扱うこと。

（様式１）

平成○年○月○日

契約後ＶＥ縮減額証明書

下記工事は契約後ＶＥ方式の対象工事であり、ＶＥ提案による工事費の縮減額は下記のとおりであることを証明します。

記

１．工事名：○○建設工事

２．工事場所

３．請負業者名
（建設業の許可番号）

４．工期：平成○年○月○日～平成○年○月○日

５．最終請負代金額：

６．ＶＥ提案による工事費の縮減額：○○,○○○,○○○円

支出負担行為担当官
○○地方整備局長　○○　○○　印

（様式２）

平成○年○月○日

契約後ＶＥ縮減額証明書

下記工事は契約後ＶＥ方式の対象工事であり、ＶＥ提案による工事費の縮減額は下記のとおりであることを証明します。

記

１．工事名：○○建設工事

２．工事場所

３．請負業者名：○○・○○特定建設工事(注)共同企業体

構成員の出資比率　○○建設㈱　○○％

㈱○○組　○○％

４．工期：平成○年○月○日～平成○年○月○日

５．最終請負代金額：

６．ＶＥ提案による工事費の縮減額：○○,○○○,○○○円

支出負担行為担当官

○○地方整備局長　○○　○○　印

（注）　経常建設共同企業体の場合、経常建設共同企業体名を記載。

○国土交通大臣が認定した子会社を外国に有する建設業者に係る経営事項審査の取扱いについて

（平成24年5月1日
国土建第55号）

国土交通省土地・建設産業局建設業課長から 各地方整備局等建設業担当部長
各都道府県建設業主管部局長 あて

建設業法施行規則の一部を改正する省令（平成24年5月1日国土交通省令第52号）が制定されるとともに、平成24年5月1日付け国土交通省告示第523号（以下「告示」という。）をもって建設業法（昭和24年法律第100号）第27条の23第3項の経営事項審査の項目及び基準の改正がなされたところである。

告示附則七の規定により、国土交通大臣が認定した子会社を外国に有する建設業者に係る経営事項審査（以下「外国子会社経審」という。）については、「経営事項審査の事務取扱いについて（通知）（平成20年1月31日付け国総建発第269号）」と併せて、下記により取り扱うこととしたので、貴職におかれては、事務処理に当たって遺漏なきようお願いする。ただし、本通知による事務取扱いは、平成24年7月1日から適用する。

記

1．外国子会社の認定について

(1) 外国子会社経審の申請者（以下単に「申請者」という。）は、我が国に主たる営業所を有する建設業者でなければならない。

(2) 認定の対象となる子会社は、外国に主たる営業所を有するものであって、かつ、申請者の財務諸表等の用語、様式及び作成方法に関する規則（昭和38年大蔵省令第59号。以下「財務諸表等規則」という。）第8条第3項に規定する子会社であるもの（以下「外国子会社」という。）とする。なお、関連会社（財務諸表等規則第8条第5項に規定する関連会社をいう。）は、これに含まない。

(3) 認定の対象となる外国子会社は、経営事項審査を受けていない者でなければならない。

(4) 認定の対象となる外国子会社は、主たる事業として建設業を営む者でなければならない。

(5) 申請者は、その全ての外国子会社について認定の申請を行う必要はない。

2．数値の認定について

⑴　審査基準日

審査基準日は、外国子会社経審を申請する日の直前の申請者の事業年度終了の日とする。

ただし、合併、営業譲渡又は分割に伴う取扱い等により、事業年度終了の日以外を審査基準日として経営事項審査を行う場合は、当該取扱いに併せて外国子会社経審を行うことができる。

⑵　認定基準

次表により算定された数値を認定する。

経営事項審査の項目		各項目の数値の算定方法
X_1	建設工事の種類別年間平均完成工事高	認定を受けた外国子会社（以下「認定外国子会社」という。）の建設工事の種類別完成工事高を合算し、算定する。 ただし、申請者と認定外国子会社の間における取引及び認定外国子会社相互間における取引による完成工事高については、額の算定に含めない。
X_2	自己資本の額	申請者及び認定外国子会社の自己資本の額を合算し、算定する。 ただし、申請者の認定外国子会社に対する投資とこれに対応する認定外国子会社の資本及び認定外国子会社相互間の投資とこれに対応する資本は、相殺消去しなければならない。 相殺消去の方法は、一般に公正妥当と認められる企業会計の基準に従うものとする。
	利払前税引前償却前利益の額	申請者及び認定外国子会社の利払前税引前償却前利益の額を合算し、算定する。 ただし、申請者と認定外国子会社との間で発生した損益及び認定外国子会社相互間で発生した損益については、相殺消去しなければならない。 相殺消去の方法は、一般に公正妥当と認められる企業会計の基準に従うものとする。

3．認定の申請手続き

⑴　外国子会社並びに申請者及び外国子会社についての数値の認定（以下単に「認定」という。）の申請は、下記の書類を提出してしなければならない。

①　別紙1の外国子会社並びに建設業者及び外国子会社についての数値の認定申請書

② 認定外国子会社に関する次に掲げるもの

ア 別紙２の外国工事経歴書

イ 外国工事経歴書に記載された工事に係る工事契約書の写し

ウ 貸借対照表及び損益計算書

エ 外国において設立されたものであることを証する書類（法人登記簿に相当するもの等）

オ 子会社としての要件を満たすことが確認できる書類（議決権所有割合が記載された書類等）

③ ２の⑵の自己資本の額及び利払前税引前償却前利益の額について、公認会計士又は税理士により、その内容が適正である旨が証明されたもの

⑵ 認定の手続きは、国土交通省土地・建設産業局建設業課において行う。

⑶ 国土交通大臣は、認定を行ったときは、当該申請者に対して、別紙３の例により「外国子会社並びに建設業者及び外国子会社についての数値の認定書（以下単に「認定書」という。）」を交付する。

４．許可行政庁に対する総合評定値請求等について

⑴ 認定書を有する建設業者は、経営事項審査を受けようとするときは、許可を受けた国土交通大臣（地方整備局長等）又は都道府県知事に対して、経営規模等評価申請書及び総合評定値請求書に当該認定書を添えて申請する。

⑵ 建設工事の種類別完成工事高については、認定書の数値を、申請者の種類別完成工事高に加えた数値をもって審査を行う。なお、申請に当たっては、認定書の数値と申請者の種類別完成工事高を合算した金額を、申請書に記載すること。

⑶ 自己資本の額及び利払前税引前償却前利益については、認定書の数値をもって審査を行う。

⑷ 国土交通大臣（地方整備局長等）又は都道府県知事は、外国子会社経審の結果を通知するときは、総合評定値通知書に「外国子会社経審」と明記する。

別紙1

平成○○年○○月○○日

国土交通大臣　殿

外国子会社並びに建設業者及び外国子会社についての数値の認定申請書

所在

商号　　　　　印

代表者

平成20年国土交通省告示第85号附則第七の規定に基づき、外国子会社並びに建設業者及び外国子会社についての数値の認定を申請します。

記

1．建設業者及び外国子会社

①　建設業者

商号	所在	許可番号	許可を受けている建設業の種類
A社	東京都千代田区・・・	00-000000	土、管、機、・・

②　外国子会社

商号	所在	議決権の所有割合
B社	・・・・，Bangkok・・・，Thailand	70%
C社	・・・・，Makati・・・，Philippines	40% （議決権の所有割合は50%未満であるが、実質的に支配しているため子会社としている。）
D社		

2．外国子会社並びに建設業者及び外国子会社についての経営事項審査の項目の数値

①　外国子会社の工事種類別完成工事高

	審査対象事業年度	前審査対象事業年度	前々審査対象事業年度
土木一式工事	○○○千円	○○○千円	○○○千円
プレストレストコンクリート構造物工事			
管工事			

・・・			
その他工事			
合計額			

②　建設業者及び外国子会社の自己資本の額　〇〇〇千円

③　建設業者及び外国子会社の利払前税引前償却前利益　〇〇〇千円

以上

記載要領（別紙１関係）

1　「議決権の所有割合」の欄は、議決権の所有割合が50％未満の場合には、財務諸表等の用語、様式及び作成方法に関する規則第８条第３項に規定する子会社に該当する理由を併せて記載すること。

2　「２．外国子会社並びに建設業者及び外国子会社についての経営事項審査の項目の数値」における外国子会社の数値は、建設業者と外国子会社の決算日が異なる場合、外国子会社の会計期間に基づく数値をもって申請できるものとする。なお、外国子会社の数値は、原則として、外国子会社の会計期間に基づく期中平均相場の数値を用いて日本円に換算すること。

3　「外国子会社の工事種類別完成工事高」の表は、経営事項審査を受ける業種について記載すること。また、外国子会社の完成工事高を合算して記載すること。

4　「前々審査対象事業年度」の欄は、経営事項審査の計算基準の区分（建設業法施行規則（昭和24年建設省令第14号）様式第25号の11別紙一に記載された計算基準の区分をいう。）において「２年平均」を採用する場合には、記載を省略することができる。

別紙2　　　　　　　　　　　　　　　　　　　　　　　（用紙Ａ４）

外国工事経歴書

（建設工事の種類）　　　　　工事

受注者（外国子会社の名称）	発注者	元請又は下請の別	JVの別	工事名	工事現場（国・都市名）	完成工事高（税抜）	うち、〔・PC・法面処理・鋼橋上部〕	工期 着工年月	工期 完成年月
						千円	千円	年　月	年　月
						千円	千円	年　月	年　月
						千円	千円	年　月	年　月
						千円	千円	年　月	年　月
						千円	千円	年　月	年　月
						千円	千円	年　月	年　月
						千円	千円	年　月	年　月
						千円	千円	年　月	年　月
						千円	千円	年　月	年　月
						千円	千円	年　月	年　月
						千円	千円	年　月	年　月
						千円	千円	年　月	年　月

小計	件	千円	千円
合計	件	千円	千円

記載要領（別紙２関係）

1　この表は、建設業法（昭和24年法律第100号）別表第一の上欄に掲げる建設工事の種類ごとに作成すること。また、事業年度ごとに作成すること。

2　この表には、申請をする日の属する事業年度の前事業年度に完成工事高として計上した建設工事について記載すること。

3　下請工事については、「発注者」の欄には当該下請工事の直接の発注者の商号又は名称を記載し、「工事名」の欄には当該下請工事の名称を記載すること。

4　「元請又は下請の別」の欄は、元請工事については「元請」と、下請工事については「下請」と記載すること。

5　「JV の別」の欄は、共同企業体（JV）として行った工事について「JV」と記載すること。

6　「完成工事高」の欄は、原則として、外国子会社の会計期間に基づく期中平均相場の数値を用いて日本円に換算した額を記載すること。共同企業体（JV）として行った工事については、共同企業体全体の完成工事高に出資の割合を乗じた額又は分担した工事額を記載すること。また、工事進行基準を採用している場合には、審査基準日における工事契約金額を括弧書で付記すること。

7　「完成工事高」の「うち、PC、法面処理、鋼橋上部」の欄は、次の表の㈠欄に掲げる建設工事について外国工事経歴書を作成する場合において、同表の㈡欄に掲げる工事があるときに、同表㈢に掲げる略称に丸を付し、工事ごとに同表の㈡欄に掲げる工事に該当する完成工事高を記載すること。

㈠	㈡	㈢
土木一式工事	プレストレストコンクリート構造物工事	PC
とび・土工・コンクリート工事	法面処理工事	法面処理
鋼構造物工事	鋼橋上部工事	鋼橋上部

8　「小計」の欄は、ページごとの工事の件数の合計、完成工事高の合計及び７により「PC」、「法面処理」又は「鋼橋上部」について完成工事高を区分して記載した額の合計を記載すること。

9　「合計」の欄は、最終ページにおいて、すべての工事の件数の合計、完成工事高の合計及び7により「PC」、「法面処理」又は「鋼橋上部」について完成工事高を区分して記載した額の合計を記載すること。

別紙3

平成○○年○○月○○日

商号

代表者　　　　　　　　　　　　　様

外国子会社並びに建設業者及び外国子会社についての数値の認定書

国土交通大臣　○○　○○

平成20年国土交通省告示第85号附則第七の規定に基づき、外国子会社並びに建設業者及び外国子会社についての数値を、下記のとおり認定する。

記

1．外国子会社

商号	所在
B社	・・・・，Bangkok・・・，Thailand
C社	・・・・，Makati・・・，Philippines

2．外国子会社並びに建設業者及び外国子会社についての経営事項審査の項目の数値

①　外国子会社の工事種類別完成工事高

	審査対象事業年度	前審査対象事業年度	前々審査対象事業年度
土木一式工事	○○○千円	○○○千円	○○○千円
プレストレストコンクリート構造物工事			
管工事			
・・・			
その他工事			
合計額			

②　建設業者及び外国子会社の自己資本の額　○○○千円

③　建設業者及び外国子会社の利払前税引前償却前利益　○○○千円

以上

新訂６版　建設業経営事項審査基準の解説

1995年11月30日　第１版第１刷発行
2018年12月25日　第６版第１刷発行

編　著　建設業法研究会

発行者　箕　浦　文　夫
発行所　株式会社大成出版社
東京都世田谷区羽根木１－７－11
〒156-0042　電話 03(3321)4131(代)
http://www.taisei-shuppan.co.jp/

印刷　信教印刷

ISBN978-4-8028-3199-4